컨텍스트를 생각하는 디자인

Rapid Contextual Design

Rapid Contextual Design :

A How-To Guide to Key Techniques for User-Centered Design

by KAREN HOLTZBLATT, JESSAMYN BURNS WENDELL, SHELLEY WOOD

This first edition of Rapid Contextual Design by Karen Holtzblatt, Jessamyn Burns Wendell, Shelley Wood is published by arrangement with ELSVIER INC, 525 B Street, San Diego, CA 92101-4495

UX
insight

신속한 사용자 경험 디자인 프로세스

컨텍스트를 생각하는 디자인

캐런 홀츠블랫 · 제서민 번스 웬들 · 셸리 우드 지음 | 팀인터페이스 박정화 옮김 | 이진원 감수

인사이트
insight

컨텍스트를 생각하는 디자인

초판 1쇄 발행 2008년 9월 30일 **초판 3쇄 발행** 2012년 9월 20일 **지은이** 캐런 홀츠블랫(Karen Holtzblatt), 제서민 번스 웬들(Jessamyn Burns Wendell) **옮긴이** 팀인터페이스·박정화 **감수** 이진원 **펴낸이** 한기성 **펴낸곳** 인사이트 **편집** 박선희 **제작·관리** 이지연 **본문디자인** 디자인플랫 **출력** 경운출력 **용지** 세종페이퍼 **인쇄** 현문인쇄 **제본** 자현제책 **등록번호** 제10-2313호 **등록일자** 2002년 2월 19일 **주소** 서울시 마포구 서교동 469-9번지 석우빌딩 3층 **전화** 02-322-5143 **팩스** 02-3143-5579 **이메일** insight@insightbook.co.kr **ISBN** 978-89-91268-45-6 (13560) **ISBN(세트)** 978-89-91268-51-7 책값은 뒤표지에 있습니다. 잘못 만들어진 책은 바꾸어 드립니다. 이 책의 정오표는 http://www.insightbook.co.kr/79777에서 확인할 수 있습니다. 이 책의 국립중앙도서관 출판시도서목록(CIP)은 e-CIP 홈페이지(http://www.nl.go.kr/ecip)에서 이용하실 수 있습니다.(CIP제어번호: CIP2003001475)

차례

05 컨텍스추얼 인터뷰 해석 세션 ——————— 129

12 스토리보드 만들기 — 333

R a p i d
C o n t e x t u a l
D e s i g n

이 책에 나오는 용어와 일러두기

이 책에 나오는 용어

어피니티(affinity) - 또는 어피니티 노트라 말한다. 8장에 '핵심 용어'에도 소개가 나와 있다. 인터뷰의 해석 세션에서 작성된 사용자 행위에 대한 최소 단위 노트를 말한다. 노트로 주로 포스트잇을 사용하며, 한 장에 한 가지 직무(task), 사건, 행위 통찰(insight)을 적는다. 한 장에 두 가지 이상을 적으며 어피니티 다이어그램을 작성하거나 시퀀스 모델을 작성할 때 분리하거나 이동하기 어렵다는 단점이 있다.

아티팩트(artifact) - 컴퓨터 파일 형태든 인쇄된 형태든 사용자의 직무 수행을 위해 만들어진, 관련된 모든 것을 말한다. 예를 들어 일정표, 출장보고서, 캘린더 등 업무와 관련된 직간접 자료들을 총칭한다.

어피니티 다이어그램(affinity diagram) - 우리말로 '관계도'라 할 수 있다. 이는 컨텍스추얼 인터뷰를 통해 나온 수많은 사용자 데이터를 디자인 아이디어를 도출하기에 유용한 형태로 체계적으로 정리하여 디자인 아이디어 도출에 참여하는 사람들이 이해하기 쉽도록 표현한 것을 의미한다.

어피니티 벽(affinity wall) - 어피니티를 전시할 공간이다. 주로 한쪽 벽면이나 커다란 보드에 전지를 이어 붙여 공간을 마련한다.

데이터 워킹(walking) - 책에서 사용되는 워킹은 은유적으로 '천천히 살펴보다'는 뜻으로 해석된다. 사용자 데이터를 정리한 어피니티 다이어그램과 시퀀스를 살펴보는 것을 워킹이라고 하는 데는 나름 함축적인 의미가 있다. 같은 산책로를 걸어도 문득 평소 보지 못한 꽃을 보는 때도 있고 다른 생각을 하다 보면 지나치는 때가 있다. 사용자 데이터 사이를 달리지(run) 말고 느리게 걸으며(walk) 살펴보면 수많은 이야기와 아이디어가 떠오르게 된다.

사용자 스토리 - 시나리오라고도 하며, 개선된 시스템을 통하여 실제 업무 환경에서 사용자(페르소나)가 수행할 수 있는 업무들을 말한다.

일러두기

이 책에 나온 컨텍스추얼 디자인 프로세스를 지원하는 소프트웨어인 시디툴즈는 인컨텍스트 홈페이지(http://www.incontextdesign.com)에서 구매하거나 평가판을 다운받을 수 있다.

RCD 한국어 판을 소개하며

『Rapid Contextual Design』(번역판: 『컨텍스트를 생각하는 디자인』)은 1998년 출간된 이후 HCI의 에스노그라피 연구 분야에서 교재로 활용된 『Contextual Design : Defining Customer Centered Systems』의 실무 버전이라고 할 수 있다. 전작에서 소개하는 많은 방법론은 탁월하였지만 언제나 일정, 예산과 씨름하는 현장에서 전체 방법론을 적용하기에는 무리가 있어 아쉬움이 따랐던 게 사실이다. 그러나 이 책을 통해 이러한 아쉬움을 해소할 수 있을 것이다. 『Rapid Contextual Design』는 CD 프로세스의 모든 단계를 빠르게 진행하는 법이 아닌, 그동안 풍부한 실무 경험을 통하여 프로젝트의 목적에 맞게 CD 프로세스 중 건너뛸 수 있는 부분과 반드시 적용해야 할 부분을 가이드해 준다.

최근 국내 기업들도 사용자 경험과 사용자 중심 디자인 또는 제품 기획에 눈을 뜨고 사용자 조사와 연구를 진행하는 일이 늘어나고 있다. 이러한 조사는 리서치 룸에서 진행되는 FGI 등 같은 마케팅 리서치와는 달리 사용자 한 명 한 명을 사용 환경에서 관찰하며 깊이 있게 인터뷰하고 가능한 한 빠르게 사용자 데이터를 정리할 것을 요구한다. 물론 컨텍스추얼 인터뷰에 숙련되지 않은 엔지니어나 마케터가 CD를 진행하여도 CD를 하지 않는 것보다는 실제적인 사용자 니즈를 담아낼 수 있을 것이다. 그러나 훈련된 CD 진행자가 컨텍스추얼 인터뷰를 수행하여 얻은 데이터를 기획자, 디자이너, 개발자 등 이해관계자들과 같이 해석하며 정리하고 그로부터 디자인 아이디어를 뽑아내야 한층 풍성하고 창의적인 결과를 가져올 수 있음을 CD 관련 팀인터페이스의 실제 프로젝트를 보며 확인할 수 있었다.

　마지막으로 팀인터페이스가 이 책을 번역할 수 있도록 기회를 주신 인사이트 출판사에 깊은 감사의 뜻을 전하며, 이 책이 실무에 CD를 적용하고 싶었으나 실제적인 방법을 몰라 주저하였던 IT 실무자들에게 유용한 지침서가 될 것이라 확신한다.

(주)팀인터페이스 이성혜 대표

추천의 글

진정한 의미에서 사용자 중심 디자인을 실현하기 위한 필독서

혹시 누군가가 "당신은 어설픈 UX 전문가입니까?"라고 묻는다면 당신은 "그렇다." 혹은 "그럴지도 모른다."라고 대답할 확률이 높지 않은가? 스스로를 평가하여 자신할 수 없는 이들이나 특히 사용성 평가에 관심이 있는 사람들에게 이 책은 매우 유용할 것이라 생각한다.

이 책은 컨텍스트(사용 맥락)를 어떻게 사용성 테스트(usability test)와 디자인에 쉽고, 빠르고, 정확하게 활용할 수 있는지에 대하여 자세하게 안내하는 사용자 중심 디자인(User Centered Design) 기술서다.

『컨텍스트를 생각하는 디자인』은 데이터의 다양성을 수용하면서 기존에 여러분이 사용하고 있는 프로세스를 파괴하지 않고 사용자 데이터를 쉽게 적용할 수 있도록 단계별 적용 테크닉을 소개한다. 또한 컨텍스추얼 디자인(contextual Design)이 추구하는 철학의 본질을 심도 있게 고민해 보도록 실무 전문가들에게 문제를 제기하고, 초보자들에게는 컨텍스추얼 디자인을 왜 해야 하며, 어떻게 해야 하는지, 그래서 어떤 결과를 얻을 수 있는지를 알기 쉽게 안내한다. 그런 만큼 이 책은 초보자를 비롯하여 전문가(현업 실무자)에게도 매우 유용한 가이드가 될 것을 의심치 않는다. 또한 이 책은 여러분이 프로젝트 시작부터 완료까지의 단계별 CD 활용 방법을 쉽게 경험하도록 다양한 테크닉을 제공한다. 이러한 경험을 겪으며 여러분은 사용자 중심 디자인을 추구하기 위한 업무 수행 구조를 충분히 이해하게 될 것이다.

불과 6, 7년 전만해도 우리는 사용자 중심 디자인이 디자인 행위에서 얼마나 중요한 역할을 해야 하는지 알지 못했다. 설사 몇몇 사람이 알고 있었다고 해도 실무 디자인 프로세스에서 사용자 중심 디자인을 거론하거나 실행하기란 쉬운 일이 아니었다. '어찌 보면 다행일 수도 있었겠구나' 하는 생각을 해보게 되는데 그것은 국내에 컨텍스추얼 디자인 전문가가 거의 없었기 때문이다. 2000년 이후부터 사용자 중심 디자인의 중요성이 부각되면서 대기업을 중심으로 사용자 인터페이스 디자인(User Interface Design) 활동이 활발해지기 시작했다. 그러나 다양한 활동에 비해 진정한 의미의 사용자 중심 디자인을 실현하지 못했다고 자평(自評)할 수 있을 것 같다. 왜냐하면, 우리는 사용자 중심 디자인을 추구하면서 실질적으로는 매우 기능적, 기술적 테크닉을 사용했으며, 사용자의 니즈를 조사, 분석할 때도 매우 공학적인 논리로만 해왔기 때문이다. 물론 공학적인 논리가 틀렸다는 것은 아니다. 다만 너무 이성적 시각으로 사용자를 바라봤다는 얘기다. 즉 본의든 본의가 아니든 진정으로 사용자가 원하는 것이 무엇인지, 그것을 어떻게 하면 찾아낼 수 있을지 고민하기보다는 기술적인 가이드를 기준 삼아 사용자 중심 디자인을 추구했던 것이 사실이다. 그러한 측면에서 보면 『컨텍스트를 생각하는 디자인』은 진정한 의미에서 사용자 중심 디자인을 실현하기 위한 필독서(必讀書)가 아닌가 생각된다. 컨텍스추얼 디자인은 한 가지 상황이나 한 가지 요소만을 보고 평가하고 구현하기를 거부한다. 즉 다양한 컨텍스트를 잘 파악하는 것이 요구되며, 다양한 컨텍스트(context)에 대응할 수 있는 기법을 쉽게 설명함으로써 정확하게 사용자의 니즈를 발굴하도록 해줄 것이다.

현재, 국내의 실무 UI 디자이너 중 과반수 이상은 비전문가(체계적인 UI 교육을 통해 전문지식이나 기술을 습득하지 못했으나, 다양한 실무 경험에 의해 전문지식이나 기술을 습득한 자)이고, 이들이 업계의 주류를 이루고 있는 것이 현실이다. 단정하기는 어렵겠지만 비전문가에 속하는 사람들은 진정으로 UI가 추구하는 철학의 본질을 이해하기는 쉽지 않을 것이며, 그러한 마음으로 사용자 중심 디자인을 추구하기란 더더욱 쉬운 일이 아닐 것이다. 최근에 사용자 인터페이스, 사용자 인터랙션(User Interaction), HCI 전공자들이 늘고 있는 추세이긴 하나 적어도 아직까지는 비전문가의 전문화가 절실히 요구되는 시점이다. 이와 같은 시점에서 비전문가에게 『컨텍스트를 생각하는 디자인』이야말로 매우 유용한 자원이 되리라 생각한다.

이 책의 중심에는 사용자(고객)가 있다. 다시 말해 컨텍스추얼 디자인을 여러분의 실무 디자인에 적극 적용하기를 요구한다. 이 책의 특징적인 요소는 다양한 유형의 프로젝트에서도 상황에 맞춰 컨텍스추얼 디자인 테크닉을 활용할 수 있도록 안내하고 있다는 것이다. 따라서 좋은 디자인을 하기 위한 기술이 필요한 이라면 이 책이 탁월한 가이드가 되어 줄 것임을 확신한다.

권오재 수석(Ph.D.)
삼성전자 디자인경영센터 UI 연구소

사용자 중심 디자인을 하는 모든 디자이너, 기획자, 설계자들에게 매우 유용한 지침서가 될 것이다

나는 몇 년 전에 이 책의 저자 중 한 명인 캐런 홀츠블랫을 잠시 만난 적이 있었는데, 캐런은 한국 기업에도 자신이 제안한 CD의 프로세스나 방법론을 전파하고 실무에 적용시키고자 애쓰고 있었다. 그때 『Rapid Contextual Design』을 처음 접했는데 이렇게 번역판이 나와서 한국 독자들에게도 선을 보이게 되니 매우 반갑게 생각한다.

UX 설계나 디자인할 때 대부분의 디자이너나 설계자는 사용자 중심의 디자인 프로세스를 염두에 두고 일하고 싶어한다. 최종 고객이 되는 사용자의 진정한 니즈를 찾아내고, 또한 제품이나 시스템을 쓸 때 사용 컨텍스트에서 사용자 행동을 분석해 창의적 아이디어나 통찰력을 발견해 혁신적인 디자인을 이끌어내려고 한다.

이 책은 휴 바이어(Hugh Beyer)와 캐런 홀츠블랫(Karen Holtzbatt)이 개발한 CD (Contextual Design) 프로세스를 실무 과제에 적용할 수 있도록 구체적이고 상세한 사례 연구(case study)를 통해 설명하고 있다. 특히 디자인 프로세스에서 사용자 데이터를 어떻게 수집, 분석할 수 있는지, 그리고 거기서 통찰(insight)을 도출하며, 스토리보드를 만들고, 프로토타입을 제작하여 테스트까지 할 수 있도록 전반적인 과정을 안내한다. 특히 RCD 프로세스를, 과제의 일정과 리소스 형편에 따라 효율적으로 적용할 수 있도록 전체 프로세스 중 일부만 적용하여 과제를 진행하거나, 간략하게 만든 프로세스를 제시하는 등 현장에서 유연하게 활용할 수 있도록 설명하고 있다. 또한, 각 기업이 보유한 개발 프로세스에 효율적으로 CD 프로세스를 적절히 접목시키는 방안을 제시하고 있다는 점을 장점으로 들 수 있겠다. 이 책은 제품 디자이너, UI 디자이너만이 아니라 사용자 중심 디자인을 하는 모든 디자이너, 기획자, 설계자들에게 컨텍스추얼 디자인을 현업에 적용할 수 있도록 해주는 매우 유용한 지침서가 될 것이다.

오경순

SADI(Samsung Art & Design Institute) UX 교수

삼성전자 디자인경영센터 수석연구원

현장에서 사용자 중심의 프로젝트를 사수하기 위한 지원군을 확보한 느낌!

『컨텍스트를 생각하는 디자인』은 팀에서 원서로 보유하고 있었는데, 마침 번역되어 한국에도 소개가 된다니 매우 반갑다. 이 책은 말 그대로 사용자 중심의 사상을 실무에서 어떻게 실천해야 할지를 말해 주는 책이며, 그 사상을 지키기 위한 바이블이라고 생각하기 때문이다.

또한 우리가 흔히 알고 있는 기법들을 자세히 풀어 설명하고 있어, 사용자에서 시작해 사용자로 귀결되는 UI를 만들기 위한 기본서라고도 할 수 있겠다. 어찌 보면 알고 있는 이야기를 다시 듣는 기분일 수도 있지만, 현장에서 사용자 중심의 프로젝트를 사수하기 위한 지원군을 확보한 느낌이랄까.

실제로 클라이언트가 사용자를 위한 시스템을 요구하기도 하고, 우리도 사용자 중심 디자인을 구현하려고 노력하지만, 정말 냉철하게 이 관점을 끝까지 끌고 가고 있는지는 의문이다. 많은 이해관계자 사이에서 의견 차이를 조정하고, 우리가 사용하고 있는 다양한 소프트웨어 공학적 시각의 방법론에 따르다 보면 사용자가 뒤로 밀려나기도 하니 말이다.

뉴로마케팅이 새롭게 화두가 되고 있고, 사용자의 입에서 그들이 진정으로 필요로 하는 것을 얻어내기가 점점 더 어려워지고 있는 현 시점에서, 『컨텍스트를 생각하는 디자인』은 치밀하고 논리적으로 사용자 중심 UI를 구축할 수 있도록 도와줄 것이다. 이 책으로 한국에서도 많은 사람들이 컨텍스추얼 디자인을 꽃피울 수 있는 계기가 되었으면 한다.

송석례 부장
LG CNS UI 팀

이 책에 대해서

이 책에는 다음과 같은 몇 가지 특징이 있다.

래피드 CD 프로세스	속전 속결	속전 속결 플러스	집중 래피드 CD
컨텍스추얼 인터뷰 와 해석	V	V	V

4장부터 14장까지는 서두에 각각 가이드 박스가 있다. 이 박스는 각 장의 내용이 여러분의 래피드 CD 프로젝트 타입에 적용되는지 아닌지를 나타낸다(2장 「래피드 CD 프로젝트 계획하기」 참조).

이 책에는 실제 프로젝트 사례가 많이 담겨 있다. 이런 예들은 본문과 회색 박스에서 소개되고, 모두 왼쪽과 같은 아이콘이 달려 있다.

회색 박스에서는 여러 가지 정보를 다루었다. 다음 아이콘으로 어떤 정보인지 구분했다.

이 아이콘은 CD 프로세스의 논점에 대해 저자인 캐런 홀츠블랫(Karen Holtzblatt)이 추가하는 설명을 나타낸다.

이 물음표 아이콘은 고객들이 흔히 하는 질문(FAQ)에 대한 답변을 표시한다.

이 아이콘은 특히 조직적 커뮤니케이션과 관련된 내용일 경우에 사용한다.

 이 i 아이콘은 이 책에서 여러분과 나누고 싶은 일반적인 정보를 표시한다.

감사의 말

이 책의 출판을 도와주신 모든 분께 감사한다. 먼저 수년간 컨텍스추얼 디자인을 실무에 적용해 온 많은 팀에게 감사를 전한다. 그들이 각자 필요한 부분과 회사 프로젝트를 진행하는 데에 컨텍스추얼 디자인을 적합하게 활용해 준 덕분에 우리는 많은 것을 배울 수 있었다. 또한 컨텍스추얼 디자인의 전체 과정을 효과적으로 적용하도록 독자들을 이끌 수 있었다.

특히 다른 독자들과 경험을 공유할 수 있도록 이 책에 사례를 제공해 준 분들께 더욱 감사를 드린다. 전 과정이 들어 있는 완벽한 사례들을 제공한 이초크(eChalk) 팀, 특히 샤를렌 놀(Charlene Noll), 토랜스 로빈슨(Torrance Robinson), 다니엘 와츠(Daniel Watts), 그리고 알베르토 가르시아(Alberto Garcia)에게 감사한다. 또한 아프로포스(Apropos)의 데이브 월리스(Dave Wallace), 랜데스크(LANDesk)의 리사 베이커(Lisa Baker) 그리고 애자일런트(Agilent)의 린다 도허티(Linda Doherty) 역시 데이터와 디자인 산출물을 관련 분야의 독자들과 공유하도록 허락해 주었다. 이들에게도 감사의 마음을 전한다.

이 책을 체계적으로 정리하고, 편집하고, 집필하는 데 도움을 준 모든 분께 큰 감사를 드린다. 페르소나 부분의 서두를 써주고 사례를 종합해 주었으며, 엄선된 몇몇 장과 정보 박스에 콘텐츠를 제공해 준 인컨텍스트(InContext)의 공동 창립자 휴 바이어(Hugh Beyer)에게 감사한다. 디자인 산출물을 명확하게 만들고 일러스트레이션을 다듬어 준 인컨텍스트 디자인 팀의 데이비드 론도(David Rondeau)에게도 감사를 전한다.

이 책의 편집자인 다이앤 세라(Diane Cerra)와 엘세비어(Elsevier) 편집팀에게도 감사한다. 끝으로 이 책을 읽고 피드백을 준 리뷰어들에게 크나큰 감사를 드린다. 여러분의 피드백으로 우리의 노력이 더욱 쓸모 있고, 가치 있게 되었다.

01

들어가며

이 책은 컨텍스추얼 디자인(Contextual Design, 이하 CD)을 소재로 한 나의 책
『Contextual Design: Defining Customer-Centered Systems』[1]를 기반으로 쓴 실무
적용 가이드다. 지난 몇 년간, 우리는 인컨텍스트(InContext)[2]에서 수많은 조직과
함께 여러 종류의 다양한 프로젝트를 접했다. 컨텍스추얼 디자인은 우리가 진
행한 고객 중심 디자인 프로세스이며, 프로젝트에서 요구하는 바에 따라 다양
한 방식으로 사용되었다. 컨텍스추얼 디자인은 종종 사용자 중심 디자인을 시
작하는 발판으로 간주되기도 한다. 기법에서 볼 때 두 방법론은 일치하는 면도

---

1 바이어(H. Beyer)와 홀츠블랫(K. Holtzblatt), 『Contextual Design: Defining Customer Centered
   Systems』 모건 카우프만, 1998년
2 인컨텍스트사(社)는 광범위한 고객 중심 디자인 서비스를 제공하는 디자인 회사다. 인컨텍스트의 설
   립자인 캐런 홀츠블랫과 휴 바이어는 사람들의 업무와 일상적인 활동에 대해 심도 있는 연구를 수행했
   다. 이를 기반으로 하는 디자인 솔루션으로 제품 중심에서 고객 중심으로 진행하는 변화를 이끄는 핵
   심 특성들을 다루었다. 이들은 여러 필드로부터 검증된 테크닉으로 컨텍스추얼 디자인 방법론을 비즈
   니스에 도입하였다. 컨텍스추얼 디자인 테크닉은 전 세계의 기업과 대학에서 사용되고 있다.

있고, 다른 면도 있다.

『컨텍스트를 생각하는 디자인(Rapid Contextual Design)』은 실무자를 위한 가이드다. 이 책에는 가장 빈번하게 활용되는 CD 테크닉을 담았다. 새로운 프로세스를 도입할 때면 늘 그렇듯이, 특정 테크닉은 먼저 적용되고 다른 것들은 차츰 들어온다. 여기서 살펴볼 래피드 컨텍스추얼 디자인은 컨텍스추얼 디자인의 핵심 테크닉에 초점을 맞추었고, 그것은 기업의 디자인 프로세스에 사용자 데이터를 가장 쉽게 적용하는 방법이기도 하다. 따라서 여러분은 각자의 특정한 상황에 맞게 이 테크닉을 활용할 수 있다.

여러분의 프로젝트에서 CD 테크닉을 어떻게 적용할지를 쉽게 이해시키기 위해 개별 테크닉을 활용하는 방법을 단계적으로 설명할 것이다. 특히 인컨텍스트의 사용자 데이터와 프로젝트, 스케줄, 프로세스 이용과 관련한 유용한 조언 등을 제시해 사용자 데이터를 실제로 어떻게 적용하는지 자세히 살펴볼 것이다. 또한 우리 팀원들이 몇 년간 제기한 문제들에 대해서도 논의할 텐데 페르소나(persona), 애자일(Agile), 또는 익스트림 프로그래밍(Extreme Programming, XP), 유스 케이스 도출(use case generation) 등과 같이, CD와 통합시키려는 다른 테크닉들을 어떻게 CD에 접목시킬지도 논의하게 될 것이다.

지난 몇 년간 우리는 "왜 컨텍스추얼 디자인을 적용하는 툴은 없는 거죠?" 라는 질문을 꾸준히 받아 왔다. 이제 그 툴로 인컨텍스트의 소프트웨어인 시디툴즈(CDTools)를 이용할 수 있다. 시디툴즈는 특별히 사용자 데이터를 체계화하고, 분석하고, 추적하고, 공유하려는 목적으로 고안된 툴이다. 우리는 사용자 연구를 기반으로 해 많은 소프트웨어를 디자인한 경험이 있다. 때문에 이전에 종이에 그리는 프로세스로 진행한 작업을 소프트웨어로 대체할 때의 장단점을 잘 알고 있다. 『컨텍스트를 생각하는 디자인』에서는 디자인 프로세스 내에서 어디에, 어떻게 시디툴즈를 이용하는지도 중점적으로 다룬다. 물론 시디툴즈는 컨텍스추얼 디자인의 도구로 개발된 것이다! 이 책을 보면서 여러분이 자신의 프로세스에서 이 도구를 적절히 사용할 수 있게 되길 바란다.

물론 이 책만 별도로 사용할 수도 있지만, CD의 방법론과 컨텍스추얼 디자인의 철학을 더 심도 있게 살펴보고 싶다면 이론서인 『Contextual Design: Defining Customer-Centered Systems』를 읽어 보길 권한다. 여기서도 이론서에서 적절한 부분을 인용했다. 이 책은 컨텍스추얼 디자인을 현업에 적용하는 실무 가이드이므로, 원리를 일일이 설명하기보다는 적용 방법을 중점적으로 다루었다. 그러니 모든 CD 테크닉을 완전히 이해하고 싶다면 이론서도 보자.

래피드 컨텍스추얼 디자인에서는 컨텍스추얼 디자인의 어떤 단계들을 다루는가?

이 책은 CD 프로젝트의 시작부터 다양한 프로젝트 유형과 조직의 요구를 반영하여 디자인을 완료하기까지 거치는 모든 과정을 함께한다. 우리는 프로젝트 범위를 정의하고, 인터뷰 대상자의 수와 유형을 정한 다음, 인터뷰 준비를 마치는 데까지 살펴볼 것이다. 또한 인터뷰를 수행하고 해석하는 단계에 필요한 팁도 제공한다. 이렇게 일단 데이터를 모으고 해석한 다음에, 어피니티[3]를 구축(affinity building)하고 시퀀스 모델(sequence model)을 정리한 뒤, 마지막으로 비전 도출(visioning), 스토리보딩(storyboarding), 페이퍼 목업(paper mock-up)을 활용한 시스템 테스트까지의 과정을 안내할 것이다. 이러한 전반적인 프로세스를 거치면서, 각자 다양한 CD 프로세스에서 양질의 결과를 얻어낼 수 있는 방법을 이해하게 된다.

2장에서 여러분의 프로젝트를 계획하고 거기에 적합한 래피드 CD 프로세스를 선택하는 방법을 다룬다. 어떤 유형의 래피드 CD 프로젝트를 선택했는지에 따라 여러분은 이 책에서 다루는 프로세스의 일부 또는 전체를 사용하게 된다.

---

3 (옮긴이) 어피니티 - 또는 어피니티 노트, 8장 '핵심 용어' 참조. 인터뷰의 해석 세션에서 작성된 사용자 행위에 대한 최소 단위 노트를 말한다. 주로 포스트잇을 사용하여 한 장에 한 가지 직무(task), 사건, 행위, 통찰(insight)을 적는다. 한 장에 두 가지 이상을 적으면 어피니티 다이어그램을 작성하거나 시퀀스 모델을 작성할 때 분리하거나 이동하기 어렵다는 단점이 있다.

이 책에서 중점적으로 다루는 방법론과 더불어 전체 컨텍스추얼 디자인 프로세스의 테크닉을 개략적으로 설명하면 다음과 같다. 또한 우리는 CD 테크닉과 관련해서 이론서에서 다루었던 광범위한 논의들도 참조할 것이다.

컨텍스추얼 인터뷰 필드 인터뷰(field interview)는 사용자들이 작업하는 장소에서 업무 시간 동안에 시행하며, 사용자가 어떻게 업무를 수행하는지를 관찰하고 질문한다. 팀은 필드 인터뷰를 하면서 시스템이 지원해야 하는 사용자의 실제 업무 수행과 일상적인 행동을 분명히 알게 된다. 이는 사용자의 보고라든가 공식적인 업무 지침에만 의존하는 것과는 다르다.

필드 인터뷰를 준비하는 부분은 3장에서, 인터뷰를 실행하는 방법은 4장에서 살펴볼 것이다.

해석 세션과 업무 모델링 조사 팀은 토론을 거쳐 인터뷰 결과를 정리하고, 핵심 포인트를 포착해 내고, 사용자의 업무 수행 방식(work practice)을 대표할 모델을 도출한다. 다음 모델 다섯 개는 업무 수행 방식에 대해 서로 다른 관점을 제공한다. 플로 모델(flow model)은 커뮤니케이션과 업무 협력, 사람들의 역할을 나타낸다. 컬처 모델(cultural model)은 조직 문화와 방침을, 시퀀스 모델(sequence model)은 업무를 달성하는 데 필요한 행동의 세부 단계를 보여 준다. 피지컬 모델(physical model)은 물리적인 업무 환경을, 아티팩트 모델(artifact model)은 업무를 수행하는 데 아티팩트[4]가 어떻게 이용되는지를 보여준다.

이처럼 잘 정리되고 상세한 해석을 통해서 팀 구성원들은 조사 결과를 공유하고, 사용자에 관한 공통 의견을 모아, 프로젝트와 관련된 데이터를 모두 뽑아낸다. 그렇게 모은 결과는 대상 집단의 특성을 나타내며 디자인 결과를 도출하고 입증하게 된다.

인터뷰 해석 세션은 5장에서 다룬다. 래피드 CD에 권장되는 업무 모델, 특히

---

4 (옮긴이) 아티팩트 - xiv쪽 '이 책에 나오는 용어' 참조.

시퀀스 모델은 6장에서 다룰 것이다.

모델 정리와 어피니티 다이어그램[5] 구축 개별 사용자 데이터는 타깃 집단의 업무에 관한 더 큰 그림을 보여 주기 위해 정리된다. 모든 사용자 데이터를 해석하는 과정에서 밝혀진 사항들을 어피니티 다이어그램(affinity diagram)으로 나타낸다. 이 다이어그램은 사용자 요구를 반영하는 주요 논점들을 계층적으로 표시한다. 업무 모델이 수립되면, 모든 사용자에게 공통된 일반적인 업무 패턴과 전략을 보여주게 된다. 래피드 CD에서 가장 중요한 시퀀스 모델은 시스템이 어떤 업무들을 지원하는지를 나타낸다. 정리된 시퀀스 모델은 직무 분석 또는 프로세스 모델링에서의 '현재(as-is)' 유스 케이스와 동일하다.

시퀀스 모델 수립은 7장에서, 어피니티 다이어그램은 8장에서 다룬다.

페르소나 기본적인 CD 테크닉에 덧붙여서, 9장에서는 페르소나(Persona)를 구성하는 데 컨텍스추얼 데이터를 이용하는 방법을 알아볼 것이다. 페르소나는 앨런 쿠퍼(Alan Cooper)에 의해 널리 알려진 개념으로, 실제 사용자는 아니지만 대상이 되는 시스템의 전형적인 사용자 유형이다. 프로젝트 팀에서 사용자 요구사항에 대해 이야기할 때 페르소나를 마치 실제 사용자인 것처럼 다루면 커뮤니케이션에 도움이 된다. 좋은 페르소나는 풍부한 컨텍스추얼 데이터를 기반으로 형성된다. 많은 사용자에게서 수집한 필드 데이터에 근거한 페르소나라면, 어떠한 실제 사용자보다도 훨씬 풍부하고 완벽한 사용자 설명이 될 수 있다.

비전 도출 조사팀은 다 함께 데이터를 워킹(walking)[6]하고, 페르소나가 있으면

---

5 (옮긴이) 어피니티 다이어그램 구축 - xiv쪽 '이 책에 나오는 용어' 참조. 옮긴이의 실무 경험에 비추어 볼 때 CD의 전 과정(인터뷰, 해석, 모델링)에서 어피니티 다이어그램의 결과물을 염두에 두고 작업에 임하는 것이 시간을 관리하는 데 큰 도움이 된다. 현업에서는 언제나 시간이 부족하기 때문에 전체 프로세스를 염두에 두지 않고 CD를 진행할 경우 넘치는 사용자 데이터 속에서 며칠을 헤매기 일쑤이기 때문이다.

6 (옮긴이) 워킹 - xv쪽 '이 책에 나오는 용어' 참조.

그것도 공유하고, 핵심 이슈와 중요 아이디어를 포착하여 정리된 데이터를 검토한다. 이 과정을 거치며 팀은 폭넓게 사고하도록 자극을 받게 된다. '데이터를 워킹한' 다음에는 비전 도출(visioning) 세션으로 접어든다. 이때 시스템에 기술을 적용해 어떻게 사용자의 업무를 간소화하고 변화시키는지를 창안해 낸다. 비전은 플립 차트에 간단히 스케치하는 방식으로 표현된다. 비전은 전체 업무를 수행하기 위해서 시스템이 어떻게 돌아가는지를 보여주는 큰 그림이다. 또한 비전은 RCD 프로세스에서 필요에 의해 그때그때 산출되는 결과물에 따라 관련된 하부그룹으로 전개될 수도 있다. 작은 프로젝트의 경우 이 과정을 대신해 간단하게 브레인스토밍을 할 수도 있다.

데이터 워킹은 10장에서, 비전 도출 프로세스는 11장에서 다룰 것이다.

스토리보드 만들기 비전은 사용자의 업무를 상세하게 재디자인하는 가이드가 된다. 이러한 비전은 추후 손으로 그린 상자에 그림과 메모를 사용해 더 상세하게 구성되는 식으로 표현하는데, 이를 스토리보드라 한다. 스토리보드에는 수작업 업무 수행 방식(manual practice), 초기 단계의 사용자 인터페이스(UI) 콘셉트, 비즈니스 원칙, 자동화에 대한 가정 등이 표현된다. 스토리보딩(storyboarding)은 미래의 시나리오, 즉 업무 프로세스에서 '향후(to-be)' 상태를 대표하는 추상적 수준의 유스 케이스와 같다. 또한 XP에서 사용자 스토리[7]의 기반이 된다. 스토리보드 만들기는 12장에서 다룰 것이다.

사용자 환경 디자인 사용자 환경 디자인(User Environment Design, UED)은 스토리보드에서 만들어진다. 이는 시스템의 모든 기능을 나타내고, 그 기능들이 사용자의 목적에 부합하고자 어떻게 시스템 내에서 응집력 있게 조직화되어 있는지를 보여주는, 시스템에 대한 유일한 설명이다. 어떤 규모가 큰 시스템이 있다고 해보자. 사용자 환경 디자인은 그 시스템이 해당 업무에 적합하고 일관성 있

---

7 (옮긴이) 사용자 스토리 - xv쪽 '이 책에 나오는 용어' 참조.

음을 보장해 준다. 또한 시스템에서 우선순위를 결정하고, 합리적으로 세분하는 기반이 되기도 한다. 사용자 환경 디자인은 시스템 요구사항을 고객 중심적인 방향으로 표현하는 방법이다.

이 책에서 사용자 환경 디자인에 대한 논의를 다루지는 않는다. 대개 회사에는 RCD 프로세스의 사용자 환경 디자인(UED)을 대신할 수 있는 회사 나름의 문서들이 있는데 이를 UED처럼 이용할 수도 있다. 게다가 사용자 환경 디자인은 규모가 큰 시스템에 주로 해당하는 핵심 사항이고, 빠른 진행을 위해 여기서는 사용자 환경 디자인을 다루지 않기로 했다. 이 기법에 대한 논의는 이론서를 참고하기 바란다.

페이퍼 프로토타입과 목업 인터뷰 시스템을 사용하는 실제 사용자를 대상으로 종이에 그려진 사용자 인터페이스를 테스트하게 되는데, 이를 목업 인터뷰(mock-up interview)라고 하며, 종이 인터페이스를 페이퍼 프로토타입(paper prototype)이라고 한다. 이 프로토타입은 처음에는 기본 윤곽뿐이지만 점차 상세해진다. 이러한 과정을 통해 사용자를 위한 시스템의 기본 기능과 구조가 분명해지고, 기본 UI 콘셉트도 드러난다. 종이로 몇 번 인터랙션(interaction)을 하고 나면 최종 인터랙션과 시각 디자인으로 넘어갈 준비가 되고, 프로토타입 테스트를 시작할 수 있게 된다.

13장에서 페이퍼 프로토타입의 주요 콘셉트를 소개하고, 14장에서 목업 데이터를 해석하는 방법을 설명한다. 이 프로세스는 다른 책에서도 많이 다루는 내용이다.

래피드 컨텍스추얼 디자인은 어떻게 시간을 절약할까?

시스템 디자인에서는 시간이 가장 중요하다. 더욱이 요즘 회사나 실무 팀에서는 사용자를 디자인 프로세스에 포함시키길 원한다. 프로세스를 진행하는 시간을 많이 늘리지 않고 어떻게 이 작업을 할 수 있을까? 혹 조직에서 기존에 사용하던 방법론이 있는가? 그렇다면 어떻게 사용자 중심의 디자인 테크닉을 기존 프로세스에 포함시킬 수 있을까? 게다가 사용자를 디자인 프로세스의 중심에 두는 것을 반대하는 의견도 역시 존재한다. 고객의 목소리를 듣는 데는 설문조사(survey)와 포커스 그룹(focus group)만으로도 충분하다고 생각하는 이도 많다. 이렇듯 사용자 데이터를 포함시킬 경우 시간과 자원을 더 많이 투입해야 한다는 불만도 있다. 그러나 그런 와중에도 어느새 제품과 시스템 디자인에서 사용자 데이터를 활용하는 것이 개발 프로세스에서 대세로 자리 잡고 있다.

래피드 CD에서 추구하는 목표에는 개발 프로세스에 고객 데이터 반영을 반대하는 의견을 제거하는 목표도 있다. 우리의 경험으로 볼 때 프로젝트에서 시간이라는 문제는 단순히 프로젝트에 할당된 전체 시간보다는 사용자 데이터를 기존의 업무 습관, 프로세스, 직무 설명, 그리고 회사의 스케줄 등에 어떻게 맞출지에 더 좌우된다. 래피드 CD에서 '래피드(rapid)'는 'CD에 있는 모든 과정을 하되, 단기간에 더 빨리 수행함'을 뜻하지는 않는다. 그보다는 오히려 다음 질문들이 '래피드' 의미를 정확하게 설명해 줄 것이다.

- 이 모든 단계를 다 거쳐야 하는가? 생략할 수 있는 것은 무엇인가? 언제 생략할 것인가?
- 현재 진행 중인 디자인 프로세스에 CD를 어떻게 적용할 것인가? CD 테크닉을 고객 데이터를 얻는 데 사용하고 내가 익숙하게 사용하는 단계에 활용할 수는 없는가?
- 우리 팀은 두 명뿐인데 CD를 할 수 있을까?
- 시간이 몇 주밖에 없다면 무엇을 할 수 있을까?

기존의 체계, 예측, 시스템과 제품 생산 조직의 개발 프로세스에 사용자 중심 디자인이 잘 들어맞는다면 이는 '래피드'한 방법이 될 것이다. 이것은 여전히 변화를 의미하지만, 모든 조직적 변화의 과정이 그러하듯이 단계적으로 진행된다. 16장에서는 이런 조직적인 내용과 관련된 문제들을 다룰 것이다.

요구사항을 취합해서 디자인하는 과정에는 시간이 걸리게 마련이다. 컨텍스추얼 디자인에서는 다음 요소들이 프로세스의 실제 속도를 좌우한다.

- 조사 대상자로 선정된 고객에 대한 현장 방문(customer visit) 횟수
- 프로젝트에서 동시에 작업할 수 있는 인원 수 또는 중요한 때에 도와줄 수 있는 인원 수
- 프로젝트에 배정된 사람들의 업무 헌신도와 풀타임(full time) 근무 가능 여부
- 문제의 규모 즉, 비즈니스 프로세스가 복잡할수록 제품도 더 복잡해지고, 따라서 문제를 정의하거나 재디자인하는 데에 더 많은 시간이 소요된다.
- 만족시키거나, 협력해야 하거나, 의사소통해야 하는 이해관계자들의 수. 이해시켜야 할 사람이 많을수록 더 많은 시간이 소요된다.

적당히 작은 프로젝트에 집중력 있고, 훈련이 잘 되어 있으며, 열성적인 인적 자원만 있다면 5~7주 내에 CD 프로세스의 주요 단계들을 모두 거칠 수 있다. 특히 사용하는 업무 모델의 수를 줄일 수 있다면 더욱 좋다(10쪽의 '캐런과 잉그리드의 이야기 -5주간의 CD 프로젝트' 사례 참조).

인컨텍스트에서는 두 명의 인원이 프로세스의 모든 단계를 포함하는 프로젝트를 일상적으로 한다. 그러나 사용자의 업무 수행 방식에 대한 특징을 추출할 때는 어피니티 다이어그램과 시퀀스 모델만 사용했다. 사용자 수가 적을 때(대략 10명)에 요구사항 취합에 소요되는 시간은 2주에서 3주까지 줄일 수 있다. 이것은 해당 팀의 업무 헌신도와 조사 결과를 토대로 커뮤니케이션하는 절차에 따라 좌우된다. 심지어 1주일 이내에도 데이터를 모으고 어피니티를 구축하며, 사용자 6명을 인터뷰한 다음, 비전을 도출할 수도 있다.

랜데스크(LANDesk) 프로젝트는 3주간의 프로젝트 사례다. 우리는 랜데스크에서 사용자 집단의 특징을 추출하여, 데이터를 그들의 XP 프로세스에 적용하도록 지원했다. 많은 사례에서 CD는 고객 데이터를 수집하고 정리하는 작업에만 사용되었고 디자인 단계에서는 다른 방법들이 사용되었다. 이처럼 CD를 변형해서 사용하는 편이 CD 프로세스의 모든 과정을 따르며 여러 사용자 데이터를 수집하는 편보다 훨씬 신속했다.

2장에서는 더 신속하게 진행되거나, 제한적일 수 있는 CD 프로세스를 뒷받침하기 위해 여러분의 디자인 프로세스를 체계적으로 만드는 몇 가지 방법을 다룰 것이다. 우리는 두 사람으로 구성된 팀이 어떻게 1주에서 10주 사이에 고객 데이터를 프로젝트에 활용할 수 있는지를, 몇 가지 변형된 방법을 통해 보여줄 셈이다. 어떤 단계를 거치거나 건너뛰려고 하는지, 팀 구성원은 몇 명인지, 도움을 줄 수 있는 인원은 몇 명인지, 조사 대상자는 몇 명인지 등에 따라 각자의 상황에 맞게 CD를 변형해 사용할 수 있다.

우리 목표는 독자에게 생생한 사례와 조직의 생산성을 향상시키는 데 필요한 가이드를 제공하고, 사용자 데이터를 여러분의 목적과 디자인 프로세스에 맞게 빠르고 확실하게 적용할 수 있도록 돕는 것이다.

캐런과 잉그리드의 이야기 – 5주간의 컨텍스추얼 디자인 프로젝트

작년에 우리 회사 내의 작은 제약 연구소에서 업무 프로세스를 운영할 소프트웨어를 디자인해 달라고 부탁했다. 새로 생긴 이 연구소에서는 많은 사람이 불과 몇 개월 안에 프로젝트를 수행해내고 있었다. 특별히 정해진 업무 처리 방식이 없었기 때문에 우리는 여태까지 작업해온 방식과 앞으로 변경될 만한 업무들을 조사해야만 했다. 하지만 우리 팀과 연구소 모두 스케줄이 빠듯했다. 우리는 석 달 내에 새 업무 시스템을 만들어야 했다.

회사에서 컨텍스추얼 디자인 전문가였던 우리 둘은 바로 우리 팀을 훈련시킬 수 있는 이 기회에 흥분되기도 했지만 동시에 압박감도 느꼈다. 먼저 이 프로젝트에서 컨텍스추얼 디자인을 가능한 한 빨리 끝내려는 전략을 세웠다. 그중 하나는 이미 CD를 알고 있는 팀 구성원들을 확보하는 것이었다. 당시 잘 훈련된 개발자 두 명과 이전에 CD 교육을 받지 않은 두 명 (우리는 이 사람들에게 최소한의 교육만 실시했다), 전체 교육 과정에 참여할 프로젝트 리더 한 명이 있었다. 고객 가운데 두 명도 일부 참여하여 부분적으로 교육을 받았다.

시스템을 직접 사용할 사람은 네 명뿐이었고, 우리는 그들을 모두 인터뷰했다. 고객들은 인터뷰와 정리 과정을 통해서 자신들의 업무에 대해서 많은 것을 알게 되었다. 우리는 데이터 일부를 사용자들과 함께 정리했다. 덕분에 사용자들은 데이터와 디자인이 어디서 어떻게 나왔는지, 그리고 그것이 새로운 시스템의 비전을 도출하는 데 어떻게 관련되는지를 이해하게 되었다.

시간을 줄이기 위해 우리는 어피니티 다이어그램, 플로와 시퀀스 모델만을 정리했다. 그런 다음 비전을 도출하고 업무 스토리보드를 구성했다. 그리고 이것을 기반으로 해 새로운 시스템의 사용자 환경을 디자인했다. 사용자들은 이 사용자 환경 디자인에 대해서 상당히 흥분된 반응을 보였다. 그들은 이 모델이 자신의 업무 프로세스를 보여준다는 사실과 시스템이 조직 내에서 어떻게 업무 프로세스와 각 역할을 지원하는지를 알 수 있었다. 실제로 연구소의 관리자들은 사용자 환경 모델을 살펴보는 동안 그들의 업무 수행 방식에 대해서 많은 대화를 나누었다.

일단 사용자 환경 디자인을 하면서 UI 디자인과 객체 모델링(object modeling)도 동시에 진행하였다. UI 작업에서, 우리는 페이퍼 프로토타입을 만들었다. 그것을 온라인 프로토타입으로 옮겨가기 전에 3회 테스트를 했다. 그리고 유스 케이스를 도출하고자 새로 디자인한 시퀀스들과 사용자 환경 디자인을 활용하였다. 이 과정에서 잠재적인 객체를 정의하기 위해서 사용자 환경상의 핵심 영역을 살펴보았다. 그 결과 코딩에 들어가기 전까지 사용자 환경 디자인과 유스 케이스를 상당히 일치시킬 수 있었다.

고객들 역시 매우 기뻐하며 적극적으로 참여했고, 개선된 프로세스를 잘 파악하기 위해 우리의 데이터를 이용했다. 새로운 시스템은 실제로 연구소의 한 직원이 담당하는 업무를 크게 줄여 주었다. 이전에 그녀는 분석하려는 파일을 다시 포맷하느라 많은 시간을 보냈었다. 이제 그녀는 포맷 없이 바로 분석에 들어갈 수 있게 되었고, 이렇게 절약된 시간을 다른 프로젝트에 사용한다.

이 단기 프로젝트에서, 초기 데이터 수집에서 객체 모델링과 UI 디자인까지, 전체 과정에는 8주가 걸렸다. 컨텍스추얼 디자인 과정만을 본다면 단 5주뿐이었다.

어떻게 내가 속한 조직에서 고객 중심의 디자인 프로세스를 사용하도록 할 수 있을까?

사용자 중심의 테크닉에 관한 설명은 대개 기존의 방법을 바꾸도록 권하는 말로 시작하곤 한다. 하지만 문서로 규정되었든 아니든, 또 실제로 사용하든 하지 않든, 회사에는 이미 나름의 방식이 있다. 시스템 개발에서 그런 일상적인 방식을 바꾼다는 것은 컨텍스추얼 테크닉을 기존의 방법론과 통합하는 것을 의미한다. 때때로 회사는 RUP(Rational Unified Programming)처럼 더 전통적인 방법론을 선호하기도 하고 XP 같은 새로운 방법론을 도입하기도 한다. 그러나 그 어느 쪽도 사용자 경험을 다루는 데는 그리 탁월하지 않다. 때문에 이런 방법들과 컨텍스추얼 디자인을 어떻게 잘 맞출 수 있을까 하는 문제는 계속해서 제기되어 왔다.

그러나 어떤 방법이든, 회사의 규모가 어떻든지, 개발하려는 시스템의 종류에 관계없이 고객 중심의 디자인을 도입한다는 것은 방법론의 변화, 구성원들의 역할 변화, 사용 기술의 변화, 사용자에게 투자하는 시간의 변화 그리고 프로젝트 관리의 변화 등 조직적인 변화가 있음을 뜻한다.

2장에서는 책 전반에 걸쳐 참고하는 방법론들을 정의하고, 어떻게 컨텍스추얼 테크닉을 다른 프로세스에 통합시킬지를 대략적으로 살펴볼 것이다. 15장에서는 컨텍스추얼 디자인의 산출물을 다른 방법론에 어떻게 적용하는지에 관한 사례들을 볼 것이다. 16장에서는 조직 내에서 래피드 CD를 채택하는 데 유용한 전략을 제시한다.

래피드 CD와 다른 방법론들 CD를 성공적으로 적용한다는 것은, 즉 CD를 다른 방법론과 같이 사용해도 무리가 없도록 만드는 것과 같다. 15장에서는 어떻게 컨텍스추얼 디자인을 회사 고유의 방법론, 예컨대 RUP 또는 애자일 테크닉과 같이 사용할 수 있는지를 설명한다. 현재(as-is) 사용자 프로세스의 특성을 도출하고자 통합된 시퀀스와 유스 케이스들 간의 관계에 대해서도 다룰 것이다. 또한 시나리오 개발, 향후(to-be) 유스 케이스, 사용자 스토리를 만드는 데에 스토리보드가 어떻게 이용되는지에 대한 사례도 많이 제공한다.

조직의 채택과 관련된 이슈 여러분의 조직에 래피드 CD를 최적의 방법으로 적용하고자 결심했다면, 조직에서 채택되도록 만드는 전략이 필요하다. 어떤 종류의 프로젝트로 시작할지, 어떻게 호응을 이끌어낼지, 또 어떻게 지지를 얻을지 등을 생각해야 하는 것이다. 또한 변화를 꺼리는 사람들의 반대 의견에 대처할 준비도 되어 있어야 한다. 16장에서는 이럴 때 사용할 수 있는 테크닉과 한 발 더 나아가기 위해 제기할 만한 논점들을 소개할 것이다.

결국, 여러분이 속한 조직에서 지지를 얻어내는 가장 좋은 방법은 간단하게 수집한 고객 데이터가 결과적으로 의사 결정에 도움이 되도록 만드는 것이다. 어떻게 얻었든 그 데이터 자체가 고객 중심 디자인 테크닉의 관문을 여는 최선의 방법이 되어줄 것이다.

시디툴즈는 무엇인가?

컨텍스추얼 디자인을 진행할 때 메모지 등, 종이를 쓰지 않고도 결과를 공유하고 재사용할 수 있는 소프트웨어를 계속 요청해 왔다. 흥미롭게도, 소프트웨어의 존재는 조직이 고객 중심의 디자인 프로세스를 채택하도록 만드는 매력적인 요인으로 작용했다. 요구사항을 취합하는 것은 '부드러운' 테크닉으로, 사용자와 대화하는 것은 대개 기술적이라는 느낌을 주지 않는다. 하지만 소프트웨어를 사용하면 이처럼 '부드럽게' 느껴졌던 일이 갑자기 '기술적으로' 보이게 된다. 특히 엔지니어들과 일하고 있다면, 시디툴즈 같은 소프트웨어는 데이터 관리만이 아니라 CD에 회의적인 팀원들을 설득하는 데에도 도움이 될 것이다.

시디툴즈(CDTools)는 통합 모듈 방식의 소프트웨어로, 데이터를 체계적으로 만들고 조직 전반에 걸쳐 협업을 하는 데 유용하다. 이 소프트웨어를 사용하면, 여러분은 팀 기반의 디자인 환경에서 정성(定性)적인 사용자 데이터를 취합할 수 있다. 시디툴즈는 팀 또는 개인이 필드 데이터를 수집하고 해석하는 것을 가이드한다. 또한 수집된 데이터를 어피니티 다이어그램으로 분석하고 통합한 다음 조직 내에서 공유시킴으로써 컨텍스추얼 디자인에서 핵심 과정들을 지원한다.

시디툴즈는 현장 방문 계획을 비롯해서 어피니티 노트를 기록하고, 이것을 온라인으로 옮기는 작업에 이용할 수 있다. 이 책에서 우리는 이 소프트웨어가 어떻게 컨텍스추얼 디자인 프로세스의 여러 단계를 지원하는지 그리고 언제 시디툴즈를 활용할지 설명한다.

시디툴즈로는 다음과 같은 일을 할 수 있다.

컨텍스추얼 디자인 프로세스의 간소화 시디툴즈는 종이 사용을 최소화하여, 데이터 수집과 분석, 관리와 보존 시 능률을 올린다. 또한 데이터 수집과 분석 두 가지를 모두 질적으로 향상시킨다는 특징이 있다.

팀 내 업무 분배 가능 시디툴즈는 데이터 해석과 디자인 세션을 배분하는 것을 지원한다.

데이터 공유와 재사용 데이터를 웹 브라우저에서 확인할 수 있으므로 여러 프로젝트 간, 팀들 간, 또는 공동 업체 간의 고객 데이터와 디자인에 대한 재사용이나 확장, 또는 토론 등을 지원한다.

우리는 다만 프로세스를 지원하는 도구를 제공하는 차원에서 시디툴즈를 제안하는 것이다. 여러분이 도구에 얽매이기를 바라지는 않는다. 컨텍스추얼 디자인을 하면서 우리는 어떤 소프트웨어를 사용하는 것이 실제 작업에 집중하는 데 걸림돌이 될 수도 있음을 알게 되었다. 그래서 여러분이 시디툴즈라는 소프트웨어에 집중하기보다는 수행할 일 자체에 이용할 수 있도록 주의를 기울였다.

어떤 프로젝트 사례들을 사용하는가?

이 책에는 실제 사용자 데이터와 CD 프로세스를 거쳐 만든 다른 산출물들이 사례로 나와 있다. 사례들은 인컨텍스트 또는 우리의 고객사들이 수행한 실제 프로젝트에서 수집했다. 이초크의 사례는 각 장에서 모두 소개했고, 이로 인해 일관된 맥락에서 프로세스를 설명할 수 있었다. 이초크는 미국에서 웹 기반의 학교용 소프트웨어를 개발하는 회사다. 이 회사는 이초크 3.0 버전을 개발하고자 2000년부터 컨텍스추얼 디자인을 사용하기 시작했고, 그때부터 계속해서 컨텍스추얼 디자인으로 초기 데이터를 확장하고 있다.

또한 인컨텍스트 내부에서 수행한 B2B(business-to-business) 구매 프로젝트뿐만 아니라 애자일런트, 아프로포스, 랜데스크 소프트웨어 등의 프로젝트 사례들도 소개할 것이다. 이 프로젝트들에 덧붙여서, 특정 부분을 설명할 때는 또 다른 데이터 사례들도 사용했다. 우리의 웹사이트(www.incent.com/cdtools)에서 프로젝트에 도움이 될 더 많은 데이터 사례들을 찾아볼 수 있다.

한편 사례를 제공해 준 고객들의 지적 재산권과 개발 성과를 보호하는 데도 주의를 기울였다. 책에서 사용된 데이터는 CD 프로세스를 어떻게 이용하는지, 실제 데이터와 디자인 산출물은 어떤지를 설명할 목적으로 사용됐다. 따라서 어떤 사례에 대한 전체 프로세스를 이야기하거나 최종 제품의 특성을 들춰내지는 않았다. 제품에 대한 정의와 디자인에서 컨텍스추얼 테크닉을 활용한 전체 결과를 이해하고자 한다면 최종 제품을 직접 찾아보면 된다.

여러분이 배울 만한 사례를 제공해 준 모든 분께 감사한다.

이초크

이초크는 미국의 유치원 및 초, 중, 고등학교용으로 특화된 웹 기반의 커뮤니케이션 플랫폼에서 선두격인 개발 회사다. 이초크 제품은 학생, 교사, 부모, 학교 경영진이 서로 협력을 강화하도록 디자인되었다. 또한 이메일, 달력, 파일을 보관하고 공유하는 용도의 디지털 보관함, 학교 디렉터리, 교사와 학급의 웹 페이지, 그리고 학급의 과제와 정보를 공유하는 온라인 시스템 등을 제공한다. 이초크 팀은 수년간 컨텍스추얼 디자인을 사용해 왔다. 이 책에 나오는 데이터는 이초크 3.0 버전을 위해 수집된 것이다. 이 버전을 개발하기 위해, 이초크 팀은 먼저 교사, 경영진, 학교의 지원 인력에 집중했다. 물론 학생 데이터도 수집했다.

그런 다음 컨텍스추얼 디자인 프로세스 전체를 사용했다. 그 결과 이초크 팀은 2000년도에 수집된 프로젝트 데이터를 사용할 수 있었고, 이것은 고객 요구를 기반으로 장기적인 비전에 맞춰 다양하고 일관된 제품을 개발하는 데 이용되었다. 2003년 후반에 이초크 팀은 다시 추가된 특징들을 반영하는 새로운 데이터를 취합하였고, 2004년에 이초크 5.0 버전을 개발해냈다. 더 자세한 정보는 www.echalk.com에서 볼 수 있다.

애자일런트

애자일런트 테크놀러지는 다국적 기업으로 분석 도구 분야에서 손꼽히는 회사들 중 하나다. 애자일런트의 도구들은 화학, 석유화학, 약학 분야에서 제품의 내용물과 순도를 결정하는 데 사용된다. 또한 정부 및 사설 연구소에서도 오염 물질, 살충제, 약물 남용 등이 있는지 테스트하는 데 애자일런트를 사용한다.

이 책에서 사례로 이용된 데이터는 애자일런트가 계약한 두 프로젝트에서 나온 것이다. 첫 번째 프로젝트는 분석 연구소에서 어떻게 일을 처리하는지를 이해하고 기록하는 데 초점을 맞추었다. 이 정보는 연구소의 성공에 핵심이 되는 업무 프로세스를 지원하는, 일관성 있는 소프트웨어 아키텍처를 개발하는 데 사용되었다. 이런 연구소에는 대개 분석 장비들이 네트워크로 연결되어 있는데, 샘플들은 이러한 장비를 거쳐 기록되고 처리된다. 연구소의 연구원들은 매일 분석해야 하는 샘플 리스트를 갖고 있으며, 데이터는 저장이 되고 데이터베이스로부터 조회 과정을 거친다. 두 번째 프로젝트는 첫 번째 프로젝트를 기반으로 구축되었으며, 화학과 약학 분야에서의 품질 관리에 초점을 두었다.

애자일런트의 제약 소프트웨어(Agilent's Cerity for Pharmaceutical QA/QC)는 새로운 소프트웨어 아키텍처를 기반으로 한 첫 번째 애플리케이션으로, 컨텍스추얼 디자인을 이용하여 디자인되었다. 사용자들은 프로젝트 전체를 통해서 사용자 인터페이스 디자인 과정에 연관되었다. 최근에는 많은 유명 제약회사가 이 소프트웨어를 자사의 품질 관리 연구소에서 사용한다. 이 소프트웨어는 전자 기록과 서명에 대해 미국 FDA로부터 그 안전성을 승인받았다. 이러한 제약 연구소들은 미리 정해진 절차에 따라 대량의 샘플을 처리한다.

사용자들은 이 소프트웨어의 사용자 인터페이스를 좋아했고, 이것이 자신들의 업무 흐름(work flow)에서 요구되는 부분과 잘 부합한다는 이유로 제품을 구매했다. 이 제품에 대한 추가 정보는 아래를 참고하면 된다.

언론 보도 - www.agilent.com/about/newsroom/features/2004jan29_cerity.html

제품 웹사이트 - www.chem.agilent.com/scripts/PDS.asp?lPage=272

아프로포스

아프로포스 테크놀러지는 멀티채널로 고객의 인터랙션을 관리하고 이메일, 웹, 음성을 통합하는 서비스를 제공하는 선도 기업이다. 이 프로젝트는 고객의 문제를 접수하는 콜 센터 지원에만 그치지 않고 모든 인터랙션 미디어를 통해 지속적으로 고객 지원을 하려는 작업의 일부였다.

이 프로젝트는 서비스 센터 즉, 사람들이 도움이나 서비스를 요청하러 가는 모든 종류의 조직들을 어떻게 지원할지를 이해하는 것이 목표였다. 콜 센터에서 고객 인터랙션은 주로 음성을 기반으로 한다. 이 인터랙션의 특성을 이해함으로써 우리는 이메일과 전화로 사람들을 도와줄 때의 주요 이슈에 대해 예상하고 디자인할 수 있었다. 이 프로젝트는 어떻게 하면 고객이 정확한 상담자와 정보에 즉각 연결되어 도움을 받을 수 있는가에 집중했다. 때문에 어떻게 하면 콜 센터 직원이 고객과 직접 접촉하지 않고 고객 인터랙션으로부터 정보를 얻어낼 수 있는지 조사했다. 또한 콜 센터 직원들의 인터랙션과 더불어 전화한 고객들과의 구체적인 인터랙션도 살펴보았다.

구매 프로젝트

이 프로젝트는 SAP가 의뢰한 다양한 산업체들 간의 B2B 관계에 대한 보고서의 일부였다. 프로젝트의 목표는 이러한 관계를 웹에서 지원할 기회를 모색하면서, 큰 조직에서 구매의 역할을 이해하고 지원하는 것이었다. 팀은 어떻게 구매가 이루어지며, 여기서 가장 중요한 두 관계 즉, 집단 내부의 요구사항과 물품, 서비스를 제공하는 외부 공급자와의 관계를 어떻게 처리하는지를 이해하는 데 집중했다. 또한 사무실 비품 같은 물품 제공에서부터 장기적인 B2B 관계를 산출하기까지, 구매의 모든 단계를 관찰했다. 그럼으로써 공급자를 생산 프로세스의 일부로 만들었다.

랜데스크

랜데스크(LANDesk) 소프트웨어는 데스크톱, 서버, 모바일 장비를 관리하는 통합 솔루션을 제공하는 뛰어난 업체다. 랜데스크 소프트웨어 제품은 전 세계적으로 2억 5천만 개 이상 설치되었다고 알려져 있다. 이 회사의 플래그십 스토어인 랜데스크 관리 스위트(LANDesk Management Suite)는 시스템 관리 프로세스와 기술 분야에서 10년 이상 쌓아 온 혁신의 결과라 할 수 있다. 랜데스크 팀은 가치 있는 컨텍스추얼 데이터를 익스트림 프로그래밍 개발 환경에 도입하는 과정에서 래피드 CD 프로세스를 사용했다. 그 덕분에 랜데스크 팀은 빠듯한 일정에서 사용자 중심의 OS 배치 솔루션을 개발할 수 있었다. 그 결과가 바로 랜데스크 배치 마법사(LANDesk OS Deployment Wizard)다. 이것은 윈도 시스템 업그레이드를 계획, 배치, 구성, 유지하기 위해 IT 관리자들이 사용하는, 시간과 비용이 드는 프로세스를 자동화했다. 팀은 어피니티 다이어그램과 시퀀스 모델로 프로젝트의 핵심 스토리 라인(story line)과 타깃 고객의 페르소나를 만들었다. 사용된 데이터는 지속적으로 제품 디자인 계획에 영향을 끼치고 있다.

이 제품에 관한 정보는 www.landesk.com/products/product.php?pid=6을 참조하자.

핵심 용어

시스템 컨텍스추얼 디자인은 데스크톱 애플리케이션, 비즈니스 시스템, 웹 페이지, 소비자용 소프트웨어, 과학적 분석 도구, 제조 프로세스, 심지어 가정용 설비와 제품에도 사용 가능하다. 시장에 출시하는 제품 또는 사내 업무 지원 시스템을 만드는 데도 이용할 수 있다. 이 책에서 제품, 시스템, 그리고 웹사이트라는 용어를 서로 바꿔도 무방하다. 즉 이런 용어들은 간단하게 '여러분이 디자인하는 그것'을 뜻한다.

고객 시장을 겨냥한 제품을 개발할 때 여러분의 사용자 집단은 시장의 일반 고객이지만, 내부 사용자들을 위해 개발하는 경우라면 사용자 집단은 비즈니스 사용자가 된다. 우리는 고객과 사용자라는 용어들을 서로 바꿔도 무방하도록 썼다. 모두 여러분이 디자인하는 시스템을 직접 사용하거나 혹은 정보를 소비하거나, 해당 시스템에서 이루어지는 일을 실제로 하는 사람들을 뜻한다. 사용자 또는 고객들은 여러분의 도구가 직접 혹은 간접적으로 지원하는 작업을 하는 사람들이다. 이들은 제품을 구매하는 데 돈을 쓰는 사람들을 의미하지는 않는다. 여기서 고객이라는 용어는 고객 서비스 전문가들이 말하는 것과 같은 뜻으로, 여러분이 서비스해야 하는 사람들이라는 의미다.

마찬가지로 시장과 사용자 집단이라는 용어도 서로 바꿔 써도 무방하다.

업무 업무, 업무 수행, 업무 모델이라는 말은 이 책 전반에 걸쳐서 나타난다. 이용어들은 사용자가 종사하며 우리가 지원하려는 모든 활동을 의미한다. 업무는 비즈니스 애플리케이션 또는 비즈니스 웹사이트에는 적합한 용어다. 그러나 고객은 생활을 기반으로 일상적인 활동을 한다. 따라서 가끔 일상적인 활동이라고 쓰는 경우도 있다. 그러나 주로 업무라는 말은 모든 사용자의 활동을 가리키는 의미로 사용한다.

이와 마찬가지로 업무 모델은 필드에서 관찰된 사람들의 행동을 나타내는 다이어그래밍 테크닉 또는 스케치를 뜻한다. 다섯 가지 업무 모델은 모두 실제 업무 활동 또는 일상적인 활동을 대표한다.

고객 중심 디자인 사용자 중심 디자인 또는 고객 중심 디자인(Customer-centered design)에 대해서 말하는 경우, 이 책에서 설명한 도구와 테크닉에 대한 내용이 되기도 하고 사용자 데이터와 고객의 목소리를 디자인 프로세스에 적용하려는 다른 도구들에 대한 내용이 되기도 한다.

목업 인터뷰 목업 혹은 페이퍼 프로토타입이라고 부르는, 개선안이 적용된 사용자 인터페이스의 대표 화면을 종이로 표현하여, 필드로 가져가서 실제 사용자에게 테스트하고 기능적인 요구사항을 수집하는 것을 말한다.

02

래피드 CD 프로젝트 계획하기

만약 우리가 모든 프로젝트에 대해서 고객 중심 디자인을 수행하는 '제대로 된' 방법으로 분석한다면 거기에 필요한 시간과 자원에 당황하기 십상이다. 요즘 기업들은 개발 프로세스에 더 많은 사용자 데이터를 투입하고 싶어하면서도, 자체적으로 사용해온 프로세스를 바꾸기는 꺼려한다. 그렇다면 어떻게 할 것인가?

여기서는 사용자 데이터를 프로젝트에 적용하는 전략을 제공한다. 래피드 CD 디자인 프로세스는 컨텍스추얼 디자인에서 나온 일련의 테크닉을 취합하여 여러분의 프로젝트에서 무엇이 문제인지 파악하도록 도와준다. 그리고 몇 가지 실행 가능한 래피드 CD 디자인 프로세스를 제시해 자신의 프로젝트에 활용할 수 있는 CD 테크닉을 선택하도록 지원한다.

속전 속결 1주에서 4주 사이에 사용자 집단의 특징을 추출하고 비전을 도출하라.

속전 속결 플러스 4주에서 8주 사이에 사용자 집단의 특징을 추출하고, 비전을 도출하고, 페이퍼 목업을 해서 테스트하라.

집중 래피드 CD 6주에서 10주 사이에 사용자 집단의 특징을 추출하고, 업무 분석에 필요한 관련 데이터를 수집 및 정리하고, 비전을 도출한다. 그런 뒤 스토리보드를 통해 세부 사항을 파악하고 페이퍼 목업을 만들어 테스트하라.

이 중 각자의 문제와 소속된 조직에 최선이 되는 프로세스를 선택하자. 가끔 사용자 데이터 수집부터 인터페이스 개발까지 이르는 전 과정에 래피드 CD 프로세스를 사용할 수도 있다. 경우에 따라 일부 특정한 사용자 데이터만을 프로젝트에 투입하고자 래피드 CD 프로세스를 사용할 수도 있다. 래피드 CD 테크닉 중 일부는 애자일 프로그래밍, RUP(Rational Unifred Programming), 또는 각자의 조직 내 방법론을 보완하는 데에 더 적합하다. 또 어떤 때는 제한된 시간이나 자원에 맞추기 위해 래피드 CD 테크닉을 선택할 수도 있다.

어떠한 프로젝트든지, 심지어 주어진 시간이 딱 1주일뿐이더라도, CD 테크닉을 적절하게 변형해서 사용할 수 있다. 어떠한 사용자 데이터라도 프로젝트에 투입되는 편이 그렇지 않은 것보다는 나은데, 사용자 데이터는 디자인과 정보를 기반으로 결정을 내리는 근거가 되기 때문이다.

이 장은 여러분이 래피드 CD 프로젝트의 계획을 수립하는 것을 도와줄 것이다. 일단 계획을 세우면 실행할 수 있다. 명확한 계획은 프로젝트 성공의 가장 중요한 변수임을 명심하라.

『Contextual Design: Defining Customer-Centered Systems』의 20장 「Putting It into Practice」를 참조하자.

여러분의 프로젝트는 래피드 CD에 적합한가?

래피드 CD 테크닉은 고객 데이터 수집이 필요한 프로젝트라면 어디든 사용할 수 있다. 그러나 사용 및 수집된 데이터의 질적인 트레이드오프(trade-off)나 확장이 필요 없는 프로젝트에 더욱 적합하다. 프로젝트의 범위가 그런 적합성을 결정할 수 있다. 기본적으로는 명확하게 정의된 소수의 직무 역할(job role)이 대상인 작고 타이트한 범위의 프로젝트가 제일 적합하다(직무 역할을 정의하는 방법은 3장을 참조하자). 다음은 래피드 CD를 사용하기에 적합한 몇 가지 프로젝트예다.

사용성 개선, 손쉬운 개선, 빠른 개선 경우에 따라 제품이나 시스템을 향상시키는 것을 목표로 해 가장 중요한 문제점만 수정하기도 한다. 이런 프로젝트에서 주요 과제는 기존 제품, 시스템, 또는 웹사이트와 인터랙션하면서 대표적인 사용자 집단이나 핵심 사용자 집단을 관찰하는 것이다. 이러한 데이터를 통해 최적의 개선 방안을 손쉽게 도출할 수 있다.

새로운 시스템 콘셉트를 위한 시장 또는 집단의 특성화 이런 프로젝트는 사용자를 이해하고 새로운 시스템의 방향을 제시하는 아이디어를 도출하는 것이 목표다. 예를 들어 보자. 기존 사용자 집단 또는 새로운 집단의 니즈를 파악하기 위해 타깃 사용자를 정의하는데, 직무 역할이 네 가지 이하로만 존재한다고 하자. 아마 여러분은 새로운 시장으로 진입할 가능성을 조사하거나 기존 시장에서 신제품의 가능성을 타진하고 싶을 것이다. 아니면 사내 시스템 개발에 적합한 우선순위를 결정하기 위해 기존 사용자가 실제로 느끼는 문제가 무엇인지 알아야 할 수도 있다. 이러한 데이터는 더 완벽한 시스템 개발 프로세스로 가는 첫 단계가 될 수도 있다. 래피드 CD는 타깃 직무 역할이 네 가지 이하인, 시장 특성화 프로젝트에 매우 적합하다.

웹사이트 평가와 재디자인 웹사이트가 마케팅 위주에서 사용자 지원 위주로 전환하는 경우라고 해보자. 사용자들이 정보와 거래에 접근할 수 있도록 해야 한다. 또는 재디자인할 홈페이지 상단에서 더 많은 정보를 제공하거나 어떤 거래가 가능한지를 보이려는 목적일 수도 있다. 어느 쪽이든 정보를 얻으려는 타깃 사용자 집단을 알아야 한다. 이 경우 이 집단의 구성원들은 한 가지에서 세 가지 사이의 주요 직무 역할에 속한다. 이렇게 타깃이 되는 직무 역할의 수가 적다면 사람들이 현재 해당 웹사이트와 다른 관련 사이트를 어떻게 이용하는지를 래피드 CD로 평가할 수 있다.

차세대 시스템 기존 제품(제품군이 아닌)이 있고 이 프로젝트의 타깃 사용자가 이미 정해진 경우를 생각하면 된다. 여러분은 새로 추가할 기능이 무엇인지, 제품을 어떻게 더 발전시킬지, 사용자 경험을 어떤 방법으로 향상시킬지를 확인하고 싶을 것이다. 또한, 단기적인 개선뿐만 아니라 새롭고 의미 있는 특징과 대안을 찾으려고 할 것이다. 여러분은 사용자들의 업무와 니즈를 더 잘 이해하는 데 관심이 있다. 이러한 차세대 시스템을 위한 래피드 CD 프로세스를 도입한다면 여러분은 한두 가지 타깃 직무 역할에 대한 깊이 있는 데이터를 얻을 수 있다. 혹 직무 역할이 서너 가지라면 깊이는 약간 부족하지만 신뢰할 만한 데이터를 얻게 된다.

일관성 있는 업무에 대한 지원 일관성 있는 업무를 지원하는 시스템을 만들려는 경우다. 일관성 있는 업무는 1~4가지의 직무 역할이 협력하거나 일련의 연관된 작업들을 통해서 성취될 수 있다. 기존 시스템, ERP 환경, 포털 사이트, 제품, 또는 웹사이트와 통합 지원하려는 경우도 마찬가지다. 여기서 여러분이 할 일은 업무가 어떻게 수행되는지, 자동화가 생산성을 얼마나 향상시키는지, 어떻게 규모가 더 큰 툴이나 시스템과 완전히 통합되도록 지원할지를 이해하는 것이다. 이러한 업무를 지원하는 데 필요한 직무 역할의 수가 네 가지 이하라면, 래피드 CD가 적합할 것이다.

데이터 리포팅(reporting) 많은 데이터를 산출하지만 그것을 어떤 유용한 형태로 뽑아내기는 힘든 시스템 또는 제품이 있다고 하자. 여러분은 그 데이터를 소비하는 타깃 사용자를 이미 정의했고, 제공하려는 데이터의 하위 세트에 대해서 알고 있다. 정보의 타깃 소비자는 시스템 커스터마이징(customizing)[1]

---

1 (옮긴이) 여기서 '커스터마이징'은 '리포팅'의 다른 표현이고 '리포팅 소프트웨어'는 '시스템'의 다른 표현이다. 앞서 다룬 전체 시스템 개선과 달리 현 시스템의 데이터를 타깃 유저가 잘 알 수 있는 형태로 재가공하는 일에도 래피드 CD가 유용하다는 뜻이다.

표 2-1 래피드 CD 프로세스들을 비교한 표. 시간이나 자원에 제약이 있다면 이 표를 보고 여러분의 프로젝트에 맞추어 시작하고자 하는 프로세스를 선택하면 된다.

래피드 CD 프로세스	컨텍스추얼 인터뷰와 해석	시퀀스 모델과 데이터 정리	어피니티 다이어그램	데이터 분석과 비전 도출	스토리보딩	페이퍼 목업 인터뷰와 해석
속전 속결 1주-4주	사용자 4-12명					
속전 속결 플러스 4주-8주	사용자 6-12명					사용자 4-9명
집중 래피드 CD 6주-10주	사용자 8-12명					사용자 6-12명

을 수행하는 직무 역할 하나를 포함해서, 네 가지 이하의 직무 역할에 속해 있다. 이런 경우는 래피드 CD에 적합한데, 커스터마이징 소비자와의 인터뷰는 대개 짧고 적용이 가능하기 때문이다.

여러분의 프로젝트가 이런 카테고리 중 하나에 해당된다면, CD를 도입할 때 표 2-1에서 추천 프로젝트 계획을 참고하자.

프로젝트 범위가 크다면?

프로젝트가 표 2-1의 어느 하나에도 해당되지 않는데 래피드 CD를 사용할 가치가 있을까? 만약 여러분이 어떤 사용자 데이터를 얻기 위해 트레이드오프를 했다 해도 데이터가 없는 쪽보다는 일부라도 있는 편이 낫다. 문제는 직무 역할의 수가 너무 많을 때다. 그런 경우에는 더 많은 데이터를 수집해야 하고, 그렇게 되면 처리하는 데도 더 많은 시간이 소요된다. 만약 여러분이 규모가 큰 프로세스를 다룬다면 그에 따른 단계, 절차, 프로세스에 관련된 인원 역시 많을 수밖에 없다. 만약 국내와 해외에 관한 데이터를 모두 수집하고 싶다면 더 많은 사람을 인터뷰해야 할 테고, 당연히 시간도 더 소요된다.

한 가지 해결책은 그저 넉넉히 시간을 들이는 것이다. 그러면 컨텍스추얼 디자인 프로세스 전체를 이용할 수 있고, 복합적인 집단과 시스템을 더 잘 대변할 수 있다. 또는 업무 모델의 수를 제한하고, 전체적으로 더 많은 사용자를 수용할 시간을 확보하기 위해 래피드 CD 테크닉을 더 단순하게 만들 수도 있다. 한편 모든 핵심 직무 역할 또는 지역적 위치와 관련된 인터뷰 몇 차례를 포함시켜 넓고 얕은 작업으로 시작하는 방법도 있다. 이렇게 조사한 결과는 상세한 조사를 위한 다음번의 단기 프로젝트를 정의하는 데 사용된다.

하지만 시간과 자원이 충분하지 않다면 작업량을 짧고 순차적인 단계로 나누어 래피드 CD에 적합하도록 만들자. 다음은 그러한 방법이다. 이는 프로젝트를 일관성 있는 단위로 작게 분해하여 한 번에 하나씩 처리하면서 각 단계를 잘 수행해 나가는 방법이다.

긴 프로세스 비즈니스 프로세스는 대부분 시작부터 끝까지 일관된 단위 활동(activity)들로 분해할 수 있다. 각 단위 활동은 구성원 간의 커뮤니케이션과 업무 그룹 간의 협의를 통해 지원 받는다. 프로세스의 각 단계에서 업무 그룹을 지원하는 데 래피드 CD를 사용하자. 그런 뒤 다음 단계의 업무 그룹과 활동으로 넘어가면 된다. 프로세스의 모든 부분을 다 처리할 때까지 이런 식으로 계속한다.

유사 업무 부서들 똑같거나 비슷한 업무를 담당하는 수많은 부서들이 있을 수 있다. 그 좋은 예는 보험 회사의 불만 처리 부서인데, 많은 직원이 다른 종류의 불만 사항을 처리하고 있다. 각 부서의 업무는 비슷하지만 조금씩 다르고, 데이터와 협력 관계도 다르다. 이 경우, 동일한 시스템으로 업무 처리가 가능하지 않을까 짐작해 볼 수 있다. 동일한 아키텍처(architecture), 동일한 데이터베이스, 동일한 사용자 인터랙션 프레임워크(framework) 등으로 유사한 업무를 모두 지원할 수 있을 것 같다. 해당 비즈니스의 핵심 부서 한곳에서 시작하여 그 업무를 지원하는 용도로 디자인하라. 그러고 나서 그 다음으로 중요한 부서로 옮겨간다. 여러 부서에 걸쳐서 업무가 거의 비슷하기 때문에, 이렇게 마지막 부서까지 가면 여러분은 첫 번째 페이퍼 프로토타입 목업을 얻게 될 것이다.

지역적인 차이 아마 여러분은 웹사이트나 시스템이 세계 어느 곳에서든 동일하게 작동하기를 원하겠지만, 그러려면 전 세계에 있는 아주 많은 사람에게서 데이터를 수집해야 한다. 만약 업무 수행 방식, 즉 사용자들이 여러분의 도구를 이용하거나 업무를 조직화하는 방식이 전 세계적으로 비슷하다면 래피드 CD가 도움이 될 것이다. 일단 시작할 지역을 선택하는데, 대부분의 회사에서는 자국을 선택해서 거기서 개발한다. 그런 다음 자국과 가장 다르게 여겨지는 지역을 선택하여 얼마나 다른지 알아보기 위해 시장 특성을 뽑아낸다. 또한 가장 비슷하다고 여겨지는 곳도 선택한다. 두 결과에서 자국과 다른 점을 추가하여 여러분의 디자인을 점검하는 식으로 이 프로젝트를 수행한다. 그리고 인터뷰를 시행해 그 결과를 통합하여 디자인을 일반화한다. 시스템을 끝마치기 위해서 또 다른 지역에 대해서도 이와 같이 반복하면 된다.

이 모든 프로젝트를 성공하는 데 핵심은 어떻게 프로젝트를 분해하고 정의하는가이다. 분해된 작업 단위들을 옮겨가면서 프로세스, 업무, 디자인에 일관성을 유지하도록 계획을 세워야 한다. 같은 팀으로 프로젝트 전체를 진행할 수 있다면 시스템은 작업이 끝날 때까지 일관성 있게 유지될 것이다. 그러나 다른 팀들이 동시에 작업한다면 업무를 부적절하게 나누거나 디자인에 혼란을 야기할 수 있다. 이런 결과는 사용자에게도 시스템 유지에도 좋지 않다.

따라서 여러 팀이 동시에 작업하기를 원한다면 모든 팀의 세부 업무를 잘 파악하고 권한이 있는 관리 팀을 만드는 것이 좋다. 관리 팀은 업무 수행 디자이너, 사용자 인터페이스 디자이너, 기술자를 포함해서 구성해야 한다. 관리 팀에서 모든 팀의 업무와 디자인, 그리고 전체 업무에 일관성이 유지되는지 감독한다.

어떤 종류의 래피드 CD를 사용해야 하는가?

컨텍스추얼 디자인 테크닉을 선택하는 방법으로 여러 가지가 있지만, 방금 개괄한 프로젝트 타입들을 지원하는 프로세스를 통해 몇 가지 전형적인 방법들을 소개할 수 있다. 표 2-1에서 추상적 수준의 직무(task)에 대해 개괄적으로 정리했다. 표 2-2는 예상되는 필요 인력을, 표 2-3(31쪽)은 각 단계에 대한 짧은 설명과 그것이 어떻게 각 래피드 CD 프로세스에 사용되는지를 보여 준다. 프로세스별 프로젝트 타입 역시 도표로 구성했다. 이 계획표로 작업을 시작하고, 여러분의 프로젝트 디자인에 맞게 변경하라.

표 2-2에서 프로세스의 각기 다른 지점에서 지원 인력을 추가하여 래피드 CD 테크닉을 원활히 진행한다는 점에 주목하라. 이것은 데이터의 질적 향상, 이해관계자(stakeholder)의 관점 반영, 프로세스의 가속화, 그리고 조직 내에서 수용(buy-in)을 이끌어내는 데에 도움이 된다.

이 책의 후반에는 『Contextual Design: Defining Customer-Centered Systems』의 설명을 인용하여 단계별 활용 테크닉을 정리해 놓았다.

다음은 변형된 래피드 CD의 방법들이다. 여기서 예상 소요 시간은 프로젝트 스케줄이 시작되기 전에 현장 방문 준비를 마쳤음을 가정한 것이다. 2-3주 내에 사용자를 찾기 위해 조직 내 부서에 의뢰할 수도 있고, 아니면 대행업체를 고용

표 2-2 여기서는 핵심 인력 두 명으로 구성된 팀을 가정한다. 물론 더 큰 팀에서도 CD를 할 수 있다.

래피드 CD 프로세스	컨텍스추얼 인터뷰와 해석	시퀀스 모델과 데이터 정리	어피니티 다이어그램	데이터 분석과 비전 도출	스토리보딩	페이퍼 목업 인터뷰와 해석
2명, 풀타임 인력	2시간마다 1명씩 지원 인력. 질 높은 인터뷰 해석을 위해 필요함.		하루에 지원 인력 2-3명. 1-2일 내에 어피니티 다이어그램을 수행하는 데 필요함.	이해관계자들과 개발자들. 데이터 워킹과 비전 도출에 필요함.		2시간마다 1명씩 지원 인력. 질 높은 인터뷰 해석을 위해 필요함.

할 수도 있다. 또는 여러분의 팀에서 현장 방문을 준비하는 시간이 필요한 경우도 있다. 사용자를 선택하는 문제와 관련된 논의는 3장을 참조하자.

이 예상 소요 시간에는 또한 팀원과 다른 지원 인력들을 정하고, 작업할 장소를 정하고, 프로젝트에 필요한 도구들을 갖추는 시간까지 포함된다.

속전 속결(2명의 팀으로 1주에서 4주 소요) 속전 속결 컨텍스추얼 디자인은 CD에서 가장 빠른 형태다. 속전 속결 CD는 제품 또는 사용자 집단에 대한 핵심 이슈 정의를 우선시하는 프로젝트에 적합하다. 만약 여러분이 4~6명에게서 데이터 수집만 한다고 하자. 1주일 내에 그 데이터를 정리하여 어피니티를 구축할 수 있고, 디자인에 반영할 사항을 도출하는 데 그것을 사용할 수 있다. 더 많은 사용자를 대상으로 인터뷰를 하거나 비전 도출 또는 간단한 페르소나 구성 같은 더 광범위한 작업을 한다면, 소요 시간은 4주까지 걸릴 수 있다. 팀이 2명 이상이라면 더 큰 프로젝트라도 더 신속히 수행할 수 있다.

속전 속결 CD에는 직무 분석(시퀀스 모델 정리)이 포함되지 않는다. 업무 모델을 수집할 필요가 없기 때문이다. 속전 속결 CD는 또한 어떤 디자인도 개발하거나 테스트하지 않는다. 그런 작업은 일반적인 CD 프로세스에서 수행한다. 속전 속결 CD는 주로 디자인 발상을 일깨우고자 고객 데이터를 수집한다. 그리고 어떤 프로젝트라도 사용자의 목소리를 듣는 일에 1-2주 정도는 소요된다.

속전 속결 CD를 실행하는 작업 스케줄의 예는 표 2-4와 2-5를 참조하자.

속전 속결 플러스(2명의 팀으로 4주에서 8주 소요) 속전 속결 플러스 CD는 CD에서 두 번째로 빠른 형태다. 속전 속결 플러스는 제안하는 시스템의 페이퍼 프로토타입을 구축하고 그것을 사용자와 함께 테스트하는 작업을 포함한다. 속전 속결의 프로세스를 확장했다고 볼 수 있다. 속전 속결 플러스는 간단하고 직무 의존도가 그리 높지 않은 프로젝트에 적합하다. 예컨대, 비교적 간단한 수정, 웹 페이지, 인터페이스 리포팅(reporting) 등이 있다. 이들은 모두 스토리보딩 없이 쉽게 개발될 수 있다.

간단한 UI 수정 작업은 페이퍼 목업을 구축해 사용자 테스트를 거칠 수 있다. 웹 페이지와 UI 보고서는 명확한 직무와 단계가 아닌 정보의 시각적 검토(visual scanning)에 좌우되며, 형식적인 스토리보딩 없이도 디자인할 수 있다. 이러한 프로젝트는 비전에서 인터페이스로 옮겨가는 수순이 합리적이며, 디자인을 입증하려면 많은 사용자 테스트가 필요하다.

속전 속결 플러스를 위한 작업 스케줄의 예는 표 2-6과 2-7을 참조하자.

집중 래피드 CD(2명의 팀으로 6주에서 10주 소요) 집중 CD에는 더 오랜 시간이 소요된다. 실제 직무 분석과 스토리보드에 따른 디자인 작업을 제공할 시퀀스 모델 정리까지 포함하기 때문이다. 따라서 집중 CD는 풍부한 페르소나 개발을 추진할 심도 있는 데이터를 얻을 뿐만 아니라, 뒤에서 논의될 XP와 RUP 테크닉에 필요한 사용자 스토리를 도출하기에도 가장 좋은 프로세스다. 집중 CD는 유의미한 새로운 특징, 신제품, 시스템 지원 프로세스 또는 절차를 개발하는 가장 신속한 방법이기도 하다.

만약 프로세스 또는 지원하려는 업무 집단이 비교적 큰 편이라면, 이 집중적인 프로젝트는 더 광범위하게 데이터를 수집하기 위해 연장될 수 있다. 팀에 핵심 인력 외의 인력을 추가할 수 있다면 여기에 소개된 것과 비슷한 시간으로 작업을 마칠 수 있다. 2명으로 계속 작업해야 한다면 전체 스케줄을 연장해야 할 것이다.

집중 래피드 CD를 실행할 작업 스케줄의 예는 표 2-8과 2-9를 참조하자.

표 2-3은 래피드 CD 프로세스의 각 단계를 포함한다. 이것을 여러분의 계획을 위한 가이드로 삼고, 프로젝트의 니즈에 맞추어 활용하자. 어느 단계에서든 사용자를 추가한다면, 팀원을 보충하든가 전체 스케줄을 늘려야 한다.

표 2-3 각 래피드 CD 프로세스별 직무 요약

프로세스 단계	설명	속전 속결	속전 속결 플러스	집중 래피드 CD
추천 프로젝트 타입		빠른 개선. 시장 특성화. 웹사이트 평가.	시장 특성화. 웹사이트 재디자인. 차세대 시스템. 데이터 리포팅.	전자상거래 웹사이트 재디자인. 차세대 시스템. 일관성 있는 업무 지원. 장기 프로세스.
문제 분석	시장에 대한 기초 조사. 우수 사례 조사, 시장 예측, 비즈니스 예측 및 경쟁 조사. 제품 또는 시스템에서 이미 알려진 문제, 초기 디자인 아이디어, 이해 관계자의 의견 수집.	인터뷰의 포커스 수립. 향후 어피니티 구축을 위해 기록이 필요한지 결정. 이해관계자 인터뷰를 통해 문제점 파악 및 조직의 채택 유도.	속전 속결과 동일.	속전 속결과 동일하나, 사내 프로젝트라면, 생산성을 향상시키려는 리엔지니어링 (경영 혁신) 프로세스 추가.
컨텍스추얼 인터뷰	주 사용자의 업무 현장에서 1대 1 필드 인터뷰. 프로젝트에서 지원하고자 하는 직무가 어떻게 수행되는지 사용자 관찰과 인터뷰.	4-6가지 업무 내에서 1-4가지의 직무 역할을 수행하는 사용자 4-12명을 인터뷰.	4-6가지 업무 또는 업무 프로세스 단계에서 1-4가지 직무 역할을 수행하는 사용자 4-12명을 인터뷰.	4-6가지 업무 또는 업무 프로세스 단계에서 2-4가지 직무 역할을 수행하는 사용자 8-12명을 인터뷰. 지원하고자 하는 핵심 직무 관찰에 집중.
해석과 모델 데이터	핵심 이슈와 시퀀스 모델을 찾기 위해, 인터뷰 결과를 팀에서 분석. 관련 집단과 이해관계자들을 포함시켜 데이터에 대한 의견 수렴.	핵심 인력 2명이 수집된 데이터 기록 노트 만으로 해석함.	핵심 인력 2명이 수집된 데이터 기록 노트 만으로 해석함.	핵심 인력 2명이 수집된 데이터 기록 노트와 컨텍스트를 포함하는 피지컬 모델과 아티팩트 모델 관련 시퀀스 해석함. 수시로 지원 가능한 세 번째 구성원 또는 지원 인력 충원을 권장.
데이터 정리	시장이나 사용자 집단과 관련된 이슈를 나타내는 개별 데이터의 통합. 사용자 간의 이슈를 계층적으로 나타내는 어피니티 다이어그램 구축.	어피니티 구축.	어피니티 구축.	어피니티 구축과 시퀀스 모델 정리.

➜ 다음 쪽에 계속

프로세스단계	설명	속전 속결	속전 속결 플러스	집중 래피드 CD
비전 도출	지원하려는 핵심 이슈와 직무를 정의하고자, 정리된 데이터 워킹. 사용자들이 새로운 시스템으로 어떻게 작업할지에 대한 추상적 수준의 관점 구축.	디자인 아이디어를 도출하고 개선시키기 위한 어피니티 워킹. 사용자 그룹별 즉각적 개선 안에 대한 브레인스토밍. 또는 신제품 콘셉트와 중요한 시스템의 재디자인에 대한 비전 도출.	디자인 아이디어를 도출하고 개선시키기 위한 어피니티 워킹. 신제품 콘셉트와 중요한 시스템의 재디자인에 대한 비전 도출.	핵심 직무 지원에 초점을 둔, 새로운 업무 수행에 대한 전망 및 기존 시스템과 수작업 프로세스의 통합.
스토리보드 만들기	정리된 데이터와 비전을 기반으로 새로운 시스템에 대한 상세한 사용자 스토리 개발.	기존 프로세스에 개선 사항과 데이터를 적용.	목업 인터뷰용 UI 제작을 위해, 기존 프로세스에 새로운 비전을 적용.	정리된 데이터 기반의 스토리보드 구축. 재디자인된 직무와 활동의 구체화. 자동화와 비즈니스 규칙을 명확하게 함.
UI 디자인과 페이퍼 프로토타입	페이퍼 목업으로 구조, 기능, 초기 UI 설계에 대한 사용자 테스트 반복. 주 사용자들을 대상으로 2-3회 목업 인터뷰.	기존 프로세스에 개선 사항과 데이터를 적용.	프로토타입 테스트와 재디자인에 초점을 둔 목업 인터뷰. 2-3회 반복.	프로토타입과 프로세스 평가, 재디자인에 초점을 둔 목업 인터뷰. 프로세스 재디자인을 위해 3회 반복.

래피드 CD 팀

래피드 CD 프로젝트는 팀을 서로 다른 역할을 수행하는 핵심 인력 두 명으로 구성됐다고 가정한다. 이것은 UI 디자이너, 개발자, 실무 전문가 중 두 명의 조합이라면 가능하다. 이때 디자이너는 인터랙션 디자인과 시각 디자인에 충분한 지식이 있어야 한다. 업무 수행 방식(work practice) 전문가는 사용자 데이터의 수집, 분석, 실무 재디자인, 그리고 시스템 디자인에 대해 아는 사람이다. 개발자는 기술을 이해해야 한다. 이처럼 서로 다른 역할을 수행하는 팀이라면 구성원들이 서로 다른 관점으로 데이터와 디자인의 다양한 측면에 접근할 수 있다.

팀이 어떤 두 사람으로 구성되었든 간에, 빠진 역할을 지원 인력으로 보완하든지 아니면 특정 기술이 필요한 시기에 투입하여 보완한다. 말하자면, UI 디자이너를 스토리보딩과 페이퍼 프로토타입에 투입하는 식이다.

여기서 래피드 CD 프로젝트를 위해 제시한 예상 일정은 두 사람이 해당 프로젝트에서 풀타임으로 일하는 상황을 가정한 것이다. 프로세스를 단축하거나 핵심 인력이 전문적인 일에 집중할 수 있도록, 프로젝트의 각 지점에서 지원 인력을 쓰기를 권장한다. 더 규모가 큰 팀으로 일한다면 같은 시간에 더 많은 데이터를 수집할 수 있다. 또는 두 명으로 핵심 팀을 구성하고 중요한 부분에 대해서는 다른 구성원들과 의논하는 방법도 있다.

래피드 CD 프로세스 전체에서 이해관계자, 관련 집단, 코딩을 맡을 개발자와 단계별 프로젝트 참여자들의 관점을 수렴하면 추후 조직이 CD를 수용하는 데에도 유용하다. 데이터의 질을 향상시키려면 해석 세션에 여러 사람을 참여시켜야 한다. 어피니티를 구축할 때 데이터를 이해하는 지원 인력들이 투입된다면 프로젝트가 빨리 진행될 것이다. 디자인 아이디어를 강화하고 디자인에 대한 관심을 공유하기 위해서는 이해관계자들과 제품 제작자들을 비전 도출 세션에 참여시킨다. 어떤 래피드 CD 프로세스라도 팀원 두 명이 해낼 수 있지만, 여러 사람의 도움을 받는다면 질적으로나 속도 면에서나 더 유리해진다.

두 사람이 풀타임으로 일하지 못하는 경우도 있다. 또는 프로세스의 앞부분에서는 마케팅 전문가나 시스템 분석가를, 뒷부분에서는 인터랙션 디자이너와 엔지니어를 더 깊이 관여시키고 싶을 수도 있다. 한 명이 프로젝트에 계속 관여하면서 다른 인력과 부분적으로 공동 역할을 담당한다면 그러한 방식도 가능하다. 예를 들면, 나중에 인터랙션 디자이너를 참여시키고 싶다면 디자이너를 해석 세션에 한두 번 오도록 하고, 어피니티를 구축할 때에도 참여시킨다. 그런 다음 비전 도출 세션에서 풀타임 업무를 시키는 것이다. 그러나 이러한 작업이 가능하려면 치밀하게 계획을 세워야 한다.

하지만 기대 수준을 너무 높이지는 않는 게 좋다. 어떤 방법을 쓰더라도 두 인원이, 2주 동안에, 다양한 직무 역할을 지원하는 전체 비즈니스 프로세스를 재디자인할 수는 없다! 이러한 비합리적인 기대가 있을 때는 조직 내 교육에 좀 더 집중할 필요가 있다(조직의 변화와 관련된 이슈는 16장을 보자). 이런 경우 시간이 허락하는 대로 어떤 데이터든 수집해서 사용하고, 공유하며, 데이터가 어떻게 디자인과 의사 결정에 영향을 미치는지를 의논하라. 그러면 다음에는 좀 더 완성도 높은 사용자 중심의 디자인 프로세스로 한 단계 전진할 수 있을 것이다.

끝으로 점점 더 많은 회사에서 여러 팀이 업무를 분배하는 방식을 채택하고 있다. 이런 업무 분배 방식에서 어떻게 래피드 CD를 이용할 것인지에 대해 이 책 전반에 걸쳐 참고할 만한 내용을 담았다. 하지만 사용자와 시스템에 대한 정보를 공유하려면 가능한 한 충분히 대면하여 계획을 수립하기 바란다. 커뮤니케이션과 디자인의 일관성 측면으로 볼 때 같은 사무실에서 팀이 함께 일하는 쪽이 그렇지 못한 쪽보다 물론 훨씬 낫다. 그러나 그럴 수 없는 경우라면 이 책을 통해 방법을 찾아보자.

이해관계자란 어떤 사람들인가?

어느 조직의 어떠한 프로젝트라도 이해관계자와 관련 집단에 대한 관리가 필요하다. 관리자와 관련 프로젝트, 제품 제작자가 모두 수집된 데이터에 관심이 있으며 이들의 의견을 디자인에 반영할 필요가 있다.

프로젝트를 시작할 때 이해관계자들이 누구인지 정의하고 어떻게 이들을 참여시키고 커뮤니케이션할지 생각하라. 여러분의 디자인 프로세스에 파묻혀서 멋진 아이디어를 개발하고도 왜 아무도 쳐다보지 않는지 궁금해 할 이유가 전혀 없다. 다음은 이해관계자들을 참여시킬 방안이다.

이해관계자의 목표와 우려를 수집하고 아이디어 투입하기 중요한 이해관계자들과 영향력 있는 사람들에 대해서는 프로젝트 시작 단계에서 정보 위주의 인터뷰를 실시하자. 프로젝트를 구성하고 사용자 인터뷰의 포커스를 잡는 데

이해관계자 인터뷰를 이용하라. 제품에 대한 이해관계자의 계획과 고려 중인 디자인 아이디어가 있는지 알아보고, 사용자 데이터가 그 아이디어를 뒷받침 하는지 주시하라. 또한, 조사 결과에 대해 그들과 논의할 수 있도록 준비하라.

참여 유도하기 현장 방문에 관련자들과 함께 가자. 그럼으로써 이해관계자 들이 직접 사용자의 목소리를 듣고 그 가치를 이해할 수 있도록 하라. 해석 세 션에 초대하여 이해관계자들의 시각과 기술, 비즈니스에 대한 전문 지식을 반영하자. 또한 지속적인 정보를 제공하고자, 체크포인트 회의(checkpoint meeting)의 일부로 의견 공유 세션을 열고, 여기에 초대하라. 그리고 함께 참 여할 수 있는 비전 도출 세션을 열어서, 데이터를 공유하고 디자인에 대한 아 이디어를 요청한다. 목업 인터뷰에도 이해관계자들이 참여해 디자인이 어떻 게 수용되는지를 볼 수 있도록 하라. 이러한 참여는 새로운 디자인이 조직 내 에서 채택되도록 유도한다. 이것은 특히 디자인을 정한 다음 제품의 진로를 담당하는 제품 매니저, 마케팅 담당자, 그리고 개발자들에게 중요하다.

지속적인 커뮤니케이션을 위한 공식적인 미팅 계획하기 어떤 팀은 팀 공간 을 단지 짐을 놔두고 데이터와 디자인을 공개적으로 공유하는 장소로만 사용 한다. 또 다른 팀에서는 사용자 스토리와 해석 세션에서 통찰한 내용(insight)에 대해 더 공식적인 프리젠테이션을 하는 체크포인트 회의의 장소로 사용한다. 일단 어피니티가 구축되면 관계자들과 벽에 붙은 내용을 살펴볼 수 있다. 우호 적인 이해관계자들과 함께할 경우, 사용자 데이터와 스토리보드에 대한 자연 스러운 정보 공유 회의는 체크포인트 회의를 위한 토론장이 된다. 끝으로, 프 로젝트의 중간과 완료 시점에 한두 차례 공식 프리젠테이션을 계획하라.

이해관계자 중심의 커뮤니케이션 사람들은 각자의 방식으로 정보를 이해한 다. 어떤 사람들은 실제 데이터에 근접할 수 있는 어피니티 워킹을 좋아하고, 또 다른 사람들은 프로세스가 어떻게 될지 상상할 수 있는 스토리보드를 좋 아하기도 한다. 하지만 대부분의 사람들과 모든 책임자는 슬라이드 쇼를 원하며 이것은 사내 커뮤니케이션의 일반적인 형태이기도 하다. 어피니티 다이어그램은 슬라이드 쇼 형식으로 표현할 수 있다. 콘텐츠에는 라벨을 사용하고 주요 논점에는 포스트잇 메모를 사용하면 된다. 데이터를 수집한 다음 수집된 데이터와 디자인 개선사항을 제시하는 슬라이드 쇼를 만들자. 그리고 디자인을 완료하고 평가했을 때, 최종 디자인과 그에 대한 사용자 의견을 공유하는 슬라이드 쇼를 제작하자.

디자인 커뮤니케이션 슬라이드 쇼에 더해 사용자 인터페이스는 디자인 커뮤니케이션을 하기 위한 언어와 같다. 페이퍼 목업을 보여주고 체크포인트 회의에서 참여자들이 살펴볼 수 있도록 하자. 온라인으로 옮기는 때도 마찬가지다. 끝으로, 목업 인터뷰 결과를 생생하게 담으려면 비주얼 인터페이스의 데모 버전이나 HTML 버전을 만들어서 디자인에 대해 커뮤니케이션을 해야할 수도 있다. 이러한 방법들은 사람들이 여러분의 디자인 아이디어를 시각적으로 이해시키는 데 효과적이다.

정해진 소프트웨어 방법론이 있는가?

일부 회사에는 사용자 중심의 디자인 프로세스가 따라야 하는 소프트웨어적 방법론이 있다. 대체로 CD는, 특히 래피드 CD의 경우, 어떤 소프트웨어 또는 시스템 개발 방법론에도 맞출 수 있다. 방법론에는 대부분 각각 산출물과 수행 일정이 있는 일련의 단계들이 정의되어 있다. 그러나 요구사항들을 수집하는 방식을 정해 놓은 방법론은 드물기 때문에 CD는 쉽게 다른 방법론에 적용될 수 있다. 방법론마다 단계별 일정에 요구되는 산출물은 차이가 있다. CD의 원래 데이터와 디자인 산출물은 다른 방법론의 형식에 쉽게 집어넣어 사용할 수 있긴 하나, 특정한 타입의 데이터 수집이나 디자인 산출물을 요구하는 방법론이라면, 여러분의 래피드 CD 프로세스를 통해 원하는 결과를 얻을 수 있도록 확실하게 계획해야 한다.

여러분의 프로젝트 계획에 참고할 몇 가지 대표적인 방법과 필요한 사항들을 다음과 같이 정리했다.

일반적인 기업 방법론

기업 방법론들은 대부분 네 가지 주요 부분으로 나눌 수 있다.

비즈니스 케이스(business case) 새로운 제품 또는 시스템을 구축하기 위한 마케팅 또는 업무 개선의 논리적 이유를 정의한다.

요구사항 수집 제품 또는 시스템 구축을 가이드하고자 사용자 요구와 비즈니스 요구사항을 수집한다.

디자인 사용자 인터페이스와 기본적인 기술을 포함한 제품 또는 시스템을 상세히 디자인하고 구현 가능 여부를 확인한다.

구현 사용자 인터페이스와 전체 시스템을 구축하고 테스트한다.

컨텍스추얼 디자인은 이런 단계들을 아래와 같이 지원한다.

비즈니스 케이스 이것은 래피드 CD의 시장 특성화와 같다. 개발 시간과 비용을 지원하고자 시장의 니즈를 파악하고, 비즈니스 마인드를 기반으로 해 제품 콘셉트를 도출한다.

요구사항 수집 이는 차세대 시스템, 일관성 있는 업무, 또는 새로운 제품이나 시스템을 개발할 때의 래피드 CD 프로젝트와 동일하다. 즉, 주요 이슈에 대한 상세한 데이터와, 시스템 개발에 필요한 직무를 대상으로 UI 및 기능 레벨에서의 시스템 요구사항을 도출하는 것이다. 어떤 회사들은 테스트를 거치지 않고 스토리보드에서 추출한 요구사항들로 만족하기도 하지만, 우리는 사용자 인터페이스를 정의하고 테스트한 다음에 요구사항들을 최종적으로 결정하기를 권한다.

디자인 이 단계에서는 래피드 CD 프로세스를 통해 정의된 기능과 UI를 구현하는 구조를 제작한다. 이 지점에서는 대개 가능한 시간 내에 구현하고자 어느 정도 절충한다. 사용자에게 보이는 레벨에 대해서는 어떠한 변경이든 충분한 검토를 거쳐야 하고 필요하다면 사용자와 함께 테스트해야 한다.

구현 이것은 디자인한 것을 코딩하는 단계다. 이 단계에서 여러분은 사용자와 함께 시스템을 테스트하는데, 처음에는 프로토타입으로 그 다음에는 알파와 베타 버전으로 테스트한다.

만약 여러분이 기업의 방법론에 따라야만 한다면 집중 래피드 CD를 선택하여 여러분의 산출물에 적합하도록 각 단계를 배정한다. 그리고 사내 프로세스를 위해 CD 프로세스의 데이터와 디자인 산출물을 이용하여 제작한 문서와 설명서 등을 제공하라.

RUP

전통적인 RUP(Rational Unified Process)[2] 접근 방법은 앞서 설명한 기업 프로세스와 매우 비슷하다(사실상 거기서 파생되었다). RUP는 비즈니스 모델링, 요구사항, 분석과 디자인, 구현, 테스트, 배치를 포함한다.

RUP를 지원하려면 다음과 같이 집중 래피드 CD 프로세스를 사용하라.

비즈니스 모델링 집중 래피드 CD의 처음 절반인 비전 도출 세션까지 사용하라. 목표는 현재 비즈니스가 어떻게 움직이는지에 대한 이해를 발전시키는 것이다. 이것은 비즈니스 프로세스 다이어그램이나 현재(as-is)의 유스 케이스에서 찾아낼 수 있다. 래피드 CD는 실질적이고, 비공식적이며, 시스템을 작동시키는 특정한 프로세스를 발견하는 중요한 도구가 될 수 있다. 혹 조직 내의 비즈니스 규칙이 명시적이지 않다면 이것은 규칙을 파악하는 구조적인 방

---

2 유스 케이스 개발에 대한 참고 자료는 다음과 같다.

　L. 칸스턴틴(Constantine)과 L. 락우드(Lockwood), 『Object-Modeling and User Interface Design』 M. 반 하멜른(M. van Harmelen) (ed.), 보스톤: 에디슨-웨슬리, 2001 중에서 「Structure and Style in Use Cases for User Interface Design」

　A. 콕번(A. Cockburn), 『Writing Effective Use Cases』 보스톤: 에디슨-웨슬리, 2001.

법이 된다. 정리된 시퀀스들이 현재의 유스 케이스가 된다.

요구사항 집중 래피드 CD의 나머지 절반을 새로운 시스템에서 지원하고자 하는 직무를 재디자인하는 데 필요한 추가 직무 데이터를 수집하는 일에 사용하라. 유스 케이스들은 새로운 시스템에서 취할 사용자 행동을 핵심적으로 대표한다. 스토리보드는 향후(to-be) 모델로서 유스 케이스를 전개시키는 발판이 될 것이다(유스 케이스의 예는 15장에서 볼 것이다).

분석과 디자인 유스 케이스로부터 바로 객체 모델을 개발하려면, 집중 래피드 CD 프로세스의 스토리보딩 작업을 이용하여 표준 RUP 프로세스를 이끌어내야 한다. 또는 사용자 환경 디자인을 개발할 것을 고려해 보라. 이것은 해당 시스템과 시스템 간의 연관 관계를 파악하는 중요한 방법이 될 수 있다.

애자일 또는 익스트림 프로그래밍(XP)

XP[3]는 '애자일 프로그래밍 방법들' 중 하나로 일련의 단순한 모듈에서 시스템을 개발하는 데 초점을 둔다. 이 모듈은 각각 고객에게 가치를 전달한다. XP 프로세스는 선행 계획과 모델링에 많은 시간을 소비하기보다는 각 모듈을 정의하기 위해 고객 이해관계자들과 밀접한 관계를 갖고 모듈을 구축하며, 피드백을 받고자 그것을 고객에게 전달한다. 이런 작업을 반복하고, 다음 모듈로 넘어간다. 시스템은 신속한(rapid) 반복을 통해서 빠르게 구축된다.

XP는 무엇을 구축할지 결정하기 위해 릴리스 계획(release planning)과 이터레이션 계획(iteration planning)을 시행하여 신속한 반복으로 개발을 체계화한다.

---

3 이 방법론에 대한 고전적인 참고 자료는 다음과 같다.
「애자일 소프트웨어 선언」, www.agilesoftware.org, 2001.
K. 벡(K. Beck), 『익스트림 프로그래밍: 변화를 수용하라(Extreme Programming Explained: Embrace Change)』 인사이트, 2005. 번역판.
A. 콕번, 『Agile Software Development』 보스톤: 에디슨-웨슬리, 2002.
J. 하이스미스(J. Highsmith), 『Adaptive Software Development: A Collaborative Approach to Managing Complex Systems』 뉴욕: 도싯 하우스, 2000.

여기서 사용자 스토리는 사용자가 어떻게 새로운 시스템에서 일할지를 정의한다. 우리는 XP를 한층 사용자 중심적인 디자인 프로세스로 만들기 위해 집중 래피드 CD를 시행하길 권한다(박스의 'XP란 무엇인가?'를 보자).

릴리스 계획 래피드 CD는 무엇이 릴리스되어야 하는지를 결정하는 데 상세한 정보를 제공한다. XP의 철학은 지나친 장기 계획을 세우지 않는 것인데, 상황이나 조건은 어차피 달라지기 때문이다. 따라서 속전 속결 방식을 사용해 핵심 이슈들을 제기하자. 아니면 사용자 스토리 개발을 이끌어줄 시퀀스들을 얻고자, 스토리보딩을 이용해 집중 래피드 CD를 사용할 수 있다. 릴리스 계획 회의에 모든 데이터를 가져와 이 릴리스에서 무엇을 구현할지를 고객들과 함께 의논한다.

이터레이션(반복 과정) 계획 실 사용자와의 개별 반복이 성공적인지를 추적할 때는 CD의 필드 인터뷰를 이용하라. 여러분이 다루는 각 이터레이션에서 발생한 문제를 확인하고, 프로젝트 방향에 맞게 계속해서 조정하라. 이터레이션 계획 회의를 통해 이전 이터레이션에서 제기된 이슈들을 파악하고, 고객과 해결책의 우선순위에 대해서 합의한다. 페이퍼 프로토타입을 사용하여 코딩하기 전에 사용자와 디자인의 기본 구조를 반복 테스트한다.
래피드 CD와 XP에 대한 논의는 15장을 보자.

XP란 무엇인가?

XP는 '애자일 프로그래밍 방법들' 중 하나다. 이것은 선행 계획과 모델링에 많은 시간을 소비하기보다는 신속한 반복 작업을 통해 고객에게 유용한 가치를 전하는 데 집중한다. 이런 방법론의 배경에는 선행 계획에 많은 시간이 소요되는데다, 어떤 면에서는 항상 틀리게 된다는 생각이 깔려 있다. 즉 시스템을 개발하는 데만 1년이 걸린다면 잘못된 점을 알아차렸을 때는 이미 너무 늦어 버린다. 이에 반해 XP에는 팀과 고객을 밀접하게 연결시키는 실천 방법들이 있다.

XP의 주요 실천 방법은 다음과 같다.

한 팀(whole team)으로 일하기　고객 또는 고객의 대표를 포함하는 팀이 모든 디자인을 담당하고 계획과 결정을 함께한다.

계획 게임　XP는 다음 릴리스에 포함될 주요 기능을 결정하는 대면 미팅에서 짧은 전환(short-turnaround)이 이루어지는 릴리스를 계획한다.

사용자 스토리　기능을 사용자 스토리로 구성하고, 이것은 새로운 시스템에서 사용자가 어떻게 직무를 수행할지를 설명한다. 사용자 스토리는 단순하고 비공식적이며, 대개 인덱스카드에 작성한다.

신속한 반복　XP는 일련의 이터레이션을 거쳐 프로젝트를 개발한다. 각 이터레이션 주기는 2-3주를 넘지 않는다. 개별 이터레이션은 시스템에서 작동하는 하위세트로, 고객은 이것을 평가 또는 생산 단계에 사용할 수 있다.

밀접한 고객 관계　사용자 스토리는 추상적 수준이기 때문에, 행동과 구현에 대한 세부 사항이 코딩 담당자가 작업을 시작할 때 산출되어 있어야 한다. 이 시점에서 고객 또는 고객의 대표는 개발자와 함께 작업하여 세부 사항들을 구체화하고 디자인이 논리적인지 확인한다.

이와 같은 실천 방법을 제안하므로 XP는 이미 고객 중심적 태도를 갖추었다고 볼수 있다. 하지만 고객의 니즈 파악과 관련된 모든 일반적인 문제 또한 XP 프로젝트에 적용할 필요가 있다. 고객 대표는 한 명뿐이고, 모든 고객의 요구를 정확히 대변할 수는 없다. 고객 대표는 보통 지원하려는 시스템을 현재 이용하지는 않으며, 한동안 그것을 이용하지 않았을 수도 있다. 또한, 묵묵히 실무를 수행하는 다른 고객보다 능력이 더 출중한 것도 아니고 자기 업무 분야를 제외하면, 매일 처리하는 업무의 모든 세부 사항까지 기억하지는 못한다.

이런 문제를 극복하기 위해 래피드 CD와 함께 XP를 확장해 보자. 여러분이 지원할 업무에 대한 기초 지식을 얻는 데 컨텍스추얼 인터뷰(Contextual Inquiry)를 이용하는 것이다. 팀에서 데이터를 해석하고 이것을 릴리스 계획의 재료로 사용하자. 필요하다면 신속하게 비전을 도출(visioning)하고 사용자 스토리를 통해 디자인 아이디어를 요약하자. 코딩 전에 UI 목업을 제작하고 적절한 디자인을 얻고자 페이퍼 프로토타입 인터뷰를 이용하자. 각 이터레이션을 수행한 다음에는 고객과 짧은 컨텍스추얼 인터뷰를 시행해 제대로 진행되고 있는지를 확인하자(15장 「애자일 개발 프로세스를 위한 래피드 CD」를 참조하자).

페르소나

많은 기업에서 개발 프로세스의 일부로 페르소나(persona)를 구성하는 것에 관심이 있다. 페르소나는 데이터 수집에 참여하지 않은 사람들과 고객 데이터로 커뮤니케이션하는 좋은 방법이다. 페르소나를 이용해 개발 팀은 사용자와 실제적인 사용자 스토리를 이해할 수 있다. 따라서 페르소나 개발은 사용자 중심 디자인 프로세스가 좋아지는 데 도움이 된다. 그리고 사용자 중심 디자인 프로세스가 좋아지면 페르소나를 실제처럼 만들어 주는, 풍부한 양질의 데이터를 확보할 수 있다.

풍부한 페르소나를 산출하는 최상의 래피드 CD 프로세스는 집중 래피드 CD다. 어피니티 다이어그램은 물론 직무 분석에 필요한 시퀀스에서도 핵심 이슈를 수집하기 때문이다. 집중 래피드 CD에서 요구되는 통합 시퀀스 모델은 풍부한 페르소나를 제공하지만 시간이 오래 걸린다. 그 대신 속전 속결 프로세스 중 하나를 선택하는 것도 가능하다. 그 경우 핵심 이슈에 근거한 페르소나를 작성하고 사용자들에게서 관찰한 시나리오 가운데 하나를 이용하여 직무 스토리를 구축할 수 있다. 만약 페르소나만 원한다면, 풍부한 데이터를 빨리 얻도록 집중 래피드 CD의 처음 절반(비전 도출 세션까지만)을 이용한다. 그 다음에는 일반적인 개발 프로세스대로 진행해도 된다(9장을 보자).

사용성 테스트

많은 기업에서 사용성 테스트(usability testing)를 거쳐 사용자 데이터를 디자인 프로세스에 투입하기 시작했다. 사용성 테스트는 요구사항이 이미 취합되고 디자인도 구축되어 테스트할 수 있는 상태임을 가정한다. 래피드 CD를 비롯해 모든 CD 프로세스는 사용자 데이터를 디자인 프로세스의 초기에 투입한다. 이는 데이터가 사용자 요구사항, 제품이나 시스템 콘셉트, 전반적인 사용성 등에 영향을 미치기 때문이다. 그러므로 래피드 CD는 어떤 소프트웨어 방법론에서든 사용성 테스트에 선행한다.

프로젝트 관리

헌신적인 프로젝트 리더가 없다면 프로젝트의 성공도 없다. 프로젝트 리더는 팀과 함께 프로젝트를 계획하고, 실행하는 것을 감독한다. 구체적으로 살펴보자면 프로젝트 스케줄을 작성하고 관리하며, 현장 방문이 잘 준비되었는지 확인하고, 전반적인 과업을 점검한다. 리더는 주로 필요한 것들이 제대로 공급되는지, 작업 장소가 마련되었는지 확인하며, 조직과 커뮤니케이션하는 것을 담당한다. 우수한 프로젝트 리더는 멀티태스킹이 가능한 사람인데, 이런 모든 일을 처리하면서 프로젝트에도 참여해야 하기 때문이다! 두 명으로 구성된 팀에서는 보통 한 사람이 프로젝트 리더를 담당한다.

이 책 전반에서 여러분은 현장 방문, 사람들, 프로젝트 관리에 중요한 조언을 접할 것이다. 각기 다른 업무에 필요한 준비물과 세부 계획을 위한 조언을 참고하자. 일단 시작하려면 다음의 래피드 CD 프로젝트 스케줄 사례를 모델로 삼거나 수정하여 사용하면 된다.

프로젝트 스케줄 만들기

일일 단위로 구성된 프로젝트 스케줄은 프로젝트 완수를 위한 업무 조정과 관련된다. 프로젝트와 팀 구성원의 수, 프로젝트 기간 등에 따라 가능한 스케줄은 무수히 많다. 스케줄 구성의 목표는 많은 인터뷰를 바로 해석하지 않고 쌓아 두어 팀의 업무가 과중해지는 결과를 막는 것이다. 결과 해석이 최상으로 이루어지려면 인터뷰 결과는 48시간 이내에 해석해야 한다.

만약 원거리에서 몇 차례 인터뷰 스케줄이 있는 경우, 예산이 있다면 팀 전체가 이동하여 회사 밖에서 해석 세션을 수행할 수도 있다.

다음 규준(規準)은 여러분이 실행할 수 있는 스케줄을 만들게끔 도와줄 것이다. 경험 있고 모든 준비를 마친 팀이라면 뒤에 따로 샘플 스케줄을 제시했으니 참고하라.

경험이 없는 팀 만약 훈련 받지 않은 구성원이 한두 명 있다면, 프로젝트를 시작하기 전에 인터뷰 방법을 알 수 있도록 그들에게 신속한 '오프라인' 트레이닝을 실시한다. 그런 다음 프로세스를 진행하면서 트레이닝을 시키면 된다. 팀 구성원이 새로 배운 내용을 확실하게 알 수 있도록, 트레이닝 직후 첫 번째 고객 인터뷰를 맡긴다.

현장 방문 준비에 충분한 시간을 배정하자 현장 방문을 준비하는 데는 시간이 소요된다. 조직 내에 이 일을 전담할 그룹이 있거나 아웃소싱 업체를 이용한다면, 최소 2-3주 정도로 계획하라. 하지만 직접 해야 한다면 3-4주 정도 예상해야 한다. 더 빨리 할 수 있다고 가정하지 않는 것이 프로젝트 일정을 지키는 길이다. 촉박하게 일정을 잡아 1주일 내에 완료하려고 했다가는 프로젝트 일정만 늘어난다.

소수 인터뷰로 시작하자 한 번에 몇 명만 인터뷰하라. 핵심 인터뷰 두 번으로 시작해서 인터뷰 내용을 바로 해석하는 것은 사용자와 데이터를 이해하기 시작했다는 의미다. 해석 세션은 인터뷰 포커스를 재점검하는 데 도움이 된다는 점을 기억하라. 해석을 시작한 다음에는 더 나은 인터뷰를 할 수 있으므로, 인터뷰 내용은 쌓아두지 말고 바로 해석하라.

일일 단위로 계획을 수립하자 리더가 일주일 계획을 잘 세우면 모든 구성원이 무엇을 얼마만큼 해야 하는지 알 수 있고 그에 따라 각자 계획을 세울 수 있다. 일일 단위 스케줄을 통해 시간을 짜임새 있게 구성하고, 과업이 얼마나 오래 걸릴지 예상할 수 있다. 그러므로 원래 스케줄보다 뒤처지게 되면 조정할 수 있게 된다.

주 단위로 프로세스를 점검하자 한 주가 끝날 때쯤(또는 더 자주), 팀은 모여서 프로세스에서 더할 것과 뺄 것을 의논한다. 프로세스, 스케줄, 팀 활동에서 잘된 것은 무엇이고, 더 향상시킬 것은 없는지 이야기하라. 브레인스토밍을 해서 문제를 수정하고 그 결과를 다음 주에 적용해 본다.

업무와 휴식 사이의 균형을 존중하자 하루 종일 일할 수 있는 사람은 없다. 적당한 휴식은 개인 생활뿐 아니라 업무 능률을 위해서도 중요하다. 컨텍스추얼 디자인은 상당한 정신노동이다(그 점이 또한 재미있기도 하지만). 컨텍스추얼 디자인 프로젝트는 구성원들이 계속해서 함께 데이터를 수집하고, 해석하고, 데이터와 디자인에 대해서 생각하기 때문에 노동 강도가 높다. 따라서 휴식시간, 심지어 멍하게 있는 시간까지도 계획에 넣어라.

프로젝트 룸

우리는 정해진 프로젝트 룸에서 팀이 디자인 작업을 하기를 권한다. 팀은 지속적으로 같이 작업해야 한다. 그뿐만 아니라 장소를 찾느라 시간을 보내고, 짐을 싸고, 계속 자리를 이동하는 것은 시간 낭비다.

해석 세션에서는 수집된 데이터를 벽에 붙여 놓고 분석하는 방식이 제일 좋고, 플립 차트는 업무 모델을 파악하는 손쉬운 방법이 된다. 벽에 붙인 전지에는 제일 먼저 어피니티 다이어그램이 구축되는데, 이 작업은 보통 여러 사람이 함께한다. 이해관계자들이 데이터와 비전 도출에 대해 의견을 나누려고 왔을 때를 대비해 회의 장소도 필요하다.

더욱 중요한 것은 이해하기 쉽게 구성된 어피니티 다이어그램과 업무 모델은 팀이 발견한 모든 것을 대표한다는 점이다. 데이터를 벽에 붙여놓고 본다는 얘기는 그야말로 고객 데이터에 둘러싸여 있다는 뜻이다. 이렇게 하면 스토리보딩과 UI 디자인을 하는 내내 바로 의논할 수 있다. 팀이 함께 일하는 기간이 1주이건 10주이건 간에, 필요한 모든 것이 갖춰진 장소가 가까이 있다면 래피드 CD 프로세스를 가속시킬 수 있다.

끝으로, 프로젝트 룸은 또한 디자인 프로세스의 살아 있는 기록 역할을 한다. 함께 의논하지 못했던 팀원이나 관리자는 각자 벽에 붙은 데이터를 살펴볼 수 있고, 다른 팀원들에게는 어떠한 일들이 진행되고 있는지 알려 줄 수 있다. 어떤 관리자는 팀이 어떤 일을 하고 있는지 파악하려면 프로젝트 룸을 보는 게 좋다고 말한 적이 있다. 그는 이 방법이 상황보고나 프리젠테이션보다 더 빠르고 실질적임을 알고 있었던 것이다.

그러니 프로젝트 기간 동안 정해진 프로젝트 룸을 확보하도록 노력하라. 대부분의 팀은 자신들의 조직에선 불가능하다며 불평하곤 하지만, 일단 프로젝트 진행에서 그 가치를 인식하고 나면 공간 확보의 문제는 모두 해결된다.

샘플 스케줄

프로젝트와 팀원의 수, 프로젝트 기간에 따라 가능한 스케줄의 수는 무수히 많다. 여기서는 각 래피드 CD 타입에 맞춘 핵심 샘플 스케줄(core sample schedules)을 제공한다. 여기에는 현장 방문에 필요한 준비 작업, 프로젝트 룸과 기타 자원 확보, 사전 팀원 구성 등에 대한 내용을 담았다. 각 스케줄은 컨텍스추얼 테크닉에 경험이 있는 두 사람이 풀타임으로 근무하는 팀을 가정한다. 경험이 없는 팀은 배우는 데 소요되는 추가 시간을 더해야 한다.

필드 인터뷰는 인터뷰 진행자와 사용자가 1대 1로 진행하고, 인터뷰당 대략 2시간쯤 걸린다. 같은 날 수행하는 인터뷰가 여러 건일 때는 동일한 장소나 적절한 이동 반경 내로 계획한다.

정해진 일정 내에 업무를 완수할 수 있도록 지원 인력들이 필요한 시기를 스케줄에 표시한다. 어피니티 구축을 하루에 끝내기 위해서는 추가로 지원 인력을 항상 두 명에서 네 명 정도 둘 것을 권한다. 또한 한 사람당 어피니티 노트(포스트잇)가 60~80개 정도 필요하다. 이 작업이 끝나면 핵심 인력들은 다음 날 어떤 정리 작업이든 처리할 수 있다.

또한 데이터의 질을 향상시키기 위해서도 지원 인력을 두기를 권한다. 지원 인력은 인터뷰 결과를 제때 공유하고, 초기 컨텍스추얼 필드 인터뷰와 목업 인터뷰를 해석하는 세션에서 조직 내 수용을 유도하기 위해 필요하다. 각 지원 인력은 2시간짜리 해석 세션에 한 번 참여할 수 있으며 전적으로 참여할 필요는 없다(박스의 '시간 개념 관리'를 참조하자). 집중 래피드 CD의 경우 목업 인터뷰를

시간 개념 관리

시간과 시간 인식은 팀과 관리 측면에서 프로젝트 성공을 바라보는 방식에 영향을 미친다. 프로세스를 평가할 때 관리자들은 투입 인력 수보다 소모된 시간에 더 신경을 쓰는 경향이 있다. 작업을 강화하고자 지원 인력을 추가로 투입하기보다는 시장에 선보일 시점을 놓친 것이 더 가시적이기 때문이다.

그러므로 우리는 어피니티 구축에 지원 인력을 투입하기를 권한다. 50-80개의 포스트잇 노트마다 한 사람씩 지원 인력을 두면 1-2일 내에 어피니티를 구축할 수 있다. 이렇게 하면 2명이 2주씩이나 걸려 완성하여 어피니티 구축이 '지나치게 부담스러운 작업'이라는 고객의 불평을 피할 수 있다.

단위 작업 시간(time block)은 또 다른 민감한 문제다. (미국의 경우) 지원 인력들은 대개 3시간 단위로 일하도록 되어 있지만, 하루 일과가 끝나고 보면 이런 시간제가 '실제 업무'를 방해하는 것처럼 보인다. 이런 불평을 방지하려면 한 번에 반일제로 지원 인력을 투입시킨다. 스케줄을 계획할 때는 실제 소요 시간과 요청할 단위 작업 시간을 모두 염두에 두어야 한다.

해석하는 세션에서 지원 인력을 한 명 추가히면 이슈 파악을 더 쉽게 할 수 있다. 그러나 지원 인력들이 전체 시간 계획에서 핵심적인 요소는 아니다.

여러분이 어떻게 시간을 주 단위로 체계화할지 쉽게 구상할 수 있도록 샘플 스케줄을 제시했다. 이를 토대로 각자 필요에 따라 계획을 수정해 보자. 우리는 또한 짧은 해외 출장길에서 데이터를 수집하는 샘플도 담았다.

속전 속결

속전 속결이 얼마나 빠른지는 여러분이 얼마나 많은 인터뷰를 하는지와 어피니티를 구축하는 데 지원 인력을 추가할 수 있는지에 달려 있다. 큰 팀으로 작업할 수 있다면 동시에 더 많은 인터뷰를 할 수 있고, 추가 인력 없이 2-3일 내에 어피니티를 구축할 수 있다. 다음 두 스케줄은 인터뷰 고객이 6명일 때와 12명일 때를 비교해서 보여준다.

샘플 스케줄 1 (표 2-4) 고객 6명. 데이터를 수집, 해석, 체계화하고 브레인스토 밍하는 데 5-6일 소요된다. 현장 방문을 준비하고 조사 결과에 대해 프리젠테이 션하는 것은 포함되지 않는다.

표 2-4 속전 속결 프로젝트용 1주 스케줄

월요일	화요일	수요일	목요일	금요일
오전 동시에 개별 인터뷰 2회 진행함. 해석을 위해 즉시 복귀함.	**오전** 월요일과 동일함.	**오전** 월요일과 동일함.	**종일** 약 300~400개의 어피니티 노트(포스트잇)로 어피니티 구축. 지원 인력 적어도 2~4명 포함함.	**종일** 오전 11시까지 어피니티 정리 완료. 디자인 아이디어를 도출하고자 어피니티 워킹.
오후 2회 연속 해석 세션. 의견 수렴과 조직 내 수용을 위해 제3자 초청. 모든 해석 완료함.	**오후** 월요일과 동일 인터뷰 결과를 논의하고 데이터의 질을 확보하고자 인터뷰 포커스 재점검함.	**오후** 월요일과 동일 당일 내 모든 해석 완료함.	지원 인력이 없다면, 핵심 인력 2명이 금요일까지 완료함. 전체 스케줄에서 하루 연장함.	그룹으로 브레인스토밍하기를 권장함. 이 세션에서 온라인으로 개선 의견을 파악함. 이에 대한 공식적인 준비는 스케줄에 포함되지 않음.

샘플 스케줄 2 (표 2-5) 고객 12명. 데이터를 수집, 해석, 체계화하고 브레인스토 밍하는 데 5-6일 소요된다. 현장 방문을 준비하고 조사 결과에 대해 프리젠테이 션하는 것은 포함되지 않는다.

4 (옮긴이) 어피니티 라벨 - 어피니티 노트를 정리하여 다이어그램으로 만들 때 작성되는 라벨들로 파란 색, 분홍색, 녹색 등을 사용하여 각각 쉽게 구분하도록 작성한다. 라벨별 세부 정의는 8장 '핵심 용어' 를 참조하자.

표 2-5 속전 속결 프로젝트용 3주 샘플 스케줄

월요일	화요일	수요일	목요일	금요일
1주 차 : 컨텍스추얼 필드 인터뷰 6~8회				
오전 동시에 개별 인터뷰 2회 진행함. 해석을 위해 즉시 복귀함.	**오전** 월요일과 동일함.	**오전** 월요일과 동일함.	**종일** **선택 1** 약 300~400개의 어피니티 노트(포스트잇)로 어피니티 구축함. 지원 인력 적어도 2-4명 포함함. 지원 인력이 없을 경우, 핵심 인력 2명이 금요일까지 완료함. **선택 2** 고객 인터뷰 2회 추가하고 해석함.	**종일** **선택 1** 어피니티 정리함. 어피니티 점검, 후속 인터뷰를 위한 보완사항 확인.
오후 2회 연속적인 해석 실시. 의견 수렴과 조직 내 수용을 위해 제3자 초청함. 당일 내에 모든 해석을 완결함.	**오후** 월요일과 동일함.	**오후** 월요일과 동일함. 인터뷰 결과를 논의하고 데이터의 질을 확보하고자 인터뷰 포커스 재점검함.		**선택 2** 데이터에 부족한 점이 있는지 확인하고자 추상적 수준의 어피니티 라벨[4]을 붙인 대략적인 어피니티 구축함. **모두** 다음 인터뷰를 대비한 포커스 재점검함. **체크포인트** 이해관계자들과 인터뷰 결과를 공유할 목적의 비공식 체크포인트 회의.
2주 차 : 추가 컨텍스추얼 필드 인터뷰 4~6회 수행함. 어피니티 구축함				
1주 차와 동일	1주 차와 동일	1주 차와 동일 선택 2의 경우, 어피니티 구축 시작함.	**종일** 약 500~600개의 어피니티 노트(포스트잇)로 어피니티 구축함. **선택 1** 기존 어피니티 있음. 추가 노트를 기존 어피니티 구조에 덧붙임. 적어도 지원 인력 2-4명 필요함. **선택 2** 어피니티 없음. 지원 인력 2-3명과 함께 이틀 소요됨.	**종일** 어피니티 구축 완료함. 비전도출 세션 계획함.

→ 다음 쪽에 계속

월요일	화요일	수요일	목요일	금요일
3주 차 : 비전 도출과 개선 의견 형성				
종일 어퍼니티 워킹함. 비전 도출에 참여한 사람은 모두 데이터 워킹 필수임. 주요이해관계자들 초청함. 이슈와 핵심 아이디어 도출함. 비전 도출함(최소 1개).	종일 종일 비전 도출함. 3-4가지 비전 도출후 장점과 단점을 정리함. DI(디자인 아이디어)나 추가 비전 도출로 단점을 극복함.	종일 필요 시 비전 도출을 계속하거나 비전 도출 정리를 시작함.	종일 정리된 비전 도출 완결함. 비전 도출에서 가능성 있고 특징적인 요구사항 발췌함.	종일 요구사항 정리를 완료하고 다른 사람들과의 아이디어 커뮤니케이션 계획 시작함.

속전 속결 플러스

이 샘플 스케줄에는 속전 속결 CD의 작업을 확장해 UI 도출까지 들어간다. 이때 UI는 페이퍼 프로토타입 인터뷰를 2-3회 반복 시행해 고객 테스트를 거친다. 속전 속결 플러스는 컨텍스추얼 인터뷰 4-12회와 페이퍼 프로토타입 인터뷰를 4-9회 시행할 수 있다. 속전 속결 플러스의 두 타입은 추가 단계들을 포함하여 속전 속결 스케줄에서 진전된 프로세스를 보여 준다.

두 사람이 각각 2시간이 소요되는 페이퍼 프로토타입 인터뷰를 실시한다. 지원 인력을 추가해 각 페이퍼 프로토타입의 해석 세션에서 기록한 내용을 파악하고 새로운 관점을 덧붙이기를 권한다.

각 페이퍼 프로토타입 인터뷰 해석 세션의 지원 인력은 같은 사람이 아니어도 무방하며, 단계마다 다를 수도 있다. 다만 지원 인력이 프로토타입의 각 부분, 테스트 항목, 인터뷰 방식 등을 잘 알고 있는지는 반드시 확인해야 한다.

샘플 스케줄 1 (표 2-6) 4주간 고객 필드 인터뷰 6회. 데이터를 수집, 해석, 체계화하고 비전을 도출한다. 그런 뒤 페이퍼 프로토타입 제작하고, 추가 고객 6명을 대상으로 프로토타입 인터뷰 2회 실시한다. 현장 방문을 준비하고 조사 결과에 대해 프리젠테이션하는 것은 포함되지 않는다.

주의-어피니티 구축 시 지원 인력이 투입되므로 1일 내에 완결할 수 있다. 이 스케줄은 초기 필드 인터뷰를 8회 수용할 수 있다.

- 1주 차-필드 인터뷰 6회 실시하고 어피니티 구축함.
- 2주 차-비전 도출하고 UI 요소 정의함.
- 3주 차-페이퍼 목업 제작, 프로토타입 인터뷰 3회 중 1회 차 실시함.
- 4주 차-페이퍼 프로토타입 테스트 반복함. 프로토타입 인터뷰 3회 중 2회 차 실시함.

표 2-6 속전 속결 플러스 프로젝트용 4주 스케줄

월요일	화요일	수요일	목요일	금요일
1주 차 : 컨텍스추얼 필드 인터뷰 6회 시행하고 어피니티 구축함				
오전 동시에 개별 인터뷰 2회 진행함. 이 결과를 해석하고자 즉시 복귀함.	**오전** 월요일과 동일함.	**오전** 월요일과 동일함.	**종일** 약 300~400개의 어피니티 노트(포스트잇)로 임시 어피니티 구축함. 지원 인력 적어도 2-4명 포함. 지원 인력이 없을 경우, 핵심 인력 2명이 금요일까지 완료함.	**종일** 필요 시 모든 어피니티 정리 완료함. 비전 도출 단계 준비함.
오후 2회 연속적인 해석 실시. 의견 수렴과 조직 내 수용을 위해 제3자 초청함.	**오후** 월요일과 동일함. 인터뷰 결과를 논의하고 데이터의 질을 확보하고자 인터뷰 포커스 재점검함.	**오후** 월요일과 동일함. 당일 내에 모든 해석을 완결함.		

➡ 다음 쪽에 계속

월요일	화요일	수요일	목요일	금요일
2주 차 : 비전을 도출하고 UI 요소 정의함				
종일 어피니티 워킹함. 비전 도출에 참여한 전원 참석 필수임. 이해관계자들 초청함. 이슈와 핵심 아이디어 도출함. 비전 도출함(최소 1개).	**종일** 종일 비전 도출함. 3-4가지 비전 도출 후 장점과 단점을 정리함. DI(디자인 아이디어)나 추가 비전 도출로 단점을 극복함.	**종일** 필요 시 비전 도출을 계속하거나 도출한 비전 정리 시작.	**종일** 도출한 비전 정리 완료. 정리된 비전을 UI 요소 정의에 이용함.	**종일** UI 요소 정의 완료함. 페이퍼 프로토타입 제작 시작함.
3주 차 : 페이퍼 프로토타입 제작하고 사용자 3명 대상으로 테스트함				
종일 페이퍼 프로토타입 제작함.	**종일** 페이퍼 프로토타입 제작 완료함. 금주 인터뷰를 대비해 충분한 프로토타입 제작물 준비함.	**종일** 1회 차 수행, 한곳에서 동시에 2회의 개별 프로토타입 인터뷰 실시함. **선택사항** 해석 시작 또는 세 번째 인터뷰 실시함.	**오전** 1회 차 수행. 세 번째 사용자 대상임. **오후** 1회 차 수행. 세 번째 사용자 대상임.	**종일** 지원 인력 1명과 함께 인터뷰 내용 해석함. 프로토타입 수정에 대해 논의함.
4주 차 : 디자인 변경하고 새로운 프로토타입으로 사용자 3명 대상 테스트				
종일 UI 개선에 필요한 변경사항 결정함.	**종일** 페이퍼 프로토타입 재 제작함. 금주 인터뷰를 대비해 충분한 프로토타입 제작물 준비함.	**오전** 2회 차 수행, 한장소에서 동시에 개별 프로토타입 인터뷰 2회 실시. **오후** 가능하면 지원 인력 1명과 함께 인터뷰 내용 해석.	**오전** 2회 차 완료함. 세 번째 사용자 대상임. **오후** 모든 해석 완료함. 디자인 변경 시작함.	**종일** 디자인 변경에 대해 논의함. UI 최종 완료함. 비주얼 디자인을 위한 준비 시작함.

샘플 스케줄 2 (표 2-7) 6주간 고객 필드 인터뷰 12회 실시하고 데이터를 수집, 해석, 체계화한 뒤 비전을 도출, 페이퍼 프로토타입을 제작한다. 추가 고객 9명을 대상으로 프로토타입 인터뷰 3회 실시한다. 현장 방문을 준비하고 조사 결과에 대해 프리젠테이션하는 것은 포함되지 않는다.

표 2-7 속전 속결 플러스 프로젝트용 6주 스케줄

월요일	화요일	수요일	목요일	금요일
1주 차 : 컨텍스추얼 필드 인터뷰 6회 실시함				
오전 동시에 개별 인터뷰 2회 진행. 인터뷰 내용을 해석하고자 즉시 복귀.	**오전** 월요일과 동일함.	**오전** 월요일과 동일함.	**종일** **선택 1** 약 300~400개의 어피니티 노트(포스트잇)로 임시 어피니티 구축함. 지원 인력 적어도 2-4명 포함. 지원 인력이 없을 경우, 핵심 인력 2명이 금요일까지 완료함. **선택 2** 추가 고객 인터뷰 2회 실시한 후 해석함.	**종일** **선택사항 1** 어피니티 정리함. 어피니티 점검, 후속 인터뷰를 위한 보완사항 확인함. **선택사항 2** 데이터에 부족한 점이 있는지 확인하고자 추상적 수준의 어피니티 라벨을 붙인 대략적인 어피니티 구축함. **모두** 다음 인터뷰를 대비해 포커스 재점검함. **체크포인트** 이해관계자들과 인터뷰 결과를 공유할 목적의 비공식 체크포인트 회의를 함.
오후 2회 연속적으로 해석함. 의견 수렴과 조직 내 수용을 위해 제3자 초청함. 모든 해석 완료함.	**오후** 월요일과 동일함.	**오후** 월요일과 동일함. 인터뷰 결과를 논의하고 데이터의 질을 확보하고자 인터뷰 포커스 재점검함.		
2주 차 : 추가 컨텍스추얼 필드 인터뷰 4-6회 실시하고 어피니티 구축함				
1주 차와 동일함.	1주 차와 동일함.	1주 차와 동일함. 선택 2의 경우, 어피니티 구축 시작함.	**종일** 약 500~600개의 어피니티 노트(포스트잇)로 어피니티 구축함. **선택사항 1** 기존 어피니티 있음. 추가 노트를 기존 어피니티 구조에 투입함. 지원 인력 적어도 2-4명 포함. **선택사항 2** 어피니티 없음. 지원 인력 2-3명과 함께 2일 소요.	**종일** 어피니티 구축 완료함. 비전 도출 세션을 체계화함.

→ 다음 쪽에 계속

월요일	화요일	수요일	목요일	금요일
3주 차 : 비전 도출과 권장 안 제작				
종일 어피니티 워킹함. 비전 도출에 참여한 사람은 모두 데이터 워킹 필수임. 주요 이해관계자들 초청함. 이슈와 핵심 아이디어 도출함. 비전 도출함(최소 1개).	**종일** 종일 비전 도출함. 3-4가지 비전 도출한 후 장점과 단점을 정리함. DI(디자인 아이디어)나 추가 비전 도출로 단점을 극복함.	**종일** 필요 시 비전 도출을 계속하거나 도출한 비전 정리 시작함.	**종일** 도출한 비전 정리 완료함. 정리된 비전을 UI 요소 정의에 이용함.	**종일** UI 요소 정의 완료, 페이퍼 프로토타입 제작 시작함.
4주 차 : 페이퍼 프로토타입 제작하고 사용자 3명 대상 테스트				
종일 페이퍼 프로토타입 제작함.	**종일** 페이퍼 프로토타입 제작 완료함. 금주 인터뷰를 대비해 충분한 프로토타입 제작물 준비함.	**종일** 1회 차 수행, 한곳에서 동시에 개별 프로토타입 인터뷰 2회 실시함. **선택사항** 해석 시작 또는 세 번째 인터뷰 실시함.	**오전** 1회 차 수행함. 세 번째 사용자 대상임. **오후** 가능하면 지원 인력 1명과 함께 페이퍼 프로토타입 인터뷰 내용 해석함.	**종일** 지원 인력 1명과 함께 페이퍼 프로토타입 인터뷰 내용 해석함. 프로토타입의 수정에 대해 논의함.
5주 차 : 디자인 변경하고 새로운 프로토타입으로 사용자 3명 대상 테스트				
종일 UI 개선에 필요한 변경사항 결정함.	**종일** 페이퍼 프로토타입 다시 제작함. 금주 인터뷰를 대비해 충분한 프로토타입 제작물 준비함.	**오전** 2회 차 수행, 한곳에서 동시에 개별 프로토타입 인터뷰 2회 실시함. **오후** 가능하면 지원 인력 1명과 함께 프로토타입 인터뷰 내용 해석함.	**오전** 2회 차 완료함, 세 번째 사용자 대상임. **오후** 모든 해석 완료함. 디자인 변경 시작함.	**종일** 디자인 변경에 대해 논의함.
6주 차 : 디자인 변경하고 새로운 프로토타입으로 사용자 3명 대상 테스트				
종일 UI 개선에 필요한 변경사항 결정함. 프로토타입 다시 제작함.	**오전** 페이퍼 프로토타입 다시 제작함.	**오전** 3회 차 수행, 한곳에서 동시에 개별 페이퍼 프로토타입 인터뷰 2회 실시.	**오전** 가능하면 지원 인력 1명과 함께 페이퍼 프로토타입 인터뷰 내용 해석함.	**종일** 디자인 변경에 대해 논의함. UI 최종 완료함.

→ 다음 쪽에 계속

월요일	화요일	수요일	목요일	금요일
	금주 인터뷰를 대비해 충분한 프로토타입 제작물 준비함.			비주얼 디자인을 위한 준비 시작함.
	오후 3회 차 수행, 프로토타입 인터뷰 1회 실시함.	**오후** 가능하면 지원 인력 1명과 함께 프로토타입 인터뷰 내용 해석함.	**오후** 모든 해석 완료함.	

- 1주 차 - 컨텍스추얼 필드 인터뷰 6-8회 실시, 임시 어피니티 구축은 선택사항.
- 2주 차 - 추가 인터뷰 4-6회 실시하고 어피니티 구축함.
- 3주 차 - 비전 도출하고 UI 요소 정의함.
- 4주 차 - 페이퍼 목업 제작, 프로토타입 인터뷰 3회 중 1회 차 실시함.
- 5주 차 - 페이퍼 프로토타입 테스트 반복, 프로토타입 인터뷰 3회 중 2회 차 실시함.
- 6주 차 - 페이퍼 프로토타입 테스트 반복, 프로토타입 인터뷰 3회 중 3회 차 실시함.

집중 래피드 CD

이 샘플 스케줄에는 디자인 프로세스에 시퀀스 모델과 스토리보딩이 추가된다. 팀은 시퀀스 모델을 이용해 실질적인 직무 분석을 할 수 있다. 이것은 또한 직무 단계별 재디자인의 가이드가 된다. 스토리보드는 업무 수행, 간단한 비즈니스 프로세스, 또는 집중된 일상 활동을 세부적으로 보여 주며, 업무의 일관성을 확인할 수 있다.

시퀀스 모델링, 시퀀스 정리, 스토리보딩은 스케줄에 더 많은 시간을 요구한다. 시퀀스를 더 쉽게 파악하려면 프로토타입 해석뿐만 아니라 인터뷰 해석 세션에서도 지원 인력을 쓰기를 권한다. 다시 말하지만, 지원 인력이 팀에 상시 참여할 필요는 없다. 다른 때와 마찬가지로 우리는 지원 인력과 함께 어피니티

전체 일정을 따르기 위한 일일 스케줄

여기 나온 스케줄은 우리가 프로세스를 계획할 때 일반적으로 쓰는 것들이다. 팀이 프로젝트의 전체 일정을 맞추려면 일일 단위의 스케줄을 이용하면 좋다. 필드 인터뷰, 해석 세션, 어피니티 구축과 다른 프로세스에 필요한 시간을 예측할 수 있으므로, 그 작업들을 바로 특정일의 스케줄에 넣을 수 있다.

실제로 모든 해석을 48시간 내에 마칠 수 있는지, 또는 스케줄에 야근이나 주말 근무를 넣어야 할지도 알 수 있다. 예를 들면 인터뷰 장소까지 갔다 오는 데 얼마나 걸리는지, 개별 인터뷰에 2시간 내지 2시간 30분 정도 소요된다든지, 각 인터뷰 장소로 이동하거나 점심을 먹는 데는 얼마나 걸리는지 등을 안다면, 그날 안으로 해석을 끝내려고 할 때 세 시간 정도 여유가 있는지 어떤지도 알 수 있다. 일일 단위로 계획하면 일일 업무를 조정하기도 쉽고, 스케줄을 잘 맞춤으로써 주변의 신임을 얻게 된다.

다이어그램을 구축하기를 권한다(박스 '전체 일정을 따르기 위한 일일 스케줄'을 참조하자).

아래는 6회 또는 12회의 컨텍스추얼 조사 인터뷰를 대표하는 두 가지 변형 스케줄로 각각 프로토타입 인터뷰를 2-3회 포함한다.

샘플 스케줄 1 (표2-8) 6주간 고객 필드 인터뷰 6회 실시하고 데이터 수집과 해석, 시퀀스 모델을 포함하는 데이터 체계화 작업을 한다. 비전 도출과 스토리보드, 페이퍼 프로토타입을 제작하고, 추가 고객 6명을 대상으로 프로토타입 인터뷰를 2회 실시한다. 현장 방문을 준비하고 조사 결과에 대해 프리젠테이션하는 것은 포함되지 않는다.

주의-여기서는 어떤 스케줄에도 이용할 수 있는 다양한 인터뷰 유형을 제시한다.

• 1주 차-필드 인터뷰 6회 실시함. 어피니티를 구축하고 시퀀스를 정리함.

• 2주 차-정리를 완료하고 비전 도출함.

- 3주 차 - 스토리보드 제작함.
- 4주 차 - UI 요소를 정의하고 페이퍼 목업을 제작함.
- 5주 차 - 프로토타입 인터뷰 3회 중 1회 차 실시하고 페이퍼 프로토타입 테스트 반복함.
- 6주 차 - 프로토타입 인터뷰 3회 중 2회 차 실시하고 최종 UI 결정함.

표 2-8 집중 CD 프로젝트용 6주 스케줄

월요일	화요일	수요일	목요일	금요일
1주 차 : 컨텍스추얼 필드 인터뷰 6회 실시, 어피니티를 구축하고 시퀀스 정리함				
오전 두 장소에서 동시에 개별 인터뷰 진행함. 오후 두 곳에서 동시 인터뷰를 통해 인터뷰 4회 완료함.	종일 연속 세션으로 4회 해석 완료함. 시퀀스 모델을 파악함. 가능하면 지원 인력 1명을 포함함. 인터뷰 결과를 논의하고, 데이터의 질을 확보하고자 인터뷰 포커스 재점검함.	오전 동시에 개별 인터뷰 2회 진행함. 인터뷰 내용을 해석하고자 즉시 복귀함. 오후 의견 반영과 조직 내 수용을 위해 이해관계자 초청함. 2회 모두 해석 완료함.	종일 약 300~400개의 어피니티 노트(포스트잇)로 임시 어피니티 구축함. 지원 인력 적어도 2-4명 포함. 지원 인력이 없을 경우, 핵심 인력 2명이 금요일까지 완료함.	종일 시퀀스 모델 정리함. 상위 직무 2-4개를 선택하여 정리하는 데 하루 종일 소요됨.
2주 차 : 정리를 완료하고 비전 도출함				
종일 모든 정리 완료함.	종일 어피니티와 정리된 시퀀스 모델을 워킹함. 비전 도출 세션에 참여한 사람은 모두 반드시 참석해야함. 이슈 리스트 작성함. 핵심 아이디어 도출함. 비전 도출함(최소 1개).	종일 종일 비전 도출함. 3-4가지 비전 도출한 후 장점과 단점을 정리함. DI(디자인 아이디어)나 추가 비전 도출로 단점을 극복함.	종일 정리된 비전을 구축함.	종일 스토리보드를 위한 유스 케이스 정의함. 스토리보드를 제작함. 필요 시 정리 완료함.

➔ 다음 쪽에 계속

월요일	화요일	수요일	목요일	금요일
3주 차 : 스토리보드				
종일 종일 스토리보드 제작함. 새로운 유스 케이스가 정의될 때마다 스토리보드에 추가함.	**오전** 스토리보드 제작 계속함. **업무 종료 즈음** 스토리보드 공유함. 이해관계자들 초청함.	**종일** 스토리보드에 대한 피드백을 받아서 수정 작업함. 스토리보드 제작 계속함.	**종일** 스토리보드 제작 계속함. 스토리보드를 공유하고 수정함.	**종일** 필요 시 스토리보드 제작 완료 또는 다음 단계 시작함.
4주 차 : UI 요소를 정의하고 페이퍼 프로토타입 제작				
종일 스토리보드로부터 UI 요소 정의함.	**종일** UI 요소 디자인함.	**종일** 페이퍼 프로토타입에 사용할 UI 디자인 시작함.	**종일** 페이퍼 프로토타입 제작 시작함.	**종일** 페이퍼 프로토타입 제작 완료함. 첫 번째 인터뷰를 대비해 프로토타입 제작물 준비함.
5주 차 : 페이퍼 프로토타입을 제작하고 사용자 4명 대상 테스트				
종일 1회 차 수행, 한곳에서 개별 프로토타입 인터뷰 2회 실시함.	**오전** 1회 차 수행함. 세 번째 사용자 대상임. **오후** 가능하면 지원 인력 1명과 함께 페이퍼 프로토타입 인터뷰 내용 해석함.	**오전** 1회 차 수행함. 네 번째 사용자가 대상임. **오후** 가능하면 지원 인력 1명과 함께 페이퍼 프로토타입 인터뷰 내용 해석함.	**종일** UI 수정 사항 결정함.	**종일** UI 재디자인 계속함. 수정 사항을 반영한 프로토타입 제작을 시작함.
6주 차 : 디자인 변경하고 새로운 프로토타입으로 사용자 3명 대상 테스트, 최종 UI 결정함				
오전 페이퍼 프로토타입 제작 완료함. **오후** 2회 차 수행, 페이퍼 프로토타입 인터뷰 1회 실시.	**오전** 2회 차 시행, 한 장소에서 동시에 개별 인터뷰 2회 실시. **오후** 가능하면 지원 인력 1명과 함께 페이퍼 프로토타입 인터뷰 내용 해석함.	**종일** 종일 해석함.	**종일** UI 수정 사항 결정함.	**종일** 최종 UI 디자인함.

샘플 스케줄 2 (표2-9) 8주간 고객 필드 인터뷰 12회 실시한다. 데이터를 수집, 해석하고 시퀀스 모델을 포함하는 데이터 체계화 작업을 수행한다. 그런 뒤 비전 도출하고, 스토리보드, 페이퍼 프로토타입 제작한다. 추가 고객 9명을 대상으로 프로토타입 인터뷰를 3회 실시한다. 현장 방문을 준비하고 조사 결과에 대해 프리젠테이션하는 것은 포함되지 않는다.

- 1주 차 - 컨텍스추얼 필드 인터뷰 6-8회 실시, 임시 어피니티 구축은 선택사항.
- 2주 차 - 추가 인터뷰 4-6회 실시, 어피니티 구축하고 시퀀스 정리.
- 3주 차 - 정리(consolidation)를 완료하고 비전 도출.
- 4주 차 - 스토리보드 제작.
- 5주 차 - UI 요소를 정의하고 페이퍼 목업 제작.
- 6주 차 - 3회의 프로토타입 인터뷰 중 1회 차 실시하고 페이퍼 프로토타입 테스트 반복.
- 7주 차 - 2회 차 프로토타입 인터뷰 실시하고 페이퍼 프로토타입 테스트 반복.
- 8주 차 - 3회 차 프로토타입 인터뷰 실시하고 최종 UI 결정.

표 2-9 집중 CD 프로젝트용 8주 샘플 스케줄

월요일	화요일	수요일	목요일	금요일
1주 차 : 컨텍스추얼 필드 인터뷰 6-8회 실시, 임시 어피니티 구축은 선택				
오전 두 장소에서 동시에 개별 인터뷰 진행함. **오후** 두 곳에서 동시 인터뷰를 통해 인터뷰 4회 완료함.	**종일** 연속 세션으로 4회의 해석 완료함. 시퀀스 모델 캡처함. 가능하면 지원 인력 1명 포함함. 인터뷰 결과를 논의하고 데이터의 질을 확보하고자 인터뷰 포커스 재점검함.	**오전** 동시에 개별 인터뷰 2회 진행함. 인터뷰 내용을 해석하고자 즉시 복귀함. **오후** 2회의 연속적인 해석 세션 실시함. 더 신속하게 시퀀스 모델을 캡처하고자 지원 인력 투입함.	**종일** **선택 1** 약 300~400개의 어피니티 노트(포스트잇)로 어피니티 구축함. 지원 인력 적어도 2-4명 포함. 지원 인력이 없을 경우, 핵심 인력 2명이 금요일까지 완료함. **선택 2** 추가 고객 인터뷰 2회 시행 후 해석함.	**종일** **선택 1** 어피니티 정리함. 어피니티 점검하고 보완 사항 확인함. **선택 2** 데이터에 부족한 점이 있는지 확인하고자 추상적 수준의 어피니티 라벨을 붙인 대략적인 어피니티 구축함. **모두** 다음 인터뷰를 대비해 포커스 재점검함. **체크포인트** 이해관계자들과 인터뷰 결과를 공유할 목적의 비공식 체크포인트 회의.
2주 차 : 추가 컨텍스추얼 필드 인터뷰 4-6회 실시, 어피니티 구축하고 시퀀스 정리				
1주 차와 동일함.	1주 차와 동일함.	1주 차와 동일함. 선택 2의 경우, 어피니티 구축 시작함.	**종일** 약 500~600개의 어피니티 노트(포스트잇)로 어피니티 구축함. **선택 1** 기존 어피니티 있음. 추가 노트를 기존 어피니티 구조에 투입함. 지원 인력 적어도 2-4명 포함함. **선택 2** 어피니티 없음. 지원 인력 2-3명과 함께 2일 소요됨.	**종일** 어피니티 구축 완료함. 시퀀스 정리 시작함. 상위 직무 2-4개를 선택하여 정리함.

→ 다음 쪽에 계속

월요일	화요일	수요일	목요일	금요일
3주 차 : 정리를 완료하고 비전을 도출				
종일 시퀀스 정리를 완료함. 화요일까지 지속될 수도 있음.	**오전** 필요 시 시퀀스 모델 완료함. **오후** 전체 인원이 비전 도출 및 데이터 워킹함. 이슈 리스트 작성함. 핵심 아이디어 생성한 후 비전 도출에 사용할 최상의 아이디어를 선택함.	**종일** 종일 비전 도출함. 3-4가지 비전 도출한 후 장점과 단점을 정리함. DI(디자인 아이디어)나 추가 비전 도출로 단점을 극복함.	**종일** 비전 도출 계속함. 정리된 비전을 구축함.	**종일** 도출한 비전 정리 완료함. 스토리보드를 위한 유스 케이스 정의함. 어떤 스토리보드로 시작할지 결정함.
4주 차 : 스토리보드				
종일 종일 스토리보드 제작함. 새로운 유스 케이스가 정의될 때마다 스토리보드에 추가함.	**종일** 스토리보드 제작 계속함. **업무 종료 즈음** 스토리보드 공유함. 이해관계자들 초청함.	**종일** 스토리보드 수정 작업함. 스토리보드 제작 계속함. 스토리보드 공유하고 수정함.	**종일** 스토리보드 제작 계속함. 스토리보드 공유하고 수정함.	**종일** 필요 시 스토리 보드 제작 완료 또는 다음 단계 시작함.
5주 차 : UI 요소 정의하고 페이퍼 프로토디입 제자				
종일 스토리보드로부터 UI 요소 정의함.	**종일** UI 요소 디자인함.	**종일** 페이퍼 프로토타입을 위한 UI 디자인 시작함.	**종일** 페이퍼 프로토타입 제작 시작함.	**종일** 페이퍼 프로토타입 제작 완료함.
6주 차 : 사용자 4명 대상으로 프로토타입 테스트하고 디자인 수정 반복				
종일 1회 차 수행, 한곳에서 동시에 페이퍼 프로토타입 인터뷰 2회 실시.	**오전** 1회 차 수행함, 세 번째 사용자 대상임 **오후** 가능하면 지원 인력 1명과 함께 프로토타입 인터뷰 내용 해석함.	**오전** 1회 차 수행함, 네 번째 사용자 대상임 **오후** 가능하면 지원 인력 1명과 함께 프로토타입 인터뷰 내용 해석.	**종일** UI 수정 사항 결정함.	**종일** UI 재디자인 계속함. 수정 사항을 반영한 페이퍼 프로토타입 제작 시작함.

→ 다음 쪽에 계속

월요일	화요일	수요일	목요일	금요일
7주 차 : 디자인 변경하고 새로운 프로토타입으로 사용자 3명 대상 테스트함. 디자인 수정 반복				
오전 페이퍼 프로토타입을 제작 완료함. 금주 인터뷰에 필요한 프로토타입 제작물을 준비함.	**오전** 2회 차 시행함, 한곳에서 개별 인터뷰 2회 실시.	**종일** 종일 해석함.	**종일** UI 수정 사항 결정함.	**종일** UI 재디자인 계속함. 수정 사항을 반영한 페이퍼 프로토타입 제작을 시작함.
오후 2회 차 수행, 페이퍼 프로토타입 인터뷰 1회 실시.	**오후** 가능하면 지원 인력 1명과 함께 프로토타입 인터뷰 내용 해석함.			
8주 차 : 디자인 변경하고 새로운 프로토타입으로 사용자 3명 대상 테스트함. 최종 UI 결정				
오전 페이퍼 프로토타입 제작 완료함. 금주 인터뷰에 필요한 프로토타입 제작물 준비함.	**오전** 3회 차 시행, 한 장소에서 동시에 인터뷰 2회 실시.	**종일** 종일 해석함.	**종일** UI 수정 사항 결정함.	**종일** 최종 UI 디자인함.
오후 3회 차 시행, 페이퍼 프로토타입 인터뷰 1회 실시함.	**오후** 가능하면 지원 인력 1명과 함께 프로토타입 인터뷰 내용 해석함.			

출장 중에 데이터 수집하기

데이터 수집 차 팀원 한두 명이 출장을 가는 일도 자주 있다. 이와 같은 출장 인터뷰는 출장 중 또는 돌아왔을 때(인터뷰 후 48시간 이내에) 해석이 가능하다. 개별 인터뷰는 하루에 3회 실시하는 것이 합리적이다. 출장 중의 작업 기간은 하루 정도 추가되는 경향이 있다. 여행 시간 때문에 보통 전체 출장 기간이 늘어나거나 출장 마지막 날 아주 늦게 도착하는 탓이다. 결과적으로 모든 샘플 스케줄에서 출장이 있는 주에 대해서는 일정을 하루씩 추가한다.

물론 출장지의 위치가 실제 시간 계획을 결정할 것이다. 표 2-10은 속전 속결

표 2-10 출장 중의 데이터 수집을 위한 샘플 스케줄

월요일	화요일	수요일	목요일	금요일	월요일
오전 개별 인터뷰 2회 동시 진행.	**종일** 사무실로 복귀함. **가정** 돌아오는 데 종일 소요됨.	**종일** 3-4회 인터뷰 내용 해석함.	**오전** 2-3회 인터뷰 내용 해석함.	**종일** 어피니티 구축 작업 계속함. 지원 인력이 없을 때는 당일 완결함. 지원 인력이 있으면 데이터 워킹을 시작하거나 일찍 퇴근함.	**종일** 오전 11:00까지 모든 어피니티 정리 완결함. 디자인 아이디어를 도출할 목적으로 어피니티 워킹함. 그룹으로 개선안에 대해 브레인스토밍함. 이 세션에서 온라인으로 개선 의견을 파악. 이에 대한 공식적인 준비는 스케줄에 포함되지 않음.
오후 12:30~2:30 개별 인터뷰 2회 동시 진행. 3:30~5:30 개별 인터뷰 2회 동시 진행. **가정** 전날 인터뷰 장소로 미리 이동함.			**오후** 약 300~400 정도의 어피니티 노트(포스트잇)로 어피니티 구축 시작함.		

CD 스케줄의 예로, 첫째 주에 원격지 인터뷰를 6회 하고 돌아와서 해석하는 것으로 시작한다.

빠른 진행을 위한 동시 해석 세션 이용하기

우리가 제시하는 스케줄은 핵심 인력 2명이 각 해석 세션에서 지원 인력을 2명 이상 쓰지 않는다고 가정한다. 여러분이 더 많은 지원 인력을 쓸 수 있다면, 컨텍스추얼 인터뷰 해석 세션에서 동시에 해석을 진행할 수 있다. 이는 같은 시간에 컨텍스추얼 인터뷰 내용을 두 배 가량 해석할 수 있음을 의미한다. 하지만 컨텍스추얼 인터뷰에서만 동시 해석 세션을 진행할 수 있으며, 이 방법은 페이퍼 프로토타입 인터뷰 해석에는 적합하지 않다.

표 2-11은 인터뷰가 8회 있는 속전 속결 CD 스케줄에서 동시 해석이 어떻게 진행되는지의 예를 보여준다.

표 2-11 동시 해석 세션 진행을 위한 샘플 스케줄

월요일	화요일	수요일	목요일	금요일
종일 3번에 걸쳐 개별 인터뷰 2회 동시 진행함. 6회 모두 핵심 인력이 완수해냄. **가정** 인터뷰는 2-4회 실시되며, 인터뷰가 3회 가능하도록 인터뷰 간의 시차가 크지 않음.	**종일** 3회의 동시 해석 세션을 실시함. 그룹 1 (인터뷰 진행자와 지원 인력 최소 1명) 1-3회까지의 인터뷰 내용 해석함. 그룹 2 (인터뷰 진행자와 지원 인력 최소 1명) 4-6회까지의 인터뷰 내용 해석함.	**오전** 개별 인터뷰 2회 동시 진행함. 핵심 인력이 7, 8번째 사용자에 대한 인터뷰 수행함. **오후** 7, 8번째 사용자에 대한 동시 해석 세션.	**종일** 약 300-400개의 어피니티 노트(포스트잇)로 어피니티 구축함. 적어도 추가 지원 인력 2-4명 포함함. 어피니티 노트의 수가 더 많으면, 지원 인력을 추가하거나 소요 시간을 늘림. 지원 인력이 없으면 전체 스케줄에서 1-1.5일 연장함.	**오전** 오전 11:00까지 모든 어피니티 정리 완료함. 디자인 아이디어를 도출하기 위해 어피니티 워킹함. **오후** 그룹으로 브레인스토밍함. 이 세션에서 온라인으로 개선 의견을 파악함. 이에 대한 공식적인 준비는 스케줄에 포함되지 않음.

컨텍스추얼 인터뷰 계획하기

데이터의 질을 결정하는 것은 여러분이 인터뷰하는 사람들이다. 목표는 적은 수의 참가자들을 통해 타깃 사용자 집단을 잘 대표하는 데이터를 얻는 것이다. 그러나 여러분은 인터뷰 참가자의 개별 타입에 대해서도 충분히 알 필요가 있다. 래피드 CD는 처음에 4~12명을 대상으로 컨텍스추얼 인터뷰를 시행하는 것을 목표로 한다. 모집단 수는 늘릴 수 있는데, 이에 따라 인터뷰 완수에 필요한 시간 또는 팀원과 지원 인력의 수도 늘어난다.

　이 장에서는 타깃 집단의 핵심 특성과 이슈를 확실히 알 수 있도록 초기 인터뷰 대상자 샘플을 어떻게 선정할지를 설명한다. 페이퍼 프로토타입 인터뷰를 하려고 타깃 집단의 샘플을 더 확장하려면 14장을 보자.

핵심 용어

타깃 사용자 인터뷰할 대상으로 선택한 사람들.

직무 역할 타깃 업무를 수행하는 사람 또는 프로젝트에서 조사하려는 업무 활동. 이 사람은 개발 대상인 시스템이 지원할 직무를 수행한다. 한 가지 직무 역할(job role)을 서로 직함이 다른 사람들이 수행할 수도 있다.

업무 그룹 업무를 완수하기 위해 함께 일하는 사람들의 집단. 업무 그룹(work group)은 한 팀이 될 수도 있고, 프로세스에서 어떤 관련된 부분을 담당하는 사람들이나 조정 역할을 하는 집단, 사회적 관계 집단, 또는 직무 수행을 위해 협력하는 비공식 집단이 될 수도 있다.

직함 조직이 어떤 사람에게 할당한 공식적인 직위. 여러분의 목표는 특정한 직무를 수행하는 사람들에 대한 데이터를 수집하는 것이다. 연관된 직함(job title)이 서로 달라도 같은 직무 역할을 수행할 수 있다. 그러니 직함에 따라 데이터를 수집하지 말고 직무 역할에 따라서 수집하라. 예를 들면 영업 담당자, 영업 매니저, 기술 영업 전문가는 모두 여러분이 조사하고자 하는 동일한 업무를 수행할 가능성이 있다. 즉 그들은 동일한 직무 역할을 대표한다.

누구를 인터뷰할 것인가?

만약 제품 혹은 시스템의 다음 버전을 개발하고 있거나, 구축하려는 시스템의 종류를 알고 있다면, 지원하고자 하는 업무나 일상적인 활동을 정하는 것으로 작업을 시작한다. 다음 질문에 답해 보라.

- 지원하려는 업무 또는 활동은 무엇인가?
- 이 업무는 고객의 전체 업무에서 어떤 부분을 차지하는가? 그것은 어떤 프로세스에 소속되어 있는가?
- 업무를 수행할 때 누군가 다른 사람이 더 참여하는가? 그들은 누구와 작업하고 협력하는가? 업무를 완수하기 위해 그들에게 조언할 만한 사람은?
- 업무 수행에 필요한 정보를 제공하는 사람은 누구이고, 그 결과는 누가 이용하는가?

어떤 사람은 직접적인 사용자는 아니지만 업무와 직결되거나 그 결과를 소비하는 경우도 있다.

- 여러분이 지원하려는 사람들의 핵심 직무는 무엇인가?

이 질문들에 대답을 하면서 여러분은 지원하려는 업무 그룹에 대한 현재 지식이 어느 정도인지 알게 된다. 혼자 일하는 사람은 없고, 다른 일과 별개로 수행되는 직무도 없다. 따라서 직무를 지원하는 어떤 제품이나 시스템도 실제로 단 한 사람만을 지원하지는 않는다. 여러분이 주요한 사람 한 명을 타깃으로 한다면, 업무 그룹 내에서 핵심 역할을 담당하는 사람을 대상으로 삼는 것이 최상이다. 대부분 업무 그룹에는 핵심 업무 수행자가 2-4명 정도 있으므로, 래피드 CD를 효과적으로 수행할 수 있다.

사례 – 이초크

이초크는 교내 커뮤니케이션을 지원하려고 했다. 커뮤니케이션이니 분명 1명보다 많은 수행자가 있기 마련이다. 학교에서 형성되는 업무 그룹을 생각해 볼 때, 핵심 커뮤니케이션은 대개 교사들을 중심으로 이루어진다. 학생 쪽에서 보면 교사-학생-부모라는 커뮤니케이션 구조(communication circle)가 있고, 행정 쪽에서 보면 교사-직원-교장-동료 교사라는 커뮤니케이션 구조가 있다. 이런 구조는 각각 한 업무 그룹을 대표한다. 이초크의 경우 래피드 CD의 타깃을 결정하는 좋은 방법은 그저 이 업무 그룹들 중 하나를 선택해서 래피드 CD를 시작하는 것이다. 사례에서 이초크는 교사-직원-교장-동료 교사 업무 그룹을 선택했다.

사례 – 애자일런트

애자일런트 프로젝트에서, 우리 팀은 두 명으로 구성된 업무 그룹을 선택했다. 이 두 명은 자체 프로젝트를 담당하는 애널리스트와 테스트 방법을 개발하는 과학자였다. 랜데스크 역시 두 명으로 구성된 업무 그룹을 선택했는데, 시스템 매니저와 IT 매니저였다. 랜데스크는 이 업무 그룹에게서 프로세스 전개를 단순하게 만들 목적으로 추상적 수준에서 바라본 관리에 대한 견해뿐만 아니라 일일 업무에 대한 의견도 얻었다.

사례 – 아프로포스

아프로포스 프로젝트에서, 우리 팀은 고객 서비스 담당자들이 전화 중일 때 인터뷰하고, 콜 센터로 전화한 고객 및 이 업무와 연관된 그룹 구성원들도 인터뷰했다. 이들 역시 업무 그룹으로 볼 수 있다.

일단 타깃 활동 또는 프로세스와 관련된 업무 그룹이 결정되면, 인터뷰할 직무 역할이 무엇인지 정할 수 있다. 이 경우에서 직무 역할은 타깃 업무를 수행하는 사람을 뜻했다. 우리는 직함이 다른 사람들이라 해도 같은 직무 역할을 수행할 수가 있기 때문에 직무 역할이라는 용어를 사용한다. 현장 방문을 준비할 때 직함 목록을 몇 개 만드는데, 여기에는 관찰하고자 하는 특정 직무 역할 활동들이 확실히 설명되어 있어야 한다.

만약 여러분이 시장 특성화 작업을 하고 있다면 여러분은 특정한 직무 역할을 타깃으로 삼을 수 있다. 즉, 다음과 같은 질문을 하는 것이다. 이 사람의 업무를 지원해 줄 기회는 어디에 있을까? 이런 경우에는 주요한 사람을 인터뷰하는데, 그들의 핵심 직무와 주변 업무 그룹을 탐색하는 것부터 시작한다. 더 광범위한 업무 수행자 그룹을 포함시키기 위해 인터뷰를 확장할 계획을 세우자.

우리가 최선으로 여기는 일반적인 규칙은 개별 직무 역할을 수행하는 사용자 3-4명을 대상으로 컨텍스추얼 인터뷰를 실시하는 것이다. 수년간의 경험으로, 우리는 사용자 규모가 이 정도만 되면 사용자 집단 특성화에 필요한 핵심 이슈와 업무 구조를 파악할 수 있음을 알게 되었다. 일단 이런 기본적인 수의 대상자로 시작하고, 고려할 필요가 있는 업무 컨텍스트에 근거하여 인터뷰 대상을 늘리면 된다.

어떤 컨텍스트를 샘플로 해야 하는가?

인터뷰할 사람들이 누구이고 무슨 일을 하는지는 인터뷰 대상자를 선정하는 첫 번째 기준이다. 업무적 또는 사회적 컨텍스트(context) 역시 고려해야 한다. 비슷한 컨텍스트에 있는 사람들을 연구하는 것보다는 상이한 컨텍스트에서 조사해야 최상의 샘플을 얻을 것이다. 심지어 기술적인 다양성(diversity)을 파악하기 위해 어떤 그룹의 1등과 꼴찌를 대상자로 선택할 수도 있다. 예를 들면, 부서 최고의 세일즈맨을 선택하여 그들이 뛰어난 이유가 무엇인지 알아볼 수도 있다. 목표는 다양성을 고려하면서도 근본적으로 공통된 업무 구조를 찾아내는 것이다. 업무 컨텍스트의 다양성은 업무 수행 방식에 영향을 미치므로, 그 다양성을 대표하는 고객들을 선정한다.

　업무 수행 방식의 다양성은 일반적으로 세분된 시장의 다양성과 일치하지 않는다. 예를 들면, 만약 전통적인 오피스 데스크톱 소프트웨어를 재디자인하는 경우에 금융, 하이테크, 소매 등의 전통적인 시장 구분에 근거하여 샘플을 선택하려고 신경 쓸 필요는 없다. 이들의 실무는 다르지만 문서 작성, 프리젠테이션 자료 구성, 그리고 스프레드시트 사용과 같은 기본적인 요구사항은 비슷할 것이다. 마찬가지로, 다른 유형의 회사들이라 해도 실제로 그리 다른 관점을 제시해주지는 않는다. 따라서 여러 유형의 회사에서 데이터 수집은 단지 약간의 다양성만을 추가할 수 있다. 그 반면 기업, 학교, 가정의 경우 실제로 직무의 종류, 기술적인 정교함의 정도, 기본 의도에서 상당한 차이가 있다. 그러므로 중요 이슈와 업무 구조가 어떻게 달라지거나 혹은 겹쳐지는지 파악하기 위해 각각에서 충분한 사용자를 확보해야 한다.

 사례 - 이초크

따라서 이초크의 경우 결혼, 이혼 또는 한부모 가정과 같은 인구 통계학적 구분은 프로젝트의 포커스에서 그리 중요하지 않다.

사례 – 애자일런트

반면 애자일런트는 실험실에서 다른 종류의 방법으로 다른 종류의 물질을 테스트하는 다른 종류의 제조 공장이라는 상황이었다. 이 경우는 특정 도구에서 필요로 하는 항목에 큰 영향을 미칠 수 있다.

사례 – 랜데스크

랜데스크는 회사 규모나 노드(컴퓨터) 개수가 가치 제안(value proposition)에 영향을 미칠 수 있다. 만약 어떤 회사가 기계를 단지 몇 대 배치한다면 굳이 새것으로 교체하지 않을 수도 있지만, 국내외에 수천 대를 배치해야 한다면 효율 증대라는 면에서 중요하게 받아들여질 것이다. 그래서 랜데스크는 설치된 노드(컴퓨터) 개수(5,000-30,000)로 기업들을 구분했다.

정확히 어떤 업무 컨텍스트에서 샘플을 선택할지, 그리고 어떻게 다양한 샘플을 얻었는지를 알 수 있을까? 타깃 사용자가 컨텍스트에 어떻게 영향을 받는지는 여러분의 회사에 축적된 정보를 이용해 파악한다. 이것으로 샘플 컨텍스트가 얼마나 구체적인지 결정할 수 있다. 여러분은 업무 수행에서 유의미한 차이를 보이는 컨텍스트가 반영된 데이터가 필요하다. 따라서 이 방법을 쓰면 여러분의 요구사항과 디자인이 업무 수행의 다양성을 반영했는지 검증될 것이다 (오른쪽의 '어떻게 적은 데이터로 전체 시장의 특성을 파악할까?'박스를 보자).

지리적 문화 역시 중요한 컨텍스트다. 지리적 위치가 업무 자체에 영향을 미치는 경우 중요한데, 이것이 준수해야만 하는 법적인 변화나, 요구사항에 영향을 미치는 선호도를 암시해 주기 때문이다. 만약 법이 다르지 않다면 대부분의 비즈니스 업무는 수행함에 있어서 문화에 영향 받지 않는다. 그러나 웹사이트를 수용하는 양상은 다를 수 있는데, 미적 선호도와 언어 또는 이미지에 대한 감수성 때문이다. 우선 여러분의 계획에 도움이 되도록, 문화권에 따라 직무 패턴, 조직 구조, 법적 차이를 파악하는 것으로 시작하라.

지역적 문화 역시 사람들이 일하는 방식에 영향을 미친다. 여러분이 데이터를 지역적으로 수집한다면 그 나라 안에서 충분한 다양성을 얻어야 한다. 여러분이 사는 도시에서만 데이터를 수집하지 말자. 이렇게 하면 사용자와 영업 담당자가 제한된 데이터에 영향을 받고 이후 계속되는 개입에 짜증을 낼 것이다. 심지어 사내 애플리케이션을 개발하고 있다 해도 여러 도시에서 샘플을 수집하는 것이 최선이다.

끝으로, 시장에 출시하는 제품을 개발한다면 여러분 자신을 사용자라고 생각해서는 안 된다. 여러분의 조직 문화가 제품의 유지/관리 담당자에게 영향을 줄 수도 있다. 자신을 외부의 제 3자라고 생각하자.

래피드 CD 프로젝트를 수행하려면 인터뷰 참여자의 수를 적게 유지하는 편이 좋다. 따라서 중요한 컨텍스트를 2-3개 정의하고, 각 컨텍스트를 대표하는 사람을 최소 2명 확보한다. 컨텍스트가 별로 중요하지 않다면 그냥 일반적인 다양성을 대표하는 사람들로 해도 된다.

인터뷰 대상자를 선택할 때는 시장 데이터를 이용하거나, 비즈니스 애플리케이션을 위해서는 사내 정보나 영향력 있는 사람을 이용하라. 가장 돈을 잘 쓸 것 같다고 생각되는 핵심 시장의 고객들에게 집중하라. 예를 들면, 내부 프로젝트에서 구매를 담당하는 관리자 밑에서 일하는 사용자들을 포함시킨다.

어떻게 적은 데이터로 전체 시장의 특성을 파악할까?

정리된 데이터는 8명~30명 정도를 필드 인터뷰를 해 구축한다. 이것은 수백만 인구의 시장을 특성화(characterize)할 수 있다. 8~10명에게서 얻은 데이터로 시장에서 최종적으로 정의되는 핵심 이슈의 큰 부분을 식별할 수 있다. 한 예로, 우리는 큰 프로젝트에서도 곧잘 10회 정도 인터뷰해서 데이터를 정리했는데, 그것으로도 더 많은 데이터를 수집한 때와 비슷한 수준으로 모델과 어피니티를 구축했다. 작업 초기의 어피니티는 데이터에서 부족한 부분을 보여주기 때문에 추가 데이터를 수집할 때 가이드가 된다. 비록 초기 어피니티라 해도 이미 핵심 범위와 특징을 대표하고 있으며, 이런 점은 추가 데이터가 모이면서 더욱 상세해진다. 이와 비슷하게, 추가 데이터는 모든 모델에 깊이와 상세함을 더해 주지만, 프로젝트에서 초점을 맞추는 기본 구조는 초기에 정의할 수 있는 것이다. 그러므로 핵심 사용자를 8~12명 인터뷰하는 래피드 CD 프로젝트를 통해서도 여러분이 프로젝트에서 고려해야 하는 중요 이슈 가운데 절대 다수를 알아낼 수 있다.

사용성 테스트 초기에는 사람들이 적은 인원의 사용자에게서 얻은 테스트 결과에 그리 만족하지 못했다. 공식적인 논쟁이 어떻든, 몇 년이 지나면서 우리는 적은 인원으로도 충분함을 경험을 통해 알게 되었다. 그 이유는 무엇일까? 컨텍스추얼 디자인은 데이터의 다양성을 유지하면서, 업무를 수행하는 '구조'를 이해하여 만들어낸 디자인에서 그 힘을 얻기 때문이다.

데이터 정리(consolidation)는 사람들이 업무 수행의 구조를 파악하고 찾아내도록 돕는데, 이것은 성공적인 디자인의 원동력이 된다. 다음과 같은 방식으로 생각해 보라.

모두 다르지만, 모두 비슷하다. 모든 사람은 달라 보이며 인간은 대단한 다양성을 갖고 있다. 사람들은 서로 다른 민족적 배경과 문화가 있고, 자녀 양육 방식도 다르다. 모든 사람은 서로 다른 옷차림, 취미, 경력, 라이프 스타일을 선택한다. 따라서 어떻게 보면 우리는 모두 유일무이하다. 그러나 동시에 우리는 모두 비슷하다고도 볼 수 있는데, 다들 머리 하나에 두 팔과 두 다리가 있다. 예를 들면, 의류 제조업체는 몇 가지 체형 사이즈에 약간 조정만 하면 충분한 '기성복'을 만들 수 있다. 구조적으로 볼 때 사람들 간의 다양성은 적고 우리 몸의 구조는 동일하다.

업무를 수행하는 방식은 다양할 수 있다. 모든 제품이나 시스템 디자인은 실제로 인간의 경험 중 아주 작은 업무에 집중할 것이다. 한 종류의 업무를 수행하기 위해 수많은 다른 방식을 사용할 수 있지만, 우리가 담당하는 역할, 우리가 추구하는 의도와 목표, 일하는 방식 등은 동일하다. 그러므로 업무 수행의 구조적인 요소를 찾는다면 그리 복잡하지는 않다. 예를 들면, 우리는 업무 수행에서 어떤 주요 직무라도 전략은 단지 2-4가지뿐이라는 것을 발견했다. 그리고 이것들이 업무 수행에서 핵심 전략이라면, 문제는 무엇을 지원할지가 아니라 어떻게 그들을 모두 지원할지가 된다.

특정한 업무 범위를 대상으로 하는 디자인은 정해진 업무를 수행하는 특정 집단의 사람들을 위해 제작된다. 이 사람들은 더 큰 업무 문화권에 소속되어, 같은 도구를 사용하고 같은 종류의 목표를 달성하고자 노력한다. 이처럼 제한된 조건 하에서는 업무 수행 패턴 역시 유사하다. 그래서 동일 업무를 수행하는 사람을 대상으로 3명에서

6명에 대한 데이터만 수집해도, 업무 패턴과 이슈가 계속해서 겹치기 시작한다.

사람들이 숫자에 연연하는 이유는 우리가 인간으로서 기본적인 유사성보다는 다양성과 차이에 더 집중하기 때문이다. 다양성에 너무 집중하면 거의 무한대로 커스터마이징 할 수 있는 제품을 디자인하게 된다. 그 결과 늘어난 커스터마이징과 별 차이 없는 옵션으로 인해 시스템이 해체되거나, 과도한 커스터마이징 설치 비용이 발생되는 상황을 초래한다. 하지만 사람들이 모두 그렇게 다르다면 어떻게 시장이 존재하겠는가? 사람들의 업무 수행에는 분명이 충분한 유사성이 있고, 그렇기 때문에 대중적인 소프트웨어와 기성 전자제품이 팔리는 것이다.

컨텍스트에서 직무 역할들 간의 균형은 어떻게 잡아야 할까?

원하는 인터뷰 대상자와 고려할 컨텍스트가 무엇인지 정확히 안다면 그것들이 래피드 CD 프로젝트에서 처리할 수 있는 인터뷰 대상자 수에 들어맞는지 체크한다. 가능 범위를 벗어나면 작은 프로젝트 여러 개로 나누어서 처리하거나 프로젝트 규모를 늘려 원하는 범위를 포함할 수도 있다.

다음은 여러분의 사고 과정을 도와줄 사례들이다. 답을 쓰듯 스프레드시트를 채워야 한다고 생각하지 말자. 이 표는 인터뷰 대상자나 컨텍스트에 따른 직무역할을 선택하는 데 균형을 유지하도록 도와줄 도구다. 여러분의 목표는 중요한 부분에서 다양성을 얻는 것임을 기억하고, 중요하지 않은 것은 신경 쓰지 말자.

 ### 사례 - 이초크

이초크는 제품을 처음 출시하려 할 때 핵심 업무 그룹을 교사 집단으로 정했다. 그들의 시각으로 다음 예들을 생각해 보라.

표 3-1은 두 개의 컨텍스트, 직무 역할 두 개, 학교 네 곳을 표시한다. 이초크의 경우 인터뷰를 8번 정도만 해도 좋은 샘플을 추출할 수 있었다. 다음 핵심 커뮤니케이션군을 살펴보라.

표 3-1 직무 역할 2개와 컨텍스트에 걸쳐 인터뷰 8번 시행함

	컴퓨터 교사	컴퓨터 교사가 아닌 동료 교사	전체 컨텍스트
시내	2	2	4
시외	2	2	4
전체 직무 역할	4	4	

만약 이초크가 인터뷰를 2~4회 추가한다면, 10명~12명의 인터뷰 대상자에는 교장이 포함될 수 있다. 교장의 역할을 한번 점검해 보는 차원이라면, 이를 각 컨텍스트당 2회에서 1회로 줄이고 10명만으로 데이터를 수집하라(표 3-2 참조).

표 3-2 직무 역할 3개와 컨텍스트 두 개에 걸쳐 12명을 인터뷰함

	컴퓨터 교사	컴퓨터 교사가 아닌 동료 교사	교장	전체 컨텍스트
시내	2	2	2 (1)	6 (5)
시외	2	2	2 (1)	6 (5)
전체 직무 역할	4	4	4 (2)	

만약 이초크가 학교의 위치는 상관없다고 정했다면, 인터뷰 12회에 전체 업무 그룹을 포함시킬 수 있다. 표 3-3에는 학교 3군데가 포함되었다.

표 3-3 컨텍스트 고려 없이 직무 역할 4개에 걸쳐 인터뷰를 12회 시행함

	컴퓨터 교사	컴퓨터 교사가 아닌 동료 교사	교장	행정 사무실 지원 담당 직원
모든 종류의 학교	3	3	3	3

항상 전체 업무 그룹을 각각의 실제 위치에서 다룰 필요는 없다. 다음 계획을 보면, 사용자 샘플을 적정수로 유지하면서도 더 다양한 장소에서 진행한다. 이

계획은 업무 그룹에서 교사를 1차 행위자(core actor)로, 교장을 2차 행위자 (secondary player)로 두는 것이 특징이다(표 3-4 참조).

이 타깃 사용자들이 각각 자신들의 관련 업무 그룹에 속한 다른 사람들과 인 터랙션한다는 사실을 기억하라. 따라서 여러분은 이 업무 그룹 외부의 다른 직 무 역할에 관한 데이터를 얻을 수 있다. 이것은 향후 조사에도 유용하지만 이번 조사의 결과에도 영향을 미칠 것이다.

표 3-4 직무 역할 4개와 컨텍스트 3개에 걸쳐 인터뷰 12회 시행함

	컴퓨터 교사	컴퓨터 교사가 아닌 동료 교사	교장	행정 사무실 지원 담당 직원	전체 컨텍스트
뉴욕 1	1	1	1		5
뉴욕 2	1		1		
시카고 1	1	1		1	5
시카고 2		1		1	
애틀랜타	1			1	2
전체 직무 역할	4	3	2	3	

다양한 샘플들을 이런 방식으로 배정해 보자. 프로젝트를 계획하는 시점에 고려해야 할 사항들의 균형을 잡는 데 도움이 될 것이다(다음쪽의 '컨텍스트를 결 정할 때 사용할 체크리스트'를 참조하자). 하지만 누구를 방문하든 여러분은 많은 사실을 알게 될 것이며, 그럼으로써 제품이나 시스템의 질이 향상된다는 것을 기억하라.

컨텍스트를 결정할 때 사용할 체크리스트

프로젝트에서 어떤 컨텍스트가 중요한지 결정하는 데 다음 질문들을 이용해 본다.

- 업무가 수행되는 지역적 컨텍스트는 무엇인가? 업무가 발생되는 지역의 유형을 확인하고, 그것이 업무의 성격에 영향을 미치는지 여부를 결정하라.
- 회사 규모와 조직 구조는 어떠한가? 당신은 대기업이나 중소 기업 중에서 어느 한쪽에만 관심이 있는가? 또는 당신이 특정 프로세스를 사용하거나 특정 산업 분야의 회사에만 관심이 있을 수도 있다.
- 가족 구조와 수입이 중요한 요소인가? 소비자용 애플리케이션을 개발하고 있다면 이런 요소가 가족 구성원들과 그들이 인터랙션하는 방식에 영향을 줄 수도 있다.
- 지역적 위치가 업무 또는 구성원에 대한 접근에 영향을 미칠 가치와 라이프스타일에 영향력을 행사하는가?
- 이동성이나 지역 분산이 중요한 요소인가? 여러분의 타깃 업무가 이동 팀이나 상주 팀 또는 여러 지역으로 흩어진 팀이나 같은 장소에 위치한 팀에서 이루어졌다면 이러한 차이를 포함하도록 표본을 추출한다.
- 조직에서 동일한 유형의 업무를 다른 방식으로 수행하는가? 그렇다면 모두 포함시킨다.
- 경쟁자들이 중요한가? 여러분 경쟁사의 제품을 사용하는 조직들을 살펴보라.

어떤 인터뷰 스타일을 사용할까?

필드 스터디는 대부분 대상자의 업무 현장이나 일상적 컨텍스트에서 인터뷰를 실시하는 표준 양식을 따른다. 이것은 해당 업무를 방해하는 점을 감안하고 진행하므로, 진행하는 동안 대화를 나눌 수 있다. 또한 타깃 직무에서 의미 있는 부분은 2시간 이내에 관찰할 수 있거나, 최근에 지나간 일을 회상하여 상세히 이야기할 수도 있다(4장 '회상 인터뷰' 박스를 참조하자).

그러나 일부 인터뷰 상황에 따라 인터뷰 방식, 인터뷰할 대상자의 수, 여러분이 사용자에게 알려주는 지시 사항 등이 바뀔 것이다. 다음과 같은 부분을 고려하자.

단속성 사용자의 업무는 문서 읽기, 정리하기, 자료 조사하기 등과 같이 연속적이지 않다. 여러분이 있는 동안 사용자가 수행하는 직무들을 모두 파악하려면, 또는 아직 수행하지는 않았지만 수행할 가능성이 있는 직무까지 고려하려면 사용자에게 질문하라. 또한 인터뷰 진행 중 지난 2주간 발생한 직무를 회상하도록 요청하자.

방해할 수 없는 상황 회의나 학급 활동, 제조 공정의 작업과 같은 업무는 방해하기 어렵다. 그럴 때는 비슷한 컨텍스트 정보를 얻고자 사전 회의를 계획하여, 무슨 일이 일어날지에 대해 이야기하고, 가능하다면 정보 수집을 위해 (그 업무를 아는 다른 사람에게) 업무에 동석해 달라고 부탁한다. 그런 다음, 관찰 내용을 살펴보는 사후 회의를 한다. 업무 중 휴식 시간이 있으면 그 시간을 이용해서 전체 그룹과 이야기한다. 여러분이 이런 그룹 컨텍스트에서 다양한 직무 역할의 관점을 얻고 싶다면, 인터뷰 진행자를 2명 이상 보내서 각각 다른 직무 역할을 살펴보도록 한다.

초 장기 프로세스 만약 조사 중인 업무 프로세스가 신약 개발처럼 수개월 또는 수년에 걸쳐서 일어나는 종류라면, 프로세스의 각기 다른 단계에서 대상자를 추출하고, 서로 다른 직무 역할을 대상으로 하라. 이러한 단면적인 데이터는 프로세스를 실시간으로 따라가는 것만큼 좋을 뿐 아니라 훨씬 더 압축되어 있다. 회사를 한 곳 이상 방문해야 한다는 점도 기억하라.

이동성 경찰, 영업을 다니는 영업 담당자, 수리 기사 등 기타 이동 업무자들의 경우에는 나가서 '같이 뛰는' 계획을 염두에 둘 필요가 있다. 여기서 방해해도 되는 부분과 안 되는 부분이 무엇인지 주의해야 한다. 그들의 시간에 맞춰야 하므로 여러분의 근무 시간이 길어질 수도 있다. 이때 사용자의 행동을 모두 관찰하는 것이 아니라 여러분의 조사 포커스와 연관된 데이터만 수집하라. 그렇지 않으면 해석 세션을 결코 합리적으로 마무리할 수 없다.

집중이 필요한 업무 고도의 집중이 필요한 업무를 관찰하는 경우 자꾸 질문하면 관찰자 때문에 업무를 망칠 수도 있다. 좋은 예가 데이터 읽기와 코딩이다. 이럴 때는 오랫동안 관찰만 한 다음 업무를 마치면 방금 전의 업무에 대해서 이야기한다. 만약 시시각각 세부 사항을 보아야만 하는데 기록을 못하는 상황이라면, 비디오 테이프를 이용할 수도 있다.

환경 중심적 인터뷰 관찰하는 활동은 때때로 환경적인 컨텍스트에 의해 좌우되는 경우가 많다. 이것은 마치 박물관에서 관람자와 상호작용하는 전시물이 어떻게 작동하는지 이해하는 것과 같다. 구매 프로세스에서 디스플레이의 영향력을 이해하고자 관찰하는 소매점 환경, 사람들의 이용 방식을 알아볼 목적의 키오스크, 모바일 장비의 사용을 관찰하려는 경우의 공항이라는 장소 등이 그렇다. 이럴 때는 조사 지점으로 오는 사람을 관찰하고 이야기를 나눔으로써, 환경에 따른 정황을 조사한다. 관련 조직과 직접 인터뷰할 대상자에게 모두 확실히 허락을 받도록 하라. 여러분이 무엇을 왜 하는지 설명하고, 수락 여부를 확인한다. 인터뷰 대상자를 안심시키려고 소속이 명시된 회사 티셔츠나 셔츠 등을 입는 것도 좋은 방법이다.

이와 같은 인터뷰 상황에 대한 논의는 『Contextual Design: Defining Customer-Centered Systems』의 4장 「Contextual Inquiry in Practice」가운데 73-76쪽에서 더 자세히 볼 수 있다.

어떤 세부 사항들을 고려해야 하는가?

여러분의 목표는 인터뷰 스케줄을 원만하게 계획하는 것이다. 사용자의 특징과 그들의 업무가 최상의 계획에 영향을 미친다는 점을 기억하라. 따라서 사용자를 선정하고 계획을 수립할 때 다음 이슈들을 고려해야 한다.

거리 사용자가 멀리 떨어져 있을수록, 비용은 증가하고 이동하는 데 드는 시간은 더 길어진다. 그러므로 출장을 갈 때에는 적어도 인터뷰를 2회 계획하고, 3회가 아니면 한 장소에서 1명씩 인터뷰한다. 고객에게 갈 때는 언제든 시간을 최대한 활용하라.

거부감 사람들이 확실히 참여를 원하는지 확인하자. 거부감은 그저 취소하고 싶다거나 빨리 끝내고 싶다는 표현이다. 참여하기를 원하는 사람을 찾자. 여러분은 좋은 정보 제공자를 찾고 있음을 명심하라.

비밀 보장 인터뷰의 비밀이 보장된다는 점을 확신시켜야 한다. 여러분이 업무 현장으로 갈 수 있고 보호 장비를 착용해야 한다면 필기도구를 가져갈 수 있는지를 확인해야 한다. 인터뷰 전에 비공개 서약이 필요하다면, 그렇게 한다. 만약 인터뷰 대상자가 사용자와 그들의 업무 환경에서 이야기하는 것에 거부감을 느낀다면 다른 사람을 찾는다.

시간 할애 여러분은 기꺼이 2시간을 내주겠다는 사람들을 찾고 있다. 만약 이렇게 해줄 사람들을 찾지 못하면, 1시간 정도라도 가능한 사람으로 선정하고 인터뷰를 몇 회 더 할 수도 있음을 염두에 둔다.

문화적 이슈 지리적인 차이로 인해 형성된 문화는 회의 형식에도 차이를 보인다. 그에 따라 부정적인 정보를 제공하는 것을 불편하게 여기는 정도도 달라진다. 만약 누군가의 집으로 인터뷰를 간다면 사무실을 방문할 때와는 달리 지켜야 할 예절이 있다. 이러한 차이에 적응하여 상대방의 기대치에 맞추어 적절히 행동하고, 필요하다면 인터뷰 프로세스를 변경한다.

복장 우리는 항상 사용자보다 형식적으로 한 단계 높은 수준의 복장을 권한다. 즉, 여러분이 은행에 간다면 물론 정장을 해야겠지만, 가정을 방문한다면, 정장은 너무 과하고 비즈니스 캐주얼 정도면 된다. 진흙탕이나 건설 현장, 또는 기타 비공식적인 업무 환경에서 일하는 사람들을 만나러 간다면 최소한 그런 장소에 적합한 복장이 좋다.

인터뷰 스타일 앞서 설명한 상황별 컨텍스트 조사를 근거로, 여러분은 인터뷰를 어떻게 진행할지 사용자에게 미리 알려주어야 한다. 예를 들어, 회의를 관찰한다면 사전, 사후 브리핑을 하고 실제 회의 시간에는 조용히 관찰만 한다.

인터뷰 간격 고객과 2시간 동안 인터뷰하기로 예정되어 있어도 실제 진행은 2시간 30분 정도라고 생각해야 한다. 인터뷰 대상자의 의지에 따라 인터뷰는 때때로 시간을 초과하게 된다. 또한 사내 및 서로 다른 장소에 있는 사용자 간의 이동 시간을 계획에 넣어야 한다.

해석 세션의 고려 인터뷰는 48시간 이내에 해석되어야 한다. 그러므로 지원 인력이 얼마나 되는지에 따라 하루에 3-5회 정도만 해석할 수 있다. 오는 길에 해석하지 않는다면, 해석 세션을 위해 사무실로 복귀하는 시간을 고려하여 일정을 계획하라.(2장의 '샘플 스케줄'을 참조하자).

여분의 인터뷰 세팅 항상 필요한 수보다 많이 인터뷰를 세팅한다. 인터뷰에 실패하거나, 사람들이 아프거나, 회사에 불이 나는 경우도 발생한다. 백업용으로 여분의 인터뷰를 남겨두라. 이는 나중에 목업 인터뷰를 할 때 언제든 사용할 수 있다.

어떻게 현장 방문 대상을 찾고 세팅할까?

많은 사람이 인터뷰 대상자 찾기가 사용자 중심 디자인에서 가장 어려운 일이라고 생각한다. 요즘은 여러 조직에서 사용성 테스트 참가자를 모집해 주지만, 필드 스터디를 준비해 주는 전담 조직이 별도로 있는 경우는 드물다. 결국 조직에서는 필드 데이터를 이용하려고 할 때가 되어서야 사용자를 구하고자 별도의 그룹을 구성하려고 들 것이다. 우리는 또한 디자인 작업을 지원하려는 현장 방문에 동의한 고객들과 파트너십을 형성하는 것도 권장한다.

우리는 이런 질문을 자주 받는다. "왜 참여하지 않는 걸까요? 동기를 부여하려면 뭘 해야 할까요?" 사람들은 여러 가지 이유로 인터뷰에 참여한다. 때로는 돈을 받기 때문에, 또는 회사에서 무료로 좋은 소프트웨어를 주기 때문에, 관람권이나 레스토랑 티켓, 기타 선물 등 다른 '보상'이 있기 때문이다. 하지만 인터뷰 대상자들은 결국 자원한 사람들이다. 보상이 있다고 해도 소프트웨어나 하드웨어를 제작하는 회사를 돕고 싶어서 참여하는 것이다. 그들의 의견과 요구 사항은 제품에 직접 영향을 미친다.

조직 내부에서 IT 전문가들과 비즈니스 분석가들은 필드 데이터가 비즈니스 프로세스의 현황을 파악하고 개선시켜 줄 최선의 방법임을 확신시켜야 한다. 때때로 이것은 사용자를 대변하도록 위임된 '사용자 대변인'과 조사 업무를 수행하는 일반적인 방식에 반대하는 의미이기도 하다. 사용자 대변인이 모집단의 특성을 파악하도록 도와주거나, 시스템 디자인에 '사용자의 목소리'가 반영되었다는 확신을 주지는 않는다. 사용자와 직접 대면하여 작업하는 것이 조직의 체택을 유도하고 사용자 적응력을 증대시켜줄 최선의 방법이다. 이것은 또한 왜 최종 사용자의 참여가 필요한지에 대한 상당한 논거가 된다(83쪽의 '사용자 대변인은 사용자가 아니다'를 참조하자).

조직에 고객 참가자를 모집해 줄 지원 체계가 없는 때는 다음의 전략을 따르자.

업체를 통한 해결 포커스 그룹 업체와 시장 조사를 위해 사용자를 모집하는 비즈니스를 하는 사람들은 현장 방문을 준비하는 데 좋은 협력자가 될 수 있다. 마케팅과 제품 디자인 쪽에서는 에스노그라피(ethnographic) 연구가 점점 더 많이 수행되고 있어, 업체들은 이런 프로세스에 익숙하다. 하지만 만약 업체가 필드 스터디에는 익숙하지 않다면, 우리가 무엇을 원하는지 이해할 수 있도록 함께 밀접하게 작업해야 한다. 각 참가자에게 참가비를 지급하는 것도 예상해 두자. 이러한 필요 항목을 정리하여 요청하라. 이것은 현장 방문을 준비하는 가장 쉬운 해결 방법이다.

영업 부서를 통한 해결 영업 부서는 대체로 고객들의 상황이 어떠한지 궁금해하고, 어떤 회사는 여러분에게 영업 부서와 협의할 것을 요청하기도 한다. 그렇지만 여러분은 영업부서가 이 작업을 해주도록 동기 부여를 해야 한다. 무엇을, 왜 하는지 조사 목적에 대해 프리젠테이션하자. 사내의 어떤 부분을 조사하려고 하며 정확히 누구를 인터뷰하고 싶은지 분명하게 하자. 아마 그들을 상당히 귀찮게 만들 테니 이왕이면 열의가 있는 사람들을 찾아서 함께 일하자. 또한 인터뷰에 불러서 어떻게 진행되는지 보여주자. 대부분은 흥미로워 한다.

내부 지원 또는 영업 유관 부서 지원 많은 회사에는 핵심 고객들과 함께 일하는 사람들이 따로 배정되어 있다. 이런 사람들은 실제로 사용자를 알고 있고, 특히 영업 조직에서 사용자를 구하는 데는 가장 적절한 도움을 줄 수 있다. 이들을 참여시키기 위해 영업 부서와 동일하게 응대하라.

관리자와의 협력 내부 프로젝트를 위한 현장 방문 준비는 어렵지 않지만, 여러분은 어쨌든 관리자를 찾아갈 필요가 있으며 조사 대상과 목적을 설명해줘야 한다. 여러분이 직원들의 업무를 '지체시킬' 것이므로, 왜 그래야 하는지 납득시켜야 한다. 그러니 관리자와 협력하되 같은 장소를 지나치게 여러 번 방문하지 말자. 그러면 그들도 여러분을 도와줄 것이다.

사용자 대변인과의 협력 많은 IT 조직에서는 사용자 요구를 대변하는 역할을 하는 담당자와 일해야 한다. 이 사람은 실제 최종 사용자를 만나는 데 장애물이 될 수도 있다. 왜 여러 사람들을 만나야 하는지 설명하고, 담당자들의 개인적 경험에 의존하지 않도록 한다(박스의 '사용자 대변인은 사용자가 아니다'를 참조하자). 그런 다음 그들이 적합한 대상자를 선정하도록 돕고, 현장 방문에 데려가거나 팀에 초청하도록 한다.

제품이나 서비스의 구매 고객 리스트 이용 대부분의 회사에서는 최근 제품

사용자 대변인은 사용자가 아니다

프로젝트 성공에서 핵심은 여러분이 제안하는 시스템의 실제 사용자를 얻는 것이다. 어떤 조직은 여러분의 팀이 사용자에게 접근하는 것을 거부하기도 한다. 보통 사내에 사용자에 대한 전문가가 있다고 생각하기 때문이다. 어떤 회사에서는 비즈니스 분석가를 고용하는데, 그들이 사용자에게 익숙하며 팀에 필요한 요구사항을 제공해주리라 예상한다. 그리고 XP와 같은 방법론에서는 반복적으로 디자인을 수정하는 데는 고객 대표 정도만 있으면 충분하다고 말하기도 한다.

그러나 사용자 '대변인'은 현재의 실제 사용자들과 같지 않다.

대표적인 사용자란 존재하지 않는다 어떤 한 사람도 기업에서 실제로 사용하는 시스템의 모든 사용자를 대변할 수는 없다. 몇몇 사용자를 인터뷰하여 동일한 업무 수행을 알아냈다고 해도, 한 사람으로는 전체 업무 수행을 대표할 수 없다. 시스템에서 다른 의사 결정자들이나 2차 사용자들, 관리자, 전체 프로세스에서 위아래로 연관된 업무 담당자들 또한 고려해야 한다. 게다가 그 한 사람이 개발 조직의 일원이라면 사용자 대리인으로서 지니는 유용성은 더욱 낮아진다. 그들은 테크놀러지에 대해 너무 잘 알기 때문에 팀의 조사에 개입하게 된다. 그러면서 우리와 같은 엔지니어의 고충에 점점 더 감정이입이 되어 원래 업무와는 점점 동떨어져 버린다. 우리 프로젝트의 사용자 대표가 지나치게 친절했던 적이 있었는데, 그때의 경험으로 이런 사실을 알게 되었다.

사용자들조차도 자신의 수행 업무를 명확히 설명할 수 없다 우리는 현장에서 업무가 수행될 때의 데이터를 수집하고자 현장으로 직접 간다. 이는 실제 사용자라고 해도 자기 업무 활동을 다 알지 못하기 때문이다. 자신들의 업무에 대해 모든 것을 알고 있는 사용자라도 전문가가 되면 그 업무는 습관이 되어버린다. 그렇기 때문에 아무도 자신의 업무 수행을 자세히 살펴보지는 않는다! 따라서 사용자 자신이 무엇을 하는지를 잘 모른다면, 그 업무를 수개월 또는 수년간 수행하지 않은 사용자 대표 역시 실제 사용자 요구에 대해서는 분명히 알지 못한다.

그러므로 여러분의 프로세스에 사용자 대변인을 참여시킨다면 여러분 팀과 함께 일하며 인터뷰에 동반하되 사용자를 대신하는 것으로 활용하지는 마라.

을 구매한 고객에 대한 기록이 있거나 비슷한 웹 서비스를 이용한다. 이 리스트를 활용하여 적당한 잠재 인터뷰 대상자를 선정한다.

자원자 모집 광고 만약 웹사이트를 재디자인하거나 온라인 사용자 커뮤니티가 있다면, 여러분이 조사할 사용자를 찾는 모집광고를 내는 것도 고려해 본다. 우리 클라이언트 중 몇몇은 craigslist.org[1]와 비슷한 사이트에 모집 광고를 내서 성공을 거둔 바 있다. 만약 소비자 제품에 대한 프로젝트를 하고 있다면, 이웃에 부탁하든가 다니는 교회나 사교 단체에 자원을 요청한다. 여러분이 어떤 커뮤니티에 속해 있다면 항상 그 안에서 자원자가 나타나게 마련이다.

인터뷰할 곳과 처음 연락을 할 때 여러분이 누구이고 무엇을 하려는지 설명하라. 그들에게 기대감을 주고, 컨텍스추얼 디자인 프로세스와 자신들이 참여할 역할에 대해 알려줄 필요가 있으니 말이다.

사용자의 기대감을 적절히 형성시키기 위해 다음 샘플 설명을 보자(박스의 '인터뷰를 요청할 때의 샘플 설명'을 참조하자). 요청자들에게 이것이 1대 1 인터뷰이고, 업무 현장(또는 가정)에서 업무 시간 동안 진행된다는 점을 확실히 밝혀라. 여러분이 제품 정보를 이야기하려는 것이 아님을 잘 설명하자. 대상자들이 인터뷰 준비를 위해 사무실이나 가정을 깨끗이 치우는 일이 생겨서는 안 된다.

인터뷰를 요청할 때의 샘플 설명

저희는 차기 버전 제품을 개발하고 있습니다(제품 또는 여러분이 대상으로 삼은 업무의 종류를 간단히 설명한다).

저희는 귀사의 직원들이 지금 어떻게 업무를 처리하고, 우리 제품에서 무엇이 필요한지를 알아보고자, 귀사를 방문해서 담당 직원 몇 명과 일하고 싶습니다. 실 사용

---

1 (옮긴이) 부동산, 구인구직 등 사용자 콘텐츠로 이루어진 도시별 지역정보 사이트.

자와 사용자의 업무 방식을 이해하지 못하면 제품을 효과적으로 디자인할 수 없다고 생각하기 때문입니다.

귀사에서 주신 정보를 근거로, 저희는 사용자들의 실제 업무 처리에 맞는 제품을 개발할 수 있습니다. 이것은 저희가 귀사의 업무에 대한 이해를 바탕으로 제품을 바꿀 수 있으므로 그 만큼 귀사에도 좋은 기회입니다.

직원들이 실제로 어떻게 업무를 처리하는지 알아보려면 저희가 실제 작업 과정을 관찰해야 합니다. 담당자들이 일하는 동안, 저희는 무엇을 하는지, 그 이유는 무엇인지를 질문할 것입니다. 저희가 관찰할 담당자 분은 일단 맡은 업무를 처리하겠지만, 일하는 동안 저희에게 일에 대해 이야기해 주셔야 합니다.

귀사의 직원들은 이 업무의 디자인을 담당하는 저희 디자인 팀 직원 1명과 1대 1로 이야기하게 됩니다. 그러므로 여러분이 정확히 무엇을 원하는지 저희에게 의견을 제시하는 기회가 있을 것입니다. 저희 인터뷰 진행자는 모두 이런 요구사항을 수용할 수 있도록 훈련된 직원들입니다.

저희는 귀사 직원들의 사무실 또는 다른 일하는 장소에서 사람들을 관찰하고 이야기하고 싶습니다. 인터뷰는 한 사람당 2시간 정도 걸리며, 인터뷰를 하기 전에 직원들이 업무 환경 주변을 청소하지 않도록 부탁 드립니다.

인터뷰에서 알아낸 모든 사실을 팀에서만 공유하겠습니다. 인터뷰를 녹음하고 싶습니다만, 귀사의 방침에 어긋나거나 해당 직원들이 반대할 경우에는 하지 않겠습니다. 녹음은 단지 저희의 기록에 대한 보충 자료입니다.

(전형적인 인터뷰 경험이 어떤 것인지 설명하라.)

인터뷰 전에 저희는 인터뷰할 대상 직원들을 모두 모셔서 (1) 누가 인터뷰하러 오며, 저희가 무엇을 기대하고 있는지 명확히 하고 (2) 저희가 업무 현장에 갔을 때, 프로젝트의 포커스와 관련된 실제 업무를 진행해 줄 것을 다시 한 번 상기시켜 드릴 것입니다.

필요하다면 인터뷰 시작하기 전에 모든 인터뷰 대상자들 그리고 저희와 함께 인터뷰를 준비할 관리부서의 담당자를 만나겠습니다. 아침에 저희 계획을 소개하고 인터뷰 진행자들과 대상자들을 대면시키도록 하겠습니다. 대략 15분쯤 걸릴 겁니다.

그런 다음 인터뷰 진행자들은 각자의 인터뷰 대상자들과 업무 현장으로 가서 약 2시간 동안 인터뷰하게 됩니다.

인터뷰를 종료한 후 모두 다시 모이고, 일정이 맞으면 저희 연락 담당자가 귀사의 담당자를 만나서 감사의 인사를 드리고 일을 마치게 됩니다.

참여하신 분들께는 선물을 (선물이 무엇인지 설명한다) 드리겠습니다. 그렇지만 무엇보다 여러분을 위해 제작하는 새로운 시스템이 최고의 보상이 될 것입니다.

만약 여러분 회사의 연락 담당자가 관심을 보인다면, 여러분의 인터뷰 기준에 맞는 인터뷰 대상자들을 소개해 달라고 요청하고 가능하면 이를 직접 이야기할 수 있도록 허락을 구한다. 만약 인터뷰 지원자와 직접 이야기할 수 없다면 연락 담당자를 통해서 조건에 맞는 사람들을 구한다.

주의 - 인터뷰한 후에는 대상자들에게 감사 편지를 보내야 한다.

프로젝트/인터뷰 요약서 구성하기

인터뷰를 준비하고자 사람들에게 연락하기에 앞서, 프로젝트/인터뷰 요약서를 작성한다. 이 문서는 여러분 회사에 대한 정보를 포함해서, 컨텍스추얼 조사 인터뷰에서 어떤 일들을 하게 되는지 설명한다('프로젝트 요약서의 포인트' 박스를 참조하자). 이것은 또한 여러분이 인터뷰 대상으로 찾고 있는 사용자의 유형을 설명한다. 이 요약서의 목적은 크게 두 가지다. 첫째, 인터뷰를 준비하는 사람에게 이야기할 포인트를 제공한다. 둘째, 전화 통화만으로는 불충분할 수도 있으므로 잠재적인 인터뷰 대상자에게 보내서 요구사항을 이해하도록 돕는다.

경고 - 때때로 이런 요약서로는 충분치 않거나 인터뷰를 준비하는 매니저가 요약서를 전달하지 않는 경우가 있다. 여러분이 인터뷰 장소에 도착해 보니 대상자가 무엇을 하는지, 여러분이 왜 왔는지를 전혀 모를 수도 있다. 준비하는 개별 인터뷰에 대해 연락 정보를 얻어 두고, 사용자들에게도 인터뷰 요구사항을 이해했는지 확인한다.

- 우리는 참여자들의 회사 사무실에서 2시간짜리 인터뷰를 준비하려고 한다. 대상자들의 일상적인 업무 수행에 대해서 알아보고자 업무를 수행하는 동안 수행 업무에 대해 이야기할 것이다. 인터뷰는 대상자들의 역할과 관련된 지난 일들을 다시 점검해 보고 진행 중인 업무를 관찰하는 것과 조합해 진행한다. 이와 같은 인터뷰 작업을 '섀도잉(shadowing)'이라 하는데, 이는 업무 현장에서 참가자들과 함께 이루어지고, 그들의 자연스러운 업무 활동과 도구, 물건들을 모두 기억을 자극할 용도로 동원할 수 있다. 때문에 현장 방문을 한다고 해서 누군가 업무 현장을 깨끗이 치워서는 안 된다.
- 사용자가 일하는 동안 그들이 무슨 일을, 왜 하는지에 대해서 질문한다. 우리가 관찰하는 사람은 하던 업무를 끝내겠지만, 일하는 동안 우리에게 자신들의 일에 대해서 이야기해 주어야 한다. 우리는 제품 정보에 대해 이야기하려는 것이 아니다.
- 훈련된 담당 직원이 인터뷰를 실시한다.
- 모든 인터뷰 내용에 대한 비밀이 보장된다. 회사의 특정한 정보는 어느 누구와도 공유되지 않는다.
- 가능하다면 인터뷰는 녹음될 것이다. 녹음된 내용 전체는 비밀이 보장되고 조사가 끝나면 폐기된다.
- 우리는 인터뷰 대상자로 이런 사람들을 찾고 있다(해당 직무 역할과 사용자들이 수행하는 업무 활동에 대해서 설명하라).

인터뷰 지원자의 적합성

일단 잠재적으로 대상 조직과 인터뷰 지원자를 정했다면, 그 조직에서 적합한 사람과 이야기하고 있는지, 실제로 그런 사람들이 인터뷰 대상에 들어 있는지 검증한다. 대상자에게 실제로 연락하는 쪽이 대행사나 회사 관리자라면, 확실히 기준에 부합하는 사람을 찾고자 모집 담당자에게 참가자 모집 기준 체크리스트를 건네줄 필요가 있다('웹사이트 재디자인 프로젝트에 필요한 자격 요건 체크리스트' 박스를 참조하자).

웹사이트 재디자인 프로젝트에 필요한 자격 요건 체크리스트

다음 질문 리스트는 사용자 지원 및 제품 정보를 제공하는 기업 웹사이트 재디자인 프로젝트에 적합하다. 가능하다면 기본적인 회사 정보를 얻는 데 웹사이트를 이용하라. 이 질문들은 팀이 재디자인하고 있는 웹사이트를 이용하고 있으며, 인터뷰에 적합한 개발자를 찾는 데 초점을 맞추었다.

1. 회사의 주요 비즈니스는 무엇입니까? (다시 말해 상용 소프트웨어 또는 웹 개발, 비즈니스 프로세스를 지원하는 애플리케이션이나 비즈니스 개발 등)

2. 회사의 규모는 어느 정도입니까?

3. 신생 기업입니까, 그렇지 않다면 빠른 성장기를 거치는 중입니까?

4. 귀하의 직함은 무엇입니까?

5. 개발자로 일한 지 얼마나 되었습니까?

6. 귀하는 주로 상용 소프트웨어를 개발합니까, 아니면 다른 IT 업무와 소프트웨어 개발을 함께 수행합니까?

7. 귀하는

   • 회사에서 정규직으로 풀타임 근무를 합니까?

   • 재택근무인 경우, 근무 시간은 어느 정도입니까?

   • 귀하는 개인 사업을 운영합니까?

   • 컨설턴트로 일합니까?

8. 귀하는 업무 수행 중 (대상 기업의) 웹사이트를 이용합니까?

9. 귀하가 주로 사용하는 소프트웨어 개발 툴은 무엇입니까? (대상 기업에서 제공하는 개발 툴 리스트)

10. 이 툴(재디자인 대상 기업에서 제공하는 개발 툴)을 사용한 기간은 어느 정도입니까?

11. 귀하는 현재 어떤 새로운 툴을 배우거나 익히는 중입니까, 아니면 전에 사용하던 툴의 새 버전을 배우거나 익히고 있습니까?

12. 귀하는 구매 결정에 관련되어 있습니까?

일단 잠재 인터뷰 지원자들과 개별적으로 이야기해 보고, 그 사람이 여러분의 프로젝트에 적합한지 바로 결정해서 인터뷰에 들어갈 수도 있다. 하지만 이렇게 하는 방식은 정말로 잘 생각해 봐야 한다.

인터뷰 대상을 교체하는 일은 그리 쉽지 않다. 여러분의 인터뷰 요구사항과 참가자 모집 기준을 잘 파악해 인터뷰를 확정할지 결정해야 한다. 인터뷰 스케줄을 잡아야 할지 의심스럽다면, 여러분의 스케줄과 이미 보유한 나머지 사용자 집단을 고려하라. 좋은 사용자들이 확보되어 있다면 일단 인터뷰한다. 이들에게서 새로운 관점을 얻을 수 있으므로, 위험을 감수해 보는 것이다. 현장 방문 준비에 어려움이 있다면 이미 확보한 사용자들을 대상으로 인터뷰하면 된다. 대개 생각보다 나은 데이터를 얻을 것이다. 인터뷰에 따라 질적인 차이가 있기 마련이므로, 어쨌든 대체 인터뷰가 한두 번은 필요할 수 있다.

인터뷰 세팅 기록하기

일단 인터뷰 스케줄을 잡으면 인터뷰 진행과 컨텍스트를 계속 업데이트해야 한다. 여러분이 설정한 인터뷰 대상자의 유형을 구분하기 위해 그림 3-1과 같은 사용자 시트가 필요할 수도 있다. 아니면 시디툴즈에서 사용자를 설정하고 인터뷰 진행 진도를 기록할 수도 있다.

그림 3-1 사용자 시트의 예

사용자 번호	산업 분야	기업(명)	직함	역할	직무	컨텍스트
사용자 1						
사용자 2						
사용자…						

그림 3-2는 시디툴즈에서 여러 사용자에 대한 입력 정보를 기록하는 화면을 보여 준다. 이 프로젝트 윈도는 인터뷰와 해석 세션, 그리고 어피니티 구축의

진행 상황도 보여주고 있다.

인터뷰 스케줄을 잡을 때, 사용자의 연락처, 집이나 회사 위치, 가능 방법 등을 확실히 알아둔다. 인터뷰를 수행하는 다른 팀 구성원들과 이 정보를 공유할 필요가 있을 것이다.

그림 3-2 시디툴즈 화면에 나타난 프로젝트 정보 기록

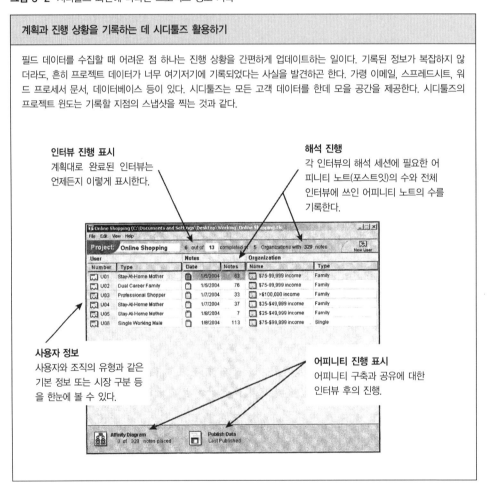

인터뷰할 때 팀이 해야 할 준비

일단 개별 인터뷰가 준비되면 팀 전체가 앞으로 할 일을 확실히 알아야 한다. 여러분은 구성원들에게 다음 정보를 제공해야 한다.

연락 정보	인터뷰 관련 사항
• 이름	• 인터뷰 날짜
• 직함	• 인터뷰 시간
• 기업명	• 인터뷰 장소
• 부서	• 인터뷰 장소를 찾아 가는 길
• 주소	(예상 소요 시간 포함)
• 전화번호	• 추천 호텔
• 이메일	

　여러분은 이런 정보를 이메일 또는 다른 통신 수단으로 전달하거나, 개별 인터뷰 진행자들이 시디툴즈에 직접 정보를 입력하도록 할 수 있다. 그림 3-3은 시디툴즈의 사용자 정보 화면이다. 여기서는 직업과 조직의 유형뿐만 아니라 사용자의 연락 정보, 사용자와 조직의 프로필 등을 파악할 수 있다.

그림 3-3 사용자 정보를 나타내는 시디툴즈 화면

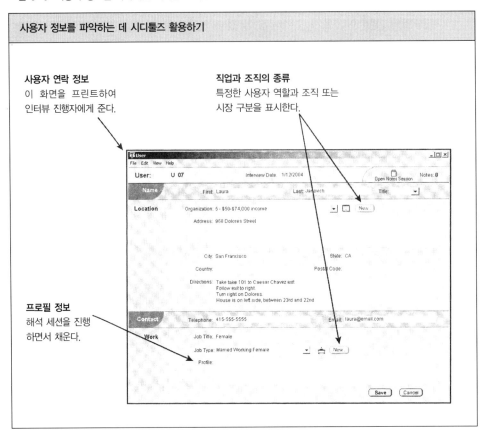

사용자 정보를 파악하는 데 시디툴즈 활용하기

사용자 연락 정보
이 화면을 프린트하여
인터뷰 진행자에게 준다.

직업과 조직의 종류
특정한 사용자 역할과 조직 또는
시장 구분을 표시한다.

프로필 정보
해석 세션을 진행
하면서 채운다.

R a p i d
C o n t e x t u a l
D e s i g n

04

컨텍스추얼 인터뷰하기

래피드 CD 프로세스	속전 속결	속전 속결 플러스	집중 래피드 CD
컨텍스추얼 인터뷰와 해석	V	V	V

만약 지금까지 살펴본 대로 계획을 세웠다면 여러분의 인터뷰 스케줄은 무리 없이 진행될 것이다. 이제 여러분은 컨텍스추얼 인터뷰(Contextual Interview, CI)를 실행하여, 계획 과정에서 윤곽을 잡아놓은 데이터를 수집해야 한다.

이 장은 프로젝트에서 데이터를 수집하는 단계를 다루었다. 여기에는 CI 실행 방법과 주의 깊게 살펴야 하는 정보의 유형, 사용자에게 다가가는 방법과 인터뷰 목적을 이해시키는 방법 등을 포함한다. 계획이 아무리 완벽하다 해도 현장에 도착하면 예상과는 다르게 흘러가기도 한다. 그러한 경우에는 적절한 대응이 필요하다. 이 장에서는 현장에서 마주칠 수 있는 다양한 돌발 상황에 대처하는 방법도 제공한다.

고객의 실제 요구에 부응하는 제품을 디자인하려면 디자이너가 고객과 그들의 수행 업무를 이해해야 한다. 그러나 디자이너들은 대개 자신들이 지원할 업무에 그리 익숙하지 않고 경험도 없다. 만약 디자이너들이 자신이 느끼는 대로 업무를 처리한다면, 그들은 단지 사용자 한 사람으로서 각자의 경험에 의존하게 된다. 하지만 디자이너들은 일반적으로 평균적인 사용자들보다는 기술에 익숙한 편이라서 최종 사용자들을 대표하기에는 적합하지 않다.

그렇다고 디자인 요구사항을 일반 사용자들에게 그냥 물어볼 수는 없다. 사용자들이 기술적으로 수용할 수 있는 부분은 무엇인지 다 이해하지 못하기 때문이기도 하지만, 그보다는 자기들이 실제로 무엇을 하는지 잘 모르기 때문이다. 매일 하는 일은 너무 익숙해 마치 습관과도 같이 무의식적으로 하게 된다. 그로 인해 사용자들은 대개 자신의 수행 업무를 명확하게 말할 수 없다. 그들은 일반적인 방향, 예를 들면 중요한 문제가 무엇인지 정도는 알고 있으며, 시스템에서 불만스러운 부분은 무엇인지를 이야기할 수는 있다. 하지만 매일 하는 일을 상세하게 설명해 줄 수는 없다. 그러므로 디자이너에게 무엇이 업무 수행에 수반되고 그것이 기술적인 부분과 충돌할 가능성이 있는지 알려주기는 힘들다.

무의식적이고 암묵적인 업무에 관해 세부 수준까지 제시해 주는 디자인 데이터를 얻기는 그리 쉽지 않다. 컨텍스추얼 디자인의 첫 번째 단계는 컨텍스추얼 인터뷰로, 우리가 필드 데이터를 수집하는 테크닉은 디자이너가 현장에서 관찰하면서 사용자와 업무나 실생활에 대해 대화하도록 하는 것이다. 만약 디자이너가 사용자의 업무 수행 과정을 관찰한다면, 사용자가 자신의 업무 수행에 대해 일일이 말할 필요는 없다. 그러나 만약 사용자가 가까운 과거에 일어난 일들을 하나하나 자세하게 기억해내야 한다면, 과거의 일을 상기하도록 아티팩트(artifacts)[1]를 활용하거나, 재연 등을 요청하여 상세한 내용을 기억해내게 할 수 있다. 다시 말해, 필드 데이터로 무언의 정보를 찾아내는 어려움을 극복하는 것이다.

이론서 『Contextual Design: Defining Customer-Centered Systems』에서 1장 「Understanding the Customer」를 참조하자.

---

1 (옮긴이) 아티팩트 - 컴퓨터 파일 형태든 인쇄된 형태든 사용자의 직무 수행을 위해 만들어진 관련된 모든 것을 말한다. 예를 들어, 일정표, 출장보고서, 캘린더 등 업무와 관련된 직간접 자료들을 총칭한다.

정의

컨텍스추얼 인터뷰는 사용자의 업무 공간에서 실시되는 1대 1 인터뷰를 하면서 진행 중인 업무를 관찰하는 것이다('인터뷰 진행자의 수 - 한 명 또는 두 명?' 박스를 참조하자). 컨텍스추얼 인터뷰를 완벽하게 수행하면 사용자의 현재 직무를 관찰

인터뷰 진행자의 수 – 한 명 또는 두 명?

CI 인터뷰는 인터뷰 진행자와 사용자의 1대 1 인터뷰다. 어떤 팀은 두 명을 보내고 싶어 하는데, 한 사람은 인터뷰를 하고 다른 사람은 기록하는 역할이다. 이렇게 하면 더 상세한 데이터를 얻으리라는 생각하지만, 우리의 경험상 불필요한 일이다. 해석 세션이 잘 진행된다면 인터뷰 진행자가 한 명이어도 필요한 데이터를 모두 추출할 수 있다. 실제로, 우리의 컨설팅 고객 중 한 곳에서는 우리가 인터뷰 진행자를 한 명으로 하라고 조언하자 매우 불안해했다. 한 명으로 시도해 보라고 설득한 후에 그들은 결과 데이터를 검토했고, 두 명으로 진행해도 더 상세한 데이터가 나오지는 않는다는 데 동의했다. 그리고 얼마 후 그곳의 관리자는 우리에게 전화해서 고마움을 표시했다.

결과적으로 한 명분의 여행, 시간, 고객 응대 비용 등이 절약되었기 때문이다.

우리는 또한 인터뷰 사체에도 영향을 미치기 때문에 두 명이 진행하는 것을 권장하지 않는다. 친밀한 관계를 형성하기 위해서라도 사용자가 한 사람과의 관계에 집중하는 것이 좋다. 진행자 한 명이 대화를 유도하면 사용자는 그의 포커스를 따르게 되어 사용자가 집중할 수 있는 대화의 일관성이 유지된다. 하지만 두 사람이 이야기한다면, 말이 왔다 갔다 해서 대화의 흐름이 끊기고, 친밀감이 적어지며, 경쟁적인 분위기가 형성된다. 이런 상황에서 사용자는 혼란에 빠져 실망스러운 인터뷰 결과가 나오는 것이다. 또한 전형적인 인터뷰에 비해 매우 동적인 상황이 되고, 두 사람이 한꺼번에 말하기 시작하면 틀림없이 아무도 기록하지 못하는 상황이 발생한다.

그러므로 여러분이 두 명을 보낸다면 인터뷰 진행자와 기록자의 역할을 분리한다는 규칙을 두자. 이것은 인터뷰 진행자가 대화를 이끌고 기록자는 질문할 수 없음을 의미한다. 여러분과 파트너는 인터뷰를 하는 동안 역할을 바꿀 수 있지만, 그 상황은 명확히 협의되어야 하며 사용자에게도 그 상황을 설명해야 한다. 인터뷰가 끝날 때쯤에는 종결하는 의미에서 기록자의 질문을 허락한다.

하고 기록하는 것 이상의 성과를 거둘 수 있다. 업무를 처리하는 매 순간 어떠한 일이 발생하는지에 대해 사용자와 논의할 필요가 있다.

핵심 용어

컨텍스트 실제 업무 현장에서 실제 직무를 수행하는 사용자에게서 데이터를 수집하여, 실제 업무 환경에서 나타나는 사용자 니즈를 이해하라.

파트너십 조사 과정에서 사용자를 파트너라고 여기며 함께 작업하라. 관찰하는 동안 사용자가 여러분을 마치 수습 직원 대하듯 실제 업무 활동 속으로 이끌도록 만들고, 여러분은 업무가 어떻게 처리되고 있는지 질문하라. 그럼으로써 여러분은 사용자와 함께 그들의 업무에 대해 명시적이거나 암시적인 양상들을 정의할 것이다.

해석 사용자의 행동과 말의 이면에 있는 의미와 암시를 밝혀내고자, 여러분이 세운 가설을 사용자와 공유하여 현장에서 일이 어떻게 돌아가는지 공감대를 형성하라.

포커스 명확히 정의된 프로젝트 포커스에 의거하여 잘 듣고 철저히 질문하여 대화를 주도하고, 항상 여러분의 가설을 의심하라. 미리 정의된 질문 항목에 의존하기보다는 프로젝트의 관련 범위를 잘 파악하여 관찰을 진행한다. 상황에 따라 추가로 질문을 하거나 불필요한 질문은 건너뛴다.

CI 프로세스 체크리스트

□ 준비:

- 인터뷰 약속 확인

□ 필드 인터뷰 진행 중:

- (선택 사항)업무 현장에서 여러 참가자를 대상으로 그룹별로 인터뷰 개요 설명

- 예기치 않은 이슈 처리
- 각자의 업무 현장으로 이동
- 인터뷰 진행

☐ 인터뷰가 끝나면, 해석 준비

인터뷰 약속 확인하기

인터뷰 전날, 사용자에게 전화해서 확인한다. 연락 정보가 정확한지 확인하고 현장으로 가는 길도 확인한다. 건물의 보안에 대해 물어봐야 하는 경우도 있다. 출입할 때 보안 점검 때문에 대개 몇 분 정도 걸리므로, 여기에 따른 도착 시간을 고려할 필요가 있다.

사용자가 업무 현장을 정리하지 않도록 하라. 사람들은 보통 손님이 온다고 생각하기 쉬워서 주의를 주지 않으면 청소를 한다. 이렇게 치워버리면 결국 업무 수행 방법을 감추게 되고, 여러분이 관찰해야 하는 업무 환경의 세부 사항들도 사라지고 만다.

첫 인터뷰를 준비하는 동안 여러분은 비밀 보장 문제를 처리해야 한다. 하지만 만약 그러지 못했다면, 지금부터 사용자 회사의 정보 또는 장소에 접근하면서 생기는 어떤 긴급한 문제라도 대처할 준비를 해야 한다. 기밀유지협약서(NDA)를 작성할 필요가 있는지 알아보자. 여러분이 수집한 어떤 민감한 정보도 누설되지 않을뿐더러, 여러분에게 현장을 보여주기 전까지는 중요한 정보를 없애버려도 된다는 점을 사용자에게 알려준다('업무 현장의 비밀 보장 문제 처리하기' 박스를 보자).

사용자의 업무 현장에서, 그들이 실제 수행하는 업무에 대해 이야기할 것임을 반복해서 강조하라. 이것이 제품에 대한 설문조사나 교육이 아니고 '섀도잉'이라는 경험임을 사용자가 이해했는지 확인하는 차원에서 그들의 이야기를 잘 들어보라.

만약 인터뷰를 준비하는 동안 인터뷰 내용을 녹음한다고 말하지 않았다면, 당장 말해야 한다. 녹음된 내용은 개인적인 백업으로, 프로젝트가 끝날 무렵이면 폐기될 것이라고 설명한다. 그래도 녹음에 대해 걱정하는 사람이 있다면, 예의 바르게 설득하여 녹음을 허락하도록 만들자. 이것은 유일한 백업 자료이기 때문이다.

주의 - 녹음이 불가능한 경우에는 최대한 빨리 인터뷰 내용을 해석해야 한다. 하루 이상 늦추지 말라.

업무 현장의 비밀 보장 문제 처리하기

때때로 고객의 업무가 너무나 민감한 사안이라 기밀유지협약서로도 충분치 않을 때가 있다. 어떤 프로젝트에서는 조사 대상인 업무가 인수 합병에 관한 것이었다. 사용자는 물론 그런 세부 사항들이 공개되기를 원하지 않았다. 우리는 다음과 같은 몇 가지 접근 방법을 통해 어쨌든 그 업무 구조의 세부 사항들을 알아낼 수 있었다.

- 사용자들이 합병 대상 기업들과 산업 분야를 코드명으로 표기하면, 인터뷰 진행자들은 어떤 회사가 매입 대상인지 알 수가 없다.
- 아티팩트는 일단 출력한 뒤, 민감한 정보는 사용자와 같이 보기 전에 지우면 된다.
- 위의 아티팩트를 사용자와 함께 다시 스케치하면 인터뷰 진행자는 민감한 정보를 제외하고 세부 사항들을 파악할 수 있다.
- 민감한 보안 문제가 제기될 때면 언제라도, 인터뷰 진행자는 녹음을 중단하고 만약 사용자가 보안 문제를 걱정하면 녹음하지 않는다.

그룹별 인터뷰 개요 설명하기

인터뷰 장소에 도착해서 사용자와 관리자, 영업 팀에게 브리핑을 하는 것이 유용하다. 특히, 같은 장소에서 두 명 이상을 인터뷰하는 경우에 그렇다. 또한 이 것은 인터뷰 대상자들이 여러분이 원하는 바로 그 사용자들임을 검증하는 손쉬운 방법이다. 여러분은 이 개요 설명을 통해 인터뷰 프로세스와 사용자의 업무 현장에서 여러분이 수행할 일을 모든 사람들에게 알려줄 수 있다.

인터뷰가 가정에서 실시된다고 하자. 가족 중 한 명 이상을 인터뷰하려는 경우에 여러분은 가족 전체에 대해서 이와 같은 개요 설명을 할 수 있다. 혼자 인터뷰를 진행할 경우 한 번에 한 명씩 설명해 주면 된다. 두 사람이 인터뷰하러 간다면, 동시에 각각 한 명씩 진행할 수가 있다. 가족들 역시 기업의 업무 현장에서와 마찬가지로 어떻게 인터뷰가 진행되는지 알고 싶어한다.

이 개요 설명은 사람들을 모두 모으는 시간까지 포함해서 20분을 넘지 않도록 하라. 이 모임에는 사용자들과 그들의 관리자들, 현장 방문을 주선했으므로 참석을 원하는 영업 담당자들, 그리고 인터뷰를 수행할 진행자들이 참석한다.

전형적인 개요 설명은 다음 내용을 포함해서 짧고 비공식적인 성격으로 진행된다.

- 인터뷰 대상자를 모두 발표하고, 누가 인터뷰를 진행할지 알려 준다.
- 프로젝트의 목적을 소개하고 무엇을 알아내려고 하는지 개략적으로 설명한다. 이 정보가 얼마나 가치 있는지에 대해 감사를 표시하고, 인터뷰 대상자에게도 이로운 일임을 상기시킨다.
- 컨텍스추얼 조사 프로세스를 소개하고 사용자들의 상세한 업무 처리 과정을 확실하게 이해하고자 2시간 동안 1대 1로 인터뷰할 것을 설명한다(101쪽의 'CI 인터뷰는 왜 2시간으로 계획되는가?' 박스를 보자).
- 인터뷰 내용이 녹음되며 비밀이 보장된다는 점을 이야기한다. 대상자의 업무 수행 과정은 디자인 팀 내부에서만 공유되고 관리 부서에는 알려지지 않

는다고 안심시킨다. 또한 대상자들의 이름조차 사용되지 않으며 코드명으로 대체됨을 알려준다. 그래도 누군가 개인적으로 반대하는 사람이 있는지 알아본다.

- 인터뷰 진행자와 사용자를 짝 지워서 각각 업무 현장으로 가서 인터뷰를 실시한다.

한 장소에서 인터뷰가 한 번만 있다고 해도, 조직의 규율에 따라 때때로 관리자라든가, 여러분이 관찰하려는 업무와 무관한 다른 사람들에게 시간을 할애할 필요가 있다. 그런 상황이 발생하면 신중하게 판단하라. 관리자는 정말로 여러분과 이야기하고 싶어하는가? 아니면 단지 인터뷰하겠다고 오는 사람들이 항상 관리자를 만나고 싶어했기 때문에 그러는 것인가? 어쩌면 관리자들은 여러분에게 굳이 시간을 내고 싶지 않을 수도 있다. 그렇지 않은 경우라면, 인터뷰 시작 전에 관리자와 짧은 인터뷰를 계획하라. 여러분이 그룹별로 인터뷰 개요 설명을 하지 않았다면, 같은 내용으로 먼저 개요를 설명하고, 누구와 이야기할지 의논하고, 대상이 된 사용자들이 적합한 사람들임을 확인한다. 관리자가 지원해 준다면 인터뷰 대상자 가운데 적합하지 않은 사람은 마지막에 교체할 수도 있다.

관리자와 인터뷰를 하면 여러분이 디자인하는 제품 또는 시스템에 관한 관리자의 의견을 들을 수 있다. 여러분은 관리자의 지원이 필요하고, 관리자들은 의견을 말하고 싶어한다. 관리자들에게서 얻은 데이터는 구매 및 조직의 문화적 요소와 연관된 관점을 제공한다. 이 데이터를 해석하여 어피니티 다이어그램에 간단한 이슈로 추가한다.

때때로 영업 부서가 인터뷰 준비에 관여하기도 한다. 그들은 고객이 잘 관리되는지 확인하고자 관리자의 인터뷰에 참여하거나, 잠깐 동안 인터뷰 현장을 관찰하러 올 수도 있다. 만약 그렇다면 미리 인터뷰 도중에 끼어들거나 방해하면 안 된다는 규칙을 알린다. 영업 부서는 다른 인터뷰들을 위한 창구가 되므로 관리 부서와 마찬가지로, 인터뷰 프로세스에 대해 만족스럽게 여기도록 해야 한다.

CI 인터뷰는 왜 2시간으로 계획되는가?

우리는 종종 왜 컨텍스추얼 조사를 2시간으로 계획해야 하는가에 대한 질문을 받는다. 질문하는 사람들은 2시간이 사용자가 무엇을 하는지 실제로 알아보기에 충분한 시간인지 의문을 품는다. 우선, 2시간은 권장 사항이지 강제적인 규칙은 아니다. 하지만 16년간 쌓은 경험으로 볼 때 2시간은 대개 사용자에게도, 인터뷰 진행자에게도 적당한 시간이고 데이터의 질도 좋았다.

2시간이면 여러분은 눈앞에 펼쳐지는 일련의 주요 직무들을 관찰할 수 있고, 인터뷰 대상자들이 프로세스에서 각기 다른 시기별로 발생하는 직무들을 회상하도록 할 수 있다. 신약 개발과 같은 긴 프로세스의 경우 각기 다른 단계마다 인터뷰를 수차례 실시해, 역할과 시기에 따른 업무 활동 샘플을 뽑아낼 수 있고 전체 프로세스를 재구성할 수도 있다. 따라서 2시간은 데이터를 수집하는 데 충분한 시간이라 할 수 있다.

2시간은 또한 인터뷰 진행자에게도 충분한 시간인데, 2시간 내내 관찰하면서 점점 더 상세한 데이터를 수집하기 때문이다. 이것은 어렵고 피곤한 작업으로, 하루에 인터뷰를 3회 이상 진행하지 말라고 하는 이유이기도 하다. 2시간이 끝나 갈 무렵이면 인터뷰 진행자는 상당히 지치게 된다. 그리고 그때쯤 되면 사용자도 온전하게 자신의 업무로 복귀하려고 할 것이다.

마지막으로 2시간 동안 두 사람을 인터뷰하는 편이 같은 사람을 4시간 인터뷰하는 것보다 나은데, 더 광범위한 데이터를 얻을 수 있기 때문이다. 이 규칙에 대한 예외는 업무가 너무나 간헐적으로 발생하여 관찰하려면 반나절 정도 있어야 하는 경우뿐이다. 예를 들면, 어떤 장비의 사용 행태를 알아보고자 응급실 근무자들과 함께 이동하며 다니는 상황을 들 수 있다. 이때 실제 장비를 사용하는 모습을 보는 데 상당히 긴 시간이 걸릴 수도 있다.

또한 업무 자체가 간헐적이거나 매우 집중된 경우, 인터뷰는 더 짧아질 가능성도 있다. 예를 들면, 매니저들이 소프트웨어를 통해 산출된 리포트를 어떻게 사용하는지를 알아볼 목적이라면 좀 더 짧은 인터뷰로도 충분하다. 그들의 업무 전체를 파악할 필요가 없기 때문이다.

예기치 않은 이슈 처리하기

인터뷰 장소에 도착하면, 적어도 한 가지 이상 예기치 않은 상황과 만나게 된다. 다음에 몇 가지 전형적인 상황과 거기에 대처하는 방법을 제시했다.

회의실에서 인터뷰 시행 요구 필드 인터뷰를 실시하고자 도착해 보니 회의실에서 만나자는 말을 듣게 된다. 사전에 아무리 잘 설명했어도, 어떤 사람들은 인터뷰란 회의실에서 하는 것이라는 선입견이 있다. 예의 바르고 공손하게, 하지만 분명하게 왜 사무실에서 인터뷰해야 하는지 설명한다. 사용자에게 사무실이 좁고, 지저분하고, 시끄러워도 괜찮다고 다시 한 번 말해 둔다. 일반적인 업무 환경에서 돌아가는 시스템을 확인할 필요가 있는 것이다.

비밀 보장 이슈 비밀 보장과 녹음에 대해 이미 의논했다고 해도, 막상 도착해 보니 회사에서는 녹음을 허락하지 않겠다고 하고 관리 부서는 사무실에 외부인이 오는 것을 원하지 않을 때도 있다. 게다가 회의실에서 인터뷰하기를 제안한다. 일단 녹음을 하지 않으며 어떠한 자료도 가져가지 않겠다고 말하라. 그래도 계속 회의실에서만 인터뷰가 가능하다고 할 수 있다. 그럴 때는 사용자에게 가능하면 본인의 컴퓨터를 회의실로 가져오라고 하거나 회의실에 있는 컴퓨터를 사용자의 시스템이나 관련 웹사이트에 연결한다. 사용자에게 일하면서 사용하는 물건들 중에서 허용되는 자료나 빈파일 등을 가져오도록 한다. 그런 다음 그것들을 이용하여 과거를 회상하는 방식으로 인터뷰를 실시한다. 또한 사용자가 어디에서 어떻게 자료들을 활용하는지 그림을 그려서 표시한다. 만약 여러분이 소프트웨어에 관해서 조사하고 있다면, 사용자가 마지막으로 사용했던 사례를 소프트웨어를 통해 그대로 재연하도록 요청한다. 이것이 데이터를 수집하는 최선의 방법은 아니다. 그러나 일부 추상적 수준의 이슈를 알아낼 수 있으며, 아무 수확도 없는 것보다는 낫다. 실제 사례를 통해서 작업해야 한다는 점을 명심하고, 불만 사항을 재연하거나 추상적인 수준으로 설명해 주는 것에 안주하지 말라. 만약 쓸 만한 데이터를 얻기 어렵다는 생각이 들면 30분 후에 인터뷰를 끝내고 사용자에게 감사 인사를 한다.

1시간만 가능할 때 2시간짜리 인터뷰를 예상하고 왔는데 사용자가 1시간밖에 안 되겠다고 한다. 여러분이 왜 왔으며 무엇을 하려는지 설명하고, 왜 2시간이 필요한지 강조한다. 대부분 사용자는 여러분이 자신의 업무에 얼마나 관심을 갖고 있는지 이해하고 나면 좀 더 시간을 내준다. 아니면 1시간에 하기로 하고 일단 시작한 다음, 그 시간이 끝날 때쯤 핵심 직무를 완결하기 위해 조금만 더 연장할 수 있는지 묻는다. 그래도 1시간뿐이라면, 인터뷰 포커스를 프로젝트에서 핵심적으로 고려하는 수행 직무들에 맞추도록 한다.

부적합한 대상자 인터뷰를 시작했는데 적합한 사람이 아님을 깨닫게 되었다. 인터뷰를 중단하는 것이 무례하다고 느껴지겠지만, 정보를 이용하지도 않을 사람과 계속 이야기하는 쪽이 훨씬 더 무례한 일이다. 여러분의 프로젝트나 제품 지원과 관련된 대상자의 업무에 포커스를 두고 30분 정도 이야기하라. 그들에게 도와줘서 감사하다고 인사한다. 이야기하면서 더 적합한 다른 대상자를 알아낼 수도 있다. 그럴 때는 현장에 있는 동안 그 사람과 이야기할 수 있는지 물어본다. 이는 특히 다른 날 다시 인터뷰 스케줄을 잡을 여력이 없을 때에 유용하다.

추가 인터뷰 인터뷰를 하다가 여러분의 프로젝트와 관련된 중요한 다른 직무 역할을 발견하는 때가 있다. 시간이 있다면 추가 인터뷰를 시도할 수도 있다. 현재 인터뷰 대상자나 관리자에게 짧은 시간이라도 그 사람과 이야기할 수 있는지 물어보라.

사용자의 부재 인터뷰 전날 확인했지만 도착해 보니 사용자가 없다. 전화해서 아프다든가, 개인적 또는 업무적으로 긴급한 일이 생겼다든가, 아니면 그냥 안 된다고 한다. 화를 내거나 불쾌한 모습을 보이지 않도록 주의하고, 다른 사람으로 바꾸는 것에 대해서 관리자와 상의할 수 있는지 알아본다. 때때로 여러분이 조사하려는 업무를 담당하는 다른 사람이 정말 없을 수도 있지만,

그 역시 물어보지 않으면 알 수가 없다.

업무 현장으로 이동하기

이동하는 시간을 최대한 활용하자. 이것은 사용자와 그들의 문화적 환경과 미리 만나는 기회다. 사용자의 업무에 대해서 질문하고 조사의 핵심 사안이 무엇인지 이야기하라. 사용자의 자리로 가는 동안 개요의 대부분을 설명할 수도 있다. 또한 사용자 조직의 문화와 실제 분위기를 감지할 수 있다. 이때부터 노트를 준비해서 바로 적을 수 있도록 한다.

인터뷰 진행하기

컨텍스추얼 인터뷰(CI)는 정의된 프로세스를 따른다. 이 프로세스대로 작업하면 여러분은 포커스에서 벗어나지 않으며 양질의 데이터를 얻을 수 있다. 여기서는 CI 인터뷰 일부를 개략적으로 설명한다. 성공적인 CI를 구성하는 데 필요한 사례들과 조언도 찾아볼 수 있다. 인터뷰 장소에 무엇을 가져가야 하는지는 '준비물 목록' 박스를 참고하자.

준비물 목록

인터뷰 프로세스에 참여하는 모든 사람이 인터뷰에서 무엇을 하는지 확실히 알 수 있도록 하라.

　　모든 인터뷰에는 다음과 같은 준비물이 필요하다.

- 휴대용 녹음기
- 90분짜리 테이프 두 개
- 새 배터리
- 충분한 크기의 스프링 노트
- 펜 2개

개요 설명하기

개요 설명은 인터뷰를 시작하고 10분 내지 15분을 넘기지 않도록 진행한다. 개요 설명에서는 CI가 무엇인지 설명하고, 이를 인터뷰 전반에 걸쳐 관찰 활동을 하면서 재차 강조한다. 사용자는 단지 전형적인 질의응답 인터뷰만 경험했을 가능성이 크기 때문이다.

여러분을 소개한다 프로젝트 목적과 인터뷰 방법을 소개한다. 여러분이 알려주는 내용을 사용자가 이해했는지 확인한다. 인터뷰가 어떻게 진행되는지 사용자가 미리 들었다고 해도, 그들은 종종 무슨 뜻인지 이해하지 못한다.

여러분의 조사 포커스를 강조하자 개요 설명과 인터뷰 과정을 통해서 다시 언급함으로써 재차 강조한다. 조사 포커스는 몇 번에 걸쳐 언급하는데, 사용자의 업무에서 많은 일이 수반되더라도 진행자는 인터뷰에서 특정 부분에만 관심이 있다는 생각을 심어주기 위해서다.

인터뷰 소요 시간에 대해 협의하자 사용자에게 2시간 동안 함께할 계획임을 말한다. 만약 인터뷰 전에 사용자가 1시간 또는 1시간 30분에만 동의한다면, 이 시간 동안 진행하고 더 연장할 수 있는지 알아본다. 목표는 물론 2시간짜리 인터뷰를 수행하는 것이다.

사용자가 전문가다 진행자의 역할은 전문가인 사용자가 하는 일을 이해하는 것이다(박스 '인터뷰 진행자는 전문가여야 하는가?'를 참조하자). (프로젝트와 연관된) 사용자 또는 조직에 관한 인구통계학적 정보뿐만 아니라, 조사 포커스와 관련된 사용자의 배경과 역할에 대한 정보를 얻어낸다.

비밀 보장 방침에 대해 설명하자 사용자에게 인터뷰 내용은 모두 비밀이 보장된다는 점을 다시 한 번 확인해 준다. 이름은 사용자 번호로 대체되고 자유롭게 말해도 된다고 이야기한다.

녹음을 허락 받자 사용자에게 인터뷰 내용을 녹음해도 괜찮은지 물어본다.

필요하다면 녹음이 단지 여러분의 백업용으로 쓸 뿐이라고 설명한다. 이것은 인터뷰 기록에 대한 백업으로 프로젝트 후반에 폐기될 것이다. 잊지 말고 녹음 버튼을 누르고 녹음기를 선풍기나 키보드 근처에 두지 않았는지도 확인한다.

소프트웨어에 관한 의견을 처리하자 사용자는 인터뷰를 시작하자마자 여러분의 소프트웨어나 회사에 대한 의견을 표시하고 싶어할 수도 있다. 예의 바르게 듣고 그것을 기록하여 사용자에게 처음부터 잘 듣고 있다는 인상을 주자. 하지만 지금 그 의견을 중점적으로 들으면 안 된다. 만약 그렇게 하면, 시작도 하기 전에 인터뷰에서 컨텍스추얼 조사의 비중이 옆으로 밀려나거나, 심지어 부수적인 것이 되어 버린다. 인터뷰를 진행하는 동안, 이런 의견이 제기되는지 상황을 잘 살펴보고 그것을 업무의 컨텍스트(context) 면에서 조사하도록 한다.

인터뷰 진행자는 전문가여야 하는가?

아니다. 인터뷰 상황에서 전문가는 바로 사용자다. 인터뷰 과정의 도제식 모델에서 (『Contextual Design: Defining Customer-Centered Systems』 42쪽 참조) 사용자는 전문가이고 여러분은 수습 직원으로, 전문가를 관찰하고 그와 이야기하면서 업무 수행에 대해서 배운다. 여러분이 특정한 업무 분야에 대해서 모른다면, 처음 한두 번의 인터뷰로 해당 업무 프로세스와 이슈들을 배울 수 있다. 인터뷰를 통해 또한 프로세스나 애플리케이션에 관해서 여러분이 이해하고자 하는 업무의 하위단위에 이르는 세부 사항을 모두 알 수도 있다. 이러한 상세 내용은 자료나 전문가가 아닌 실제 사용자에 의해 구체적으로 되어야 한다. 이는 우리가 일반적으로 알려진 사례가 아니라 실제 업무를 수행하는 사용자를 이해해야 하기 때문이다. 또한, 여러분은 사용자의 말대로가 아니라 그들이 실제로 행하는 업무를 지원하는 애플리케이션을 만들어야 할 것이다. 만약 회사에서 새로운 업무 수행 방식을 도입하려고 한다고 해보자. 여러분은 소프트웨어와 비즈니스 규칙을 적절히 이용하여 사용자를 기존 업무 방식에서 새로운 방식으로 전환시키는 방법을 이해해야 할 필요가 있다.

그렇다면 인터뷰 진행자가 개인적으로 준비할 것은 무엇일까? 여러분이 비즈니스 프로세스를 조사하려면, 업무상의 역할과 목표에 대한 오리엔테이션처럼 추상적인 수준에서 그 프로세스의 개요를 물어 본다. 이것은 비즈니스 목표에 대한 초기 분석의 일부로, 그 목표를 통해 해당 비즈니스의 계획과 관심사를 알게 된다. 사용자의 업무 방식이나 전문 용어와 같은 구체적인 수준의 세부 사항들까지 걱정할 필요가 없다. 그런 것은 차차 알 수 있다.

여러분이 웹사이트나 애플리케이션을 조사하고 있다면, 대강 윤곽을 잡기 위해 해당 애플리케이션이나 사이트를 훑어보고, 어떤 기술 제약이 있는지 파악한다. 전형적인 불만 사항과 요구사항들을 알아보고자 팀과 관리자, 마케팅 부서 등에 문의하라. 이런 준비는 모두 인터뷰 포커스를 잡는 데 도움이 될 것이다.

하지만 여러분에게 가장 중요한 선생님은 애플리케이션 매뉴얼이나 비즈니스 프로세스 서류가 아니라 사용자라는 사실을 기억해야 한다. 초반에 하는 작업은 포커스를 수립하고자 기존의 지식을 활용할 수 있도록 프로세스와 시스템, 비즈니스 목표를 이해하고 필요한 고려 사항들을 염두에 두는 것이다. 그런 다음 컨텍스추얼 인터뷰를 통해 초기에 수립한 포커스가 현실을 더 잘 반영하도록 변화시키면 된다.

만약 여러분이 전문가라면 조심해야 한다! 여러분이 생각하는 가정과 예상은 사용자가 실제로 수행하는 업무를 파악하는 데 방해가 될 수도 있다. 이럴 때 여러분이 할 일은 해당 업무에 적합하다고 생각했던 모든 예상과 개념을 의심하는 것이다. 그리고 이것은 흔히 여러분이 이해한 대로 사용자가 따라가게 하는 것보다 훨씬 더 어렵다.

자연스러운 행동과 인터뷰 방해 시 대처 사용자에게 여러분이 그들 업무의 모든 양상을 관찰하는 데 관심이 있다고 하라. 전화를 받거나 동료 직원의 질문에 대답해도 된다고 알려 주고 그런 상황이 되면 사용자가 편하게 행동할 수 있도록 북돋아준다. 그러지 않으면, 사용자는 무례한 태도인 것 같아서 주저하게 된다. 이런 행동이 여러분이 수집하려는 데이터임에도 말이다. 만약 조사 포커스와 관련 있는 듯한 전화가 오거나 동료 직원의 질문을 받게 되면, 사용자에게 그에 대해서 설명해 달라고 부탁한다. 개요 설명을 할 때 사용자가 평소대로 사무실을 돌아다녀야 한다는 것을 알려 준다. 그리고 사용자가 움직이면 여러분도 같이 간다. 그러나 사용자가 혼자 처리할 일이라고 분명히 말하는 경우에는 프라이버시를 존중해 준다.

시작 케이스를 탐색한다 사용자와 함께 업무와 책임에 대해서 이야기하면서, 조사 포커스에 포함된 업무와의 연관성을 찾아본다. 잘 들어맞는 직무를 몇 가지 발견하면, 그것을 계기로 본격적인 인터뷰를 시행한다.

예시 인터뷰 스크립트 – 이초크

"여러분께 이 프로젝트와 저희가 하려는 일에 대해 잠시 이야기하는 것으로 시작하겠습니다. 저희 팀은 학생, 교사, 부모, 학교 행정 담당자들 간의 커뮤니케이션을 지원하는 웹 애플리케이션을 개발하고 있습니다. 저희는 커뮤니케이션을 향상시키는 기술을 적절히 제공할 수 있도록 여러분의 업무를 이해하고 싶습니다. 저희는 또한 여러분이 현재 동료들과 어떻게 커뮤니케이션하는지, 그리고 테크놀러지를 어떻게 이용하는지에 관심이 있고, 학급 활동에도 관심이 있습니다. 특히 수업 계획을 세우고, 과제를 주고, 출석을 점검하고, 진행 상황에 대한 보고서를 작성하는 일들에 초점을 맞추려 합니다.

저희는 이런 데이터를 필드 인터뷰를 해서 수집합니다. 사람들은 자신이 수행하는 업무에 대해 모두 알고는 있지만 저희에게 그걸 다 설명해 줄 수는 없기 때문입니다. 업무는 아주 습관적으로 이뤄지고 무의식적으로 처리됩니다. 여러분은 어떻게 업무를 수행하는지에 대해선 잘 알고 있지만 자신의 업무를 관찰하지는 않습니다. 따라서 여러분도 역시 저희가 여러분의 업무를 지원하려면 이해해야 할 업무상의 협력과 조정에 관한 세부 사항들을 대부분 알지 못합니다. 그래서 저희는 여러분의 업무 처리 과정을 지켜보고 수행 업무에 대해 여러분과 대화하면서 상세한 데이터를 얻으려 합니다. 이것은 질문에 답하는 전형적인 인터뷰가 아닙니다. 보시다시피 어떤 질문지도 가져오지 않았습니다!

먼저 동료, 학생, 학부모들과의 커뮤니케이션과 관련해서 여러분이 하는 일을 대략적으로 알아보는 것부터 시작하겠습니다. 여러분이 해야 하는 협력과 조정 업무는 무엇이든 그대로 하십시오. 메시지가 있으면 확인하시고, 전화도 하시고, 회의에도 참석하세요. 학부모들이나 학생들과 대화하시고, 교안을 만드시고, 과제도 내시고, 그밖에 다른 학급 관련 일들을 하십시오. 저는 여러분을 관찰하고 수업에 방해되지 않는다면 뭔가 흥미로운 것을 발견했을 때 잠시 질문을 하겠습니다. 아니면 쉬는 시간까지 기다리거나 수업이 끝나고 이야기하겠습니다. 또한 관찰한 내용을 여러분께 이야기할 테니 제가 여러분의 일을 잘 이해했는지 알려주시길 부탁드립니다.

또 나중에 제가 기록한 것을 보충할 수 있도록 녹음을 하고 싶습니다. 이것은 저만 듣게 됩니다. 저희 팀에서 데이터를 공유할 때 여러분의 이름은 코드로 표시됩니다. 녹음은 그저 제 기록에 대한 백업용입니다. 녹음하는 데 동의하십니까? 감사합니다."

전환 단계

전환 단계(transition)는 짧지만(2분 정도), 인터뷰 프로세스에서 분명히 드러나는 부분이다. 개요 설명을 하는 동안, 여러분은 인터뷰 대상자를 단지 알아두는 것이 아니다. 이때 사용자에게 수행이나 재연을 요청할 만한 직무 또는 업무를 찾아야 한다. 전환 단계는 인터뷰에서 중요한 부분이다. 이 시점에서 여러분은 개요 설명에 대해 질문하고 답변하는 모드로부터 벗어나 컨텍스추얼 인터뷰의 관찰 단계로 넘어가게 된다.

전환은 명백히 전형적인 인터뷰 모드에서 CI 모드로 전환하는 것이다. 사용자가 하는 일이 여러분의 포커스에 어떻게 연관되는지를 파악하기에 충분한 배경 지식을 확보하자마자 바로 전환 단계로 들어간다. 사용자의 업무와 인터뷰 포커스 사이에 일단 몇 가지 '연결 고리'가 발견되면, 그것들을 실제 업무 수행 단계에서 관찰하고 질문할 거리로 전환시키면 된다.

인터뷰 전환 단계를 시작할 때 다음의 예를 이용하라.

"선생님께서 하시는 일에 대해 대략적으로 잘 설명해 주신 것 같습니다. 지금부터는 실제 업무를 시작해 주셨으면 합니다. 선생님께서는 아주 다양한 문제들에 대해 부모들과 커뮤니케이션해야 한다고 하셨는데요. 학생들의 수업 진도라든가 규율 문제, 학교 행사 등에 대해서 말이죠. 지금 이야기를 나눠야 하는 학부모가 있습니까? 그렇다면 어떻게 일하시는지 저희가 볼 수 있을까요? 궁금한 것이 있을 때 질문 드리겠습니다."

필드 인터뷰

전체 컨텍스추얼 인터뷰는 대략 2시간 정도 걸린다. 이 중 1시간 30분 정도는 필드 인터뷰에 할애되어야 한다. 이 시간 동안 사용자의 업무 수행을 관찰하고 관찰한 것에 대해서 이야기하라. CI가 일반적인 질문-답변식의 인터뷰와 똑같은 상황은 아니지만, 여러분은 관찰한 것에 대해 사용자에게 직접 물어보고, 관찰한 내용을 공유하고, 왜 그렇게 다양한 행동을 하는지에 대한 가설을 제기해 보는 것이다.

관찰과 토론 인터뷰의 방향과 규칙을 정한다. 여러분의 포커스대로 진행하고, 그 포커스에 따라 직무를 관찰하고 토론하며, 사용자가 아티팩트를 재구성해 과거에 있었던 관련 내용들을 회상하도록 한다(박스 '직무 이상을 관찰하라'를 보자). 여러분이 포커스에서 벗어난 질문을 하면 사용자는 그 역시 관련이 있다고 생각하고 거기에 대해 더 이야기하게 될 것이다. 포커스를 유지하자.

적극적인 질문 여러분이 관찰하는 업무에 대해 물어보라. 질문을 하면 여러분이 찾는 구체적인 수준의 상세 내용에 대해서 알 수 있다. 각 단계를 해당 프로세스에서 파악하고, 예상하지 못한 부분을 발견하면 물어 본다. 사용자가 수행하는 업무가 조사 포커스에 포함되어 있으면 UI 레벨의 세부 사항들을 찾아본다.

직무 이상을 관찰하라

- 컨텍스트 안에서 나머지 프로세스를 고려해 직무를 정의한다. 직무란 단지 더 큰 스토리의 한 부분이다.[2]
- 직무는 더 큰 스토리에서 특정한 위치를 차지한다. 직무는 프로세스의 일부이므로 전체 프로세스에 포커스를 두라.
- 다른 사람들과의 비공식적인 업무 협조가 어떻게 공식적인 프로세스에서 특정한 위치를 차지할 수 있는지 이해하라.
- 더 큰 그림을 찾고, 사용자의 직무가 조직의 더 큰 업무 흐름(workflow)에서 어디에 위치하는지 탐색한다. 직무를 수행하는 대안이나 다른 방식이 있는지 찾아보라. 사용자가 일반적이지 않거나 회사에서 권장하는 프로세스에서 벗어나는 지점은 어디인지 예를 찾아보라.
- 사용자가 실제로 하는 일을 이해하려면 그들의 직함이 아니라 직무 역할에 포커스를 두어야 한다. 많은 사용자가 조직이나 가정에서 여러 직함을 갖고 다양한 프로세스에 참여하며, 여러 면에서 그들의 업무와 일상 환경에 기여한다. 사용자들이 무엇으로 불리거나 일반적으로 무엇을 하리라는 예상이 아니라, 실제로 무엇을 하는지를 알아보라.

업무 그룹을 정의해 보자.

- 업무 그룹은 어떤 종류의 업무에서나 핵심이다.
- 혼자 일하는 사람은 없다. 모든 결과물은 공동 작업의 일부다.
- 분배된 업무에는 분배된 업무 그룹이 있다.
- 커뮤니티는 크고 느슨한 업무 그룹이다.
- 누구에게서 업무 지시와 정보를 받는지 사용자에게 물어 보라. 사용자의 업무 결과물이 누구에게 전해지는지 확인하라. 업무 그룹, 부서, 회사 전체를 통해서 정보

---

2 (옮긴이) 직무의 전후를 포함한 개념이다. 예를 들어 '복사를 한다'는 직무는 빌려온 자료를 돌려주기 전에 복사하여 따로 보관한다는 '동기'와 이후 보고서 작성에 참조한다는 '결과'를 포함하여 이해할 때 '보고서 작성하기'라는 '스토리'가 된다. 흔히 인터뷰나 관찰에서 보여지는 직무의 단편만으로는 사용자의 전체 사용행태 즉, 스토리를 알아내기 어렵다. 스토리는 이러한 직무와 비직무적인 환경적 요소가 결합되어 컨텍스트상에 존재한다. 이것은 실제 그 곳에서 그 주변 사람들과 그 환경에서만 일어나는 일인 것이다.

의 흐름을 조사하라.
- 업무 그룹은 공식적인 것도 있고 비공식적인 것도 있음을 기억하라. 공식적인 업무 그룹은 조직적 프로세스에 참여하며, 조직도 이것을 파악하고 있다. 비공식적인 업무 그룹은 사용자가 조직 내부나 외부에서 참여하는 관계 집단으로, 공식적인 업무 수행에 도움이 된다.

기록 스프링 노트에 알아보기 편할 정도로 관찰한 것을 기록한다(스프링 제본은 페이지를 잃어버리거나 떨어지지 않고, 순서 없이 뒤섞이지 않는다). 이 노트를 볼 사람은 여러분뿐이므로 아주 깨끗이 정리하지 않아도 된다. 해석 세션에서 여러분이 읽을 수 있고 인터뷰에서 일어난 일을 정확히 기억할 수 있을 정도면 충분하다. 권장하는 기준은 필체에 따라 다르기는 하지만, 2시간짜리 인터뷰에 노트는 10~20쪽 정도면 된다.

- **기록하는 데 컴퓨터를 쓰지 않는다** 컴퓨터는 여러분과 사용자 사이의 장애물이다. 여러분이 컴퓨터에 얼마나 익숙한지에 관계없이, 컴퓨터는 여러분이 사용자에게 주의를 집중하는 것을 방해한다. 게다가 사용자가 프린터 쪽으로 가야 한다든가, 로비로 간다든가, 아니면 어디로든 움직인다고 생각해 보라. 결국 사용자와 같이 움직이려면 컴퓨터를 들고 다녀야 한다.
- **사람들은 기록을 싫어한다** 하지만 인터뷰 기록은 하면 할수록 쉬워진다. 특히 두세 차례 인터뷰를 마치고 나면, 팀으로 복귀한 후 해석 세션에서 자료 정리를 하는 데 기록이 어느 정도 필요한지 경험으로 알게 된다.

무엇을 기록할지 파악하기 인터뷰를 하는 동안 여러분이 찾아야 하는 정보의 타입을 파악한다. 공식적으로 어떤 업무 모델도 발견하지 못했어도, 다음의 사항들에는 주의를 기울여야 한다.

- 사용자가 조직 내에서 담당하고 있는 역할.
- 담당 역할과 사업 조직 내에서 사용자의 책무.

- 사용자가 연관된 커뮤니케이션 타입.

- 조직 문화의 증거 - 공식적인 문화만이 아니라, 비공식적으로 어떻게 명시되어 있는가?

- 사용자가 자신의 실제 공간을 어떻게 정리하는가?

- 사용자가 쓰거나 참조하는 모든 자료. 실물을 요청하거나 복사본에 주석을 달아 놓거나 노트에 그린다.

- 사용자의 핵심 직무, 업무 전략과 의도. 무엇을, 어떻게, 왜 하려고 하는가?

- 사용자 업무 오류 - 제품의 어떤 기능이 단지 사용되지 않았다는 문제가 아니라, 사용자의 의도대로 작동하지 않은 것이 무엇인가?

- 사용자가 쓰는 도구 중에서 제대로 작동한 것과 그렇지 않은 것.

아티팩트 수집하기 인터뷰를 진행하는 동안 여러분은 사용자가 이런저런 문서라든가 온라인 양식, 또는 참고 자료 등을 접하는 것을 알아챌 수 있다. 그런 문서나 양식의 사본을 얻을 수 있는지, 또는 온라인 자료를 출력할 수 있는지 물어본다. 아티팩트를 복사할 수 없다면 인터뷰 노트에 스케치한다. 만약 사용자가 여러분에게 이런 것들을 프린트해 주면 프린디에 놔두고 오지 않도록 주의한다.

필요한 아티팩트를 요청한 다음, 그것들을 검토하면서 다음 질문들에 대한 답을 찾아보자.

- 정보는 어디에서 왔는가?

- 이 자료는 어떻게 만들어졌는가?

- 이것은 어떻게 사용되는가?

- 이 자료를 사용하는 다음 사람은 누구인가?

인터뷰 도중에 디자인 아이디어 공유하기 인터뷰를 하면서 사용자와 함께 있는 동안 여러분의 디자인 아이디어를 사용자와 공유하라. 이렇게 하면 여러분의 아이디어에 대해 즉각 피드백을 얻고, 그 아이디어를 도출해 낸 업무를 얼마나 잘 이해했는지도 알 수 있다. 또한, 이렇게 아이디어를 공유하면 사용자의 업무 행태에 집중하지 않고 아이디어를 생각하다가 주의가 흐트러져 버리는 것이 방지된다.

실제 업무 현장 스케치 2가지 이유에서 실제 업무 현장을 스케치하는 것은 중요하다. 첫째, 해석 세션에서 도움이 된다. 둘째, 사용자의 업무 현장은 여러분의 디자인에 중요한 뭔가를 보여줄 수도 있다.

피지컬 모델에 관한 더 자세한 내용은 6장 '업무 모델링'을 참조하자.

디지털 사진의 역할 디지털 사진은 실제 환경의 핵심 양상들을 손쉽게 잡아낸다. 어떤 중요한 자료는 가져갈 수 없어도 사진 촬영은 가능할 수도 있다. 사무실에 돌아가서 팀 구성원들에게 사용자의 환경에 대한 느낌을 전달하고 싶으면, 사진을 찍자. 하드웨어, 전자제품, 또는 기계 등을 디자인하고 있다면 관찰한 것을 표현하고자 대상의 주변에 아무것도 없는 상태를 원할 수도 있다. 반면에 책, 포스트잇, 파일, 그리고 여러분의 포커스에 보탬이 될 만한 기타 개인적인 업무 진행 모습 등이 나타난 상태를 보여주고 싶을 수도 있다. 시디툴즈를 쓰고 있다면, 디지털 사진을 해석 세션의 노트에 포함시킬 수 있다(5장 참조). 인터뷰에서 비디오테이프의 역할에 관한 정보는 박스의 '인터뷰 녹화'를 보자.

사진을 찍을 생각이라면 시작하기 전에 확실하게 허락을 받는다. 진행하면서 노트에 어떤 사진을 찍으려고 하는지 기록하고, 전체 흐름에 방해가 되지 않도록 인터뷰가 끝날 무렵에 모든 사진을 촬영한다.

회상한 내용 수집하기 이상적인 경우라면 사용자는 여러분이 관찰하려는 바로 그 업무를 수행 중일 것이다. 하지만 그렇지가 않다면, 사용자가 수행한 지난 업무를 추적해야 한다. 회상을 통해 데이터를 수집할 수 있는 범위는 2주 이내다. 2주가 지나면 데이터는 구체성을 잃는다.

회상 데이터를 수집하는 방법으로는 과거에 일어난 일들을 재연하는 방법이 있다. 이는 사용자가 일한 장소에서 실제 사용했던 소프트웨어를 이용하면서, 일어났던 일들을 전체적으로 순서에 맞게 재구성하는 것이다.

또 다른 방법으로는 과거의 스토리를 되짚어보는 데 도움이 되는 아티팩트들을 이용하는 방법이 있다. 대부분의 행동은 어떤 물건과 관련된 흔적을 남기고 이러한 것들을 활용하면 더 자세한 내용까지 기억해 내는 데 도움이 된다.

인터뷰 녹화

상세한 데이터를 얻으려는 목적이라면 우리는 보통 필드 인터뷰 녹화를 권하지 않는다. 사람들은 흔히 이렇게 말하곤 한다. "아주 많은 세부 사항을 잡아내려고 하거든요. 노트에 그런 것들을 다 적지 못할까 봐 걱정되어서요." 하지만 비디오 녹화에는 비용이 따르는데다, 몇 년의 경험을 통해 우리는 전형적인 애플리케이션을 디자인하는 데 그런 노력이 별로 도움 되지 않는다는 사실을 알게 되었다.

비디오 녹화에는 추가 인력 또는 고정된 비디오테이프 플레이어가 필요하다. 인력을 추가할 경우에는 시간과 숙소 등 추가 비용이 든다. 더 중요한 사실은 추가 인력이 있으면 한 사람이 녹음기를 쓸 때보다 업무 현장이 훨씬 더 혼잡스러워진다는 점이다. '수습 직원(인터뷰 진행자)'이 사용자 옆에 앉아서 관찰하고 이야기하기는 쉽다. 이것은 신입 사원이 교육받는 상황과 비슷하니 말이다. 하지만 녹화 장비를 든 두 사람이 한꺼번에 업무 현장에 들어오면 확실히 더 혼잡스러워진다. 비디오카메라는 오디오테이프보다 더 존재감이 강하고 인터랙션을 억누르는 경향이 있다. 고정된 비디오라 해도 일단 설치되면 비정상적인 상황이 두드러지게 느껴지고, 사용자를 불편하게 만들며 비밀 보장 문제가 다시 제기될 수도 있다.

녹화에서 걱정되는 점은 필요한 세부 사항들을 얻지 못하리라는 것이다. 세부 사항들을 얻을 백업용으로는 오디오테이프면 된다. 그리고 여러분이 48시간 이내에 데이터를 해석한다면, 노트만 갖고도 필요하거나 원하는 세부 사항을 모두 얻을 수 있다. 48시간 이내에 해석한다면 며칠 또는 몇 주 후에 비디오테이프를 분석하는 것보다 더 양질의 데이터를 얻을 수 있다. 게다가 비디오테이프는 인터뷰의 한 면만 잡아낸다. 많은 부분은 녹화되지 않으며, 시간이 지나면 잊혀진다. 비디오테이프를 해석하는 일은 일반 해석 세션과 비교해 대단히 많은 시간이 소모된다. 특히 사용자의 일상과 업무에 관련된 세부 사항을 해석하고자 실제 팀 구성원들을 참여시켜야 하는데, 결정적으로 우리는 비디오테이프 분석에 기꺼이 동참하려는 엔지니어를 본 적이 없다.

그러므로 비디오 녹화가 좋은 아이디어인 것처럼 보여도, 실제로 너무 많은 시간이 소요되고 팀에서 인터뷰 내용을 공유하는 데도 방해가 된다. 실제로 우리는 컨텍스추얼 인터뷰의 개발 초기에 비디오 녹화를 시도했고, 이런 사실을 경험으로 알게 되었다. 따라서 녹음기를 사용하고, 디지털 사진으로 실제 환경의 주요 양상들을 보태도록 권한다.

하지만 예외도 있다.

- 사람들이 정확히 어떻게 움직이는지를 보는 것이 디자인에서 중요하다고 하자. 즉 어떤 손을 (심지어 손가락을) 쓰는지, 어떤 자세인지, 또는 세부적인 실제 움직임과 아주 작은 행동 단계들이 중요한 상황이라면 비디오 녹화가 필요할 수도 있다. 한 예로, 외과 의사가 환자를 해부하는 데 정밀하게 사용하는 의료 기구를 디자인하는 경우를 들 수 있다. 또는 가전제품을 디자인하는 데 사용자가 식기 세척기를 작동하기 전에 그릇들을 어떻게 배열하는지 파악해야 하는 때도 있다.
- 모바일 제품을 디자인하는 데 내비게이션이나 스캐닝의 버튼을 어떻게 조작하는지 보려면, 해당 제품에 비디오카메라를 부착하는 방법이 유용할 수도 있다. 모바일 제품의 사용을 따라잡고 기록하기가 힘들 때는 추가 인력이 인터뷰 체험 전체를 섀도잉하면 유용하다.

하지만 이런 케이스들에서도 모두 노트 기록은 계속해야 한다. 이것은 여전히 기록의 첫 단계로 가장 빠르고 직접적인 결과를 가져다 줄 것이다. 비디오테이프를 이용한다면, 사용자의 행동에서 정확히 어떤 부분을 영상으로 남기려고 하는지 결정해서 꼭 그것만 뽑아내야 한다. 비디오테이프에 녹화된 것을 모두 반드시 이용해야 하는 상황이 되지 않도록 해야 한다.

끝으로, 여러분은 사용자가 느끼는 문제를 관리자와 개발자들에게 실제로 인식시키고자 하이라이트 비디오를 제작하고자 비디오테이프를 이용하려 할 수도 있다. 아니면 제품 성능 증명서와 같은 비디오클립을 보여 주려 할 수도 있다. 이런 경우라면 여러분의 조직 내에서 일종의 마케팅을 목적으로 비디오 녹화를 하는 셈이다. 따라서 먼저 일반적인 방식으로 인터뷰하면서 영상으로 보여주고 싶은 특별한 발언이나 문제점 등을 봐 둔다. 그런 다음 인터뷰가 끝날 때쯤 보여주려는 부분을 중점적으로 해서 비디오클립을 찍으면 된다. 이런 방법으로 하면 테이프의 낭비도 줄이고 인터뷰에 인력을 추가하지 않아도 된다.

예시 스크립트 – 이초크

이초크는 사용자의 회상을 통해 기억을 재구성하는 과정에서 사용자가 몇 달 전에 일어난 일을 어떻게 이야기하고 싶어하는지에 주목했다. 인터뷰 진행자는 친절하게, 그리고 반복하여 좀 더 최근의 케이스를 탐색했다. 또한 흥미로운 점이 발견되더라도 사용자가 집중하는 데 방해될 수도 있는 부분은 즉각 반응하지 않도록 주의를 기울이고, 그런 부분들은 나중에 확인할 수 있도록 기록했다. 마지막으로 사용자는 핵심 세부 사항들을 끌어내는 데 주변 사물들을 이용하기도 한다. 이 기법은 단지 기억을 회상하는 데에만 국한되지 않는다.

인터뷰 진행자: 업무상 학부모/동료 교사와 뭔가 협의해야 했다고 하셨는데요. 최근에 그러신 적이 있나요?

사용자: 물론이죠. 항상 그러는데요. 교사의 일에선 정말 중요한 부분이죠. 좋은 아이디어는 많이 있지만, 제대로 되게 하려면 시간이 한참 걸리죠.

인터뷰 진행자: 가장 최근에 업무상 협의가 필요했던 일을 말씀해 주세요.

사용자: 그러죠. 제일 골치 아팠던 일은 '학기 첫 주' 에 있었던 사건이었죠.

인터뷰 진행자: (이것이 몇 달 전의 일이라는 것을 알고 있으므로 사용자의 이야기를 따라 진행하지 않는다.) 6개월 전 일이니까, 뭔가 더 최근의 일이라든가, 아니면 다음을 위해 지금 하셔야 되는 일은 없나요?

사용자: 그러면 '학기 첫 주' 에 어떻게 스케줄을 짰는지 얘기하면 되겠네요. 내년에 또 할 일이니까.

인터뷰 진행자: (사용자가 앞일을 예측하고 '일하는 것을 가정' 하는 상황을 원치 않는다.) 항상 그런 일을 하신다고 해서 여쭤보는 건데, 이번 달에 뭔가 협의하셔야 되는 일은 없었나요?

사용자: 사실, 있었죠. 지난주에 4, 5, 6학년 전체 가족들을 대상으로 한 이벤트가 있었거든요.

인터뷰 진행자: 좋습니다. 계속 말씀해 주세요.

사용자: 저는 그냥 학부모 초청 대신에 가족 이벤트를 하자는 아이디어를 냈죠. 그래서 학부모님들께 모두 초대장을 보냈답니다.

인터뷰 진행자: (몇 단계를 건너뛰어야 함을 깨달았다. 이초크에서 사용자의 업무 협의를 순조롭게 지원하고 이에 대한 계획을 수립하려면 사건의 발단을 이해해야 한다.) 아이디어는 어디서 얻으셨나요? 학교에서 전에 이런 적이 있나요?

사용자: 아뇨, 이게 처음이죠. 제 아이디어였구요.

인터뷰 진행자: (아이디어를 어디서 얻었는지 가설을 제공하여 사용자가 세부 사항을 이야기하도록 한다.) 가족 이벤트에 대한 기사를 읽으셨나요?

사용자: 아뇨. 교육구에서 후원하는 워크숍에 나갔는데, 학교 일에 학부모와 가족의 참여를 늘리는 방안에 관한 내용이었거든요.

사용자: (서류철을 뒤적인다.) 이게 우리가 부모님들에게 보낸 초대장이죠.

인터뷰 진행자: (어떻게 이벤트가 협의되고 알려졌는지를 조사한 다음에, 어떻게 교사가 워크숍에 관한 정보를 찾았는지를 다시 물어봐야겠다고 결정한다.) 초대장은 어떻게 만드셨나요?

사용자: 제가 워드로 작성했죠.

인터뷰 진행자: (정보가 충분치 않다고 판단되어, 초대장을 만드는 기술적인 부분으로 넘어가지 않는다.) 그 얘기를 하기 전에, 다른 선생님들과 이벤트에 대해서 의논하셔야 했나요?

사용자: 이벤트를 어떻게 할지에 대해서라면, 아닙니다. 그건 교장 선생님과 얘기하는 거니까요.

인터뷰 진행자: 그러면 교장 선생님과 의논하셨겠군요. 그냥 교장실로 가서 말씀하신 건가요?

사용자: 그렇죠, 제 계획대로요.

인터뷰 진행자: 계획도 세우셨나요? 저희가 볼 수 있는 사본이 있을까요?

사용자: 물론 있죠. (서류철을 뒤져서 찾아낸다.)

인터뷰 진행자: 그 가족 이벤트에 관한 내용은 전부 이 서류철에 들어 있나요?

사용자: 네.

인터뷰 진행자: 제가 좀 봐도 될까요?

사용자: (서류철을 인터뷰 진행자에게 건네준다.)

인터뷰 진행자: (서류철에 계획서, 초대장, 학부모에게 보내는 설문지, 초대장을 학생들에게 나눠주는 담임교사들에게 보내는 공지 등이 있음을 본다. 인터뷰 진행자는 이제 이런 자료들을 각각 살펴보아 회상 인터뷰를 진행할 수 있음을 인지한다.) 제가 이걸 복사하는 동안 잠깐 인터뷰를 멈춰도 될까요? 각 자료에 대해 이야기하면서 기록하고 싶은데요.

두 사람은 복사기가 있는 행정 사무실로 함께 걸어간다. 인터뷰 진행자는 뭔가 관찰할 만한 것이 있는지 살펴보기 위해 같이 가지만, 특별한 것이 있더라도 바로 물어보지는 않는다. 사용자가 조사 포커스에서 벗어날 수 있기 때문이다.

인터뷰 진행자: 그러면 이벤트를 허락 받기 위해서 교장 선생님께 하셨던 얘기를 재구성해 보죠. 구체적으로 어떻게 말씀하셨는지 기억을 떠올리는 데 이 계획서를 이용해 볼까요?

인터뷰를 계속 진행한다.

랩업하기

인터뷰가 끝날 무렵이 되면 인터뷰에 대한 정리가 필요하며 10분~15분 이내로 마무리한다. "대단히 고맙습니다. 시간 내주셔서 감사합니다. 안녕히 계세요." 이런 인사라든가, 프로젝트 포커스에 따라 사용자의 업무에 대해 이해한 것을 그대로 다시 말하는 것은 랩업(wrap-up)이 아니다.

사용자의 역할에 대해 알게 된 사실을 넓게 해석해서 표현한다 랩업은 사용자의 역할과 업무에 대해서 배운 내용을 요약하는 기회다. 이것은 여러분이 사용자에 대해 추상적인 수준에서 이해한 내용을 확인하는 방법이기도 하다.

최대 이슈에 대해 질문한다 랩업은 또한 마케팅이나 비즈니스와 연관된 부분을 질문하는 시간이다. 이런 질문들은 업무 수행을 관찰하는 동안에는 자연스럽게 나오지 않았지만, 여러분을 비롯하여 사내 일부 직원들은 사용자에게 이러한 질문을 하고 싶어한다.

시스템 사용에 관해 조언한다 인터뷰 도중에 사용자가 사용 툴에 대해 질문하려 했다면 정리 시간을 이용해서 그 질문에 대답한다. 또한, 진행자가 사용자의 업무를 더 쉽게 해줄 만한 뭔가를 알고 있다면 바로 이 시점에서 이야기해 줄 수 있다. 이때 그들의 반응은 기록해 두어야 한다. 만약 사용자가 그 방법을 이전에도 시도해 본 적이 있다면, 진행자는 성공 또는 실패한 원인에 대한 데이터를 수집할 수 있다. 특정한 기능에 대해서 물어보는 경우, 사용자가 해당 기능을 사용한 최근의 기억을 회상하도록 유도할 수 있다. 이러한 것들을 이야기할 수 있도록 충분한 시간을 남겨두자.

감사 인사와 답례품을 전달한다 떠나기 전에, 사용자에게 시간을 허락해 주어 고맙다는 인사를 꼭 한다. 감사 편지를 보내거나 전화로 더 연락할 생각이라면 명함을 받아 오고, 준비한 감사의 선물이나 쿠폰 등을 전하라.

 예시 스크립트 – 이초크

다음은 이초크의 한 인터뷰에서 랩업 부분을 재구성한 것이다. 사용자가 어떻게 핵심 포인트를 확인하고 거기에 맞추는지에 주목하라. 랩업은 진행자가 사용자의 업무에 관한 큰 그림을 정말로 이해했는지를 확인하는 마지막 기회다.

인터뷰 진행자: 이렇게 시간을 내주셔서 정말 감사합니다. 이제 정리하는 의미에서, 제가 선생님의 역할에 대해 알게 된 몇 가지 핵심 포인트를 요약해 보겠습니다. 학생의 진도에 대해 학부모들과 계속 연락을 취하는 일은 선생님께 아주 중요하지만, 그게 어려운 이유는 시간이 부족하고 학생은 많기 때문이죠. 따라서 선생님은 학부모들과 연락하거나 대면하는 것을 조화롭게 이끌

필요가 있지만, 한편으로는 학부모들이 모든 사소한 일에 대해서도 아주 쉽게 연락할 수 있어서 일에 방해되거나 스트레스를 받을까 봐 걱정하시는 거죠.

사용자: 정말 학부모들이 계속 참여했으면 좋겠어요. 부모님들이 실망하지 않도록 저도 열심히 하고 싶지만, 제 시간도 잘 관리해야 하잖아요.

인터뷰 진행자: 그러니까 선생님께서는 학부모와 교사 간의 커뮤니케이션을 개선하도록 지원해야 하지만, 동시에 시간적 효율성도 고려해야 한다는 뜻이군요.

사용자: 맞습니다.

인터뷰 진행자: 선생님의 또 다른 중요한 역할은 회의 스케줄을 잡거나, 수학여행 허가를 받거나, 그리고 경시대회 관련 조정 등등 팀 내 논의사항에 대해 조언하시는 거죠(랩업을 계속하고 끝낸다).

인터뷰 진행자: 마지막으로 이초크 캘린더 기능에서 한두 가지를 사용하지 않으시더군요. 그걸 쓰시면 팀 회의 스케줄을 잡는 데 정말 도움이 될 것 같은데요. 조금 시간이 있으시면 제가 한번 보여드릴까요?

인터뷰 후 해석 준비하기

인터뷰를 끝낸 후 해석 세션을 하기 전에는 데이터에 대해 이야기하지 말자. 무슨 일이 있었는지 누군가에게 이야기할 때마다 머릿속에서는 무의식적으로 스토리를 압축하고 만다. 이것은 누군가에게 "내가 이 얘기 했던가?"라고 말할 때와 비슷하다. 머리로는 이미 한 이야기라고 생각해서 세부 사항들을 생략한다. 하지만 해석 세션을 위해 세부 사항들을 모두 생생하게 기억해 두어야 한다. 해석 세션을 어떻게 진행하는지는 5장을 참조하라.

　해석은 인터뷰가 끝난 뒤 48시간 이내에 하도록 스케줄을 짜자. 이렇게 하면 해석 세션을 하고자 어떤 도구도 준비할 필요가 없다. 만약 이틀 후에 한다면, 테이프를 듣고 인터뷰 노트에 추가되는 내용을 다시 적어야 한다.

인터뷰에서 해석까지 시간이 너무 오래 걸리면, 머릿속의 데이터를 기억해내거나 파악하기 어려워진다. 또한 여러 인터뷰를 펼쳐놓고 그 사이를 오가면서 해석에 임하는 편이 훨씬 좋다. 이런 방법으로 조사 포커스를 각 인터뷰마다 옮겨가며 확인할 수도 있고, 해석 세션을 대비해 큰 준비를 하지 않아도 양질의 데이터를 확보할 수 있다.

유용한 조언

이 부분에서 여러분은 성공적인 컨텍스추얼 인터뷰의 사례와 조언을 접할 수 있다.

컨텍스트

컨텍스트란 사용자가 어디서 일하든 그 업무 현장에서 작업을 수행하는 동안 인터뷰하여 가능한 한 실제 업무에 가까이 접근하는 것을 의미한다. 즉, 포커스 그룹도, 사용자 컨퍼런스도, 시사회장도, 사용자의 업무 공간 대신 회의실로 가는 것도 아니다. 이초크 팀은 교실, 학교 컴퓨터실, 교사 휴게실, 학교 행정 사무실, 그리고 교장실 등으로 갈 것이다. 여러분도 알다시피 그들의 프로젝트 포커스는 학교였다. 그러나 그들이 포커스를 미래로 넓힌다면, 가정이나 업무 현장, 또는 학부모와 학생이 인터넷을 할 수 있는 모든 장소로 방문하게 될 것이다.

컨텍스트는 또한 실제 수행 업무를 관찰하거나, 지난 2주간 사용자가 실제 경험한 케이스에 대한 세부 사항들을 이야기하면서 인터뷰를 진행함을 의미한다.

인터뷰 기법은 사용자를 추상적인 일반론이 아닌 현재 진행하는 업무 또는 실제적인 회상 케이스로 이끌어가는 것이다.

할 일과 피할 일

표 4-1은 추상적이지 않고 구체적인 데이터에 계속해서 초점을 맞추는 데 필요한 조언을 제공하며, 사용자의 업무에서 벗어나지 않도록 도와줄 것이다.

표 4-1 컨텍스추얼 인터뷰를 진행할 때 구체적인 데이터에 초점을 유지하기 위한 조언

구체적인 데이터에 대해 초점을 유지하고 사용자 업무에서 이탈되는 것을 방지하는 조언	
피할 일	**할 일**
사용자가 비현실적이거나 추상적인 이야기를 하도록 한다.	이야기를 구체적으로 만든다- 가까운 과거에 수행한 실제 업무와 특정 케이스를 추적한다. 연관된 주변 자료들을 얻거나 스케치한다- 사용 의도와 구조에 대해 메모한다.
사용자가 이야기를 요약하는 것을 허용한다.	상황을 재구성한다- 사용자가 이야기 단계를 건너뛰면 제자리로 돌아오게 한다. 사용자를 자극하도록 각 단계에 대한 가설을 설정한다.
진행자가 전문가 역할을 맡는다. 사용자에게 어떻게 하라고 가르치거나 알려준다. 소프트웨어 사용에 관한 팁을 제공한다.	사용자가 소프트웨어 사용 팁을 묻는 경우, 진행자가 없을 때는 어떻게 하는지 질문한다. 사용 팁은 인터뷰 마무리 시점에 알려준다.
사용 컨텍스트를 벗어나는 기능을 설명한다.	사용자의 요구를 촉발하는 실제 업무 상황이 무엇인지 파악하고자 탐색한다. 실제 업무 사례를 추적한다.
사용자가 실제로 하지 않은 행동에 대해 "그 다음에는 어떻게 하실 거죠?"라고 질문한다.	미래의 시나리오에 관한 예측은 피한다. 발생했던 일과 지금 발생하는 일에만 집중한다. 과거 업무에 대해 회상을 유도한다.

표 4-2는 인터뷰가 잘못되었을 때 인터뷰 진행자가 마주치는 일반적인 상황들을 보여준다. 또한 인터뷰 방향을 다시 설정할 때 유용한 조언도 있다.

표 4-2 인터뷰를 진행할 때 직무에 대한 초점을 유지하는 데 필요한 조언

문제 상황	의미	진행자의 대응
사용자의 말- "일반적으로 저는" "보통 저는" "일반적으로" "우리는 대개" "저희 회사에서는"	구체적인 경험이 아니라 추상적인 개념을 의미한다	실제 업무, 특정 사례, 또는 특정 아티팩트를 써서 다시 방향을 전환하자. **대응 방법-** "가장 최근에 그렇게 하신 게 언제였죠?" "그때 뭘 하셨는지 보여주실 수 있나요?" "사용하신 리포트/문서/모니터 화면/기타 등등을 볼까요?"

➡ 다음 쪽에 계속

표 4-2 인터뷰를 진행할 때 직무에 대한 초점을 유지하는 데 필요한 조언

문제 상황	의미	진행자의 대응
질문/응답 패턴으로 인터뷰를 진행해서 '나는 묻고/당신은 대답한다'는 느낌이 든다.	관계가 설문지 형식으로 바뀐다.	진행하던 업무로 복귀시킨다. **대응 방법-** "일하고 계신 데 제가 와서 방해했죠. 하시던 일을 그대로 계속하세요." "가장 최근에 그렇게 하신 게 언제였죠? 그때 뭘 하셨는지 보여주실 수 있나요?"
사용자가 소프트웨어를 활용하는 방법을 여러 번 질문한다.	진행자가 전문가가 된 상황이다.	**대응 방법-** "제가 없었다면 어떻게 하시겠어요?" "나중에 알려드리죠. 제가 지금 사용자의 업무를 이해하지 못하면 제품을 개선할 방법을 절대 알 수가 없답니다."
사용자가 특정한 기능을 요구한다.	진행자에게 그에 대해 제안할 만한 해결책이 있기는 하지만, 아직 근본적인 문제를 다 이해하지는 못했다.	어떤 업무 상황이 그런 요구를 유발하는지 이해한다. 주변 자료들을 동원하여 실제 상황에 근접하도록 시도한다. **대응 방법-** "무엇이 필요한 것인지 이해하고 싶습니다. 가장 최근에 그 기능을 원하셨을 때 무엇을 하고 계셨는지 보여주시죠."
진행자가 관찰하거나 들으면서, 질문을 하거나 특정 사례를 요청하지 않고 그저 고개만 끄덕이고 있다.	원인을 탐색하지 않고 업무 상황을 이해하고 있다고 간주한다. 진행자는 이 일에 대해서 전에 보거나 들었기 때문에, 왜 사용자가 똑같은 일을 하는지 이미 잘 안다고 생각한다.	잘 이해했는지 사용자와 함께 확인해 본다. **대응 방법-** "제가 잘 이해했는지 확인해 볼게요. 제 생각에는 사용자분이 그렇게 하신 이유는…" "분명해 보이더라도 그냥 추측하고 싶지는 않거든요. 그러니 제가 생각하는 것을 같이 한번 확인해 보죠."
진행자가 이렇게 생각하고 있다. '이렇게 하는 건 이 사람뿐일걸. 이런 사람은 천명 중에 한 명일 거야.'	예상치 못했던 데이터를 내버리고 있다. 어쨌든, 천 명 중에 한 명을 실제로 보았다는 것이 이상하지 않은가?	상황에 대해서, 그리고 왜 그랬는지에 대해서 더 알아본다. **대응 방법-** "잠시 멈추고 왜 그렇게 하시는지 좀 더 이야기해 볼까요."
무슨 일이 일어나는지 알 수가 없으므로, 전부 다 기록한 후 사무실에 돌아가서 누군가에게 설명을 부탁하기로 한다.	진행자가 진정한 답변을 줄 수 있는 유일한 사람인 사용자에게 묻지 않아서 실제로 무슨 일이 일어나는지 알아내지 못했다.	사용자에게 질문하라. 진행자는 사용자의 업무에 대한 전문가가 아니며, 사무실의 모든 사람도 마찬가지다. **대응 방법-** "잠시만 멈출 수 있을까요? 무엇을 하시는 건지 확실히 이해하지 못한 것 같아서요. 제게 설명 좀 해주시죠."

파트너십

파트너십의 원칙은 사용자의 업무 수행을 함께 탐색하는 것을 의미한다. 컨텍스추얼 인터뷰는 수습 직원 모델을 기반으로 하고 있다. 이것은 전문가인 사용자가 대화와 직무의 방향을 주도하고, 수습 직원인 인터뷰 진행자는 업무 수행 이슈를 밝히고자 프로젝트 포커스를 기반으로 조사하는 것이다. 파트너십의 원칙은 진행자와 사용자 간의 균형 있는 역학 관계를 강조한다. 이것은 인터뷰 진행자가 모든 토론을 주도하는 전형적인 인터뷰와는 다르다.

파트너십에서는 전개되는 업무를 관찰하고 업무 구성 방식에 대해 토의하는 과정이 교대로 진행되는 것이 핵심이다. 관찰하면서 업무 패턴이 드러나고, 잠깐 멈춰 그에 대해 이야기를 나눔으로써 사용자에게 업무의 구조와 의미를 알린다. 사용자의 업무를 깊이 탐색하면 할수록 사용자가 자기 업무를 더 잘 인식하게 된다. 따라서 파트너십은 진행자와 사용자가 한 팀이 되어 사용자의 업무를 조사하고 발견한다는 의미다.

할 일과 피할 일

표 4-3은 사용자와 협력 관계를 만드는 데 도움이 될 것이다. 이 조언들은 인터뷰 전반에 걸쳐 사용자와 파트너십을 형성하는 작업을 도와준다.

인터뷰를 하고자 전문가가 될 필요는 없다. 업무의 전문가는 사용자이고, 여러분은 사용자의 세계를 탐구하고 이해하는 일에 관한 전문가다. 따라서 질문을 한다고 해서 '바보스럽게' 보이거나 회사를 망신시킬 거란 걱정은 하지 않아도 된다. 그러한 태도로 인터뷰를 하면 사용자는 흥미를 느낄 것이고, 잘 듣고 관심을 갖는 자세를 취하면 사용자에게 존중 받을 것이다.

표 4-3 인터뷰 대상자와 알차고 생산적인 관계를 형성하기 위한 조언

사용자와 협력 관계를 형성하는 데 해야 할 일과 피할 일	
피할 일	**할 일**
조사 포커스를 숨긴다.	조사 포커스를 공유한다. 인터뷰 대상자는 관련 케이스와 이슈를 찾는 것을 도울 수 있다.
거리감 있는 관계를 형성한다. 서먹서먹한 태도로 떨어져 앉는다. 미안해하거나 소심해한다. 거만하게 사용자를 압도한다.	친밀한 관계를 형성한다. 사용자 쪽으로 몸을 기울이고, 관심을 표시한다. 신뢰감 있게 진심으로 대한다.
형식적인 관계를 형성한다.	적극적으로 대화하고 형식적인 관계를 극복한다.
기계적인 인터뷰를 진행한다- 나는 질문자/당신은 응답자라는 식으로 하고, 사용자의 행동과 관련 없는 질문을 한다.	말로 표현되지 않은 단서에 주목하자- 사용자가 자신이 없거나, 긴장하거나, 또는 소극적인 성향이라면, 특정 직무를 어떻게 수행하는지 보여 달라고 부탁하여 부드럽게 사용자의 반응을 이끌어 낸다. 사용자가 수다스럽거나 현재 직무에 집중하지 않고 산만하다면, 다시 주의를 돌려 논다. 가장 최근에 직무를 수행한 대로 정확한 단계들을 통해 재연해줄 것을 부탁한다. 어떤 사용자들은 몇 번쯤 이렇게 할 필요가 있다는 것을 인지하자.
사용자가 이야기하고 있을 때 책상에서 주로 '손님'이 앉는 위치를 고수한다.	사용자와 그의 모니터 화면 옆으로 다가와서 앉고, 무슨 일이 벌어지는지 확실히 볼 수 있도록 한다.
스스로 전문가가 된다.	사용자가 자신의 업무를 진행자에게 가르치도록 한다.

(인터뷰 중) 해석하기

사용자와 함께 의미를 해석한다. 그저 사실을 모아서 무슨 의미인지 혼자 만들어내면 안 된다. 사실 자체는 디자인에 중요한 데이터가 아니다. 우리는 그 사실의 의미 또는 '왜'가 필요한 것이다.

왜 그렇게 하고 무엇을 하는지 말해줄 수 있는 사람은 사용자뿐이다. 하지만 왜 그러냐고 직접 묻는다면 사용자는 뭔가 지어낼 가능성이 있다. 사용자 자신도 왜 그것을 하는지 잘 모르기 때문이다. 바로 묻는 대신에 관찰한 것에 대해 여러분이 생각하는 가설을 공유하고, 사용자가 여러분의 해석 내용을 조정하도록 만들라.

여러분은 잘 안다고 생각할 수도 있겠지만, 사용자가 그 행동을 한 이유가 여러분이 추측한 내용과 일치한다고 확신할 수는 없다. 따라서 가설을 공유하고 사용자에게 여러분이 이해한 내용을 '확인' 받는다. 왜 그러냐고 직접 묻는 것보다는 확인이 더 쉽고 정확하다. 사용자의 말이나 완곡한 표현, 또는 말로 나타나지 않은 행동에서 뭔가 감추는 부분은 없는지 성실하게 경청하라. 그런 다음 잘못된 해석이 있을 경우 걸러낸다.

할 일과 피할 일

인터뷰를 하면서 여러분은 관찰하는 업무를 잘 이해했는지 검증할 필요가 있다. 사용자에게 업무에 대한 여러분의 해석을 이야기하고 의견을 물어서 이것을 검증한다. 표 4-4는 인터뷰 컨텍스트를 해석한 내용을 검증할 방법을 알려준다.

표 4-4 인터뷰 도중에 해석할 때 유용한 검증용 조언

인터뷰 도중에 해석할 때 진행자가 해야 할 일과 피할 일	
피할 일	할 일
일어나는 일을 그냥 지켜보고 기록한다.	업무의 패턴, 의도, 이슈, 그리고 업무에서 사람들이 담당하는 역할을 살펴보고 관찰 결과를 사용자와 공유한다.
예, 아니오로 대답할 수 있는 것만 질문한다.	가설을 제시하고 사용자가 더 상세하게 만들 수 있도록 한다.
그냥 왜냐고 묻거나, 제한이 없고 범위가 넓은 것에 대해 질문한다.	업무가 어떻게 보이는지를 설명하고자 비유를 이용하고, 제대로 이해했는지 사용자에게 물어본다.
진행자가 검증하는 데 질문 없이 고개만 끄덕이고 다 이해했다고 간주한다.	분명해 보이더라도 여러분의 해석을 사용자와 공유한다.
인터뷰가 끝날 때 내용을 종합하지 않고 단지 일어난 일을 그대로 나열한다.	다음 사항을 일관성 있게 랩업해 준다. · 사용자의 업무 전략 · 조직에서의 역할

포커스

프로젝트 포커스는 어떤 종류의 직무와 경험을 관찰하고 탐색해야 하는지 알려준다. 진행자는 개인적인 경험으로 인해 특정한 것을 다른 것보다 더 흥미롭게

받아들이기도 한다. 그러나 포커스와 개인적 경험은 모두 한계가 있고, 업무에서 정말 중요한 것을 모호하게 만들 수도 있다.

포커스의 원칙은 포커스를 확장하고 데이터를 더 살펴보기 위해 여러분의 가정을 의심해 보는 것이다. 가정에 들어맞지 않는 듯한 일들에 주목하라. 나중에 설명할 내적인 요인들을 통해 언제 그 일이 일어나는지 알 수 있을 것이다. 또한 인터뷰 도중에 포커스의 방향을 바꾸지 마라. 방향을 바꾸면 신경 쓰지 않아도 되는 정보를 얻느라 시간을 낭비하게 된다.

할 일과 피할 일

인터뷰를 진행하면서 포커스의 방향을 변경하지 않고 제대로 가고 있는지 확인할 필요가 있다. 포커스를 가이드로 활용하라. 인터뷰 노트의 각 페이지 맨 위에 포커스를 써 놓자. 표 4-5에 완전히 통제하지 않고서도 인터뷰의 흐름을 이끌어갈 수 있는 조언들이 있다.

표 4-5 인터뷰할 때 포커스를 유지하기 위한 조언

포커스를 유지하는 데 해야 할 일과 피할 일	
피할 일	**할 일**
소프트웨어, 시스템 환경설정 또는 하드웨어 등에 집중한다.	업무에 집중한다. 조사 포커스와 관련된 케이스를 정의한다.
포커스 밖에 있는 이슈나 사건들을 추적한다.	관찰하고 있는 사용자의 행동에 근거하여 포커스를 확장하자. 사용자가 관련 없는 사건들을 이야기하면 잘 둘러대서 걸러낸다. 포커스에서 벗어나는 대화를 피하는 것은 무례한 일이 아니다. 관련 없는 정보에 흥미가 있다고 느끼게 할 필요는 없다.
진행자가 이해하지 못했다는 이유로 이슈를 제쳐놓는다.	이해하지 못했거나 놀라운 일들을 탐색한다.
구매 관련 상황이 아님에도, 마케팅 관련 사항을 질문한다.	
진행자가 답변을 듣고 싶은 질문 리스트를 생각해서 질의한다.	머릿속에 있는 주제가 아니라, 업무와 그것이 어떻게 구성되는지를 이해한다.

컨텍스추얼 인터뷰 해석 세션

래피드 CD 프로세스	속전 속결	속전 속결 플러스	집중 래피드 CD
컨텍스추얼 인터뷰와 해석	V	V	V

일단 인터뷰를 마쳤으면 다음 단계는 다른 팀 구성원들과 공유하는 해석 세션
(Interpretation Session)을 함께 갖는 것이다. 컨텍스추얼 인터뷰는 수많은 고객 데
이터를 산출하는데, 그것들은 모두 핵심 디자인 팀뿐만 아니라 잠재적으로 관
련된 다른 사람들과도 공유되어야 한다. 여기에는 사용자 인터페이스 디자이
너, 엔지니어, 문서 담당자, 내부 사용자, 마케팅 담당자들이 포함된다. 전통적
인 데이터 공유 수단인 프리젠테이션, 보고서, 이메일 등을 이용하면 고객 데이
터를 공유 받는 사람들이 시스템을 구축할 때에, 인터뷰 진행자의 관점과 인터
뷰로 얻어낸 정보를 충분히 반영하도록 만들 수 없다. 컨텍스추얼 디자인에서
는 검토와 분석, 그리고 고객 데이터로 밝혀진 핵심 이슈를 파악하는 인터랙티
브한 과정에 전체 팀을 참여시켜서 이런 문제를 극복한다.

　해석 세션은 필드 인터뷰 이후 48시간 내에 시행한다. 이때 시스템 디자인 구
성원들이 서로 역할을 바꿀 수 있는 팀이 수행하는 것이 최선이다. 해석 세션에

서 팀은 필드 인터뷰의 스토리를 듣고 핵심 이슈를 온라인상에 '캡처(capture)' 하는데, 이 이슈들은 나중에 어피니티 다이어그램으로 구축된다(8장 참조). 래피드 CD의 모든 유형(속전 속결, 속전 속결 플러스, 집중 래피드 CD)은 해석 세션을 수행한다. 여러분이 집중 래피드 CD를 하고 있다면 시퀀스 모델도 파악하게 될 것이다(6장을 보자).

48시간 이내에 해석한다면 해석 세션 전에 데이터에 대해 어떤 준비도 할 필요가 없다. 다만 상세한 내용을 유지하고 해석에 열중할 수 있도록, 해석 세션을 하기 전에는 인터뷰의 세부 사항들을 말하지 않는다.

이 장에서는 해석 세션의 정의와 진행에 대하여 다뤄 보자.

정의

우리는 이 단계를 해석이라고 부르지만, 여러분의 조직에서는 발표, 결과 보고 혹은 전달이라고 할 수도 있다. 해석 세션이 진행되는 동안, 여러분은 나머지 팀 구성원들과 인터뷰 경험을 공유하고 데이터를 해석하면서, 핵심 이슈를 파악하고 업무 모델을 생성하게 된다. 해석 세션을 진행하는 시간은 컨텍스추얼 인터뷰에 소요된 시간과 대충 비슷하게 계획하라.

핵심 용어

해석 세션 또는 어피니티 노트 해석 세션이 진행되는 동안 팀은 데이터에 대해서 핵심 이슈를 파악하여 포스트잇 노트에 기록한다. 이 노트는 어피니티 다이어그램으로 구축되므로 대개 어피니티 노트라고 부른다. 어피니티 노트는 다시 온라인상에 기록되고 해석 세션에서 시디툴즈나 워드 프로세서로 디스플레이된다.

"그거 캡처해(capture that)" 우리는 데이터 기록 프로세스를 이렇게 말하는데, 어피니티 노트이든, 업무 모델이든, 아니면 통찰이든, 데이터를 '파악할' 때면

늘 그렇다. 이 말은 해당 데이터 등을 적어 놓고 나중에 이용할 수 있는 형태로 기록하는 것을 의미한다. 따라서 팀은 특정 포인트가 적절하게 기록되었는지 확실히 하고 싶을 때 곧잘 "그거 캡처하자!"라고 말하게 된다.

참여자 역할 해석 세션을 진행하는 동안 참여자는 각각 정해진 역할(session role)을 수행한다. 참여자들이 역할을 맡아 진행하면, 팀은 해석하는 내내 포커스를 유지하고, 벗어나지 않게 된다.

디자인 아이디어, 문제점, 질문 해석 세션에서 사람들이 제기하는 이슈를 파악하는 방법이다. 어피니티 노트를 DI(디자인 아이디어, Design ideas), P(문제점, Problems), 그리고 Q(질문, Questions)로 구분하여 기록하게 하면, 참여자들이 인터뷰 해석에서 벗어나지 않고 이슈를 명확히 파악(capture)하도록 할 수 있다.

삼천포 해석 세션에서 회의의 포커스를 인터뷰로부터 다른 데로 돌려놓는 모든 대화를 말한다. 삼천포(rat hole)라는 말은 대화 초점이 사용자와의 인터뷰라는 주요 포커스에서 빗나갔음을 팀 전체에게 알리는 신호다.

통찰 여기서 통찰(insight)은 사용자가 주요 업무를 수행하고 애플리케이션을 사용하는 모습을 관찰하며 얻은 정보나 그것들을 해석하며 얻은 통찰을 말한다. 이는 시스템 디자인을 개선하는 데 중요한 단서를 제공한다. 통찰은 각 인터뷰의 해석 세션이 끝날 무렵에 드러나게 되므로, 팀이 한 걸음 물러서서 더 전체적인 견해를 가질 기회를 주기도 한다.

해석하기

□ 준비:
- 프로젝트 룸의 위치 선정과 준비
- 해석에 참여할 팀 구성원 결정

□ 해석 세션을 진행하는 동안:
- 해석 세션의 참여자 역할을 구분

- 사용자와 조직의 프로필을 파악해 기록
- 어피니티 노트와 업무 모델들을 파악해 기록
- 통찰을 파악해 기록
☐ (선택 사항)해석 세션 이후에 공유 세션을 수행

프로젝트 룸 준비하기

가능한 한 효율적으로 활동하려면 비품과 어피니티 벽(Affinity wall)[1], 다른 재료들을 프로젝트 기간 동안 둘 수 있는 프로젝트 룸을 별도로 확보하는 것이 좋다. 회사에서 몇 주간 쓸 수 있는 프로젝트 룸을 찾기 어려울 수도 있지만, 안정적인 장소를 확보하면 사람들이 함께 일하기가 더 쉬워진다. 또한 회사 사람들의 왕래가 비교적 많은 위치가 좋다. 커뮤니케이션 전략 가운데 일부는 사람들을 프로젝트 룸으로 초대해서 여러분의 데이터를 보여주는 것이다. 사람들이 자주 들러서 무엇을 하는지 물어볼 수 있는 분위기를 만들자.

프로젝트 기간 동안 정해진 한 장소에 머무를 수 없다면, 필요한 것들로 짐을 꾸려서 이곳저곳을 옮겨 다녀야 한다. 일단 어피니티가 구축되면, 쉽게 떼어낼 수 있는 곳에 어피니티 노트를 붙여놓아 언제든 옮길 수 있도록 해둔다. 아니면 데이터를 전부 온라인으로 옮겨 놓고, 추후 벽에 걸 수 있도록 출력한다.

프로젝트 룸에는 다음 비품들이 갖추어져야 한다.

- 시디툴즈나 워드 프로세서가 깔려 있는 컴퓨터(팀 구성원의 노트북에 있어도 가능). 어떤 사람들은 또한 어피니티 노트를 스프레드시트에서 기록한다. 그러나 우리의 경험으로는 이렇게 하면 어피니티를 구축할 때 쉽게 출력할 수가 없었다.
- 어피니티 노트를 기록할 때 팀 전체가 그것을 볼 수 있을 정도로 화면이 큰

---

1 (옮긴이) 어피니티를 전시할 공간이다. 주로 한쪽 벽면이나 커다란 보드에 전지를 이어 붙여 그 위에 작업을 한다.

프로젝터 또는 대형 모니터. 다 함께 어피니티 노트를 보면 사람들은 원활히 회의에 보조를 맞추게 된다. 시디툴즈를 쓸 경우 디스플레이 조정 기능을 이용하여 모두 화면 위의 글씨를 읽도록 할 수 있다.

- 업무 모델이나 팀의 토론을 기록할 큰 플립 차트. 플립 차트는 대개 해석 세션에서 사용자의 업무 양상을 명시적으로 스케치하는 공간으로 유용하다. 하지만 집중 래피드 CD라면 시퀀스 모델을 기록하는 데 플립 차트를 쓴다.
- 모델을 기록할 용도의 빨강, 파랑, 녹색의 마커 펜. 파랑은 기본으로 쓰고, 빨강은 실패, 녹색은 삼천포, 의문, 또는 추상적인 수준으로 요약한 데이터에 쓴다(주의-만약 색맹인 사람이 있다면, 녹색 대신에 검정색으로 한다).

한 번에 해석 세션을 둘 이상 동시에 진행할 계획이라면, 두 번째 프로젝트 룸에 같은 비품들을 준비해 둔다.

해석에 참여할 팀 구성원 결정하기

해석 세션에서는 각 사용자 인터뷰에 근거하여 다양한 관점들이 제기된다. 해석 팀의 구성원들이 각자 전문적 관점에서 의견을 제시해 줄 때 최상의 결과가 나타난다. 두 사람으로 구성된 팀이라도 모든 래피드 CD 해석 세션을 진행할 수 있다(박스 '절대 혼자 해석하지 마라'를 참조하자). 또한 조직에서 채택되도록 유도하고 조직의 관점을 데이터에 반영시킬, 시스템을 구축하는 이해관계자들 가운데 도와줄 사람을 찾아라. 그리고 그러한 이해관계자들을 꼭 해석 세션에 참여시키는 것이 좋다. 각 해석 세션에 한 명 정도씩 참여시킬 수 있는데, 너무 많이 부르거나 관리하기 어렵지 않게 한다. 전부 4명 정도가 적당하다.

가장 작은 규모의 해석 팀은 인터뷰 진행자와 팀 구성원 한 명으로, 서로 다른 관점을 반영할 수 있는 사람이 좋다. 즉, 인터뷰 진행자가 개발자라면 다른 팀원은 마케팅이나, 영업, 또는 사용자 경험 전문가가 되는 식이다. 이렇게 다양한 관점을 지닌 이해관계자들이 함께 일하여, 해석 세션에서 다양한 관점들이 디자인에 확실히 반영되게 만드는 것이다. 해석 세션에 참여하는 데는 2시간만 할애하면 되므로, 관련자들을 참여시키는 일은 보통 그리 어렵지 않다.

팀원이 두 사람보다 많다면 해석 한 번에 4명에서 6명을 포함시키고도 충분히 관리할 수 있다. 또한 큰 팀이라면 해석 세션들을 동시에 진행할 수도 있고, 그만큼 단기간에 수집 가능한 데이터의 양을 늘릴 수 있다. 아니면 교대로 참여해 인력을 더 효율적으로 활용할 수도 있다. 하지만 그런 경우에는 공유 세션을 진행해서, 각 해석 세션에서 빠졌던 팀 구성원들과 발견한 중요한 사항을 공유해야 한다.

절대 혼자 해석하지 마라

왜 팀으로 해석할까? 우리는 최소한 두 사람이 해석 세션을 진행하도록 권장한다. 여러분이 인터뷰 진행자라면 데이터에 대한 자신만의 관점이 있을 것이다. 여러분은 무조건 스스로 중요하다고 생각하는, 즉 여러분의 관점에서 중요한 데이터를 뽑을 것이다. 여러분에게 중요하지 않은 것들은 모두 보이지 않는다.

하지만 여러분이 처음부터 끝까지 다른 사람에게 이야기해야 하고 핵심 이슈를 같이 파악해 기록해야 한다면, 여러분은 혼자서 할 때보다 더 많은 통찰과 디자인에 대한 암시를 찾게 될 것이다. 왜 그럴까? 이야기를 듣는 사람들은 각자 자신의 경험과 분야별 전문 지식에 근거해서 듣는다. 때문에 그들은 여러분의 데이터에서 여러분이 보지 못한 부분을 볼 것이다. 또한 여러분은 그들의 데이터에서 그들이 놓친 부분을 볼 것이다. 다른 사람들은 여러분이 잊거나 관련이 없다고 생각한 세부 사항들에 대해 여러분에게 물을 것이다. 따라서 모두 함께 인터뷰에서 일어난 일을 공유하는 사이에 데이터에서 최상의 결과를 얻어낼 수 있다. 이런 방식으로 함께 일하는 팀은 특별한 노력 없이도 데이터에 관한 이해를 공유하기 시작할 것이다.

그리고 여러분은 다른 사람들이 제기하는 이슈를 들었기 때문에, 그 이슈들을 자신의 것으로 소화해낼 것이다. 이러한 경험을 통하여 여러분은 그 다음 인터뷰에서 사물을 더 넓은 관점으로 볼 수 있다. 따라서 항상 적어도 한 사람 이상 함께 해석하라.

여러분이 일주일에 아주 많은 데이터를 수집해야 하는 일정으로 진행하고 있다면, 이해관계자들에게 지원 인력을 요청하여 해석 세션을 병렬적으로 수행할수 있도록 팀을 구성하자. 여러분의 팀원들이 서로 다른 위치에 흩어져 있다면, 역시 해석 세션을 분할하는 방법으로 진행할 수 있다('분할된 팀은 어떤 방법으로 해석 세션을 진행할까?' 박스 참조).

분할된[2] 팀은 어떤 방법으로 해석 세션을 진행할까?

여러분이 분할된 팀의 형태로 프로젝트를 진행한다면, 해석과 공유 세션을 위해 어떻게 서로 다른 장소에서 정보를 공유할지를 해결할 필요가 있다. 공동 작업이나 가상회의(virtual meeting) 소프트웨어가 있다면, 그것을 활용하여 서로 떨어진 곳에서 미팅을 진행할 수 있다. 간단하게 시디툴즈나 워드 프로세서를 가상의 공동 작업 공간에 디스플레이해서, 모두 함께 보고 애플리케이션이 수행하는 작업에 코멘트를 다는것이다.

일단 모든 사람에게 전화한 다음 시디툴즈나 워드 프로세서를 디스플레이해서 각자의 장소에서 애플리케이션을 공유하도록 한다. 이렇게 하면 모두 다른 사람이 기록한 어피니티 노트를 보고 코멘트할 수 있다.

화상 회의 시스템(video conference system)이 있다면, 업무 모델이 플립 차트에서 기록될 때 그것을 보여줄 용도로 이용하게 될 것이다. 하지만, 화상 회의 시스템을 활용하는 것은 곧잘 논리적으로 더 많은 문제를 일으킨다. 시퀀스 모델만을 기록하려면 워드 프로세서, 스프레드시트, 또는 드로잉 애플리케이션 등에서 온라인으로 기록할 수도 있다. 즉 필요한 경우에 어피니티 노트에서 업무 모델로 공유된 화면을 전환하면 된다. 업무 모델을 확인하느라 가끔씩 멈추게 되므로 해석에 소요되는 시간이 늘긴 하나, 이것은 데이터가 맞게 기록되었는지를 확인하는 중요한 과정이다.

조언

해석 세션을 분할해서 진행할 때는 회의하기 전에 좀 더 논리적으로 계획하고, 회의 진행을 하면서는 추가 커뮤니케이션이 필요하다. 다음 사항들을 고려하자.

---

2 (옮긴이) 서로 다른 장소에서 동시에 작업하는 팀.

- **인터뷰 진행자가 어피니티 노트와 업무 모델들을 잘 볼 수 있도록 준비되었는가?** 준비가 충분하지 않으면, 여러분은 분할된 해석 세션에서 기록자(notetaker)와 업무 모델러(work modeler)를 여러분이 있는 곳으로 데려와 함께 진행할 수도 있다. 또한 기록자는 이동하지 않고 공유된 화면으로 어피니티 노트를 보면서, 자신이 있는 곳에 있는 업무 모델들에 대하여 이야기할 수 있다. 이때 다른 장소에 있는 팀원들이 보는 다른 쪽 화면에, 현재 논의되는 업무 모델이 잘 보여지고 있는지 확인하며 진행할 수 있어야 한다.
- **모두 쉽게 들을 수 있는가?** 데이터에 대해 이야기할 때 잘 들을 수가 없다면 사람들은 짜증이 나게 마련이다. 자기 생각을 이야기하려고 하는데 그것이 잘 들리지 않거나 연결이 끊겨 다른 팀 구성원이 이해할 수 없을 때도 마찬가지다.
- **화상 회의 전화의 시간 차가 너무 크지 않은가?** 여러분이 말하기를 시작하고 다른 사람이 듣는 사이에 지연이 있으면, 모두 말이 겹치게 되고 매우 짜증나는 상황이 된다. 이런 상황이라면 화상 회의 시스템의 사운드를 끄고 전화 연결을 병행한다.
- **모두 참여하고 있는가?** 모든 사람에게 역할이 있고 적극적으로 참여하는지 확인하라. 누군가가 일정 시간 동안 말이 없다면, 그 사람을 점검해 본다. 모든 이가 계속 참여하도록, 분할된 팀들에게 각각 특정 타입의 데이터를 파악하도록 책임 지우는 것을 고려한다.

해석 세션은 초기에 알아낸 사실들에 대해 형식에 얽매임 없이 커뮤니케이션하는 좋은 방법이다. 이 세션에 관리자, 비즈니스 담당자, 의사 결정권자(decision-makers), 핵심 팀 구성원이 아닌 개발자, 마케팅 담당자나 분석가 등 비즈니스 쪽의 사람들, 또는 프로젝트 내에 있는 다른 관련 부서 사람들 등을 포함시키는 것을 고려해 보자. 그들이 해석 세션에 참여하면서 우리는 더 폭넓은 관점으로 가치 있는 통찰과 데이터에 관한 더 큰 비즈니스적 시사점들을 디자인에 반영할 수 있다. '팀 외부인'을 해석 세션에 참여시키면 사용자의 데이터에 더 필요한 관점들을 확보하게 된다. 그뿐 아니라, 관련자들도 프로젝트 결과물을 이해하게 되어 이 프로젝트의 결과를 더 적극적으로 수용할 수 있다.

지원 인력이 투입되면 언제든, 여러분의 포커스와 데이터를 수집하는 의도를 확실하게 인지시킨다. 새로 온 사람들 모두에게 해석 세션 회의의 프로세스와 각자의 역할을 지도하자. 관심 있어 참여한 사람이나, 팀 구성원이 아닌 사람들이 기본 진행 팀원보다 더 많아지면 곤란하다. 만약 그렇다면 해석 세션의 행동 대신에 일반적인 회의 때 하는 행동으로 뒤바뀔 위험이 생긴다. 이것은 해석 세션을 수렁에 빠뜨려 질질 끌게 만들 것이다.

해석 세션이 잘 진행될 경우에 대략 인터뷰 시간과 비슷하게 걸린다. 해석 세션을 처음으로 진행한다면 데이터와 프로세스에 익숙해져야 하므로 좀 더 오래 걸릴 것이다. 하지만 그 후에는 대략 2시간 정도여야 한다. 그간의 경험으로 볼 때 해석 세션이 2시간이 넘도록 늘어지면 사람들은 포커스에 집중하기 힘들어하고 '너무 부담스러운' 경험이라고 느낀다. 이를 고려해, 여러분의 해석 세션을 다음과 같이 계획해 보자.

- 어피니티 노트를 기록하는 일은 인터뷰 진행자와 팀원 한 명, 둘이면 된다.
- 어피니티 노트와 시퀀스 모델을 기록할 경우 세 사람이 필요한데, 인터뷰 진행자와 다른 팀원 두 명이다.

해석 세션에 여러 사람이 참여하면 데이터에 대한 다양한 관점을 얻게 될 뿐만 아니라 인터뷰 결과를 쉽게 공유할 수 있고, 프로세스의 속도도 향상된다. 인터뷰 진행자는 이야기하는 동안 자신의 노트를 보고 있으며 데이터를 컴퓨터에 기록하지는 않는다. 기록 담당자는 컴퓨터로 작업하므로 인터뷰 진행자가 이야기하는 동안 어피니티 노트를 기록할 수 있다. 남은 한 사람은 이와 동시에 온라인 또는 플립 차트에서 시퀀스 모델을 기록할 수 있다. 개별 참여자들은 각자 맡은 역할이 있고, 각자의 도구나 컨텍스트를 바꿀 필요가 없다.

여러 사람과 함께하는 해석 세션이라면 필요한 데이터를 파악해 기록하는 데 소요되는 전체 시간이 줄어든다. 그리고 데이터의 질은 향상되는데, 다른 참여자들이 인터뷰 진행자를 검증하고 데이터에 자신들의 통찰을 제공하기 때문이다. 이런 이유로 해석 세션 프로세스를 거치면 반드시 팀 내에서 사용자 집단에 대한 이해가 공유된다.

하지만 이런 참여에도 한계는 있다. 해석 세션에 더 많은 사람을 투입할수록 관리하기는 더 어려워진다. 참여자 수는 4명이 최적이며, 6명보다 많아지면 안 된다. '모두' 데이터에 대해서 알기를 원하더라도, 6명이 넘어가면 각자 발언하는 시간에 한계가 있다. 따라서 자기 역할에 적극적이지 않은 사람들이 너무 많아지는 결과를 초래한다. 헤매거나 안달하는 분위기가 늘어나는 것에도 주의하라. 역할에 별로 충실하지 않은 사람들은 포커스를 대화의 핵심에서 다른 곳으로 돌리는 경향이 있다. 수가 적고, 빠르고, 집중된 해석 팀을 권장하며, 그 외의 사람들과는 나중에 공유 세션에서 데이터를 공유한다.

해석 세션에서 개별 참여자의 역할 정의하기

성공적으로 회의를 하려면 참여자들이 각자 할 일을 알 필요가 있고, 미팅의 목표와 프로세스 역시 모두에게 분명해야 한다. 다시 말해 개별 참여자는 중심 화제(회의의 주요 주제)가 무엇인지, 회의 목표를 달성하려면 각자 무슨 역할을 해야 할지 알 필요가 있다. 해석 세션에서 중심 화제는 "이 인터뷰에서 무슨 일이 일어났고 거기서 우리는 무엇을 알 수 있는가?"다.

해석 세션에 참여하는 사람의 수에 따라 개개인은 하나 또는 여러 역할을 수행할 수 있다. 기본적인 해석 세션에 필요한 역할과 책임은 다음을 참조하자.

인터뷰 진행자

인터뷰 진행자는 해석 세션을 위해서 아무것도 준비할 필요가 없다. 세션에서 인터뷰 진행자의 목표는 인터뷰에서 일어난 일을 공유하고 팀이 포착해낼 핵심 이슈와 업무 수행을 정의하는 작업을 돕는 것이다. 인터뷰를 한 지 이틀 이상 경과되었다면, 인터뷰 진행자는 해석 세션 이전에 녹음된 인터뷰를 다시 점검해야 한다.

인터뷰 진행자는 해석 팀에 사용자와 그의 조직에 대해서 소개한다. 그리고 기록한 노트에 따라 인터뷰를 상술한다. 노트에 기록한 순서대로 진행해야 하고, 중요하지 않다고 생각하는 것들을 요약하거나 편집해서는 안 된다. 인터뷰 진행자는 데이터에 대해 한 가지 관점만 갖고 있으며 팀에게 보고 들은 것을 모두 이야기해 주는 정보 제공자로 해석 세션에 참여하는 것이다. 그렇게 전해준 정보로 팀의 다른 사람들은 자신들의 관점에서 주요 이슈를 정의한다. 그 결과, 여러분이 인터뷰하는 동안 전혀 생각하지 못했던 이슈를 제시할 수 있다.

그러나 인터뷰 진행자가 수동적이어서는 안 된다. 인터뷰 진행자는 다음과 같은 행동을 지향해야 한다.

- 토론에 참여한다.
- 머리에 떠오르는 통찰, 해석, 디자인 아이디어를 제공한다.
- "저거 캡처해(capture that)!"라는 말로 잡아낸 아이디어를 확실히 포착해 내고 무엇을 기록할지 확인한다.
- 팀 구성원들의 해석이 사용자의 경험에 비추어 볼 때 실제로 맞는지 확인 한다.

사용자와 그들의 경험에 대해 '진실'이라는 말은 인터뷰 진행자가 제일 마지막에 할 말이다. 만약 인터뷰 진행자가 다른 팀 구성원의 해석이 맞다고 입증한다면, 그것은 유효한 해석으로 판명되어 어피니티 노트로 기록된다. 반대로 사용자 경험에 대한 해석이 틀렸다고 하면, 그것은 유효하지 않고 어피니티 노트에 들어가지 않는다. 즉 인터뷰 진행자는 해석 세션에서 파악된 모든 데이터의 품질을 점검하는 역할을 한다.

기록자

기록자(notetaker)는 요약과 정보를 전달하는 어피니티 노트들을 기록하는데, 이 것들은 팀원 전체가 볼 수 있도록 프로젝터나 대형 모니터에 디스플레이된다.

기록자는 잘 듣고, 타이핑하고, 정보화하는 작업들을 동시에 진행한다. 또한 해석 세션의 진행 속도를 조절한다.

일반적인 팀 구성원으로 참여하는 것 외에 기록자의 역할은 다음과 같다.

- 시디툴즈나 문서 프로그램에 기록한다. 해석 세션에서 팀 구성원들이 맡는 역할을 기록하여 누군가 데이터에 대해서 질문을 하면 누가 대답해줄 수 있는지 알 수 있도록 한다.
- 업무에서 관찰한 것, 이슈, 장애물(breakdown) 등을 포착한 어피니티 노트를 기록한다. 해석 세션에 참여한 사람들이 제시하는 의문, 문제점, 통찰, 디자인 아이디어를 기록한다.
- 인터뷰 대상자의 프로필에 해석 세션을 통해 새로 정의된 인구통계학적 데이터를 추가한다. 해석 세션을 시작하는 시점에서는 완결되지 않았을 수도 있기 때문이다.
- 어피니티 노트를 분명하게 표현할 방법에 대해 질문하여, 최선의 방법을 결정한다.
- 온라인에서 시퀀스를 파악하기 위해, 필요하다면 어피니티 노트 스크린과 시퀀스 도큐먼트 사이를 왔다 갔다하며 보여준다.

기록자가 자의적으로 노트 내용을 결정해서는 안 된다. 진행을 방해하지 않는 한, 팀 구성원이 논의하기를 원하는 어피니티 노트라면 어떤 것이든 충분히 수용되어야 한다. 어떤 어피니티 노트 하나를 파악할 때 그것이 디자인에 얼마나 영향을 미칠지는 미리 알 수 없다. 모든 데이터를 전체적으로 검토한 이후에야 그 중요성이 드러나게 되는 것이다. 각 어피니티 노트의 중요성을 일일이 논한다면 회의는 지연되고 팀의 불화를 초래할 것이다. 하나씩 토론하는 것보다 여러 어피니티 노트를 추가하는 편이 언제나 더 빠르다.

집중 래피드 CD의 업무 모델러

업무 모델러는 모든 사람이 보는 플립 차트에 만들어진 모든 업무 모델을 담당한다. 업무 모델은 해석 세션에서 실시간으로 캡처될 때 바로 기록하는 것과 논의되는 데이터로부터 도출된다. 해석 세션에서 업무 모델을 도출하는 방법은 6장을 참조하자.

업무 모델러는 또한 일반적인 팀원으로도 참여한다.

일반적인 해석 팀 구성원

해석 팀의 구성원은 모두 인터뷰 진행자의 말을 듣고 어피니티 노트로 무엇을 기록할지 결정한다. 일반적인 팀 구성원은 다음과 같이 활동한다.

- 인터뷰 진행자의 말을 듣고 업무 수행을 밝혀내기 위해 조사한다.
- "저거 캡처해(capture that)!"라는 말이 나온 아이디어를 포착해 내고, 무엇을 기록할지 점검한다.
- 머리에 떠오르는 통찰, 해석, 디자인 아이디어를 제공한다.
- 인터뷰 진행자가 뭔가를 건너뛰거나 인터뷰의 어떤 부분을 요약한다고 느껴지면 그에 대해 진행자에게 질문한다.
- 정확성을 높이고자 어피니티 노트와 모델들이 기록될 때 점검을 한다.
- 인터뷰 해석과는 관계없이 삼천포로 빠진 것(rat hole)을 알려주어 논의가 빗나가지 않도록 한다.

모든 팀 구성원은 또한 중심 화제에서 벗어나지 말 것을 상기해야 한다. 자신이 비슷한 경험이 있는 다른 사용자를 인터뷰했지만, 아직 그 데이터가 해석되지 않았다면, 그 의견은 공유해서는 안 된다. 개인의 경험과 태도에 대한 일반적인 논의는 또한 주제를 벗어난 (삼천포로 빠지는) 토론의 저해 요소다(이것은 그저 해석 세션을 지연시킬 뿐이다. '삼천포란 무엇인가?' 박스를 참조하자).

조정자

조정자(moderator)는 해석 세션을 순조롭게 진행시킬 책임이 있다. 두 사람으로 구성된 팀에서는 둘 다 조정하는 태도를 지닐 필요가 있다. 종종 멈춰서 잘 하

삼천포란 무엇인가?

해석 세션에서 여러분의 목표는 단 한 번의 사용자 방문으로 핵심 이슈와 데이터를 정의해내고 이를 기록하는 것이다. 다른 주제들은 모두 피해야 할 '삼천포'다. 따라서 회의를 순조롭게 진행하고자 우리는 모든 사람이 맡을 수 있는 재미있는 역할을 만들었는데, 바로 삼천포 감시인이다. 몇 가지 삼천포의 예는 다음과 같다.

- 다른 인터뷰 또는 다른 사용자와 접촉하면서 일어난 일을 언급한다.
- 팀 구성원들, 그 친구들, 또는 아는 사람들이 이런 상황에서 어떻게 하는지 언급한다.
- 디자인 아이디어에서 더할 것 또는 뺄 것에 대해 언급한다.
- 디자인 아이디어의 개발 이슈에 대해 언급한다.
- 주관적인 선호, 기호, 신념에서 비롯된 것을 언급한다(사용자에게서 나온 데이터와 무관하게).

팀은 재미 삼아 몇 가지 삼천포 표시를 만들 수도 있다. 이런 표시들은 삼천포라고 쓴 종이나 빨간 깃발처럼 간단하게 만들면 된다. 대화가 포커스에서 벗어나면 누구든 처음 알아챈 사람이 깃발을 들고 삼천포라고 말하고, 논의를 다시 인터뷰로 돌려 논다.

종종 중심 화제로 다시 돌아가려면, 삼천포 논의에서 암시된 의문 사항이나 디자인 아이디어를 기록하는 일이 필요할 수도 있다. 이런 상황에서 중요한 것은 해석 세션이 진행되는 동안 개별 참여자의 이슈를 모두 듣고 기록하는 일이다.

고 있는지 점검하면 된다.

하지만 3~6명 정도인 팀이라면, 해석 세션을 순조롭게 진행하고, 양질의 데이터를 확실히 파악하고, 논의의 포커스를 유지하는 데 조정이 중요해진다('좋은 해석 세션을 위한 가이드라인' 박스를 참조하자).

조정자는 또한 일반적인 팀 구성원으로, 다음과 같이 활동한다.

- 회의의 포커스를 주요 화제에 유지시킨다.
- 모두 논의에 참여하는지 확인한다.
- 기록자와 업무 모델러가 뒤쳐지지 않는지 확인한다.

- 인터뷰 진행자가 노트에 적힌 순서대로, 질문에 대답하느라 뭔가 건너뛰지 않고 진행하도록 돕는다.
- 기록자가 자신이 좋아하는 아이디어만을 잡아내거나(capture) 해서 어피니티 노트에 지나치게 관여하지는 않는지 확인한다.
- 모든 사람이 프로세스를 잘 따라오고 있는지 확인한다.
- 프로세스에서 최종 결정을 내린다.
- 팀원과 그 외의 사람들 간에 균형 있는 토론이 진행되도록 한다.

조정자는 미팅에서 권위 있는 목소리를 내는 사람으로, 미팅이 해석 세션의 규칙에 따라 진행되는지 확인한다. 만약 그렇다면 여러분의 해석 세션은 집중되고, 계획한 시간에 맞춰 사용자 데이터를 산출하고 공유하기에 적합한 환경이 될 것이다.

좋은 해석 세션을 위한 가이드라인

좋은 회의에는 모두 분명한 포커스와 회의를 위해 각자가 담당해야 하는 명확한 역할이 있다. 또한 가시적인 성과나 참여하는 사람들을 위해 성공적으로 회의가 진행됨을 보장해줄 일련의 문화적인 기대치가 있다. 다음은 해석 세션을 매우 생산적인 회의로 만드는 규칙들이다.
- 모든 참여자에게 안정적인 환경을 만든다. 여기에는 다음의 사항들이 포함된다.
  - 조용한 사람들에게는 스스로 '바보 같다고' 생각하는 아이디어조차 이야기하도록 격려한다.
  - 너무 말이 많은 사람들에게는 자신들의 아이디어를 적을 수 있도록 포스트잇을 주어 스스로 관리하게 만든다. 그러면 그들은 누군가 다른 사람이 그 주제를 말하거나 지적했는지 알 수 있다. 또한 다른 사람이 기회를 얻은 다음에 자기도 그 주제를 이야기할 수 있다. 흔히 그들은 다른 사람들도 같은 이슈를 제기하리라는 느낌을 받을 수 있고, 바로 공유하는 대신 잊어버리지 않도록 아이디어를 적어 놓아 각자 참여를 조절할 수 있다.
- 대혼란을 주의한다.
  - 목소리가 커지거나 긴장감이 높아지는 등의 조짐이 있다.

- 무리하게 끌고 나가지 말고, 이슈를 분명하게 정리하기 위해 미팅을 중단시킨다.
• 중심 대화를 계속 따라가고 있는지 확인한다. 중심 대화는 사용자와 관련해서 일어난 일로 그 외는 전부 상관없는 일이다.
• 미팅이 디자인에 관한 대화로 바뀌지 않도록 주의한다. 이것은 디자인 아이디어를 개발하는 시간이 아니다. 디자인 아이디어는 그냥 언급만 해서 어피니티 노트로 기록하고, 계속 진행한다.
• 개별 의견이 무시되지 않는지 확인한다.
  - 어떤 사람이 자기 의견이 무시된다고 생각한다면, 그는 몇 번이고 자신의 의견을 반복할 것이다.
  - 그 의견을 어피니티 노트 또는 업무 모델에 대한 이슈로 적어 놓아 이런 상황에 대처한다.
• 미팅의 진행 속도를 점검한다.
  - 느린 미팅은 지루하고, 창의력이 떨어지며 따라가기도 더 힘들다.
  - 팀이 한 이슈에서 다른 이슈로 빨리 옮겨가게 함으로써 가속을 붙인다.
  - 개별 해석 세션을 2시간 이내에 끝내려는 목표를 세우고 여기에 진행을 맞춘다.
  - 기록자가 느리면 전체 미팅이 느려진다. 기록을 맡은 사람이 대화를 따라가는 것을 힘들어 하면 역할을 바꾼다(이것은 개인의 능력이 아니라 타고난 소질에 대한 것임을 기억하도록).
• 논쟁은 절대 생산적이지 않다.
  - 결정은 사용자 데이터에 근거해서 내려야 한다. 논쟁은 흔히 그저 더 많은 데이터가 필요할 때 일어나곤 한다.
  - 종종 사람들은 프로세스에서 다음에는 무슨 일이 일어날지 알고 싶어하지만, 데이터가 없는 경우가 있다. 이럴 때 미래에 대해 가설을 세우지 말자.
  - 이따금 인터뷰 진행자는 어떤 일이 왜 일어나는지 알 수가 없다. 그것은 질문으로 두고 일어날지도 모를 일에 대한 가설은 피한다.
  - 논쟁은 흔히 사람들이 서로 다른 두 가지 이슈에 대해 고려할 때 일어난다. 그 이슈들을 분명히 하면 그것들이 어떻게 다르고 또한 양립할 수 있는지 이해하는 데 도움이 된다. 아니면 두 가지 이슈를 일단 적어 놓고 계속 진행한다.
  - 용어 정의와 선택에 대해서 논쟁하지 말자. 어떤 의미인지 평범한 말로 (예시 참조) 적어 놓는다. 문제의 용어가 끝까지 남아 있다면, 7분 정도 시간을 두고 그 정의를 의논한 다음 계속 진행한다.

사용자와 조직의 프로필 파악하기

해석 세션을 시작하는 시점에서 각자 맡을 역할을 부과한 다음, 사용자와 조직의 프로필을 파악한다. 이것은 인터뷰 진행자가 팀에게 사용자를 소개하는 방법으로, 해석 세션의 주요 부분을 시작하는 것이다.

팀은 보통 전통적인 인구통계학적 자료를 써서 논의 대상인 사용자와 그 조직을 특성화하려 한다. 이런 자료는 근속 연수, 나이, 사용 소프트웨어, 조직의 규모, 기타 등을 들 수 있다. 이 인구통계학적 자료를 통해 다른 사람들은 샘플이 된 사용자 집단의 범위를 더 수월하게 이해하게 된다. 그러나 인구통계학적 관찰로는 업무 수행에 대한 통찰을 얻기 어렵다. 따라서 프로젝트 포커스에 직접 관련된 경우가 아니라면, 이런 정보를 어피니티 노트로 기록하는 건 권장하지 않는다.

사용자와 조직의 프로필에서 무엇을 포함시킬지는 여러분의 프로젝트, 그리고 어떤 배경과 인구통계학적 정보를 알고 싶은지에 달려 있다. 인터뷰에다 짧은 설문 조사를 병행하면 이러한 인구통계학적 자료를 파악할 수 있다.

비밀 보장에 대해서 약속했으므로, 여러분은 사용자 프로필에서 실제 이름과 조직 대신 사용자 코드와 번호(예를 들면 U01 등)를 쓰고자 할 것이다. 비밀을 보장하기 위해 사용자의 실명과 회사명을 사용자 코드와 매치하는 문서를 별도로 둔다.

사용자 코드를 쓰면 팀은 다른 사람들에게 사용자에 대해 이야기할 때 비밀 보장을 한층 더 유념하게 될 것이다. 이는 또한 데이터가 어떻게 그룹을 짓는지 알아볼 경우에, 서로 다른 시장을 구분해주고 사용자 컨텍스트를 추적하는 방법도 된다. 따라서 여러분이 도시와 시골 환경에 대해서 조사 중이라면, 도시(urban)에는 U01 코드를 쓰고 시골(rural)에는 R02 코드를 쓸 수 있다. 문자 코드는 컨텍스트를 표시하고 숫자 코드는 인터뷰한 개별 사용자를 표시한다.

사용자 프로필

사용자 프로필에는 사용자의 직업과 담당하는 역할에 관한 인구통계학적 정보가 담긴다. 예를 들어 여러분은 사용자의 직함, 책임, 다른 인구통계학적 정보를 기록하려 할 수도 있다. 프로젝트에 따라 여러분은 또한 숙련도, 시스템 사용, 그리고 지식 정도를 기록하려 할 수도 있다.

예시 – 이초크

여기에 이초크의 사용자 프로필 중 하나를 소개한다. 이 팀에게는 사용자가 어떤 부류의 교사인지, 경력은 얼마나 되었는지, 가르치는 수업은 어떤 것인지, 그리고 사용 가능한 소프트웨어와 하드웨어는 무엇인지를 파악하는 일이 중요하다. 그래서 연령과 기술에 대한 친화도 사이에 어떤 관계가 있는지 알아보고자, 다양한 연령대의 그룹을 인터뷰할 수 있도록 교사의 나이를 기록하기로 결정했다.

U09 프로필

- 조직 4에서 근무함.
- **현직**: 중학교 컴퓨터 교사. 교사 경력 3년. 음악과 컴퓨터 담당임.
- **학생 수**: 핵심 학생 8명(컴퓨터 클럽-비공식/자유 시간대 활동, 플래시 제작, 특별 프로젝트로 교사를 도움).
- 컴퓨터 수업 4개, 음악 코스 5개, 컴퓨터 기술 수업, 그리고 우수반(우등생 수업) 담당임. 컴퓨터 수업= 웹 페이지 디자인
- MS IE만 사용-웹 페이지가 넷스케이프보다 IE에서 더 낫게 보이기 때문이다.
- **추정 연령**: 30대
- **장비**: 교실에 있는 컴퓨터 32대-인터넷 접속을 위해 일부 T1 라인을 교실에서 사용함.
- **애플리케이션**: MS 오피스(학기 초에 사용-대개 관심은 웹 페이지 디자인)
- 전화 시스템에는 광섬유 케이블 사용함.
- **소프트웨어**: MS 오피스(엑셀), MS 웍스(더 쉬움), MS 액세스, 플래시, 하이퍼

예시 – 애자일런트 사용자 프로필

이 프로젝트에서 주요 시장 2개의 차이가 팀의 주요 관심사였음에 주목하자. 그 시장들은 화학(Chemical)(흔히 석유화학) 실험실과 제약(Pharmaceutical) 실험실이다. 이 차이점을 살펴보고자, 사용자 코드는 각각 C 또는 P로 시작한다. 다른 곳에서 의뢰받은 테스트를 수행하는 상업적인 분석 실험실은 U로 표시되었다.

U02: 조직 7에서 2년 넘게 근무함. 고정 샘플의 내부 테스팅 지원에 관한 분석 담당한다. SOP, IQ(In-process Qualification), OQ(Operational Qualification) 작성함. U32는 도구를 조정하고 유지하는 업무를 담당함. 화학 학사 학위 및 석사 과정 수료했음.

U03: 조직 7에서 2년간 근무함. 생화학 학사 학위와 생물공학 석사 학위 소지함. 직함은 R&D 화학자임. 아일랜드 출신으로 학사와 석사 모두 아일랜드에서 받음. 수습직으로 왔고 아일랜드의 취업 시장 상황이 나쁘기 때문에 계속 머물기로 함.

예시 – 아프로포스 사용자 프로필

U04: 상위 그룹(Advanced Group) 지원팀 소속임. 조직 01의 제품 중 하나에 대한 지원 요청을 처리함. 업무 목표는 최상위 그룹(Escalation Group)까지 지원 요청이 가지 않게끔 문제를 해결하는 것임. 레벨 1의 기술자가 답변할 수 없는 문제에 대해서 질문하는 채팅방을 모니터하는 업무도 담당함. 채팅으로 답변하고 문제를 해결함.

U05: 최상위 그룹 소속이고, 조직 01의 제품 중 하나를 지원함. 상위 그룹이 할 수 있는 일을 다 처리할 때까지는 이슈에 대해 관여하지 않음. 이슈를 엔지니어들과 의논하고 그들에게 문제를 전달하는 역할을 맡고 있으며 고객과 가장 마지막으로 직접 접촉하는 사람임.

예시 – 구매 프로젝트 사용자 프로필

U4: 30대 여성, 독일에서 근무함. 운영 구매 담당으로, 자동차 OEM (제조사) 업체들과 공급자들 간의 관계를 정리, 관리하는 역할임. 이 OEM 업체에서 3년간 근무했으나 그동안 신입 후배는 없었음. SAP 파워 유저이며, 제1선 지원자로 다른 사용자들을 교육함.

스튜디오(Hyperstudio, 어린이용 파워포인트 애플리케이션), 컴프톤스(Compton's), 엔카르타(Encarta), 그로리어스(Groliers, CD-ROM), 웹 게임(팩맨, 스페이스 인베이더, 퐁, 카드게임), 포토 이미지레디, 포토샵

사용자 프로필은 시디툴즈의 사용자 정보 윈도에 기록할 수 있다. 시디툴즈를 이용하지 않는다면, 사용자 프로필은 워드 프로세서를 이용해 기록 가능하다. 어피니티 노트와 별도로 구분된 문서에 프로필을 기록하자. 보통 한 문서에 모든 사용자 프로필을 포함하는 것이 더 쉽다(시디툴즈의 사용자 정보 윈도에 대한 설명은 3장을 참조하자).

조직 프로필

조직 프로필에는 조직의 비즈니스와 산업 부문에 관한 일반적인 설명이 포함된다. 직원 수, 운영하는 지사들의 위치, 사용 제품 수와 종류, 또는 이용하는 서비스 등의 정보를 담을 수도 있다. 조직 프로필을 기록하는 것이 필수는 아니지만, 데이터의 출처가 되는 조직의 타입을 살펴볼 수 있는 좋은 방법이다.

 예시 – 이초크

아래에 사용자 09의 조직에 관한 프로필이 있다. 학교에서 널리 통용되는 기술이 몇 가지 나와 있다.

- 뉴욕시 소재 공립학교
- 학생 수 1750명에 6-8학년, 뉴욕시에서 상위 40위권 이내의 학교. 학생 집단은 2,500여 개국 출신으로 구성. 러시아, 중국, 스페인 다수. 러시아 학생들이 교내 가장 중요한 문제임.(많은 학생들이 러시아어를 모국어로 사용)
  교내 특별 활동 45개. 타교 학생들도 지원 가능함.
- 특별 활동을 하는 학생들의 네트워크 관리 툴로는 앨터리스(Altaris), ISP로는 넷제로(NetZero)를 이용함.
- 하드웨어: 델 파워 에지(Dell Power Edge) 4300 네트워크 서버

조직 7(Org7): 약품과 영양보조 제품 생산 회사로, 더 큰 제약회사들의 R&D 개발 수행. 자사 제품의 포커스는 리서치보다는 개발에 비중. 6년 전 일본 기업에서 인수. 이 회사의 소비 제품은 다양한 충위의 마케팅으로 판매됨. GLP/cGMP 절차를 따름. 추가로 새 건물 건설 중임. 완공되면 건물 두 개에 입주하게 되는데, 각각 관리 부서와 개발 부서로 나뉨. 새 건물에는 제약 부문만 입주함. 소규모의 생산 작업은 한 군데에서 이루어지지만 규모가 커지면 다른 장소를 이용함.

관련 약품의 종류는 혈압 강하제, 알츠하이머 치료제, 강심제, 최면 진정제, 그리고 칼슘 억제제 등이 있음. 클라이언트가 제시한 방법도 사용하나 그것을 바꿀 의사가 있음. 교대 근무조 각각에 최소 화학자 10명 근무함. 이들은 전문가이므로 관리 부서에서는 이들을 신임함. 3-4년 전에 GMP(Good Manufacturing Practice, 의약품 제조와 품질 관리 기준) 도입함. 약품과 영양보조 제품을 구분하는데, 영양보조 제품에는 GMP가 요구되지 않기 때문임. 실험실 장비에는 다수의 시마즈 LC(Shimadzu LC)와 HP 벡트라스(HP Vectras) 포함함.

예시 - 아프로포스 조직 프로필

조직 01(Org01): 소프트웨어 회사로 저장과 백업 툴 전문임. 콜센터에서는 영업과 기술 지원 요청을 처리함. 그들의 목표 중 하나는 자동 응답 시스템을 통해 고객을 응대하는 일을 피하는 것으로, 이를 위해 영업이나 기술 지원 팀의 적절한 사람과 연결해 주는 '송신' 담당자를 고용함. 지원에는 4단계 레벨이 있는데, 바로 1: 송신, 2: 레벨 1, 3: 상위 그룹, 4: 최상위 그룹임. 최상위 그룹의 담당 기술자는 고객과 이야기하는 최종 레벨로 문제점과 버그 등을 엔지니어와 의논하지만, 엔지니어는 고객과 거의 대화하지 않음.

예시 - 구매 프로젝트 조직 프로필

조직 2(Org2): 작고, 고가이며, 고급품인 스포츠카 제조사임. 이 회사는 자동차의 여러 부품을 공급하는 많은 공급자와 일하지만, 함께 작업해야 하는 공급자의 수를 줄이는 중임. 공급자가 제작한 모든 부품에 엄격하게 품질 관리함. 정기적으로 함께 일하는 공급자들이 있으나, 특별 수요를 충족시키고자 새로운 공급자를 추가할 예정임. 공급자들은 조직 2의 스케줄과 물량에 맞춰 부품을 제조해야 함.

조직 프로필은 시디툴즈의 조직 정보 박스에서 기록되어야 한다(시디툴즈의 사용자 정보 윈도에 대한 설명은 3장을 참조한다). 시디툴즈를 이용하지 않을 경우 조직 프로필은 워드 프로세서에 기록된다. 조직 프로필을 사용자 프로필과 같은 문서에 쓴다. 그런 다음 이 문서를 7장에서 설명할 어피니티 구축을 할 때 참고 자료로 활용할 수 있다.

조언-해석 세션 참여자들의 이름과 역할도 사용자 및 조직 프로필 문서에 포함시키면 프로필 작성에 좋은 연습이 된다. 이 정보는 어피니티를 구축하는 동안 손쉽게 이용할 수 있다. 시디툴즈를 쓰면 노트 세션(Note Session) 윈도에서 참여자들에 대해 기록할 수 있다.

어피니티 노트와 업무 모델 기록하기

일단 프로필 정보를 파악하는 작업을 끝냈으면, 적절한 시점에 해석 세션을 시작한다. 시디툴즈(그림 5-1 참조) 또는 워드 프로세서에서 어피니티 노트를 기록한다. 어피니티 노트를 벽에 프로젝션하여 무엇이 기록되는지 모두 볼 수 있도록 한다.

인터뷰 진행자는 요약하거나 건너뛰지 않고 팀에게 인터뷰 내용을 순서대로 전달한다. 실제 환경의 사진을 찍어 두었다면 사람들에게 보여주거나 간단한 모델을 그려서(6장 참조) 인터뷰가 일어난 실제 컨텍스트를 스케치한다.

해석 팀은 인터뷰의 각 단계에서 일어난 일에 대해 중간중간 질문할 수 있다. 그러나 아직 논의할 순서가 되지 않은 내용에 대해 물어서는 안 된다. 어피니티 노트의 순서를 건너뛰지 않고 순차적으로 진행할 때 인터뷰 진행자가 당시 상황을 더 정확하게 기억할 수 있을 것이다.

인터뷰 진행자와 팀의 다른 사람들이 서로 상호작용할 때 추구할 목표는, 인터뷰 진행자가 이야기하는 것과 일어난 일을 조사하는 것 사이에 긴장감을 적절한 수준으로 유지하는 것이다. 인터뷰 진행자는 일어난 일을 순서대로 공유

그림 5-1 어피니티 노트를 기록하는 데 이용되는 시디툴즈의 해석 화면.
어피니티 노트는 나중에 어피니티 다이어그램을 구축하는 데 이용될 것이다.

인터뷰를 해석하고 어피니티 노트를 기록하는 데에 시디툴즈를 활용하자

어피니티 노트는 시디툴즈의 노트 세션 윈도에서 기록한다. 노트 세션 인터페이스는 팀이 해석 세션의 주요 작업에 집중하도록 디자인되었다. 개별 고객 인터뷰에서 통찰이 있는 노트를 기록함으로써, 최종적으로 어피니티 다이어그램을 구축하는 데 이용될 것이다.

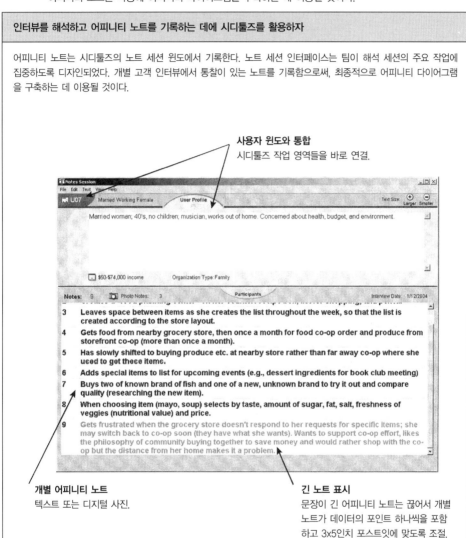

사용자 윈도와 통합
시디툴즈 작업 영역들을 바로 연결.

개별 어피니티 노트
텍스트 또는 디지털 사진.

긴 노트 표시
문장이 긴 어피니티 노트는 끊어서 개별 노트가 데이터의 포인트 하나씩을 포함하고 3x5인치 포스트잇에 맞도록 조절.

하고, 팀은 사용자 행동 이면의 '무엇'과 '왜'에 연관된 세부 사항들을 탐구한다. 이렇게 하면 효과적으로 해석하여 양질의 어피니티 노트를 얻게 된다.

이런 프로세스를 거치는 동안 기록자의 역할은 이런 논의에서 나타난 핵심 아이디어를 잡아내는 것이다. 인터뷰 진행자가 어떤 포인트를 강조하면, 그것은 기록할 가치가 있음을 암시한다. 참여자들이 어떤 포인트를 탐구하거나 확실한 해석을 제공하면, 그것도 역시 어피니티 노트로 기록할 만하다는 암시다. 기록자는 주요 청취자가 되어, 암시된 어피니티 노트와 팀 구성원들이 직접 기록해 달라고 한 내용들을 적어 둔다('어피니티 노트에서 기록할 것' 박스를 참조하자).

기록자는 주기적으로 멈추고 팀이 어피니티 노트를 보도록 주지시켜, 맞게 진행되고 있는지 확인한다. 개별 어피니티 노트에는 하나의 분명한 아이디어나 포인트만 포함시켜야 하며, 누가 말했는지, 무엇을 하였는지 등의 근거를 분명하게 표시한다(박스 '어피니티 노트를 기록할 때는 문법이 제법 중요하다'를 참조하자). 어피니티 구축을 하는 동안 최종적으로 개별 노트를 각각 구별해내야 한다

어피니티 노트에서 기록할 것

기록할 것

- 사건에 대한 해석, 아티팩트의 이용, 문제점, 기회
- 업무의 주요 특성
- 업무의 장애물/실패(breakdowns)
- 문화적 영향
- 디자인 아이디어 (앞에 DI라고 표시)
- 나중의 인터뷰를 위한 질문 (앞에 Q라고 표시)
- 통찰을 주는 고객의 진술 인용

기록하지 말 것

- 인구통계학적 정보: 사용자에 관한 설명의 일부로 프로필에 기록되어 있음
- 업무 모델에 나타나는 다른 정보

> ### 어피니티 노트를 기록할 때는 문법이 제법 중요하다
>
> 어피니티 노트를 기록하기 위해 전문 기록자가 될 필요는 없지만, 가능한 한 잘 기록해야 한다. 다른 사람들이 읽게 되므로 이 어피니티 노트가 여러분의 데이터와 팀을 대변한다는 것을 명심하라. 틀린 문법과 부실한 텍스트는 이해와 해석을 방해한다. 이로 인해 어피니티를 구축할 때도 시간 낭비를 하게 된다. 좋은 기록자는 그것만으로도 충분한 설명이 되게끔 어피니티 노트를 간단명료하게 쓴다. 어피니티를 구축하기 전에 명료성을 더하고자 어피니티 노트를 편집하는 것은 좋은 연습이다. 이것은 특히 고객에게 어피니티를 보여줄 경우에 더 좋다. 노트를 정리할 때 시디툴즈의 맞춤법 검사와 다른 편집 기능을 활용할 수 있다.

(157과 158쪽에 있는 노트 예시를 보자).

일반적인 어피니티 노트에 더해 기록자는 또한 사용자 이슈와 행동을 설명하는 노트도 기록한다. 해석 세션에서 포착해 기록하는 다른 노트들은 다음과 같다.

질문 팀원이 인터뷰 진행자가 대답할 수 없는 질문을 한 경우, 기록자는 그 질문을 어피니티 노트에 기록하고 팀이 다음 해석을 계속 진행하도록 격려한다. 그렇게 질문을 기록해 두면 다음 인터뷰에서 그에 대한 답을 찾아올 수도 있다.

디자인 아이디어 팀원이 디자인 솔루션이 되는 아이디어(DI)를 제시할 때는 그것을 기록해 보관해 둔다. 이렇게 보관하는 것은 또한 DI를 제안하지 않는, 관련 데이터를 추출하는 데 집중하여 해석을 계속 진행하도록 하기 위해서다.

좋은 사용자 인용문 사용자가 이야기한 것을 기록할 때는 '인용' 표시를 해서 나중에 여러분 조직의 다른 사람들과 커뮤니케이션할 때 활용한다.

해석 팀은 데이터에 대한 이야기를 듣고, 그것이 어떻게 업무 패턴을 대표하거나 내적 경험을 암시하는지에 대한 해석을 제시한다. 이런 해석은 또한 인터뷰 진행자가 수긍하는 한도 내에서 약간 길게 기록할 수 있다.

표 5-1은 어피니티 노트를 기록할 때 해야 할 일과 피할 일들을 정리한 것이다. 해석 세션에서 피할 일들은 하지 말아야겠지만, 해석 세션을 마친 후에도 원한다면 언제든 되돌아가서 노트를 편집해 정리할 수 있음을 기억하기 바란다.

표 5-1 해석 세션에서 노트를 기록할 때 유념할 조언

어피니티 노트를 기록할 때 할 일과 피할 일	
피할 일	**할 일**
애매하게 말하거나 지시하는 바가 분명치 않은 대명사를 쓴다.	분명하게, 각 노트에서 누구에 대해 말하는지를 확실히 한다. '그녀는 그에게 그 사람이 말했다고 했다.' 와 같은 대명사에 주의하자. 이렇게 노트를 기록하고 며칠이 지나면 그들이 각각 누구인지 기억할 수 없다. 사용자 번호, 직함, 또는 식별되는 호칭을 써서 나중에도 누구인지 구분할 수 있도록 한다.
여러분의 팀에만 익숙한 전문 용어를 쓴다.	업무를 설명하는 데 일반적인 용어를 쓴다. 비즈니스나 마케팅 분야의 사람들은 여러분이 쓰는 줄임말에 익숙하지 않을 수도 있다. 데이터에서 최상의 가치를 얻는 데 그들을 배제하지 않도록 주의하자.
사용자나 그 조직을 실명으로 언급한다.	사용자와 그 조직은 익명이어야 함을 기억하라.
노트에 지나치게 많은 정보를 담는다.	포인트가 다른 내용들은 따로 구분하거나, 어피니티를 구축할 때 다시금 새 노트로 작성한다. 또한 한 노트에 너무 많이 써서 미묘한 뉘앙스의 차이를 잃지 않도록 한다.
연속적인 노트를 작성한다.	각기 독립된 노트를 작성한다. 해석 세션에서 기록한 노트는 어피니티를 위해 나중에 분류되고 프린트될 것이다. 개별 노트들은 그 자체로 독립될 필요가 있다.
시퀀스 모델의 단계를 기록한다.	그 단계들은 시퀀스 모델 자체에서 기록된다. 그런 단계가 드러내는 구별된 특징이 있다면, 그것을 노트에 기록한다.
인구통계학적 정보를 기록한다.	인구통계학적 정보는 사용자나 조직의 프로필에 기록한다.

→ 다음 쪽에 계속

피할 일	할 일
인터뷰 진행자가 모르는 질문의 답변을 생각하느라 시간을 보낸다.	그런 질문은 Q:로 시작하는 노트에 기록한다.
사실만을 기록한다.	노트에는 사실이 기록되겠지만, 더 중요한 데이터는 그 사실이 왜 중요한가이다. 여러분의 해석과 사실을 함께 기록하라.
노트의 문장을 너무 다듬거나 용어 정의에 대해서 논쟁한다.	특정 용어에 대해 논쟁하느라 시간을 낭비하지 말자. 때때로 비슷비슷한 용어들을 슬래시로 구분하여 한꺼번에 기록하는 편이 하나를 고르는 것보다 빠르다. 핵심 정의에 대해 논쟁하는 상황이라면, 해석 세션과 별도로 정의 세션을 진행한다. 그리고 계속 사용할 핵심 콘셉트의 의미를 정의한다.

일반적인 규칙으로, 2시간짜리 인터뷰에서 각각 어피니티 노트가 50에서 100개 정도 기록되어야 한다. 더 적게 얻었다면 인터뷰 진행자가 관찰한 것을 모두 기록했는지 확인한다. 너무 많다면, 혹시 직무의 모든 단계를 기록했거나 업무 모델에 기록되는 편이 더 나은 것들까지 포함시켰는지 확인해 본다.

이초크 노트	분석
U01-04 학교 네트워크 관리자(학교 시스템을 세팅하고 그것을 네트워크에 연결)	이 노트는 인구통계학적 정보처럼 보일 수 있지만, 이초크에서는 기술과 관련해서 교사들이 담당해야 하는 여러 역할에 대한 어피니티를 파악해야 하므로 중요하다.
U01-11 질문에 말로는 잘 답변하지 못함. 교사들은 이 사람에게 직접 보여주기를 원함. 교사의 기술적인 이해도가 떨어지면 언어로 소통할 경우에는 곧 실패할 가능성이 많음.	이 노트는 별 문제가 없지만, 2가지 포인트가 있으므로 노트 두 개에 분리해 작성하는 것이 더 바람직하다. 첫 번째 포인트는 말만이 아니라 어떻게 하는지 직접 보여주는 것이 교사들에게 얼마나 필요한지에 대한 것이다. 두 번째는 교사의 기술적인 이해도가 떨어지면 설명을 들어도 이해할 기반이 없다는 것이다.
U01-49 교육 위원회 때문에 좌절감을 느낌. 위원회의 지나친 웹사이트 필터링 때문인데, 예를 들면 나사(NASA) 등에 접속할 수 없음.	문화적 영향을 캡처한 노트로 좋은 사례다.
Q: U1은 학교에서 원하는 사이트에 접속할 수 없기 때문에 (즉, 웹사이트 필터링 때문에) 집에서 일을 하기 위해 컴퓨터를 이용하는가?	질문 노트의 사례다. 인터뷰 진행자는 U01에 관한 이 질문에 대답하지 못했지만, 이제 팀 전체가 추후 다른 인터뷰에서 비슷한 데이터를 찾으려 할 것이다.

→ 다음 쪽에 계속

이초크 노트	분석
U01-67 가정에서 어떤 테크놀러지를 이용하는지 알아보고자 부모들에게 설문지를 보냄.	그 자체로 독립된 좋은 노트다. 팀은 설문지를 가정으로 보냈다는 사실 그 이상을 기록했다. 바로 설문지가 어디에 이용되었는지까지 기록한 것이다.
U01-68 DI: 학교/교사들이 이용하는 모든 종류의 설문지 템플릿을 작성함. 종류별 또는 일반적인 형태로 교내에서 쓰는 용도임.	디자인 아이디어를 적은 노트 사례다. U01-67 노트의 데이터에 대한 반응으로 산출된다.
U01-90 이 사람은 At Ease를 좋아함.	이 노트는 어피니티에 별 소용이 없다. 왜 At Ease를 좋아하는가? 사실 팀은 U01 이 At Ease를 사용하는 데에 관한 특정한 노트를 몇 개 기록했다. 이것들은 어떤 새로운 통찰도 더하지 못했다.
U2-01 초등부 학생들은 컴퓨터 기술을 배워야 함. 교장은 여기에 대한 기준이 어느 정도여야 하는지를 지시함. (주요 커리큘럼 영역에 따른 주제 리스트. 주제들은 학년말까지 완결되어야 함. 교사/학급이 기준을 통과했는지 검증하고자 각 단계에서 테스트).	이 노트는 주요 포인트를 몇 개 포함하므로, 셋으로 나눌 수 있다. 노트1: 초등부 학생들은 컴퓨터 기술을 배워야 함. 노트2: 교장은 기준이 어느 정도여야 하는지를 지시함(주제 리스트, 주제들은 학년말까지 완결되어야 함). 노트3: 교사/학급이 기준을 통과했는지 검증하고자 각 단계에서 테스트.
U02-4 기록부(출력물에 손으로 기록) 이용. 27개 학급 수업을 담당하므로 각 학급의 진도를 이것을 통해 확인.	좋은 노트다. 기록부를 이용한다는 사실을 기록하는 데 머무르지 않는다. 주요 포인트는 교사가 각 학급별로 어디까지 가르쳤는지 확인해야 한다는 것이다.
U02-26 (컴퓨터) 테크놀러지를 별도 과목이 아니라 학교의 기존 커리큘럼(수학, 영어 등)에 통합하는 데 관심 있음.	좋은 노트이며 팀의 디자인에 잠재적으로 매우 중요하다. 이런 데이터가 다른 사용자들에서도 발견되었다면, 팀은 테크놀러지를 컴퓨터 수업만이 아니라 다른 교과에도 통합하는 걸 고려할 것이다.

예시 – 애자일런트 어피니티 노트

- C2-05 그녀의 일상은 마치 서빙할 테이블(테스트)을 처리하려는 웨이트리스와 같다. 잊기 쉬운 주문 내용을 모두 기억하려고 하는 것이다.
- C2-07 그녀는 pH 분석이 끝나면 알 수 있도록 알람시계를 이용한다.
- C12-21 샘플은 파도처럼 한꺼번에 밀려드는 경향이 있다. "오늘 아침엔 샘플의 파상 공세야."
- P4-23 노트와 SAT가 있는 누군가에게 몰래 접근해서, 다른 화학자가 그의 결과와 계산을 검증하도록 해야 했다.
- P10-25 샘플을 분석할 수 있도록 실험대에 늘어놓을 자신의 조직 시스템을 갖고 있다.
- C15-08 벽에 걸린 차트는 한 장당 하나의 분석 자료를 표시하는데, 차트가 많은 이유는 이 때문이다. 실험 도구별, 조건별, 실험 방법별로 각각 작성되어 있다. 차트는 그래프로 표시된다.
- U3-23 "매번 LIMS 터미널로 다시 돌아가야 한다면 미쳐버릴 거예요."
- U5-16 그들은 통제실로 보내기 전에 LIMS 엔트리에 대한 검증 프로세스를 거치곤 했으나, 시간이 없으므로 더는 그러지 않는다.

예시 – 아프로포스 어피니티 노트

- K08-21 K08은 현장 직원에게서 영업부 직원과 연결해 달라는 전화를 받는다. 현장 직원들은 웹사이트에서 영업부 직원의 연락 정보를 얻을 수 없다.
- K02-11 관리자가 그의 행동을 감시한다고 하며, 전화를 빨리 받지 않으면 자신에게 전화를 돌릴 거라고 한다.
- K02-32 고객과 우선순위 옵션을 의논하고 고객은 케이스의 우선순위를 결정한다.
- K02-33 Q: 문제에 대해 자체적으로 우선순위를 매기는 것은 순서에 어떤 영향을 미치는가? 에이전트는 고객이 우선순위가 낮은 쪽으로 가려 할 경우 알리고 있는가?
- K04-78 DI: 책임을 맡은 사람에게 자동 텍스트 알림. 시스템은 정보를 추출해서 인터랙션의 우선순위에 근거하여 자동으로 알림 메시지를 보낸다.
- K07-94 전화한 사람을 영업 담당자에게 연결하기 전에, K07은 아프로포스를 열고 고객에 대한 정보 정의로 들어간다. 그런 다음 전화를 영업 담당자에게 보낸다.

이렇게 해서 영업 담당자가 전화를 받기 전에 전화한 사람에 대한 정보를 제공한다.

예시 – 구매 프로젝트 어피니티 노트

- M02-33   RFP는 대략 100쪽 정도이며 여러 섹션을 포함하는 문서다.
- M06-34   일종의 결말이 열린 합의서로, 구매 요청서는 아니다. 조건과 비용은 포함되지만 수량과 다른 세부 사항들은 포함되지 않는다.
- M06-35   팀에 있는 여러 구성원은 서로 다른 분야에 대해서 책임을 진다.
- M08-46   그녀는 손실이 있는 업체(vendor)와의 관계를 끊으려고 하지 않는데, 그 이유는 팀이 꼭 함께 작업해야 할 다른 업체와 파트너일 수도 있기 때문이다.
- M08-48   DI: 외부 집단에서 거래를 성사시키고자 서로 경쟁하는 업체들의 테크놀러지를 파악하여 그들을 한데 모으려고 할 수 있다.
- A03-5   어떤 공급자와 이미 함께 일했다면, 거래가 어떻게 되었는지에 관한 체크리스트를 보관할 것이라고 말한다.
- A03-46   공급자들에게 그들의 재정 상태, 구매될 가능성(OEM 업체는 단독 공급자 자격을 잃는 것을 두려워한다), 함께 일하는 다른 OEM 업체, 그리고 보유 기술에 관한 정보를 요청하는 질문지를 보낸다.
- A03-47   OEM 업체는 부품 공급업체가 거래를 중단하는 것을 두려워하는데, 그 이유는 90%의 부품을 공급하는 거래 선이 하나뿐이기 때문이다.
- A03-58   공급자가 마음에 들지 않는다면 관계를 끝내기는 쉽다. 생산이 끝나면 자연스럽게 관계도 끝난다.

업무 모델 도출하기

이미 언급했듯이, 프로필을 파악한 후에 인터뷰 진행자는 피지컬 모델을 스케치하고 사용자의 환경에 관한 사진을 보여준다. 혹시 피지컬 업무 모델까지 정리할 계획은 아니었다 해도, 업무 현장을 그려서 보이면 해석 세션 참여한 사람들이 사용자의 상황과 환경을 더욱 잘 이해할 수 있다.

피지컬 모델을 그리기 위해 인터뷰 진행자는 간단하게 사용자의 업무 공간을 다이어그램으로 표시하여 팀원들에게 설명한다.

집중 래피드 CD에서는, 해석 세션을 진행하는 동안 업무 모델러가 사용자의 직무 단계들을 보여 주는 시퀀스 모델을 제작한다(6장 참조).

업무 모델과 어피니티 노트는 인터뷰 진행자가 인터뷰에서 일어난 일을 이야기할 때 동시에 기록된다.

통찰을 포착해 기록하기

인터뷰 진행자가 어피니티 노트를 검토하는 일을 마치면, 마지막 단계는 팀의 통찰(insight)을 포착해 기록하는 것이다. 통찰은 디자인 아이디어가 아니다. 통찰은 해결책이 아니라 패턴, 상황, 그리고 요구사항을 설명하는 것이다. 또한 통찰은 인터뷰 내용을 들은 사람들의 인터뷰에 대한 반응과 생각이다.

통찰 내용을 목록으로 만드는 것은 데이터의 세부 사항에서 한 걸음 물러서서 언급되어야 할 업무 패턴과 핵심 이슈, 그리고 프로젝트 전체의 함축적 의미에 대해 생각하게 하는 방법이다. 여러분은 이미 계속해서 통찰을 파악해 왔을 수도 있다. 이 마지막 난세는 그동안 알게 된 것들을 한 곳에 모이 기록하는 순간임 셈이다.

통찰은 공유 세션에 참여하는 다른 관심 집단들뿐만 아니라 해석 세션에 참여하지 않은 다른 팀원들과도 공유될 것이다. 통찰은 팀이 인터뷰에서 알아낸 핵심 사항들을 강조하여, 해석 세션에 참여하지 않은 사람들에게 그것을 알리고 사용자와 인터뷰 내용에 대해 감을 잡을 수 있도록 할 기회다.

통찰을 별도의 플립 차트에 기록하는데, 이때 어피니티 노트에서 이미 기록한 포인트도 모두 포함시킨다. 새로운 통찰이 있으면 새로운 어피니티 노트로도 기록한다. 이 플립 차트는 여러분의 첫 번째 결과물이 되는데, 이를 관리자에게 보여 주어 여러분이 하고 있는 활동에 대한 통찰을 전할 수도 있다.

예시 – 이초크

이초크의 인터뷰에서 나온 통찰은 아래와 같다.

- 교사들의 커리큘럼을 컴퓨터 수업 일정에 통합하기 위해 다른 교사들과 함께 강의 계획을 세운다.
- 교사들이 강의 계획을 세우고 각자의 과목 분야를 테크놀러지와 통합하는 것을 도울 가이드를 만들고 보급한다.
- 출근을 기록하는 데는 세 사람이 필요하고, 이질적이거나 중복된 많은 데이터 입력 단계들이 존재한다.
- 그는 테크놀러지를 별도의 과목이 아니라 학교의 기존 커리큘럼(수학, 영어 등)의 일부로 적용하는 데 관심이 있다.
- 테크놀러지는(예컨대 컴퓨터, 인터넷, 기타 뉴 미디어) 사용하기 쉬워야 하고, 모두 이용해야 하며, 가치 있게 쓰이려면 적절하고 흥미로워야 한다.
- 학교는 항상 학교를 발전시키고 기금을 조성할 대안 방법들을 찾고 있다.
- 행정 부서는 학교에서 일어나는 일들을 파악하는 중심적인 장소다.

예시 – 애자일런트 통찰

- 그들은 기술적인 면에서 효율성을 추구하도록 장려된다.
- 공식적인 교육 과정(예를 들면, 기능공을 전문 기술자로 훈련시키는 과정 등)은 없다. 교육은 대부분 직원들 간에 이루어진다.
- 철성분이 장비를 부식시키기 때문에 실험실에서는 모두 철에 대한 테스트를 거친다.
- 분석가들에게 요구되는 적절한 태도는 이러하다. "병원 연구실에서 근무했던 사람들이 오기도 했어요. 하지만 그런 사람들은 별 도움이 되지 않는데, 멀티태스킹을 잘 못하기 때문이죠."
- 샘플 이름은 각 부분 정보의 특정한 순서에 따라 구성된다. 예를 들면 일련 번호, C/V, 샘플 포인트, 데이터, 시간 등이다.
- 샘플은 그리 순조롭게 도착하는 편이 아니고, 한꺼번에 마구 오는 경향이 있다.

- 항상 프로세스가 잘못 되었다고 생각하지 않고 뭔가 다른 원인이 있을 것이라고 가정한다. 테스트가 잘못된 경우보다 프로세스가 잘못된 경우가 더 복잡한 결과를 초래한다(따라서 재실험을 먼저 해본다).
- 컴퓨터와 도구들은 잘 작동하도록 유지 관리되어야 한다.
- 그들은 실험용 장갑을 낀 채로 컴퓨터를 이용한다.
- 위치를 기억하고자 프로세스에서 지속적으로 힌트와 트릭을 이용한다.

예시 – 아프로포스 통찰

- 담당자가 고객과 통화하면서 동시에 처리해야 하는 활동들이 많다. 관련 데이터는 빨리 수집되어야 한다.
- 업무 흐름에서 지원 노트는 담당자의 판단에 결정적인 역할을 한다.
- 그들은 신속하게 필요한 정보를 모두 어디서 찾을지 알고 있다. 정보가 모두 연결되어 있거나 접근하기 쉽지는 않다고 해도.
- 개별 전화 인터랙션에서 한 사람은 각각 작은 정보를 갖고 있다. 여기서는 메모장이 핵심 도구다.
- 담당자는 다른 담당자가 언제 전화를 받을 수 있는지 알 필요가 있다. 담당자들은 서로 언제 가능한지 알 수 있지만, 현재 무엇을 하는지는 알지 못한다. 또한 전화를 통화 대기 상태로 두지 않고 실제로 전화를 받을 수 있을 만한 사람들을 알기 위해서 IM을 이용한다.
- 같은 전화선으로 여러 부서와 통화가 가능한 상황은 고객에게 매우 좋으며, 지원이 잘 된다는 느낌이 들게 한다.

공유 세션 진행하기

공유 세션은 해석 세션 전체에 참여하지 못한 팀원들이 있을 때 시행한다. 또는 이해관계자들을 불러서 이해시키는 데 이용하기도 한다(164쪽의 '외부 커뮤니케이션- 진행 상황을 공유하려 할 때 프로젝트 룸을 활용하자' 박스를 보자). 공유 세션은 인터뷰 해석 세션을 몇 번 거친 후에 연다. 해석 세션들을 동시에 진행하거나 모든 팀 구성원이 해석 세션에 참여하지 못하는 상황이라면, 일주일 단위로 공유 세션을 열 수 있다. 이것은 또한 모델과 어피니티 노트에 빠진 정보를 추가할 기회이며, 질적인 점검을 할 수 있도록 한다.

더 규모가 커진 팀 전체에 걸쳐 이해를 공유하려면, 모든 이가 공유 세션에 참석해야 한다. 공유 프로세스는 비교적 단순하며, 목표는 재해석이 아니라 데이터를 공유하는 것이다. 모든 사람이 참석할 수 없다면, 인터뷰 진행자가 알아낸 내용을 다른 사람들과 공유하는 일에서 핵심 인물이 된다.

공유 세션 1회당 4-5회가 넘어가는 인터뷰를 공유하지 말자. 이보다 많으면 회의가 너무 길게 느껴진다. 개별 인터뷰가 공유되는 데는 15분 내지 20분쯤 소요되어야 한다.

공유 세션 역할

먼저 첫 번째 해석의 공유 세션으로 시작한다. 다음 역할을 참석자들에게 부여한다.

발표자 발표자는 인터뷰 진행자다. 이 사람은 다음과 같은 역할을 한다.

- 사용자와 그의 업무에 대해 짧게 개요 설명을 한다.
- 원래의 해석 세션에서 나온 통찰을 공유한다.
- 모델이 기록되었다면 모델을 워킹한다.
  - 인터뷰 진행자는 해석 세션에서 기록한 모델 각각의 핵심 포인트와 의미 있는 내용들을 강조하며 설명해야 한다. 시퀀스 모델의 각 단계를 설명하지 말자. 프로젝트 포커스에 맞춰 의미 있는 핵심 내용들만 강조하면 된다.

참여자 해석에 참여했던 사람들은 발표자의 설명을 듣고 질문하며 새로운 이슈, 디자인 아이디어, 또는 고려할 만한 질문들을 제기한다. CD 팀은 제기된 아이디어가 이미 기록된 것인지 이야기해 준다. 확실하지 않다면 찾아보는 시간을 절약하기 위해 다시 기록한다.

업무 모델 리뷰 보조자 발표자가 시퀀스 모델을 설명할 때는 새로운 단계들이나 원래 참여자들이 조사할 때 기록되지 않았던 것들을 추가할 수 있다. 보조자는 새로운 데이터를 모두 시퀀스 모델에 추가한다. 따라서 모델이 없다면 보조자는 필요 없다.

기록자 기록자는 어피니티 노트에 새로운 관찰, 디자인 아이디어, 질문, 그리고 통찰을 업데이트한다. 해석 세션 노트의 뒷부분에 이어서 기록하면 된다.

공유 세션에 관한 조언

- 요약하여 공유하라. 공유 세션은 해석 세션 전체를 재방송하는 게 아니다.
- 팀에서 이미 어피니티 노트에 있는 내용이라고 말한 후에도 누군가 계속 그 포인트를 언급한다면, 그 포인트가 있는지 찾으려고 하지 말고 그냥 다시 추가한다.
- 인터뷰 데이터와 통찰을 공유하는 데 집중한다. 논의의 포커스를 재설정하는 것과 공유하는 것을 구분해야 한다. 다음 인터뷰에서 어떻게 접근하는 것이 좋을지는 별도로 회의 스케줄을 잡는다. 이와 비슷하게, 공유 작업을 디자인 자체를 토론하는 시간으로 변질시키지 마라. 이것 역시 별도의 회의이니 말이다. 공유라는 포커스에 집중하면 팀의 시간 관리를 잘 할 수 있다.
- 공유 세션은 매주 같은 시간에 스케줄을 잡는다. 많은 팀에서는 점심 겸 회의를 선호하는데, 일하는 시간을 덜 빼앗긴다고 느끼기 때문이다.

외부 커뮤니케이션 – 진행 상황을 공유하려 할 때 프로젝트 룸을 활용하자

다른 사람들이 마음을 열고 받아 들일 때까지, 여러분의 프로세스와 알아낸 사실들에 관한 정보를 알리는 지속적인 전략이 필요하다. 규칙적인 공유 세션을 거쳐 이해관계자 및 관리자들과 데이터를 공유할 수 있다. 하지만 그들에게 전하고 싶은 특정 메시지가 있거나, 문제가 있는 특정 팀들을 초대하는 경우라면 프로젝트 룸에 다음 아이디어를 시도해 본다.

- 사람들이 일종의 데이터 투어를 하도록 초대한다. 디자인 룸의 벽에 사용자에게서 얻은 통찰과 사용자 두세 명에게서 나온 모델에서 얻은 통찰 내용을 붙여 놓는다. 이제 방문자들에게 보여줄 거리가 있고, 그들은 프로젝트 룸을 방문했을 때 자연스럽게 참여하게 된다. 이는 사람들에게 비공식적으로 데이터에 대해, 그리고 그 데이터가 어떻게 여러분의 프로젝트 포커스를 설명하는지를 이야기하는 것이다.

- 프로젝트 룸에서 체크 포인트 회의를 계획한다. 대표적인 사용자와 그들의 데이터, 통찰을 검토하는, 더 공식적인 공유 세션을 계획한다. 인터뷰 자체에 관한 이야기를 들려 준다. 또는 개별 사용자에서 생성한 페르소나를 공유한다. 데이터가 디자인에 주는 시사점에 대해 이야기하라. 이것은 사용자를 생생하게 보여주는 방법이다. 이때 회의 목적은 커뮤니케이션이니, 여러분은 아마도 추가 어피니티 노트를 작성하지는 않을 것이다.

- 누구를 초대하고, 주요 관련 부서 사람들 그리고 영향력 있는 사람들과의 커뮤니케이션은 어떻게 관리할지 계획하라. 여러분의 데이터에서 흥미로운 결과를 소개하여 그들의 관심을 이끌어내는 것으로 시작하여, 점심 모임을 같이 하면서 이야기를 발전시켜 보라.

R a p i d
C o n t e x t u a l
D e s i g n

06

업무 모델링

래피드 CD 프로세스	속전 속결	속전 속결 플러스	집중 래피드 CD
시퀀스 모델			V

업무 모델은 업무를 파악하는 언어적 도구를 제공하며 중요한 특징들을 드러내도록 해준다. 업무 모델은 복잡한 정성(定性) 데이터를 기록하는 명확한 방법을 제공하며, 피지컬 다이어그램으로 표시되어 팀이 업무 구조를 파악하는 데 도움을 준다.

집중 래피드 CD에서는 사용자가 수행하는 직무(task)를 시퀀스 모델로 기록할 수 있다. 업무 수행 방식의 모델링을 시작하는 팀은 대부분 사용자가 직무를 수행하는 과정을 몇 가지 단계로 구분하여 표시하는 것으로 이 작업을 시작한다. 사용자 경험 전문가들은 각자 이용하는 직무 분석(task analysis) 방법에 대해 이야기한다. 즉 페르소나를 쓰는 사람들은 일상 업무의 어느 하루를 스토리로 특성화한다. 프로세스 모델러들은 프로세스의 현재(as-is) 모델을 찾고, 그 프로세스가 어떻게 바뀔 것인지에 대한 향후(to-be) 모델을 만든다. 또한 RUP 사용자와 같은 유스 케이스 모델러들은 현재와 향후의 유스 케이스를 만든다. 그리고 XP 수행자들은 사용자 스토리를 원하는데, 사용자 스토리란 하나의 직무가 시스템에서 어떻게 수행되는지 단계(step)로 나타낸 것이다. 이 모든 접근 방법에는 프로젝트에서 지원하려는 활동을 사용자가 수행할 때 실제로 취하는 행동 단계들이 필요하다.

시퀀스 모델은 바로 이런 행동들, 즉 사용자가 실제 직무를 수행하는 동안 취하는 행동 단계들을 기록한 것이다. 일단 시퀀스 모델을 정리하면(7장 참조) 조사 대상 집단에 속한 사용자들이 직무를 완수하기까지 이용하는 다른 단계들도 모두 알 수 있다. 정리된 시퀀스 모델은 직무 분석, 현재 사용자 프로세스 모델, 그리고 사용자 일상의 어느 하루에 대한 스토리와 같다. 이 모델은 스토리보드를 만드는 가이드가 되는데(12장 참조), 스토리보드는 사용자가 재디자인된 직무를 수행하는 새로운 방식을 보여줄 것이다. 스토리보드는 미래의 시나리오로 향후 유스 케이스 또는 사용자 프로세스 모델이며, XP에서는 사용자 스토리의 기본 자료가 된다(15장 참조).

시퀀스는 래피드 CD에서 이용되는 핵심 모델이다. 다른 컨텍스추얼 디자인 모델들에 관한 개요를 보려면 '다섯 가지 CD 업무 모델들' 박스를 참조하자. 사용자 업무 모델링을 시작할 때는 대부분 대표 직무(task representation)를 구분하는 것부터 시작한다. 그러므로 우리는 집중 래피드 CD를 위해 시퀀스 모델을 활용하도록 권한다.

우리는 또한 어떤 프로젝트에서든 인터뷰의 컨텍스트를 보존하기 위해 피지컬 모델을 기록하길 권한다. 그리고 여러분은 핵심 직무에 사용된 아티팩트도 수집해야 한다. 이것들은 사용자가 업무를 행하는 동안 활용하는 사물의 실례를 들어 주는 아티팩트 모델(artifact model)을 제공한다. 우리는 래피드 CD에서 피지컬과 아티팩트 모델을 제작하기를 권하지는 않는다. 그저 간단하게 그려서 설명을 붙여 놓는 정도로도 새로운 통찰을 얻을 수 있고 거기에서 어피니티 노트도 추가로 생성할 수 있다.

업무 모델링은 해석 세션에서 이루어진다. 피지컬 모델은 컨텍스트를 보여주고자 해석 세션의 도입부에 그린다. 인터뷰 진행자가 사용자가 직무를 수행하는 일련의 단계들(대개 상당히 많은 단계들로 수행된다)을 관찰한 대로 진술하기 시작하면 그에 따라 시퀀스 모델이 기록된다. 아티팩트 모델은 인터뷰에서 아티팩트에 관해 이야기가 나올 때마다 수시로 캡처된다. 따라서 이 모델들은 사용자 인터뷰를 하는 과정에서 나타나면 수시로 기록되는 것이다. 인터뷰 과정에서 모델과 관련된 추가 정보가 드러나면 그 데이터는 모델에 추가된다.

이 장에서는 시퀀스, 피지컬, 아티팩트 모델을 설명하고 그것들이 어떤지 예를 들어 살펴볼 것이다. 또한 각 모델에서 산출될 수 있는 어피니티 노트의 사례도 보고, 해석 세션에서 그것들을 기록하는 조언도 제공한다.

『Contextual Design: Defining Customer-Centered Systems』에서 5장「A Language of Work」중 81-87쪽과 6장「Work Models」참조하자.

다섯 가지 CD 업무 모델들 – 왜 래피드 CD에서는 일부 모델만 선택하는가?

컨텍스추얼 디자인의 업무 모델 다섯 가지는 팀이 사용자 업무 수행의 복잡성을 순서대로 나타내는 데 도움이 된다. 이 장에서 설명하는 피지컬, 시퀀스, 아티팩트 모델들에 더하여, 컨텍스추얼 디자인에서는 플로와 컬처 모델도 사용자 집단을 특성화하는 데 이용된다. 여기서 이 모델들과 그 쓰임에 대해 설명하려 한다.

플로 모델은 직무를 수행하는 데 필요한 사람들의 책임, 커뮤니케이션, 공동 작업을 묘사한다. 플로 모델이 완성되면 사람들이 담당하는 역할, 핵심 업무 그룹, 필요한 정보, 핵심 활동, 커뮤니케이션 패턴, 프로세스 업무 흐름 등을 알 수 있다. 플로 모델은 마치 지도처럼, 목표 시장 또는 지원하는 사용자 집단에서 사람들의 역할을 보여준다.

플로 모델은 공동 작업용 애플리케이션, 역할 기반의 포털 사이트, 정보와 활동을 지원하는 웹사이트, 업무 흐름 애플리케이션(workflow application)[1] 등을 디자인하

---

1 (옮긴이) 인트라넷, ERP(Enterprise Resource Planning, 전사적 자원관리) 시스템 등 기업의 업무 전체 혹은 부분을 지원하기 위한 애플리케이션을 의미한다.

는 도구다. 또한 기존 또는 새로운 시장이나 사용자 집단을 대상으로 한 신제품 콘셉트를 도출해 내는 데 쓰이기도 한다. 플로 모델은 또한 타깃 페르소나를 특성화할 때도 유용하게 쓰인다.

컬처 모델은 업무를 수행하는 사람을 둘러싼 기업 외부적 영향(업체에 따른 상황 등) 또는 내부의 정책적인 영향력을 밝혀낸다. 컬처 모델은 조직, 가정, 또는 지역적 위치 내에 존재하는 문화적 이슈뿐만 아니라, 그들의 업무와 사용하는 도구에 관한 사람들의 감정을 간파하는 통찰을 제공한다.

컬처 모델이 정리되면 애플리케이션이 사용자에게 의미하는 가치를 알 수 있다. 이 모델은 사람들이 그 테두리에서 일하면서 적용 받는 영향, 제한, 대인적인 마찰, 정책, 기준, 그리고 규칙 등을 수집하고 보여 준다. 긍정적인 가치를 주거나 불만을 없애주는 제품은 사용자에게 높은 가치를 제공할 것이다. 그리고 컬처 모델에서 문화적인 차이, 정책, 법규도 역시 드러나기 때문에, 사용자가 선택하도록 하려면 디자인 팀이 디자인에서 무엇을 고려해야 하는지 알 수 있다.

어피니티 다이어그램과 함께 다섯 가지 업무 모델은 모두 사용자의 업무 수행을 구체적으로 보여 주고, 타깃 집단이 업무를 수행하는 구조를 특성화하는 다이어그램 세트를 생성한다. 각 업무 모델은 사용자의 업무 수행을 서로 다른 관점에서 보여주며, 팀은 이것을 통해 업무의 서로 다른 양상에 대하여 깊이 있게 논의할 수 있다. 이러한 논의 하나 하나는 서로 다른 디자인 콘셉트의 도출을 유발한다. 즉, 어떤 모델은 디자인의 세부적인 사항을, 어떤 모델은 디자인의 전체 사항을 도출하는 데 유용하다.

래피드 CD는 집중된 디자인 과업, 즉 시퀀스를 이끌어내는 세부적인 업무 모델들을 이용하는 데 초점을 둔다. 플로와 컬처 모델은 통합된 피지컬 모델과 함께 큰 그림을 그리는 모델들이다. 이런 모델들은 신제품과 서비스의 콘셉트, 프로세스의 재디자인, 전체 시장의 특성화를 이끌어낸다. 그러나 팀이 더 많은 모델을 기록하면 할수록, 해석과 정리 세션에서 해야 할 일은 더 많아진다. 따라서 래피드 CD를 위해서는 큰 그림을 그리는 모델들은 건너뛰고 세부적인 모델들에 집중하도록 했다.

래피드 CD에서 권장하는 시퀀스 다이어그램은 집중적인 특성 변화를 이끌어내고, 기존 제품의 다음 버전을 가이드한다. 이 다이어그램은 또한 RUP 기법에서 필요한, XP와 추상적 수준의 유스 케이스를 도출해내는 사용자 스토리를 생성하는 기반을 만든다.

정의

업무 모델은 사용자의 업무 또는 활동의 구조를 기록한 다이어그램이다. 여기서는 주요 타입 세 가지를 다루는데, 바로 피지컬 모델, 시퀀스 모델, 아티팩트 모델이다. 각 업무 모델은 사용자의 업무 수행에서 나타나는 한 가지 양상에 집중하며, 그 구조와 특성을 밝혀준다. 이 모델들을 이용해 팀은 현장 방문에서 본 것을 외부적으로, 또한 구체적으로 기록하고 커뮤니케이션할 수 있다. 또한 이 모델들은 복잡한 정성 데이터를 관리하는 방법이기도 하다. 일단 정리되면 업무 모델들은 어피니티 다이어그램과 함께 팀이 지원하려는 사용자 집단의 특성에 대해 구체적으로 설명해 준다.

핵심 용어

피지컬 모델(physical model) 업무에 영향을 미치는 사용자의 실제/물리적 환경을 나타낸다.

시퀀스 모델(sequence model) 컨텍스추얼 인터뷰에서 관찰 또는 회상된 직무를 단계적으로 기록한다. 완성된 시퀀스는 사용자가 업무를 완수하고자 관여하는 핵심 전략과 활동을 보여 준다.

아티팩트 모델(artifact model) 사용자가 직무를 수행하면서 만들거나, 전달하거나, 또는 참고하는 실제 '사물' 또는 전자 장비들의 사본이나 샘플이다. 아티팩트 모델은 업무 구조에서 구별되는 특징과 아티팩트의 내용을 드러낸다.

장애물(breakdowns) 사용자의 직무 완수 또는 그의 관점에서 비롯된 의도를 방해하는 것이다. 이는 툴에서 사용할 수 있는 기능을 이용하는 데 실패했거나 툴을 정해진 방식으로 이용하는 데 실패했다는 의미가 아니다. 장애물은 프로젝트 팀이 예상한, 적절한 업무 수행 방식에 대한 것이 아니라 사용자의 경험을 나타낸다.

계기(trigger) 사용자가 새로운 직무 또는 특정 단계를 시작하는 것을 촉진하는 상황이다.

의도(intent) 모든 사용자 행동 또는 실제 업무 현장이나 주변 사물의 구조 이면에 있는 '왜'라는 이유를 말한다. 의도는 사용자가 어떤 행동을 하는 원인이다. 때로는 드러나기도 하지만 그렇지 않을 수도 있고, 의식적일 때도 있으나 무의식적일 때도 있다. 계획되었을 경우도 있지만 습관적인 경우도 있다.

해석 세션의 업무 모델링

  □ 시퀀스 모델
  □ 피지컬 모델
  □ 아티팩트 모델
  □ 해석 세션에서 모델 이용하기

시퀀스 모델

시퀀스 모델은 사용자가 과업(task)을 완수하고자 차례대로 수행하는 단계들을 나타낸다. 시퀀스 모델은 해석 세션에서 인터뷰 진행자가 새로운 사용자 활동을 이야기할 때마다 기록된다. 시퀀스 모델은 사용자가 업무를 수행하면서 취하는 실제 단계들을 보여준다.

  인터뷰 진행자가 일련의 활동 단계들을 관찰하거나 관찰한 내용을 해석 세션에서 이야기할 때, 업무 모델러는 플립 차트에 일어나는 순서대로 세부 단계들을 그려낸다. 워드 프로세서나 스프레드시트에서도 시퀀스를 작성할 수 있지만, 이 방법은 때때로 원하는 수준보다 더 세부적인 수준까지 내려가기도 하므로 완성하는 데 시간이 더 오래 걸릴 수 있다('종이 캡처와 온라인 캡처' 박스를 참조하자).

  새로운 직무 또는 그 실례 각각을 기록하려면, 업무 모델러는 그때마다 새로운 시퀀스를 시작한다. 사용자별로 시퀀스의 세트를 만들자. 한 사용자에서 다른 사용자로 옮겨갈 때 여러분은 이런 활동들 중 다수가 비슷한 유형임을 알게

종이 캡처와 온라인 캡처

종이 플립 차트를 활용하지 않거나 떨어진 장소에서 동시에 해석 세션을 진행한다면, 워드 프로세서나 스프레드시트 프로그램을 활용하여 온라인으로 시퀀스를 작성할 수도 있다. 온라인에 기록하면 분할된 팀의 구성원들과 더 쉽게 시퀀스를 공유할 수 있다.

한 곳에서 어피니티 노트와 다른 시퀀스를 기록하여 온라인 미팅 또는 공동 작업 환경에서 디스플레이할 수 있다. 팀이 같은 장소에 있더라도, 기록되는 활동 단계들을 보려면 시퀀스를 디스플레이할 방법이 필요할 것이다.

하지만 온라인에서 기록할 경우 세부 사항의 수준을 어느 정도로 유지할지를 합의해둬야 한다. 우리는 온라인으로 하면 관련 없는 정보나 세부 사항을 너무 많이 기록하게 된다는 사실을 알아냈다. 진행 노트를 다 기록하지 않는다는 점을 기억하자. 핵심 단계, 계기, 의도만 기록하는 것이다.

온라인으로 하면 또한 전체 시퀀스와 구조를 파악하여 완성하기가 더 어려워진다. 우리가 오프라인에서 먼저 정리하도록 시퀀스의 첫 번째 세트를 출력해서 단계별로 잘라내라고 권하는 이유는 이런 점 때문이다. 그런 다음 기본 구조가 작성되면 스프레드시트 애플리케이션을 써서 더 쉽게 차이점을 다루고 역동적으로 확장할 수 있다.

계기 캡처

모든 시퀀스에는 그것을 시작하는 사건, 계기가 있다. 계기는 전화벨이 울린다든가, 송장(invoice)이 도착한다든가, 문 앞에 누군가 온다든가 하는 개별적인 사건이 될 수 있다.

계기는 시간에 근거할 수도 있는데, 매월 첫 번째라든가 아침에 제일 먼저 하는 일 등을 들 수 있다. 또한 메일 박스에 점점 쌓여가는 이메일 같이, 분명하게 그 시점을 알 수 없는 경우도 있다. 계기가 어떤 것이든, 재디자인 결과 업무가 자동화되었더라도, 그 계기는 새 시스템에서도 여전히 남아 있어야 한다. 시스템에는 사용자에게 할 일이 있음을 알려줄 방법이 필요하다. 그렇지 않으면, 사용자는 행동을 취하지 않을 것이다. 예를 들면, 한 이메일 제품이 메일 박스에 쌓인 분량이 많아지면 단지 느려지기만 한다고 치자. 이것은 사용자에게 메일을 정리하는 계기로 작용하지는 않을 것이고, 그저 그 제품을 점점 더 짜증스럽게 여기도록 만들고 말 것이다.

될 것이다. 이 유사 시퀀스들은 프로세스에서 나중에 정리된다.

시퀀스는 아래와 같은 요소로 구성된다.

- 단계 - 세부 사항의 적절한 레벨에서 사용자가 실제로 한 일.
- 계기 - 사용자가 새로운 직무 또는 특정한 단계를 시작하도록 촉진하는 상황(앞쪽의 '계기 캡처' 박스를 참조하자). 계기는 항상 시퀀스를 시작한다.
- 의도 - 사용자가 직무나 특정 단계를 행하는 의식적이거나 무의식적인 이유('시퀀스 모델에서 의도에 집중하기' 박스를 보자). 의도를 더 많이 정의할수록, 미래의 디자인에 더 좋은 결과를 가져온다.

시퀀스 모델에서 의도에 집중하기

시퀀스 모델은 사람들이 취하는 행동 단계들을 기록하며, 직무 분석 그 이상의 것이다. 여러분이 단계들을 기록하기만 한다면 직무의 핵심 구성 요소를 잃어버릴 텐데, 이 구성 요소는 심지어 논란의 여지가 있기는 해도 실제 단계들보다 업무에 더 중요하다. 즉, 여러분은 왜 사용자가 전체 직무를 실행했는지 이해할 필요가 있다. 왜 사용자는 어떤 단계 또는 일련의 단계들을 밟았는가?

이와 같은 '왜'가 바로 의도다. 여러 면에서 볼 때 사람들이 행하는 개별 단계들은 결국 중요하지 않다. 중요한 것은 그들의 의도다. 시퀀스 모델의 최종 목표는 의도를 알아내고 특히 디자인을 통해 그 의도에 부합하는 것이다. 의도를 찾아낼 수 있다면, 그리고 의도에 부합하도록 디자인한다면, 서로 다른 사람들이 서로 다른 단계들을 취하는 것은 별 문제가 되지 않는다. 우리의 제품이 사용자의 의도를 만족시킨다면 사용자의 업무를 제대로 지원하고 있다고 봐도 좋다. 우리는 사용자의 근본 의도에 부합하도록 단계들을 재디자인하고, 수정하고, 제거할 수 있다.

게다가 의도는 시간이 흘러도 변하지 않는다. 즉 변하는 것은 단계다. 예를 들면, 수 세기에 걸쳐 사람들에게는 먼 거리에서 의사 소통하려는 의도가 있다. 그동안 바뀐 것은 단계다. 연기 신호부터 인편에 보내는 편지, 전보, 전화, 화상 회의, 이메일, 그리고 메신저(instant messaging)까지 단계는 무수히 변화했다. 따라서 업무를 모델링할 때, 우리는 모든 의도를 찾아내야 한다. 이때 의도는 직무의 전반적인 의도뿐만 아니라 직무 내의 행동과 단계에 담긴 의도까지 파악해야 한다. 모든 시스템은 그냥 전반적인 의도가 아니라 업무에 숨겨진 전체 의도를 지원해야 한다.

프로젝트에 적합한 세부 사항의 수준 알기

여러분과 팀은 시퀀스에 얼마나 세부적으로 접근하려 하는지 결정할 필요가 있다.

업무 단계 사용자의 행동을 이해하는 데 포커스를 두는 전형적인 프로젝트라면 업무 단계(work steps)를 기록해야 한다. 이것은 모든 연관된 사고 단계를 포함하여, 사용자가 각자의 행동 레벨에서 단계별로 무엇을 하는지를 뜻한다(예를 들면, U01은 그 툴에서 사용자의 이름을 입력했다).

사용자 인터페이스 단계 여러분이 어떤 툴의 사용성(usability)을 보려고 한다면 클릭과 사용자 인터페이스로의 입력(input) 수준으로 시퀀스를 기록해야 한다(예컨대, U01은 메뉴를 풀다운하여 사용자 데이터를 선택하고, 대화창을 열었다 또는 커서를 이름 필드에 놓았다).

프로세스 단계 프로세스에서 사용자의 역할을 보려고 한다면 업무 단계만 기록하면 된다. 실제 세부 사항을 빼고 그룹 또는 부서의 수준에서 단계를 기록하면 그룹의 책임, 부서 간의 업무 흐름, 아마도 그룹 간의 데이터 흐름을 보게 될 것이다. 그러나 이런 시퀀스 수준으로 프로세스를 신뢰성 있게 재디자인하기에는 너무 추상적이고, 업무 수행에 관련된 데이터도 거의 없다(지불할 수 있는 계좌에서 송장을 받았다, 송장이 승인되었다, 수표를 끊기 위해 송장을 확인해 보냈다, 등).

각 팀에서는 프로젝트 포커스에 맞춰 세부 사항의 적절한 수준을 결정해야 한다. 그렇지 않으면 적절한 수준에서 업무를 재디자인할 수 없을 것이다. 또한 세부 사항을 정할 때도 주의를 기울여야 하는데, 추상적인 시퀀스는 너무 많은 데이터를 날려 버리므로 나중에는 쓸모 없어질 수도 있다. 따라서 프로젝트에 맞게 세부 사항의 적절한 수준을 잘 선택한다.

사례 - 이초크
사례 1. 업무 단계 기록

이 시퀀스 모델을 보면 (그림 6-1) 팀이 모든 행동이 아니라 업무 단계 수준에서 선택적으로 기록하려 했음을 알 수 있다. 여기서는 사용자가 이초크 툴을 쓰지 않으므로 팀의 포커스에 적합하다고 할 수 있다. 또한 팀은 상세한 수준으로 단계와 장애물을 모두 기록하려 하지는 않았다. 만약 팀이 이초크 툴에서 출판 과제를 지원하려고 한다면 교사들이 언제 어떻게 이 일을 하는지를 알아야 한다.

그림 6-1 추상적 수준의 세부 사항들이 기록된 단계들을 보여주는 이초크 시퀀스 사례

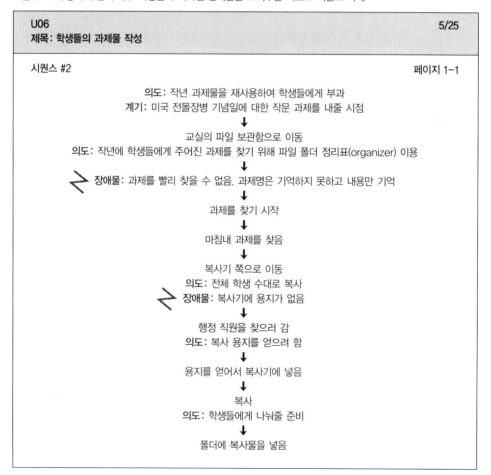

사례 2. 너무 추상적인 시퀀스

그림 6-2에서 이초크 팀은 지나치게 상세함이 떨어지는 시퀀스를 기록했다. 계기와 의도를 기록한 것은 좋다. 그러나 업무의 구조가 바뀌는지 알아보려면 학부모와 교사들이 의논한 여러 일들에 대해 알 필요가 있다. 하지만 시퀀스의 나머지에도 실제로 디자인 아이디어를 도출할 만큼 세부 사항들이 충분하지 않다. 이초크는 또한 교사와 행정 직원들(그리고 교직 이외의 직원들) 간의 커뮤니케이션을 지원할 예정인데, 이 시퀀스에는 대답 없는 질문이 너무 많이 나온다. 교장과의 미팅에서 무슨 일이 있었는가? 계획은 어떻게 정리되었는가? 이벤트 후의 학부모 설문 조사는 어떠했는가? 다행히도 이초크에는 이 직무에 대한 다른 세부적인 시퀀스들이 있었다.

그림 6-2 세부 사항이 충분하지 않은 시퀀스 사례

U12	5/24

제목: 이벤트에 학부모 초청 (회상 retrospective account)

시퀀스 #1   페이지 1-1

의도: 학부모 초청 이벤트 계획
계기: 워크숍에 참여해서 학생 가족 이벤트에 관한 아이디어를 얻음

허가를 받기 위해 교장과 미팅

4, 5, 6학년 학부모와 가족들을 초청하고자 계획을 정리

각 학급 홈룸 시간(homeroom)에 초대장을 보내서 가정의 학부모들에게 발송하도록 요청
의도: 초대장 발송 장소와 이벤트의 일정 관리 장소로 홈룸을 이용

이벤트가 끝난 후에, 결과에 대해서 학부모들에게 설문조사

시퀀스 모델 기록하기

시퀀스는 실제로 일어난 일을 기록한다. 즉 사용자가 '때때로 한다'고 말하는 가설적 단계는 포함하지 않는다. 시퀀스는 곁가지라든가 결정 지점(decision point) 등은 기록하지 않는데, 실제 일상의 경험에서 사용자는 한 가지 일만 하기 때문이다. 따라서 시퀀스는 실제 과업이 수행되는 것을 관찰하거나 관련 사물을 이용해 회상하여 재연되거나 설명될 때 발견된다.

여러분이 시퀀스 모델을 기록할 때는 다음과 같이 한다.

- 플립 차트 페이지의 맨 위에 사용자 코드와 번호를 쓴다. 각 페이지의 맨 위에는 개별 시퀀스 번호(시퀀스 1)를 쓴다. 그런 다음 그 시퀀스의 페이지 번호를 기입한다.
- 새로운 시퀀스는 각각 새 플립 차트 페이지에 시작하거나, 워드 프로세서 문서 또는 스프레드시트 파일 워크시트(worksheet)의 새 페이지에서 시작한다 ('반복적인 시퀀스 기록' 박스를 보자).
- 시퀀스의 시작에서, 업무를 시작하는 계기를 기록한다. 계기는 전화벨이 울리는 것과 같이 명시적이거나, 사용자가 습관적으로 어떤 행동을 하는 '하루 중의 어느 시간'처럼 암시적일 수도 있다. 계기는 행동을 개시하는 사건이다.
- 업무를 달성하고자 밟아온 단계들을 기록한다. 이것을 적절히 상세한 수준으로, 일어난 순서에 따라 파란색으로 기입한다('왜 모델을 기록할 때 다른 색을 사용하는가?' 박스를 참조하자). 사고 단계들을 알게 되었을 때나 사용자가 결정하는 것을 관찰할 때는 그 사고 단계들까지 포함하자.

반복적인 시퀀스 기록

때때로 인터뷰 도중에 사용자가 같은 종류의 업무를 계속해서 반복하는 경우가 있다. 업무를 반복할 때마다 새로운 데이터를 발견할 수 있다면, 사용자에게 반복을 시작할 때까지만 몇 가지 케이스를 되풀이하도록 요청한다. 반복 업무 과정은 관찰할 때마다 디자인에 영향을 주는 새로운 요소들이 드러나는 경우에만 관찰해야 함을 명심한다.

그러나 새로운 데이터를 얻을 수 없다면 반복 업무 수집을 계속할 필요는 없다. 인터뷰할 때 여러분에겐 사용자에게 관찰하려 하는 업무를 바로 보여달라고 요청할 권한이 있음을 기억하라. 예를 들면, 이초크의 인터뷰 진행자는 이미 교사가 학생들에게 그날의 과제를 전달하는 것을 보았으므로, 이 행동에 대한 관찰을 하지 않기로 했다. 그 대신 결석한 학생들에게는 이 과제가 어떻게 전달되는지 알아보았다. 그런 다음, 서로 다른 유형의 업무들로 넘어갔는데, 예컨대 리포트 평가, 학습 진도 보고서 작성, 출석 체크, 그리고 프로젝트와 연관된 다른 직무들이 있다.

그러므로 인터뷰에서 여러분의 목표는 비슷한 직무에서 서로 다른 케이스가 발견될 때까지만 이런 케이스와 사례들을 수집하는 것이고 그런 다음에 다른 직무로 이동하면 된다.

이런 식으로 인터뷰를 진행하면 해석 세션이 간단해질 것이다. 다른 케이스를 수집하고 현재 알고 있는 시퀀스를 기록하면 서로 다른 데이터를 보여줄 것이다. 하지만 매우 반복적인 시퀀스가 있다면 처음 두세 케이스만 기록해도 된다.

인터뷰 진행자는 나머지 참여자들에게 인터뷰 노트에 적힌 행동 단계들을 큰 소리로 읽어 준다. 새로운 특징을 들으면, 새로운 시퀀스에 기록하고, 혹은 작은 차이일 때에는 이전의 시퀀스에다 그 단계에 대한 주석을 달아서 기록할 것이다. 주석을 너무 많이 달지 않도록 주의한다. 나중에 보면 사건의 순서가 혼란스러워지기 때문이다.

왜 모델을 기록할 때 다른 색을 사용하는가?

5장에서는 해석 세션에 필요한 비품 목록을 제시하는데, 여기에는 업무 모델을 그릴 때 쓰는 특정 타입의 마커 펜과 색깔 펜들이 포함된다. 펜이나 마커의 종류가 왜 중요한가? 그 이유는 펜이 커뮤니케이션 도구이기 때문이다.

우리는 데이터의 질과 종류를 표시하는 데 특정 색을 사용한다. 파란색은 모델을 그리는 기본 색이다. 파란색은 우리가 어떤 일이 일어나는 것을 보았거나 그 일이 반드시 일어난다는 증거를 보았음을 뜻한다. 불확실한 것에는 녹색, 장애물에는 빨간색을 쓴다.

왜 색깔에 신경을 쓸까? 펜 색은 실제로 팀의 시간 관리와 연관되어 있는데, 해석 세션이 순조롭게 진행되도록 이끌고 대화에서 시간 낭비를 막는다. 시간 관리는 항상 중요하지만 래피드 CD만큼 중요한 경우도 드물다.

색깔 펜이 어떤 역할을 하는지 살펴보자. 어떤 일이 일어났는지, 모델에 반영되어야 하는지 여부를 논쟁하느라 시간을 낭비하지 말자. 확실하지 않다면 녹색으로 표시한 다음 계속 진행한다. 녹색은 만약 이 포인트가 디자인에 중요하다면 다음에 예정된 인터뷰에서 '파란색 데이터'로 수집해야 한다고 팀에게 알리는 신호다.

마커는 모든 사람이 볼 수 있도록, 공간을 낭비하지 않는 한도에서 크게 표시할 경우에 쓴다. 여러분의 팀이 더 좋게 커뮤니케이션하도록 지원하려면 어떻게 할지 생각하라. 종이와 펜의 '기법'으로도 진행 속도를 향상시킬 수 있다. 서로 분명하게 커뮤니케이션하는 데 도움이 되기 때문이다.

- 개별 단계에서 혹은 여러 단계에서 관련된 의도를 발견하면 그것을 기록하라. 사용자는 자신의 의도를 명확하게 모를 수도 있지만, 인터뷰에서 이야기하는 동안 분명해질 것이다. 의도가 무엇인지 알았을 때 이를 기록해 둔다.

- 업무에서 장애물은 빨간색 지그재그로 표시한다. 각 장애물에 사용자의 관점에서 무엇이 문제였는지 기록하여 주석을 달아 둔다.

- 시퀀스 모델을 완성하고 나면 시퀀스 전체에 대한 사용자 의도를 시퀀스 모델의 맨 위에 기입한다. 시퀀스에는 여러 종속적 의도(subintent)뿐만 아니라 하나 이상의 전체적인 의도가 있을 수 있음을 기억하라.

- 해석하면서 드러나는 회상의 각 단계를 기록하고, 빠진 단계가 생각날 때 그것을 채울 충분한 공간이 있는지 확인한다. 해석하는 팀원들은 인터뷰 진행자에게 잊었던 단계들을 상기시키는 질문을 할 것이고, 따라서 단계들 사이에는 이런 내용을 추가할 여유 공간이 필요하다. 해석 세션에서 시퀀스를 기록하는 데 유용한 조언은 표 6-1(180쪽)을 참고하자.

사례 – 이초크 업무 회상(retrospective account)

다음에 회상 단계(그림 6-3)가 있다. 팀은 전체적인 사용 의도와 계기를 찾아냈지만, 해석 세션에서 행동 단계에 담긴 한층 자세한 의도까지는 찾아내지 못했다. 행동 단계에 담긴 의도는 나중에 시퀀스 모델을 완성한 후 업무 지원 방법을 의논할 때 필요하게 된다.

해석 세션에서 종속적 의도를 기록하는 편이 더 좋다. 그러면 팀원들이 그것을 이해하느라고 멈추거나, 질문하려고 인터뷰 진행자의 행적을 쫓을 필요 없이 정리 작업을 진행할 수 있기 때문이다. 여기서는 여러분에게 사례를 제공하기 위해 나중에 추가된 종속적 의도를 포함했다.

그림 6-3 회상을 통해 기록된 시퀀스 사례

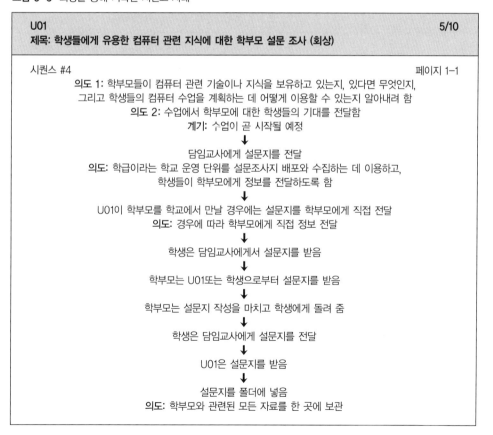

> **U01** 5/10
> **제목: 학생들에게 유용한 컴퓨터 관련 지식에 대한 학부모 설문 조사 (회상)**
>
> 시퀀스 #4 페이지 1-1
> **의도 1:** 학부모들이 컴퓨터 관련 기술이나 지식을 보유하고 있는지, 있다면 무엇인지,
> 그리고 학생들의 컴퓨터 수업을 계획하는 데 어떻게 이용할 수 있는지 알아내려 함
> **의도 2:** 수업에서 학부모에 대한 학생들의 기대를 전달함
> **계기:** 수업이 곧 시작될 예정
> ↓
> 담임교사에게 설문지를 전달
> **의도:** 학급이라는 학교 운영 단위를 설문조사지 배포와 수집하는 데 이용하고,
> 학생들이 학부모에게 정보를 전달하도록 함
> ↓
> U01이 학부모를 학교에서 만날 경우에는 설문지를 학부모에게 직접 전달
> **의도:** 경우에 따라 학부모에게 직접 정보 전달
> ↓
> 학생은 담임교사에게서 설문지를 받음
> ↓
> 학부모는 U01또는 학생으로부터 설문지를 받음
> ↓
> 학부모는 설문지 작성을 마치고 학생에게 돌려 줌
> ↓
> 학생은 담임교사에게 설문지를 전달
> ↓
> U01은 설문지를 받음
> ↓
> 설문지를 폴더에 넣음
> **의도:** 학부모와 관련된 모든 자료를 한 곳에 보관

표 6-1 해석 세션에서 시퀀스를 기록할 때 유용한 조언

시퀀스 모델을 기록할 때 할 일과 피할 일	
피할 일	**할 일**
사용자가 여러분 회사의 툴을 다룰 때 그 단계에만 집중한다.	사용된 툴 또는 프로세스에서 직무와 연관된 모든 단계를 기록한다. 행동, 공동 작업, 토론, 결정 단계, 문서를 읽는 단계(페이지 검토), 등.
단계를 요약한다.	일어난 일, 이용된 실제 아티팩트, 이동한 장소, 사용 툴, 대화 주제 등 모든 세부 사항을 기록한다.
방해/중단과 직무 변동을 무시한다.	한 시퀀스 내에서 업무의 방해나 중단이 있다면, 그것이 일어난 부분을 기록한다. 사용자가 직무를 뒤섞어서 수행하고 있다면 각 시퀀스를 파악하기 위해 다른 업무의 시퀀스로 업무가 전환될 때를 모두 기록한다.
의도와 계기를 기록하는 것을 잊는다.	직무를 시작하는 계기와 하위 직무(subtask)를 유발하는 모든 내부적인 계기를 찾아 기록한다. 시퀀스에서 일관되게 나타나는 의도 또는 개별 단계들의 의도를 파악하여 기록한다.

애자일런트 해석 세션에서 기록된 시퀀스 사례는 그림 6-4를 보자.

시퀀스 모델을 기반으로 한 어피니티 노트

해석 세션에서 여러분은 어피니티 노트를 작성하고 동시에 업무 모델을 그린다. 업무 모델의 일부 양상들 또한, 전체 업무에서 핵심 특징과 이슈를 밝혀내는 어피니티 노트로 표현되어야 한다. 여기 시퀀스 모델에서 무엇을 파악해내야 할지를 알려 주는 가이드라인이 있다. 파악해야 할 것은 다음과 같다.

- 장애물-사용자에게 뜻대로 되지 않은 것
- 의도-왜 그들은 특정 단계에서 그런 행동을 했는가
- 관찰을 통해 파악된 업무에 관한 전략
- 디자인을 지원하는 데 특히 중요한 계기
- 업무 협력, 업무 환경의 변화, 그리고 업무의 방해나 중단을 관리하는 데 고려할 시사점

- 동시에 지원되어야 하는 활동
- 어피니티 노트에는 시퀀스와 같은 순서 혹은 구조적인 요소는 필요 없다. 순서가 있는 직무의 단계는 시퀀스 모델에 표시되기 때문이다.

그림 6-4 해석 세션에서 플립 차트에 기록된 애자일런트 시퀀스 사례

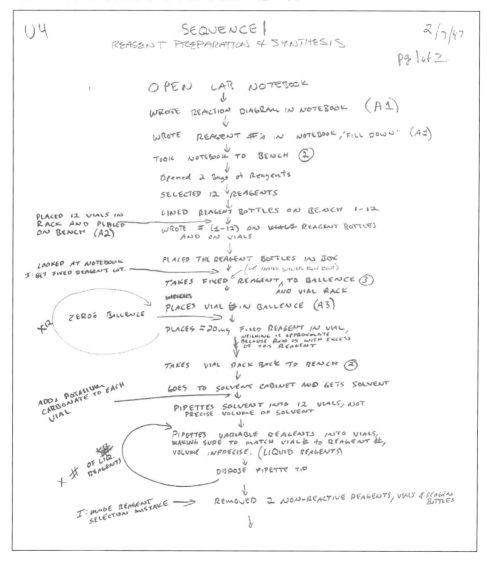

U01-69 학생들은 학부모들의 서명을 받아서 사용자에게 돌려주도록 '행동 및 학업 성취도' 양식을 집에 가져가야 한다.

U26-06 장애물: U26은 세 번째 이메일에 문제가 있었다. 이전의 메일과 같은 주소록을 사용했지만, 이 노트는 알파벳 순서인 주소록의 처음 절반까지만 발송되었다.

U22-33 학교 측은 학생들이 어릴수록 노트를 학부모에게 차질 없이 전달할 것이라고 믿는다. 따라서 어린 학생들이 모든 커뮤니케이션을 담당한다. 이것은 '가정 통신문'이라고 부른다.

아티팩트 모델

아티팩트 모델(artifact model)은 업무를 수행할 때 사람들이 이용하거나 만들어 내는 사물로부터 찾아낼 수 있다. 래피드 CD에서는 사용자가 하는 일을 설명하고 분명히 하고자 해석 세션에서 업무와 관련 있는 물건들을 가져와 보여주는 것이 좋다. 아티팩트는 시퀀스에서 사용자가 무엇과 인터랙션하는지 설명하는 데 이용될 수 있다. 래피드 CD에서는 아티팩트를 그것들이 관련된 단계 또는 어피니티 다이어그램의 영역(8장 참조) 옆에 붙여 두고 사용자가 그것을 어떻게 이용하는지에 대해 이야기할 수 있다.

핵심 아티팩트와 연관된 이슈와 요구사항들을 명료하게 하고자 여러분은 플립 차트 페이지에 아티팩트를 전시하고 주석을 달아 아티팩트 모델을 만들 수도 있다. 해석 세션에서 아티팩트는 인터뷰 과정에서 나타난 순서대로 팀에게 제시된다. 이때 업무 모델러는 아티팩트를 플립 차트에 붙여 놓고 해석 세션에서 사용자가 행동하면서 그것을 어떻게 이용하는지 듣는다. 그런 다음 업무 모델러는 이슈, 의도, 장애물, 아티팩트의 사용법 등으로 아티팩트에 주석을 단다. 중요한 특징들 또한 어피니티 노트로 기록된다. 표 6-2에는 해석 세션에서

표 6-2 프로젝트에서 아티팩트를 이용할 때 유용한 조언

아티팩트 모델을 기록할 때 할 일과 피할 일	
피할 일	**할 일**
사용자의 업무 현장에서 핵심 아티팩트를 수집하는 것을 잊었다.	사용자와 함께 있는 동안 아티팩트를 수집하고 그 의도와 용법을 기록하여 표시한다.
한 플립차트에 개별 사용자의 여러 아티팩트를 주석 없이 올려 놓는다.	업무에 중요한 핵심 아티팩트를 각각 개별 시트에 정리하여 주석을 붙여서 분류해, 차후 사용자별로 분석이 가능하도록 한다. 또는 아티팩트를 나중에 분석할 계획이 없다면, 그냥 시퀀스에서 적당한 단계에 붙여 놓는다.
해석 세션에서 시각적인 자료(visual prop) 없이 아티팩트에 대해 토론하려 한다.	실제 아티팩트가 없다면 플립 차트에 그림을 그리고, 사용자 스토리를 지원할 세부 사항을 충분히 채워 넣는다. 인터뷰에서 일어난 일을 팀에게 시각적으로 보여주려면, 이런 물리적인 재연이 있는 편이 항상 더 좋다.
아티팩트를 수집해서 쌓아 둔다.	아티팩트를 종류별로 분류하고, 시퀀스를 정리하지 않더라도 정리된 시퀀스를 설명하기 위해서 대표적인 아티팩트를 이용한다. 중요한 아티팩트를 디지털 카메라로 찍어서 어피니티 다이어그램에 붙여 놓는 것을 고려해 본다.

아티팩트를 기록하고 주석을 다는 방식에 대한 조언이 있다.

아티팩트 모델에 주석 달기

인터뷰 진행자 또는 업무 모델러는 아티팩트에서 다음과 같은 것들을 기록해야
한다.

- 사용자 코드와 번호, 해석 세션을 진행한 날짜.
- 주로 사용되는 부분들과 사용되지 않은 부분들.
- 공식적이거나 비공식적인 면 모두에서 각 부분들의 구조. 정보가 어떻게 구분되고 그룹으로 나눠지는가?
- 사용상 특이한 점. 예를 들면, 손쉬운 검토 또는 커뮤니케이션을 돕거나 방해하는 부분 등
- 사물에 의해 표시된 정보. 표시되거나 입력된 데이터와 그것이 어떻게 이용되고 재연되는가?

- 사물에 나타나는 명백한 업무 특징들. 아티팩트에서 암시적으로 또는 명시적으로 표현된 콘셉트들.
- 아티팩드의 용법. 더 큰 업무 프로세스 또는 직무에서 어디에 이용되는가?
- 아티팩트의 의도 또는 부분(section). 사용자가 아티팩트의 특정 부분에 가치를 두는 이유는 무엇인가? 또한 그 아티팩트를 이용해 어떤 상위 목적을 달성할 수 있는가?
- 아티팩트를 사용할 때 나타나는 장애물. 빨간색 지그재그 라인으로 표시된 부분.

아티팩트 모델을 기반으로 한 어피니티 노트

여기 아티팩트 모델로부터 무엇을 기록할지에 관한 가이드라인이 있다. 기록할 내용은 다음과 같다.

- 장애물 - 사용자에게 제대로 되지 않은 것.
- 의도와 용법 - 프로세스나 시퀀스에서 아티팩트가 어떻게 이용되었고 법적으로 어떻게 요구되었는가?
- 아티팩트로 도출된 콘셉트 - 사용된 전문 용어(jargon) 이면에 자리한 핵심 특징들은 무엇인가?
- 업무 협력을 암시 - 아티팩트가 사람들 사이의 업무 협력을 공식적 또는 비공식적으로 촉진하는가?
- 아티팩트가 수집하는 정보와 정보 출처.
- 아티팩트가 하나 이상의 비즈니스 또는 업무 프로세스에 이용되는가?
- 비즈니스 프로세스 내에서 데이터 입력으로 지원하는 부분은 사용자 업무인가, 다른 부서인가, 아니면 사용자인가?
- 제대로 사용되거나, 그렇지 않은 표현과 구조적인 부분들.

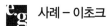 사례 – 이초크

그림 6-5는 교사가 만들어서 학부모 또는 다른 학교에 보내는 학업 성취 리포트다.

그림 6-5 팀이 의도와 용법을 주석으로 붙인 이초크 아티팩트

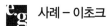 사례 – 아티팩트 모델에서 작성해낸 이초크 노트

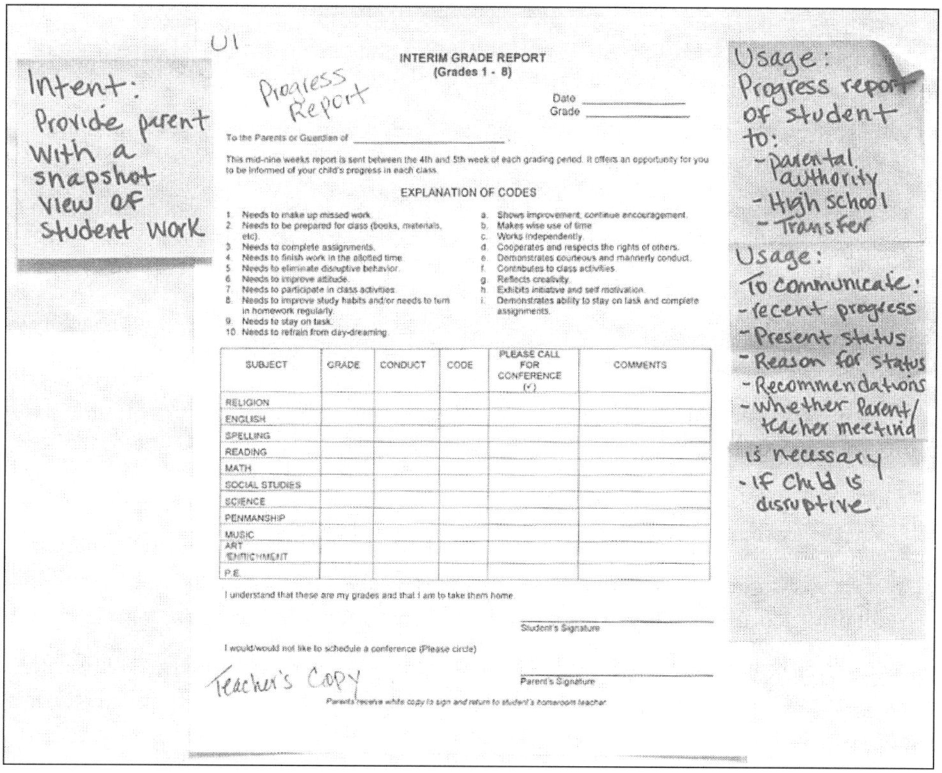

U02-04 (손으로 쓴) 로그 북 이용. 수업을 27개 담당하므로 이 로그 북을 이용해 각 수업의 장소와 이동할 곳을 알 수 있다.

U06-21 학업 성취 리포트는 몇 가지 섹션으로 구분되므로, 모든 교사가 같은 리포트에 학생에 관한 의견을 쓸 수 있다.

U22-43 담임 교사는 각 학생의 학업 성취 리포트를 받는다. 여기에 의견을 쓴 다음 다른 교사들에게 전달한다. 교사들이 이 리포트를 받는 데에는 이름순과 같은 특정한 순서는 없다.

피지컬 모델

피지컬 모델은 사용자가 업무를 수행하면서 어떻게 공간의 영향을 받는지와 공간을 이용하는 방식을 나타낸다. 피지컬 모델은 업무가 일어나는 장소를 보여 준다. 또한 사용자가 받는 환경의 영향을 다양한 수준으로 보여줄 수 있다.

- 장소 모델(site model)은 건물, 방의 구조, 원격지, 물리적 공간 전체의 문제점 등을 보여 준다.
- 업무 현장 모델(workplace model)은 사용자의 개인적인 업무 공간을 나타내며, 이 공간은 그들의 사무실이거나 연구실 실험대, 또는 영업 담당자라면 승용차 트렁크도 될 수 있다.

이와 같은 피지컬 모델들 각각의 레벨에서 사용자는 환경에 대한 통제권을 늘려 간다. 장소 모델은 사용자에게 주어진 물리적 환경에서 기회와 장애물이 무엇인지 밝혀 낸다. 하지만 업무 영역 모델(work area model)은 사용자의 자연스러운 업무 흐름과 자가 조직 패턴(self-organization pattern)을 밝혀 낸다.[2]

해석 세션을 시작할 때 항상 우리는 인터뷰 진행자가 업무 현장 모델을 플립 차트에 그려서 팀이 사용자의 업무 환경을 파악할 수 있도록 간접적으로 경험하게 만들기를 권한다. 원한다면 공간을 디지털 카메라로 찍어서 모델 위에 올려 놓아 시각적 효과를 강화할 수 있다.

---

2 (옮긴이) 장소 모델이 한 층의 평면에서 사용자의 동선 등을 보여준다면, 업무 현장 모델은 책상 위의 자료 위치, PC의 폴더 정리 등을 다룬다. 자가 조직 패턴은 자료 등을 정리하는 습관 정도로 이해하면 되겠다. 이 두 가지 피지컬 모델을 비교해 보면 업무 현장 모델 쪽이 사용자가 환경을 통제하는 권한이 더 크다고 할 수 있다.

어떤 종류의 피지컬 모델을 기록할지는 프로젝트 포커스와 무엇을 디자인하는지에 달려 있다. 대부분의 프로젝트에서는 사용자의 업무 현장을 단일한 피지컬 모델로 기록한다. 여기에는 사무실, 파티션으로 나뉜 업무 구획, 방, 자동차, 공장 조립 라인의 작업대, 영업 카운터 등 여러분의 제품이 지원하는 업무가 수행되는 장소가 모두 포함된다. 또한 여러분이 조사 중인 업무는 다른 시간대에 다양한 장소에서 이루어질 수 있다.

이초크 팀은 초기 프로젝트에서 교실, 컴퓨터실, 교사 휴게실에 대한 피지컬 모델을 기록했다. 제품의 범위를 확대할 생각이었으므로, 그들은 또한 행정 담당 사무실도 피지컬 모델로 기록했다. 애자일런트 팀은 실험실을 피지컬 모델로 기록했는데, 이 경우에는 개인적인 업무 현장이 없고 사람들이 실험실 장비 사이를 옮겨 다니며 일했기 때문이다.

피지컬 모델 그리기

여러분은 해석 세션을 시작할 때쯤 컨텍스트를 파악하고자 첫 번째 피지컬 모델을 그릴 것이다. 해석 세션이 진행되는 과정에서 모델의 구성 요소가 더 많아지거나 새로운 물리적 공간이 늘어나면 이는 토론의 대상이 될 수 있다. 필요하다면 해석 세션을 진행하면서 그림을 추가한다. 그림 6-6(188쪽)은 해석 세션을 진행하면서 기록한 피지컬 모델의 사례를 보여 준다.

피지컬 모델을 그릴 때는 다음 사항을 유의하자.

- 플립차트 페이지의 맨 위에 사용자 코드와 번호를 적는다.
- 벽, 구획, 복도, 사람들이 자연스럽게 모이는 장소 등, 공간을 정의하는 물리적인 구조를 그린다.
- 여러분이 조사 중인 직무를 사용자가 완수하는 데 활용하는 디지털 또는 아날로그 도구들을 포함한다. 하드웨어, 소프트웨어, 온라인 자료, 팩스, 전화, PDA 등이 있다.

그림 6-6 해석 세션에서 그려진 아프로포스 피지컬 모델. 이 모델은 핵심 업무 공간, 그 공간에서 물건들의 위치, 물건들 사이에서 사용자가 움직이는 동선을 보여 준다.

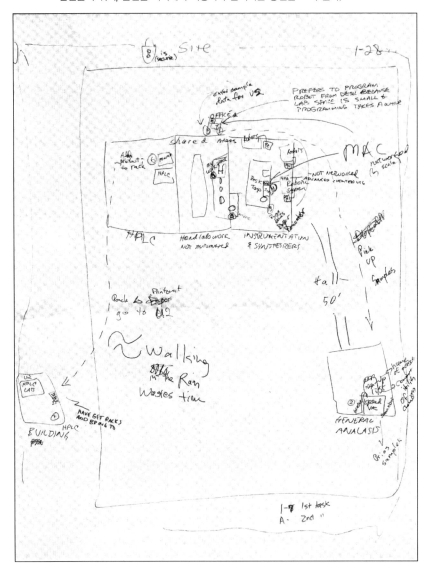

- 업무 현장의 레이아웃을 기록하고 디자인에 관련이 있는 영역 간의 접근 경로를 그린다.

예를 들면, 사용자가 복사기, 프린터, 또는 팩스를 이용하려면 일어나서 100걸음을 걸어야 한다고 해보자. 여러분의 제품이 이 업무 수행을 더 잘 지원하려면 모델에 그것까지 그려 놓는다.

- 공간에서 사용자의 움직임을 선으로 그려서 모델에 표시한다. 예를 들어, 쇼핑에서 통로를 걷는다든가 이리저리 다니는 부분, 혹은 화학 실험실에서 안전 점검을 하기 위해 실험기구를 앞뒤로 살펴보는 식의 패턴을 나타내는 움직임을 강조한다.

- 업무에 이용되는 모든 사물, 도구, 책, 서류 더미, 또는 사용자가 구분해 놓은 기타 자료들이 어떤 것인지 확인한다.

  예를 들면 손쉽게 뺄 수 있는 책, 사용자가 문서를 정리하려고 만든 바인더, 벽에 붙여둔 연락처 리스트, 컴퓨터나 냉장고에 붙여 둔 포스트잇, 미팅을 표시한 달력 등이 있다. 그것이 무엇이고 어떻게 이용되었는지 기록한다.

- 업무 공간을 이용하는 데 관련된 장애물을 기록한다. 장애물은 모델에 빨간 지그재그 라인을 그려서 획실히게 표시한다. 방금 언급한 복사기까지 100걸음은 기록할 만한 좋은 장애물이다.

- 공간과 공간을 세팅한 방법, 그 의도까지 기록한다. 공간이 어떻게 이용되고 업무 현장과 영역에 포함된 사용자 조직의 의도는 무엇인지, 모델에 주석으로 달아 둔다.

  예를 들면 우리는 식료품점의 제과와 주류 코너에 "유혹의 장소"라는 라벨을 붙였는데, 사용자가 구매를 하도록 끌어당기거나 유혹이 두려워 도망가도록 만드는 곳이기 때문이다.

피지컬 모델을 기반으로 한 어피니티 노트

다음은 피지컬 모델로부터 무엇을 기록할지 알려주는 가이드라인이다. 기록할 것은 다음과 같다.

- 물리적인 환경 또는 사용자의 이용 방식을 원인으로 하는 장애물.
- 거리, 제한구역, 수납공간, 또는 업무에 영향을 주는 것을 모두 포함한 업무 현장의 특징.
- 업무를 조직화하는 데 공간이 어떻게 이용되는지를 암시하는 것들.
- 아티팩트와 사물이 업무를 지원하는 데 있어서 어떤 위치를 차지하는지를 암시하는 것들.
- 사용자가 업무 공간에서 즉시 필요해서 손이 잘 가는 곳에 두는 것들.

사례 – 피지컬 모델과 관련된 이초크 노트

U01-01 컴퓨터 활용법과 관련 방침에 대한 문서들은 교실 뒤에 두고 학생들이 가져다 보는 식으로 이용할 수 있다.

U06-24 그녀의 교실에는 학생 모두 공유하는 컴퓨터가 4대 있다(교실에 컴퓨터를 두는 것은 좋은 생각이지만, 학생 수만큼 충분하지 않다면 쓸모가 없음).

U05-06 학교에 관한 멀티미디어 프리젠테이션을 학교 로비에서 볼 수 있고, 이 것은 학교가 테크놀러지를 중요하게 여긴다는 것을 보여 준다.

표 6-3은 인터뷰에서 피지컬 모델을 기록하는 것과 해석 세션에서 이를 그리는 데 관한 조언이다.

표 6-3 피지컬 모델을 그리는 데 유용한 조언

피지컬 모델 그리기에서 할 일과 피할 일	
피할 일	**할 일**
인터뷰 중에 폴더, 바인더, 박스, 또는 닫힌 캐비닛에 무엇이 있는지 묻기를 주저한다.	사용자에게 그림을 보여 주면서 무엇을 하고 있는지 알린다. 사용자가 직무를 완수하려고 환경을 어떻게 구성했는지, 또는 환경 구조가 사용자에게 어떻게 장애가 되는지를 기록하면 도움이 된다는 점을 설명한다.
여러분의 기억에만 의존하며 해석 세션에서 처음으로 모델을 그린다.	컨텍스추얼 인터뷰 도중에 피지컬 모델을 기록하고, 해석 세션을 진행하면서 이를 다시 그린다.
해석하기 전에 시간을 절약하려고 피지컬 모델을 미리 한번 그려 본다.	해석 세션을 시작할 때 인터뷰 노트를 보고 모델을 그리고, 그리면서 팀원에게 설명한다. 이렇게 하면 해석 팀이 모델에서 밝혀진 핵심 특징에 대해서 질문하고 노트를 기록할 수 있다. 해석 세션에서 적절하게 피지컬 모델에 추가한다.
최소한의 스케치만 하여 디자인에 중요한 세부 사항들을 알 수가 없다.	사용자가 공간을 이용하는 방식을 통해 드러난 중요한 업무 특징들을 캡처한다. 특정한 문서, 책, 또는 물건들을 정의한다. '서류'와 같은 포괄적인 제목으로 정의하지 말자. 사용법의 패턴을 살펴볼 기회를 잃게 되기 때문이다. 또한 중요한 물건들의 위치에 주의를 기울인다. 가깝게 있는 것과 멀리 있는 것은 무엇인가?
업무에 관련 없는 측면들을 첨부한다.	프로젝트 포커스에 중요한, 물리적인 환경의 양상에 집중한다. 업무 중심적인 프로젝트에 가족사진, 정원의 식물, 기타 개인적인 것들을 포함시킬 필요는 없다.
사용자 업무 현장에 있는 것을 모두 정확하게 재연하려고 한다.	팀이 업무 현장을 이해하는 데 충분할 정도로만 세부 사항을 그리고, 중요한 구성 요소들을 기록한다.

시퀀스 모델 정리하기

래피드 CD 프로세스	속전 속결	속전 속결 플러스	집중 래피드 CD
시퀀스 모델			V

개별 업무 모델을 정리하는 일은 컨텍스추얼 디자인의 두 가지 프로세스 중 하나로, 이를 통해 고객의 업무 수행에 대한 하나의 분명한 관점을 구축하게 된다. 이 장에서는 개별 시퀀스 모델들을 하나의 시퀀스로 정리하는 프로세스를 설명한다. 8장에서는 어피니티 다이어그램을 구축하는 방법을 알아볼 것이다. 이 두 장을 통해 여러분은 사용자 집단의 업무상 이슈와 패턴을 파악할 수 있다.

여러분이 만든 개별 업무 모델들은 업무 수행을 구체적으로 표현한 것이다. 그리고 한 사람의 업무가 어떻게 조직되는지를 보여 주는 특정한 사례를 나타낸다. 정리된 업무 모델은 여러 사용자에 걸친 업무의 구조를 보여 준다.

정리된 시퀀스는 여러분이 본 사용자의 행동을 전부 포함한다. 이것은 대부분의 사용자들이 취하는 공통 행동이 아니라 모든 사용자가 취하는 행동으로, 사용자 행동의 하위 집합(subset)이 아닌 상위 집합(superset)이다. 우리는 사용자 데이터를 통합하는 것이지 요약하는 게 아니다. 결론적으로 정리된 시퀀스에는 프로젝트에서 지원해야 하는 구조, 전형적인 순서, 직무의 여러 전략이 한꺼번에 드러난다.

정리된 시퀀스는 전통적인 직무 분석(task analysis)과 유사하다. 이것은 개별 단계, 그 단계들의 계기, 개별 의도를 달성하는 여러 전략, 진행 중인 업무의 장애물 등을 보여 준다. 업무를 재디자인한다는 것은 결국 시퀀스에서 단계들을 재디자인한다는 얘기다. 재디자인을 통해 단계를 제거 혹은 수정하든, 또는 전체 시퀀스를 제거하든 안 하든, 단계와 거기에 담긴 의도를 알면 팀의 작업에는 신뢰성이 유지된다.

시퀀스를 정리하는 목적은 지원하려는 중심 역할이 맡고 있는 직무 가운데 주요한 각각에 대해 하나의 모델을 만드는 것이다. 집중 래피드 CD에는 시퀀스 정리를 포함해, 팀에게 사용자 집단의 직무에 관한 관점을 제공한다. 정리된 시퀀스는 직무 분석과 현재(as-is) 프로세스 모델 또는 현재 유스 케이스의 기초가 된다.

래피드 CD에서 피지컬과 아티팩트 모델은 정리되지 않고 컨텍스트를 파악하는 용도로만 이용되며, 추가 어피니티 노트를 기록하는 데 포커스를 둔다. 또한, 시퀀스를 이용하는 사람들에게 컨텍스트를 더 제공하기 위해 정리된 시퀀스에 아티팩트 사례와 함께 주석을 붙일 수 있다.

『Contextual Design: Defining Customer-Centered Systems』에서 171-178쪽, 「Consolidating Sequence Models」를 참조하자.

정의

정리된 시퀀스 모델은 핵심 사용자 직무의 세부적인 업무 구조를 보여 준다. 이 모델은 여러 사용자를 대상으로 수집된 유사한 시퀀스 데이터를 보여주는 사용자 행동의 상위 집합이다. 이 데이터로는 예컨대 업무를 수행하는 동안 밟아가는 단계들, 업무와 단계들을 촉발시키는 계기, 의도를 달성시킬 여러 전략, 관찰된 장애물 등 여러 사용자에 걸쳐서 수집된 유사한 시퀀스 데이터를 보여주는 사용자 행동의 전체 집합이 있다. 개선될 시스템에는 시퀀스와 시퀀스 내의 단계들을 보강하고 변경하는 일이 필요할 것이다. 시퀀스는 온라인에서 하지 않고 종이를 이용해 정리한다('온라인에서 시퀀스 정리하기' 박스를 보자).

핵심 용어

계기 직무나 활동, 또는 시퀀스 모델에서 나타난 단계를 시작하는 사건.

활동 업무에서 일관된 한 부분을 대표하는 추상적 단계들의 집합체.

추상적 단계 한 명 또는 그 이상의 사용자들이 취한 행동을 대표하는 일반적인 수준의 단계.

의도 사용자가 직무 또는 직무 내의 개별 단계를 수행하는 이유.

전략 직무를 완결하는 데는 종종 방법이 하나 이상 있다. 전략은 정리된 시퀀스에서 사용자 집단 내의 다양성을 나타낸다.

정리 프로세스

☐ 정리할 시퀀스 선택

☐ 정리를 준비함

☐ 1차 정리

☐ 정리를 완결하고자 남은 시퀀스 추가

정리할 시퀀스 선택하기

정리하기 전에, 여러분은 먼저 작업을 관리할 수 있게 만들어야 할 것이다. 시퀀스를 파악하고 같은 직무에 연관된 시퀀스들을 한데 모은다. 해석 세션에서 여러분은 관찰한 시퀀스를 모두 기록할 것이다. 이제 데이터가 모두 준비되면 어떤 시퀀스가 여러분의 문제에 중심적이고 혹은 주변적인지 결정할 수 있다. 주변적인 시퀀스를 정리할 필요는 없다. 여러분이 가진 직무 시퀀스가 또한 단 한 명의 사용자의 것일 수도 있는데, 이것 역시 정리하지 않는다. 그러나 이것들이 프로젝트 포커스에 중심적인 내용이라면, 이를 추후 디자인 작업을 할 때 가이드로 이용할 수 있다.

작업을 시작할 때는 업무에 가장 중심이 된다고 생각하는 직무로 구성된 시퀀스 그룹을 선택하라. 시퀀스 그룹 안에 자세한 세부 사항이 들어 있고 여러 단계로 구성된 시퀀스를 세 개 선택한다. 이것들은 여러분이 나머지 시퀀스들을 정리하여 구성할 때 발판이 되어줄 것이다.

사례 – 이초크

이초크 팀은 시퀀스를 몇몇 그룹으로 분류하는 것으로 작업을 시작했다.

• 학부모, 학생, 다른 교사들과의 커뮤니케이션.

- 이초크 툴에 대한 접근성.
- 강의 제작과 수업(웹 페이지 제작 이외).
- 웹 페이지 제작 수업.
- 학교 웹 페이지와 달력 제작.
- 출석 점검.
- 과제물 취합.
- 교과 과정에 테크놀러지를 통합시키기 위해 교사들과 협력.

정리 준비하기

시퀀스 정리는 팀 구성원들이 2인 1조로 일할 때 가장 잘 이루어진다. 구성원이 2명 이상이라면 작은 작업 그룹으로 여러 개 나누는 편이 좋다. 그러나 처음에는 공감대를 형성하기 위해 하나의 큰 그룹으로 시작한다. 이렇게 하면 시퀀스 정리 프로세스를 모든 사람이 한결 이해하기 쉽다.

시퀀스를 정리하려면 프로젝트 룸을 준비할 필요가 있는데, 디자인 룸에서 작업하는 것이 이상적이다. 하지만 디자인 룸이 안 된다면 넓은 벽면이 있는 큰 방으로 대체할 수 있다. 시퀀스를 계속 덧붙여 나갈 큰 종이를 벽에 붙여야 하기 때문이다. 다음 준비물들이 필요하다.

- 흰색 무광 전지(white waxless butcher paper).
- 전지를 벽에 붙일 마스킹 테이프.
- 개별 시퀀스들을 파악하면서 벽에 붙일 테이프. 쉽게 제거할 수 있어야 한다.
- 3x3 사이즈의 분홍, 파랑, 녹색 포스트잇.
- 네임펜 -각 구성원에게 충분한 분량으로 파랑, 빨강, 녹색 펜을 제공해야 한다.
- 개별 인터뷰의 진행자 목록-시퀀스가 분명하지 않을 경우 정리 팀은 해당 인터뷰 진행자에게 질문을 해야 하니, 누구인지 명시된 목록을 미리 제공한다.

정리하기

시퀀스 정리는 여러 사람에게서 수집한 직무들을 조직적으로 구성하는 과정이다. 각 직무를 구성하는 여러 가지 단계와, 거기에 개입된 여러 다른 의도와 장애 요소들을 하나의 관점으로 모은다. 이는 직무의 기본 구조를 보여주며 단계의 순서대로, 동일한 일을 수행하는 데도 각기 다른 전략과 의도, 장애물들이 개입되었음을 드러낸다.

프로세스 관점에서 보면 시퀀스 정리 작업은 개별 시퀀스를 정렬하고, 내포된 각 단계와 활동에 이름을 붙이고, 그 과정에서 관여된 의도와 장애물에도 같이 정리해 일반화하여 이름을 붙이는 작업이다. 이렇게 함으로써 여러분은 시스템에서 지원해야 하는 실제 직무를 파악할 수 있을 것이다.

이에 대해 세부적으로 알아보고자 여러분과 프로세스를 살펴보려고 한다. 결정 뒤에 자리한 사고 과정을 드러내면 시퀀스를 정리하는 일이 복잡하게 느껴질 수도 있다. 하지만 한 번 전체 과정을 이해하고 나면, 이 과정을 이해하는 속도가 빨라질 것이다. 업무 활동의 실제 사례를 통해 여러분이 디자인할 시스템이 지원할 직무의 구조를 찾고 있음을 명심하자. 그러므로 너무 세부적으로 파고들어 다양한 내용에 헤매지 말고, 너무 뭉뚱그려 모호하게 추상화하지도 않아야 한다.

우리가 최종적으로 정리하려는 작업을 시각화하는 데 도움이 되도록 이 절 끝에 이초크의 마지막 사례(표 7-3)와 애자일런트의 마지막 사례(표 7-4)를 제시했다. 이제 우리는 결과물에 이르기까지 거치는 프로세스를 살펴볼 것이다.

한 직무에서 처음 세 시퀀스 선택하기

일단 작업을 시작하려는 직무를 선택했으면, 같은 직무에 해당하는 시퀀스를 세 개 선택해서 통합을 시작한다.

1. 시퀀스를 각각 옆에 나란히 볼 수 있도록 붙여 둔다.

2. 폭이 넓은 롤지를 수직으로 길게 시퀀스들 옆에 붙인다. 이 종이 위에서 정리를 완성할 것이다. 정리된 시퀀스가 길거나 복잡하다면 롤지를 두세 개 옆으로 이어 사용할 수도 있다.

3. 정리된 시퀀스의 이름을 종이의 맨 위에 기입한다.

 사례 – 이초크

대부분의 팀과 마찬가지로, 이초크 팀의 시퀀스 길이 역시 각기 달랐고 때때로 대단히 상세했다. 여기에는 이초크에서 정리를 시작한 시퀀스 세 개가 있다. 우리는 시퀀스 정리 프로세스를 설명하는 데 이것들을 이용할 것이다(이초크가 작업을 시작할 때 선택한 세 시퀀스를 보려면 200쪽의 그림 7-1 참조하라).

계기를 확인하기

시퀀스를 시작할 때 먼저 계기를 확인한다. 시퀀스를 시작하는 시점에 각 개별 시퀀스에는 계기가 단 하나만 있음을 명심하라.

1. 개별 시퀀스의 계기를 확인한다. 만약 시퀀스에 여러 계기가 있다면, 추상적인 계기 하나로 재정의할 수 있는지 본다. 그렇지 않다면, 모든 계기를 목록으로 작성한다.

2. 계기를 3x3 파란색 포스트잇에 적는다.

3. 계기를 적은 포스트잇을 정리 페이지의 맨 위에 붙인다.

 사례 – 이초크

위의 시퀀스에 드러나는 사용자별 계기는 아래와 같다.

- U8은 학생이 수업을 방해한다
- U6는 학생이 수업 중에 버릇없이 행동한다
- U2는 수업과 수업 사이에 몇 분 정도 시간이 있다

그림 7-1

U8	5/22	U6	5/19	U2	5/23
제목: 학생 행동 문제에 대해 학부모와 커뮤니케이션 (회상)		**제목: 학생 행동 문제에 대해 학부모와 커뮤니케이션**		**제목: 학생 행동 문제에 대해 학부모와 커뮤니케이션**	

U8 (5/22)	U6 (5/19)	U2 (5/23)
시퀀스 #1　　　　　　　페이지 1-1	시퀀스 #2　　　　　　　페이지 1-1	시퀀스 #1　　　　　　　페이지 1-1
의도: 학부모에게 교실에서 학생 행동 문제를 알림	**의도:** 교장에게 학생 행동 문제를 보고	**의도:** 학생의 문제 행동 상황에 대한 커뮤니케이션
계기: 학생이 수업 방해	**계기:** 학생이 수업에서 문제 행동	**계기:** 수업 사이에 몇 분의 여유가 있음
문제 행동에 관한 편지를 쓰기 위해 편지 양식을 이용	문제가 일어난 시간 및 문제에 대한 설명이 첨부된 노트를 작성하고, 학생의 어머니와 만나기를 요청	이메일 계정에 로그인
↓	↓	**의도:** 로그인한 지 이틀 정도 되었으므로 이메일 확인
학부모에게 전달하기 위해 편지를 학생에게 줌	교장 비서에게 노트를 전달	이틀간 대기 중이던 메시지 발견
↓	↓	↓
학부모는 '문제를 고치겠다' 고 약속하는 서명을 함	교장 비서는 학생의 어머니에게 전화	**장애물:** 컴퓨터가 느리기 때문에 1주일에 2-3회만 로그인
↓	↓	↓
학생은 편지를 갖고 돌아옴	어머니와 만날 약속을 하기 위해 기다림	학생의 행동에 대해 질문하는 학부모의 이메일을 읽음
↓		↓
학부모는 문제를 더 자세히 알아보기 위해 학교 대표 번호로 전화		이메일로 답변하는 대신 학부모에게 전화하기 위해 방과 후까지 기다림
↓		**의도:** 이메일보다 더 가깝게 인터랙션
학교 비서는 전화 통지서를 작성		**의도:** 학부모가 가정에 있을 가능성이 커질 때까지 기다림
↓		↓
담당 학생은 U8의 자리에 통지서를 전달		학부모에게 전화
↓		↓
U8은 전화를 걸기 위해 사무실로 감		학생의 행동에 대해 의논
↓		↓
학부모는 가정에서 전화를 받음		학생의 카운셀러에게서 받은 서식에 손으로 기록
↓		**의도:** 카운셀러는 주별 보고를 원하며 방금 학부모와 이야기함
학부모가 어떻게 행동 문제를 도울 수 있는지 의논		↓
↓		노트를 학생 편에 가정으로 전달하기 위해 다음 날까지 기다림
2주 후: 학생의 행동이 다시 나빠짐		**의도:** 노트를 가정에 전하는 '전달 담당' 으로 학생을 이용. 빠르고, 비용이 없고, 믿을 만한 방법
↓		**의도:** 카운셀러와 직접 접촉하지 않는 절차를 따름
공식적인 학부모/교사 모임		
↓		
U8, 문제 학생, 학부모가 의논		
↓		
학부모는 이메일로 추후 커뮤니케이션을 제안		
↓		
학부모는 이메일이 없음 (인터넷 접근은 가능)		
↓		
U8은 무료 이메일 서비스를 소개		
↓		
학부모는 10통의 이메일 전송		
↓		
U8은 이메일에 회신		
↓		
학생의 행동 향상		

디자인을 할 때 학생의 문제 행동이 어떤 것인지는 별로 중요하지 않으므로 U8과 U6 계기는 하나의 추상적인 계기, 다시 말하면 '학생의 문제 행동'으로 재정의될 수 있다. 그러나 '수업 사이에 몇 분 정도 시간이 있다'는 앞의 둘과 매우 다른 계기다. 따라서 이 계기는 다른 둘과 결합될 수 없다. 팀이 언제 여유 시간을 쓸 수 있는지 구별하는 것을 중요하게 생각하지 않는다면, 팀은 그것을 '교사는 여유 시간이 약간 있다'로 좀 더 개괄적으로 재정의할 수 있다. 포스트 잇 하나에 두 가지 계기를 쓰는 방법에 대한 실례는 그림 7-2를 참조하자.

그림 7-2 이초크의 파란색 포스트잇 사본. 시퀀스 정리 시트의 맨 위에 붙였다.

하나의 활동 단위 찾아내기

개별 시퀀스에서 추상적인 수준으로 활동(activity)을 정의한다. 활동은 행위 단계들을 모은 집합으로, 한꺼번에 연속적으로 수행되고 특정한 직무나 의도를 달성한다. 활동은 각 시퀀스에서 일어난 일을 정리하는 데 이용되는데, 단계를 일정한 단위로 묶어 주어 시퀀스를 더 쉽게 통합하게 만든다. 이것은 개별 시퀀스가 전체 직무 중 서로 다른 지점에서 시작할 수 있다는 점에서 특히 중요하다. 직무(task)는 활동이 모인 집합으로, 어떤 계기에 의해 시작된다. 따라서 우리가 활동을 통합하고 그것들을 잘 정리한다면 유용한 정리 시퀀스를 얻을 수 있다.

1. 첫 번째 시퀀스에 담긴 단계들을 살펴보고, 활동을 정의한다.
2. 이렇게 정의한 첫 번째 시퀀스의 활동들을 각각 녹색 포스트잇에 적어서,

각 활동 내의 첫 번째 단계 옆에 제목처럼 붙인다.

3. 두 번째 시퀀스로 가서 같은 프로세스를 반복한다.

4. 세 번째 시퀀스로 가서 같은 프로세스를 반복한다.

5. 시퀀스 세 개를 종합적으로 살펴보고, 시퀀스들에 표시된 활동들을 서로 맞추어 본다.

6. 유일무이한 활동이라면, 그 활동을 적은 녹색 포스트잇을 정리 페이지의 왼쪽 끝에 붙인다. 시퀀스 세 개에 모두 공통된 활동만이 아니라 모든 활동을 확실히 포함시킨다. 각 활동 사이에는 여유 공간을 많이 남겨 둔다. 나중에 여기에 단계를 추가하게 될 것이다.

 사례 - 이츠크

세 시퀀스의 단계들을 살펴보면 문제 행동에 대한 논의가 서로 다른 시점에서 일어난다. U8과 U6 시퀀스는 학생의 특정 행동에 대한 즉각적인 반응을 보이는 경우다. U2의 경우에는, (만약 관찰되었다면) 학생의 행동은 더 앞선 시점에 일어났다.

활동을 정의하기 위해, 팀은 시퀀스를 각각 병렬로 붙여 놓고 단계를 일정 단위로 묶어서 살펴보았다. U8의 시퀀스를 보면, 첫 번째로 묶은 단계의 집합은 커뮤니케이션 생성에 관한 것이다. 따라서 이 첫 번째 단계 집합을 나타내는 노트를 녹색 포스트잇에 따로 써서 활동의 첫 번째 단계, 즉 '문제 행동에 관한 편지를 쓸 경우 편지 양식을 이용' 옆에 있는 시퀀스 공간에 붙인다(그림 7-3참조).

그림 7-3 첫 번째 시퀀스 단계에 대한 활동 추가의 예

활동 제목	구성 단계
커뮤니케이션 생성	문제 행동에 관한 편지를 쓸 경우 편지 양식을 이용 ↓ 학부모에게 전달하기 위해 편지를 학생에게 줌 ↓ 학부모는 '문제를 고치겠다'고 약속하는 서명을 함 ↓ 학생은 편지를 학교에 전달

두 번째 단계 집합으로 묶을 단위는 '학부모는 문제를 더 자세히 알아보려고 학교의 대표 전화번호로 전화한다.'로 시작된다. 이 단계와 이 다음에 이어지는 단계들은 추가 단계(following up)와 진행 중인 커뮤니케이션에 관한 내용이다.

시퀀스를 통합하면서 팀이 추후 일어나는 활동을 확인하는 것이 중요하다고 생각한다면, 이를 상기하고자 이 활동에 "추가 단계"라는 제목을 붙여서 쓸 수 있다(그림 7-4 참조).

그림 7-4 원래 시퀀스에 덧붙인 추가 활동

활동 제목	구성 단계
추가 단계	학부모는 문제를 더 자세히 알아보려고 학교의 대표 전화번호로 전화 ↓ 학교 비서는 전화 통지서를 작성 ↓ 학생은 U8의 자리에 통지서를 전달 ↓ U8은 사무실로 가 전화를 검 ↓ 학부모는 가정에서 전화를 받음 ↓ 학부모가 어떻게 행동 문제를 도울 수 있는지 의논

U6의 시퀀스에도 동일한 프로세스가 따르는데, 여기에는 커뮤니케이션 생성이라는 활동 하나만 있다(그림 7-5 참조).

그림 7-5 U6의 시퀀스에 활동을 재사용

활동 제목	구성 단계
커뮤니케이션 생성	문제가 일어난 시간과 문제 설명이 첨부된 노트를 작성하고, 학생의 어머니와 만나기를 요청 ↓ 교장 비서에게 노트를 전달 ↓ 교장 비서는 학생의 어머니에게 전화 ↓ 어머니와 만날 약속을 하기 위해 기다림

U2의 시퀀스를 보면 이전에 관찰되지 않았던 새로운 활동이 나타나 있다. 이 사용자는 커뮤니케이션을 생성하는 것으로 활동을 시작하지 않는다. 그전에 다른 사람이 쓴 것을 읽고 있다. 이 활동은 "커뮤니케이션 수신"이란 제목을 달았으며, '학부모에게서 온 이메일을 읽는' 일련의 단계를 거친다. U2의 시퀀스에서 남은 단계들, 즉 학부모에게 전화, 상담용 문서 작성, 문서를 집으로 가져가도록 학생에게 전달하는 활동은 다음의 추가 단계에 들어 있다(그림 7-6 참조).

그림 7-6 U2의 시퀀스에 추가된 활동

활동 제목	구성 단계
커뮤니케이션 수신	이메일에 로그인 ↓ 이틀간 대기 중인 메시지 발견 ↓ 학생의 행동에 대해 질문하는 학부모의 이메일을 읽음 ↓
추가 단계	이메일로 답변하는 대신 학부모에게 전화하고자 방과 후까지 기다림 ↓ 학부모에게 전화 ↓ 학생의 상담 교사에게서 받은 서식에 손으로 기록 ↓ 문서를 학생 편에 가정으로 전달하고자 다음 날까지 기다림

U2의 시퀀스 마지막에, 학교 상담 교사에게 학생의 행동에 대해 서식을 받아 작성하는 단계가 있다는 데 주의하자. 이것은 추가 단계의 일부일까, 아니면 완전히 새로운 활동일까? 두 단계밖에 없기 때문에 팀은 새로운 활동 단위를 만들지 않기로 하였다. 만일 다른 시퀀스에 비슷한 단계들이 더 있었다면, 팀은 새로운 활동을 만들 필요가 있는지 다시 생각해 보았을 것이다. 활동을 만드는 목적은 팀이 업무에서 구별되는 특징을 이해하도록 돕는 것이고, 이번 사례는 그에 해당하지 않았다.

이 지점에서 각 시퀀스에는 활동의 집합 노트가 형성되는데 이것은 정리될 필요가 있다. 만약 어떤 활동이든 본질적으로 동일하고 단지 표현만 다르다면, 그것들은 같은 이름을 붙여 다시 기록한다. 이초크의 경우에, 특이한 개별 활동들은 녹색 포스트잇에 기록되어 정리 시트의 왼쪽 칸으로 옮겨졌다. 그리고 이 칸에 옮겨진 각 활동 사이에 여백을 많이 두어 단계와 의도를 기록하도록 했다.

추상적인 단계 생성하기

개별 활동 안에서 실제 시퀀스에 있는 단계들을 정리해 일련의 추상적인 단계들을 생성한다. 이때 추상적인 단계는 적어도 사용자 1명의 활동을 대표하는데, 이 활동은 일반적인 용어로 기록된 것이다.

동일한 단계가 여러 시퀀스에서 서로 다르게 표현되거나, 혹은 해당 사용자에게 매우 특정한 연관 데이터로 나타날 수 있다. 이럴 때는 그 단계를 공통된 사용자 활동을 대표하도록 추상적인 단계로 기록하여 일반화한다. 예를 들면, 식료품을 사는데 "진열대에서 물건을 고른다"라는 단계는 "진열대에서 콩 통조림을 고른다"와 "사과 소스를 집는다"라는 단계의 추상적인 표현이다.

한 단계가 단지 한 시퀀스에 나타나더라도, 그 역시 활동을 더 일반적으로 표현하는 추상적인 단계로 재표현할 수 있다. 정리된 시퀀스에서 추상적인 단계는 모든 사용자 또는 많은 사용자가 이 단계를 수행하는 것을 암시하지는 않는다. 정리된 시퀀스에 나타난 활동은 사람들이 행할 수 있는 모든 활동을 추상화, 일반화하여 상위 집합으로 표현한 버전이라고 할 수 있다. 이러한 단계들의 상위 집합을 대상으로 디자인을 한다면, 여러분의 시스템은 사용자가 수행하는 다양한 활동의 약 80퍼센트 정도를 포괄하게 될 것이다.

사용자마다 직무를 수행하는 단계의 순서와 조합이 약간 다를 수 있다. 상위 집합으로 표현된 활동을 지원하면, 여러분이 사용자를 어떤 필수 단계나 순서에 고정시키지 않고 전체 사용자 집단 전체를 상당히 잘 포함했음이 보장된다.

활동을 완전히 정리하려면 다음과 같이 한다.

1. 첫 번째 활동을 선택한다.
2. 시퀀스들을 검토하고 각 단계를 차례로 정의한다.
3. 단계들을 더 쉽게 맞춰보기 위해 필요하다면 암시된 단계 또는 유실된 단계들을 채워 넣는다(결정(decision) 단계는 흔히 유실되는 경우가 많다).
4. 유사 단계들의 집합은 각각 추상적인 단계로 재표현해 파란색 포스트잇에 기록한다. 실제 단계가 하나뿐일 때라도 마찬가지로 한다. 이때 각 실제 단계는 하나 이상의 추상적인 단계로 표현될 수 없다.
5. 추상적인 단계를 전지에서 활동의 왼편에 붙인다. 활동과 단계 사이에는 한 열 정도 더 남도록 충분한 여백을 둔다. 나중에 여기에다 의도를 추가할 것이다.
6. 실제 시퀀스에서 장애물을 만나면 그것을 추가한다. 장애물을 파란색 포스트잇에 빨간 펜으로 쓰고 'BD' 또는 장애물 표시로 라벨을 붙인다.

시퀀스에서 대안적인 단계 또는 전략을 정의하기

때때로 여러분은 사용자들이 같은 전략을 따르지만 그 전략 안에서 서로 다른 행동 단계들을 취하는 경우를 발견한다. 혹은 사용자들이 같은 직무를 완수하는 데 전적으로 다른 전략을 택할 때도 있다.

1. 거쳐가는 단계들은 다르지만 전략은 같다면, 대안적인 단계를 파란색 포스

트잇에 써서 같은 줄에 나란히 붙여 놓는다.

2. 사용자들이 서로 다른 전략을 따른다면 다른 전략을 보여줄 용도로 가지를 만든다. 필요하면 단계들 사이에 화살표를 써서 흐름을 명확하게 보여준다.

3. 시퀀스의 개별 활동에 대해 이와 같이 반복한다.

시퀀스에서 순환을 정의하기

어떤 단계가 이전의 활동 또는 단계로 되돌아갈 경우, 다음과 같이 한다.

1. 실제 시퀀스를 반복 지점에서 분할한다.

2. 시퀀스의 남은 부분을 그 활동에 대해 이미 정리된 단계의 옆으로 이동한다. 따라서 분할된 다음으로 나타나는 첫 번째 단계는 그것이 해당되는 정리된 단계 옆에 정렬된다.

3. 시퀀스의 나머지는 새로운 위치에서 시작해 정리를 계속한다.

4. 정리의 흐름을 따라가는 것을 돕기 위해 여러분은 순환을 표시하는 추상적인 단계를 기록할 수 있다.

 ### 사례 – 이초크

활동을 정의한 다음 이초크 팀은 개별 활동 내에서 단계들을 통합하는 작업을 진행했다. 표 7-1과 7-2는 U8, U6, U2 시퀀스에서 단계들을 설명하기 위해 이초크 팀이 이용한 프로세스를 보여 준다.

의도 확인하기

연관된 활동의 모든 단계를 정리한 다음, 의도를 명확히 구분한다. 여러분은 정리된 시퀀스 전체에 관한 전반적인 의도와 함께, 가능한 한 많은 활동과 관련된 종속적 의도(subintent)까지 확인해야 한다. 또한 활동 내에 있는 단계 집합의 의도, 심지어는 집합 내에 있는 각 단계의 의도까지 알 필요가 있다.

해석 세션을 진행하는 동안 팀은 시퀀스에 의도를 표시해야만 한다. 이제 우리는 그것들을 검토하고 정리할 것이다. 그러나 많은 경우에 의도는 정리할 시점까지 분명하게 드러나지 않는다. 이것은 해석 세션이 빠르게 진행되기 때문이다. 그러므로 정리하는 동안 한 걸음 물러서서 데이터를 살피고 사용자의 의도를 명백하게 하도록 한다.

1. 정리된 시퀀스 전체를 본다. 왜 사용자가 그 직무를 행했는지에 대해 전반적인 의도를 정의한다.
2. 전반적인 의도를 분홍색 포스트잇에 기록하고 시퀀스의 맨 위에 있는 계기 옆에다 붙인다.
3. 개별 활동에 대해서는 그 단계 집합을 검토하고, 활동을 수행하는 이유를 정의한다.
4. 의도를 분홍색 포스트잇 노트에 기록한다.
5. 활동과 첫 번째 단계 사이의 빈 여백에다 의도를 붙인다.
6. 활동에 내포된 추상적인 단계들을 각각 검토하고, 단계 집합이나 집합 내의 각 단계에 대해 추가 의도가 있는지 확인한다.
7. 발견된 의도를 분홍색 포스트잇에 기록한다.
8. 단계에 관련된 의도들을 그것들의 추상적인 단계 옆에다 붙인다. 활동과 단계들은 의도를 하나 이상 가질 수 있음을 기억하자.

실제 정리된 시퀀스의 예로는 그림 7-7(212쪽)을 참조하자.

표 7-1 커뮤니케이션 활동을 생성하는 과정을 다룬, 첫 번째 정리된 시퀀스와 추상적인 단계

U8 실제 단계	U6 실제 단계	재작성된 추상적인 단계	대안적인 단계	설명
문제 행동에 관한 편지를 쓸 때 편지 양식을 이용함.	문제가 일어난 시간과 문제 설명이 첨부된 노트를 작성하고, 학생의 어머니와 만나기를 요청함.	학부모에게 편지를 쓸 때 편지 양식을 이용함.	학부모에게 전달할 노트를 작성함.	단계들은 하나의 추상적인 단계로 재작성될 수 있다. 또는, 프로젝트 포커스는 팀이 대안적인 단계 두 개를 기록하도록 이끌 수 있다. 대안적인 단계로는 내용별로 지정된 서식을 요청하거나, 교사들이 비교적 형식적이지 않은 문서를 작성하도록 한다. 두 전략은 모두 이초크 디자인에서 지원될 필요가 있으므로, 대안적인 단계로 기록되었다.
학부모에게 전달하고자 편지를 학생에게 줌 학부모는 '문제를 고치겠다'고 약속하는 서명을 함	교장 비서에게 노트를 전달함.	학생과의 커뮤니케이션	학교 행정실과의 커뮤니케이션	이 단계들은 하나로 추상화될 수 없다. 두 가지 다른 전략이 있기 때문이다. 첫 번째 경우에는 학생이 전달자다. 두 번째 경우에는 행정실의 직원이 전달자다.
학생은 편지를 학교에 전달함.		학생은 커뮤니케이션을 학부모에게 전달함. 학부모는 커뮤니케이션을 전달 받고 이를 승인함. 학생은 커뮤니케이션을 학교에 전달함.	학부모에게 전달할 노트를 작성함.	U8과 U6은 여기서 매우 다른 단계를 취하므로, 이 단계들은 통합될 수 없다. 이것들은 각각 시퀀스에서 파생된 2개의 가지가 된다. 또한 암시된 단계도 추가되었다.- 학생은 커뮤니케이션을 학부모에게 전달한다.
	교장 비서는 학생의 어머니에게 전화함. 어머니와 만날 약속을 하고자 기다림.		행정실은 학부모에게 연락함. 학부모에게서 답변을 기다림. 학부모와 만날 약속을 함.	이 단계에는 암시된 단계가 있다. - 학부모에게서 답변을 기다린다. 커뮤니케이션 지연은 이초크의 디자인에서 중요하기 때문에, 팀은 이것을 두 단계로 분할하기를 원할 것이다.

표 7-2 추가 단계에 대한 부분적으로 정리된 활동과 추상적인 단계

U8 실제 단계	U6 실제 단계	재작성된 추상적인 단계	대안적인 단계	설명
학부모는 문제를 더 자세히 알아보고자 학교의 대표 전화번호로 전화함.		학부모는 교사와 이야기하고자 학교에 전화함.		
학교 비서는 전화 통지서를 작성함. 학생 급사는 U8의 자리에 통지서를 전달함.		메시지가 교사에게 전달됨.		여기서 두 단계가 하나로 정리된 것을 볼 수 있는데, 메시지 전달 방법은 디자인에 중요하지 않기 때문이다.
	이메일로 답변하는 대신 학부모에게 전화하기 위해 방과 후까지 기다림.	방과 후에 학부모에게 연락하기 위해 기다리기로 결정함.		원래의 단계에는 결정 단계와 그에 따른 행동 단계가 모두 존재한다. 이초크 팀의 디자인에서는, 교사가 어떻게 학부모에게 연락하는지뿐만 아니라, 언제 학부모에게 연락을 시도할지에 대한 전략이 있다는 점이 중요하다. 이 전략은 분할되지 않으면 파악하기 어렵다.
U8은 전화를 걸기 위해 사무실로 감.	학부모에게 전화함.	학부모에게 전화함.		여기서는 두 가지 전략이 같이 나타난다. 정리하는 과정에서 우리는 이것을 더 분명하게 하기 위해 구분할 것이다.
학부모는 가정에서 전화를 받음.		학부모가 전화를 받을 수 있음.		이 단계에는 U2에 대한 암시가 있다. 우리는 이것을 별도의 단계로 남겨두는데, 이초크에서 학부모가 전화를 받지 못할 때가 있다면 그런 경우를 모두 기록하려 하기 때문이다.
학부모가 어떻게 행동 문제를 도울 수 있는지 의논함.	학생의 행동에 대해서 의논함.	학부모와 전화로 의논함.		

사례 – 이초크

이초크의 첫 번째 정리에서 마지막 단계는 의도를 추가하는 것이다. 시퀀스 정리 팀은 단계들을 정리하기 위해 그것을 분석한 다음, 이 세 가지 시퀀스를 가지고 깊이 있는 분석 작업을 하였다. 그 때문에 정리 팀은 각 시퀀스를 만든 개별 인터뷰 진행자보다 전체 시퀀스를 더 잘 이해할 수 있다. 정리 팀은 원래 기록된 의도를 잘 살펴보고 그것이 재작성될 필요가 있는지, 또는 추가될 필요가 있는 유실된 의도가 있는지 결정하는 역할을 한다.

개별 시퀀스에 드러난 전반적인 의도는 다음과 같다.

- U8은 학부모에게 학생의 수업 중 행동 문제를 알린다
- U6는 행동 문제를 교장에게 보고한다
- U2는 학생 행동 문제의 상태에 대해 커뮤니케이션한다.

위에 기록된 U6 의도는 맞지 않다. 근본적인 의도는 학부모와 커뮤니케이션하는 것이다. 교장실로 가는 것은 단지 그 중간 단계다. 세 시퀀스는 모두 학생에 대해서 학부모와 대화를 취하려는 일과 관련된다. 따라서 전반적인 의도는 이렇게 기록할 수 있다.

- 문제에 관해서 대화를 취한다.

우리는 의도에서 행동 문제를 추상화해 냈고, 따라서 정리를 하면 다른 종류의 커뮤니케이션도 지원할 수 있다. 표 7-3(213쪽)은 의도가 추가된 이초크 시퀀스다(실제 정리된 시퀀스의 예를 보려면 그림 7-7을 참조하자).

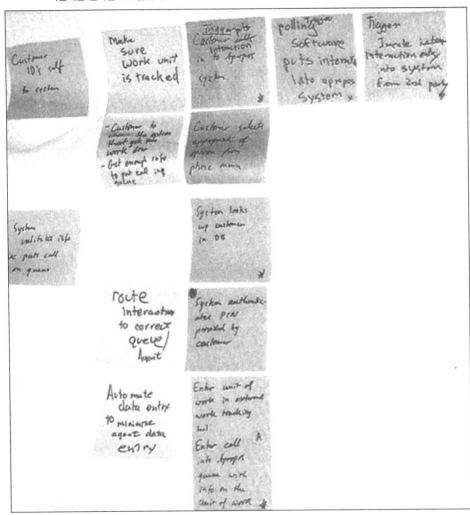

표 7-3 의도가 추가된 정리된 시퀀스 전체

학부모와의 커뮤니케이션			
계기: 학생이 버릇없는 행동을 함. 교사는 여유 시간이 약간 있음.	**전반적인 의도:** 문제에 관해서 대화를 취함.		
활동	**의도**	**추상적인 단계: 전략 1**	**추상적인 단계: 전략 2**
커뮤니케이션 수신.	학부모와 연락이 가능하게 함.		
		이메일에 로그인함.	
		며칠째 대기 중인 메시지를 봄.	
		장애물: 이메일 사용을 저해하는 낙후된 컴퓨터 성능.	
		장애물: 학부모에게 답변 지연.	
커뮤니케이션 생성함.	학부모에게 계속 알림.		
		학생의 행동에 대해서 질문하는 학부모의 메시지를 읽음.	
	편지로 커뮤니케이션하는 방식에 관한 학교 방침을 따름.	학부모에게 편지를 쓸 때 편지 양식 이용함.	학부모에게 전달할 노트를 작성함.
	학부모와 커뮤니케이션하는 방식에 대한 학교 방침을 따름.	학생에게 커뮤니케이션을 전달함.	학교 행정실에 커뮤니케이션을 전달함.
		학생은 학부모에게 커뮤니케이션을 전달함.	행정실은 학부모에게 연락함.
	커뮤니케이션이 수신되고 학부모가 그것을 읽었다는 확인을 받음.	학부모는 커뮤니케이션 수신을 승인함.	
		학생은 커뮤니케이션을 학교에 다시 전달함.	
			학부모에게서 답변을 기다림.
			학부모와 만날 약속을 함.
추가 단계	학부모와 진행 중인 커뮤니케이션을 계속함.		

➜ 다음 쪽에 계속

학부모와의 커뮤니케이션			
활동	의도	추상적인 단계: 전략 1	추상적인 단계: 전략 2
	문제에 대해서 교사와 빨리 커뮤니케이션함.	학부모가 교사와 이야기하려고 학교에 전화함.	
		메시지가 교사에게 전달됨.	
	가정에 있는 학부모와 연락될 기회 증가함.	방과 후에 학부모에게 연락하기 위해 기다리기로 결정함.	
	이메일보다 더 친밀한 인터랙션임.	학부모에게 전화함.	
		학부모는 전화를 받을 수 있음.	
		학부모와 전화로 의논함.	
		다시 의논할 필요성이 제기됨.	
	이미 계획된 미팅을 이용함.	정기적인 대면 미팅에서 의논함.	
	더 신속한 방법으로 커뮤니케이션함.	이메일로 커뮤니케이션하기로 결정함.	
		학부모 한 사람은 이메일이 없음.	
		그 사람은 이메일 계정을 얻음.	
		이메일 전송.	
		이메일 답변.	
	문제에 대해 정기적이며 즉각적으로 커뮤니케이션함.	이메일 전송 계속.	
		의논 종료.	
	주간 보고서 작성함.	제3자에게 학생에 관한 보고서 작성.	
	학생을 전달자로 이용, 빠르고, 비용이 들지 않고, 믿을 수 있는 방법임. 특정한 제3자와 직접 연락하지 않는 절차를 따름.	제3자 보고서를 학생 편에 가정으로 전달함.	

정리 완결하기

처음 시퀀스 세 개를 완결한 후에 남은 시퀀스들을 처리한다.

1. 남은 시퀀스의 단계들을 각각 정리된 시퀀스와 연결하여 배열한다.
2. 필요하다면 새로운 계기, 단계, 장애물, 의도를 삽입한다.
3. 새로운 업무 전략을 처리하기 위해 새로운 가지를 만든다.

조언

여기 시퀀스 정리 프로세스를 진행하는 데 유용한 몇 가지 조언이 있다. 정리 과정에서 시간을 관리하는 데 유용한 조언은 '고려 사항과 예상 스케줄' 박스를 보자.

고려 사항과 예상 스케줄

다음에서 시퀀스의 정리 일정을 계획할 때 염두에 둘 몇 가지 이슈를 소개한다.

- 여러분의 작업에 가장 중요한 시퀀스를 선택해서 첫 번째로 정리한다.
- 개별 직무에 대해 가장 복잡한 시퀀스를 세 가지 선택해 그것들을 먼저 정리한다.
- 2명으로 구성된 팀이라면 지원 인력을 구해서 주요 시퀀스를 빨리 정리한다. 한 프로젝트에는 주요 시퀀스가 보통 4개에서 6개 있고, 한 시퀀스를 정리하는 데는 3시간에서 8시간쯤 걸린다. 이 시간은 시퀀스 길이와 함께 정리해야 하는 시퀀스 개수에 따라 차이가 있다.
- 지원 인력이 있으면 정리에서 가장 중요한 작업을 이틀 안에 모두 끝낼 수 있다.
- 프로세스를 질질 끄지 마라. 팀 구성원이 단 2명이고 그들의 스케줄이 다른 업무와 겹쳐 너무 빡빡했다면 정리 작업 도중 며칠 또는 심지어 몇 주까지 쉬었다 다시 진행할 수도 있다. 하지만, 쉬는 시간이 며칠을 넘어가면 정리 작업에 다시 적응하기가 어렵다는 것을 염두에 두자.
- 유실된 단계, 의도, 추가할 장애물만 검토하는 시각적인 점검으로 나머지 시퀀스들을 처리한다.

활동의 목적을 추상적인 행위 단계와 구분하여 이해하라 활동은 단순히 실제 단계를 그룹 지어서 업무를 더 잘 드러내는 데 이용된다.

활동을 추상적인 수준으로 표현하라 일반적으로 정리된 시퀀스에는 활동이 4~8개 있다.

암묵적인 단계를 포함하라 이 부분은 생각의 단계이거나, 단계 자체에서 암시되는 단계라고 할 수 있다. 이러한 것들도 고유한 단계로 분리하여 표현하라.

정확하게 전략을 반영하라 확실히 실제 전략을 정의하고, 한 사용자가 어떤 단계를 다른 단계 전에 행했다는 등의 사실에 연연하지 말자. 이런 사실은 기록하되, 이것이 새로운 전략이나 다양성에 대한 요구를 나타내는 건 아니라는 점을 알아 둔다.

시퀀스의 부분들을 명확하게 하라 의도와 추상적인 단계들을 시각적으로 구별하여 재디자인할 때 쉽게 정의할 수 있도록 만든다.

세부 사항을 잃지 말자 함께 들어맞지 않는 단계들을 억지로 합쳐서 정리하지 말자. 구별된 단계들로 만든다.

시각적인 점검으로 시퀀스의 나머지를 처리하라 처음 다룬 세 가지 시퀀스는 대단히 세부적으로 정리해야 한다. 그것들이 해당 직무에 존재하는 나머지 시퀀스에도 필요한 구조를 제공하기 때문이다. 추가할 시퀀스는 각각 검토해서 무엇이 새로운지 살펴보고 정리된 모델에 바로 추가한다.

끝났다고 확신할 때까지는 완결을 미루라 시퀀스 정리는 몇 차례 지나야 완결되고, 그때까지는 항상 변수가 있다. 그러니 완결을 뜻하는 구분 선이나 가지와 순환을 표시하는 화살표를 종이에 직접 그리기보다는, 붙였다 떼는 테이프로 표시하는 편이 좋다.

사례 – 애자일런트의 정리된 시퀀스

표 7-4는 분석 실험실에 대해 부분적으로 정리된 시퀀스로, 실험실에서 새로운 작업을 어떻게 할지 결정하는 방법을 보여 준다. 실제 데이터에서 추출한 샘플은 표의 설명과 같이 관리된다. 이 시퀀스 모델은 전략의 개요를 나타낸다.

표 7-4 활동 : 작업 계획

의도	추상적인 단계와 전략	샘플 사용자 데이터
	1. 연구 또는 프로젝트는 부서, 그룹, 실험실에 제안되거나 배정됨	
	a. 프로젝트 제안 공고.	U11: 고객 서비스에서 적절한 부서 관리자에게 작업 계획표를 전달. 부서 관리자는 작업 계획표에 근거하여 인력, 지원품, 기타 다른 자원에 대해 계획함.
		U45: 프로젝트 정보와 ID 담당 (문서 업무).
I: 관리자에게 프로젝트가 배정되었음을 공지함.	b. 프로젝트가 오거나 실험실에 배정됨.	U4-1: 새로 샘플 과제 1000개 도착함.
		U5: 프로젝트 코디네이터가 선택됨. 코디네이터는 합성 실험실, 실험 시설, 분석 개발팀 등과 프로젝트 팀의 업무 조정을 담당함.
	2. 연구 또는 프로젝트 수행 시간 예측함	
	a. 소요 기간 추정에 필요한 인적 자원 점검함	
	b. 전략 1:	
	i. 인력 예산 파악	
	c. 전략 2:	
	i. 고정된 날짜를 기반으로 계획	U5: 제조 날짜는 국제 프로젝트 팀에 의해 이미 결정되어 변경할 수 없음.
I: 기능적으로 연관된 모든 그룹에서 언제 완결되어야 하는지에 대한 아이디어 수용함. 조정 작업이 필요함.	ii. 실험실의 실현 가능성 점검함.	U5: 기술적인 실현 가능성에 대해서 합성 담당 그룹과 의논(체크리스트).
	iii. 실험 시설에서 방법론이 필요한 날짜 결정함.	U5: 원재료에 대한 방법론 적용이 언제 필요한지를 결정하고자 실험 시설 측과 의논함.

→ 다음 쪽에 계속

의도	추상적인 단계와 전략	샘플 사용자 데이터
I: 실험실의 지난 경험과 작업 수행, 예정된 샘플 부하에 근거하여 대강 예측함.	d. 1일 추정 샘플 수에 근거하여 계산 시작함.	U4-1: U44는 자동 샘플러를 이용해 다음과 같이 추정함. 월요일-목요일은 1일 샘플 60개, 금요일-일요일은 1일 샘플 120개.
	e. 1일 샘플 수를 토대로 몇 주간의 분석 시간을 계산함.	U4-1: 1일 샘플 수를 토대로 주간 샘플 수를 계산함/(4*60+120).
	f. 1일 샘플 수를 처리할 직원 투입함.	
I: '초과' 및 기타 '애매한' 요인들을 포함하기 위해 예측을 다시 함.	g. 다른 사람들에게 업무를 설명하고 테스트를 반복하도록, 초과에 대한 비축분을 추가.	U4-1: 그는 보고를 추가하고 (의심스러운 데이터에 대해) 시간 측정을 반복한다. 반복 측정 = 허술한 방법론이나 경험 없는 기술자의 경우, 또는 이런 사람이 추가적인 반복을 더 하는 대규모 프로젝트의 경우 15% 초과됨. 이 요인은 프로젝트 단계에 따라 달라진다. 그는 초과 GLP를 추가한다. 내부 감사를 위해서 1-2일 정도 여유가 필요하다. 이것은 프로젝트 단계에 따라 달라진다. 그는 모든 프로젝트에 초과분과 같은 도구를 이용한다.
	h. 온라인으로 결과를 받으려는 고객의 기대에 따른 요인.	U4-1: 그는 온라인으로 얼마나 빨리 결과를 받을 수 있을지에 관한 고객의 기대를 파악한다. 이것은 프로젝트 단계에 따라 다양하다. 만약 결과가 즉시 필요하다면, 그는 1회 실험 분량(batch size)을 줄여야 한다. 분량이 적으면 더 빨리 진행되기 때문이다.
	i. 샘플 전달 이슈를 충족시키고자 여유 시간 추가함.	
	j. 정확성을 더하고자 예측에 관해서 직원과 의논함.	U4-1: 그는 예측이 얼마나 정확한지와 그에 따른 책임에 대해 동료들과 의논한다. U5: 관리자는 프로젝트(자원)를 계획하고자 직원들을 만난다.
	3. 어떤 자원이 필요한지 결정함.	
	a. 실험실의 자원에 근거해 계획을 산출함.	U11: 부서 관리자는 작업 계획표에 근거하여 인력, 지원품, 기타 다른 자원에 대해 계획함. U5: 그의 그룹에서 누가 담당할지를 결정. 현재 작업할 수 있는 사람과 프로젝트의 단계를 고려. 한 사람이 같은 단계에서 프로젝트를 하나 이상 맡는 것은 비능률적임.

R a p i d
C o n t e x t u a l
D e s i g n

어피니티 다이어그램 구축하기

래피드 CD 프로세스	속전 속결	속전 속결 플러스	집중 래피드 CD
어피니티 다이어그램	V	V	V

어피니티 다이어그램은 모든 고객에서 나타난 이슈와 통찰을 한데 모아서 벽에다 붙인 계층적 다이어그램이다(222쪽의 그림 8-1 참조). 해석 세션에서 여러분은 사용자 데이터를 대표하는 개별 노트를 기록했다. 우리는 이 해석 세션 노트를 어피니티 노트라고 하는데, 여러분이 지금 어피니티 다이어그램 구축에 그것을 이용할 것이기 때문이다.

어피니티 다이어그램은 래피드 CD의 모든 유형과 연관된다. 이것은 여러분의 사용자 집단에 걸친 모든 이슈를 파악하는 가장 빠르고 유용한 방법이다. 시스템 디자인은 전체 시장 또는 사용자 집단을 고려해야 한다. 또한 전체 사용자 집단의 이슈, 업무의 전체 구조, 그리고 그 안에서 일어나는 다양한 업무 등도 함께 고려해야 한다. 어피니티 노트와 개별 업무 모델을 통합하여 정리하면 한 개인뿐 아니라 전체 사용자 집단에 대한 이슈도 파악할 수 있다. 이 장에서는 어피니티를 구축하는 방법에 대해 공부할 것이다.

어피니티 다이어그램은 여러분이 수집한 사용자 데이터로부터 작성된 개별 노트를 그룹으로 묶어 만들며, 그럼으로써 핵심 주제를 찾아내게 된다. 우리는 미리 정의된 카테고리로 묶어내기보다는 데이터를 토대로 적절한 라벨을 붙여 그룹들을 구분해 내길 권한다. 그룹들은 고객의 목소리, 즉 그들이 무엇을 하고 어떻게 생각하는지를 얘기한 내용에서 만들어지고 라벨이 붙는다. 이 프로세스는 다양한 데이터 내용을 잃지 않으면서 구체적인 공통 이슈, 특징, 업무 패턴, 요구 등을 드러내고 생성한다.

래피드 CD에서 어피니티 다이어그램은 지원 인력이 몇 명 있다면 하루 안에 구축될 수 있고, 2명뿐인 팀이면 노트의 수에 따라 2-3일이면 가능하다.

일단 구축되면, 여러분은 어피니티를 이용하여 프로젝트에 필요한 적절한 디자인 아이디어를 얻을 수 있다. 집중 래피드 CD에서는 어피니티를 워킹하면서 개선할 사항과 추상적인 수준의 프로젝트 비전을 만들고자 정리된 시퀀스를 준비하는데, 이는 10장에서 살펴볼 것이다.

정의

어피니티 다이어그램은 개별 해석 세션에서 작성한 노트나 어피니티 노트를 고객의 요구에 따라 그룹 짓고 적절히 이름 붙여 벽면 등에 계층적으로 구성하여 만든다. 어피니티는 공통된 이슈, 주제, 그리고 고객의 문제와 요구 범위를 한자리에서 보여 준다. 또한 어피니티는 고객의 목소리와 그것이 드러내는 이슈를 나타내어 사용자 요구의 기초가 된다.

핵심 용어

어피니티 다이어그램 여러분의 사용자 집단에 관한 이슈를 계층적으로 표현한 것으로, 해석 세션의 어피니티 노트로부터 구축된다. 처음에 프로젝트 룸의 벽에서 구축되기 때문에, 어피니티 벽(affinity wall) 또는 '벽(the wall)'이라고 부르기도 한다.

어피니티 노트 해석 세션 노트와 어피니티 노트는 같다. 어피니티 노트는 출력할 수 있으므로 팀은 그것들을 벽에 어피니티 다이어그램으로 그룹 지을 수 있다. 어피니티 노트를 때때로 노란색 노트 또는 포스트잇이라고 부르는데, 노란색 포스트잇에 출력할 수도 있기 때문이다.

파란색 라벨 이 라벨은 특정한 주제나 업무를 나타내는 관련된 노트들의 그룹에 붙여진다. 이 라벨에는 고객이 여러분에게 직접 이야기하는 것처럼 직접 화법을 사용한다.

분홍색 라벨 파란색 라벨의 상위 수준으로, 파란색 라벨을 공통된 주제에 따라 묶은 뒤 그 위에 붙인다. 분홍색 라벨은 데이터를 또 한차례 상위 수준으로 추상화하고, 그 아래 파란색 라벨들은 데이터의 특성을 보여 준다. 분홍색 라벨 역시 직접 화법으로 표현된다.

녹색 라벨 어피니티 라벨의 최상위 수준으로, 이것은 분홍색 라벨을 요약하여 작성된다. 녹색 라벨 역시 직접 화법으로 고객이 말하듯이 쓸 수 있지만, 성격상 더 일반적일 수 있다. 각 녹색 라벨은 사용자 스토리의 큰 부분을 나타낸다. 대부분의 어피니티에는 녹색 라벨이 5~8개 있다.

어피니티 구축 프로세스

☐ 어피니티 구축 준비
- 언제 어피니티 다이어그램을 구축할지 결정
- 어피니티 구축 팀 결정
- 어피니티 작업 준비

☐ 어피니티 구축
- 어피니티 구축 프로세스 소개
- 모든 어피니티 노트 배치

- 파란색 라벨 추가
- 어피니티 재구성-분홍색과 녹색 라벨 추가

□ 최종 어피니티 생성-새로운 데이터 처리

그림 8-1은 어피니티 구축의 부분을 보여 준다. 이 부분에는 맨 위에 녹색 라벨이 있고, 그 아래에 분홍색 라벨, 그리고 각각의 분홍색 카테고리 아래 면에 파란색 라벨이 붙어 있다. 비스듬히 붙인 것들은 10장에서 설명할 '벽 워킹(wall walk)' 후에 팀이 데이터에 첨부한 디자인 아이디어다.

그림 8-1 계층적으로 구성된 라벨을 보여주는 어피니티 구축 부분

언제 어피니티 다이어그램을 구축할지 결정하기

전형적인 래피드 CD 프로젝트에서 여러분은 전체 프로젝트에 대해 두세 군데 업무 장소에서 사용자를 총 8명 내지 10명 정도 다룰 것이다. 일반적으로 개별 사용자 해석 세션은 노트를 50에서 100개 정도 산출하므로, 어피니티 다이어그램은 대략 노트를 500에서 1000개 포함하게 된다. 여러분은 인터뷰가 끝난 다음 어피니티를 모두 한 번에 구축할지, 아니면 두 번에 걸쳐서 구축할지 선택할 수 있다.

두 번에 걸쳐 어피니티를 구축하면 각 세션에서 처리하기가 더 쉽고, 프로젝트 중간에 포커스를 재점검할 수 있다. 여러분은 인터뷰를 절반쯤 끝내고 노트를 300~400개 정도 확보한 다음에 어피니티 다이어그램을 구축할 수도 있다. 첫 번째 구축 작업을 마친 다음, 어피니티 내용을 자세히 살펴보아 데이터의 허점과 정보가 더 필요한 영역을 찾아낸다. 이것은 여러분이 다음에 인터뷰할 사람을 정하고 인터뷰하는 동안 어디에 포커스를 둘지를 안내할 것이다. 남은 인터뷰를 마치고 나면 추가 데이터를 첫 번째 어피니티에 합쳐 하나로 만든다.

어피니티를 한 번에 구축하든 두 번으로 나누든 소요 시간은 대략 비슷하다. 어피니티 구축에서 소요 시간은 주로 노트의 수가 얼마나 많은가, 몇 명이 동시에 어피니티 구축에 참여하는가, 그리고 그룹 짓고 라벨을 붙이는 작업을 얼마나 세심하게 하는가에 따라 결정된다.

벽에 붙이려는 어피니티 노트가 1000개 이상이라면 한 번에 어피니티를 구축하지 말자. 두 사람으로 구성된 팀이라면 노트가 많을 경우 데이터에 쉽게 압도된다. 해석을 도와주는 지원 인력이 많다고 해도, 이 경우에는 진행에 어려움이 따른다. 따라서 어피니티 노트가 많다면 어피니티 구축을 두 단계로 나누는 편이 좋다.

평균적으로 해석 세션에서 얼마나 많은 어피니티 노트를 만드는지 알아보기 위해 해석 세션을 모니터하여, 언제 어피니티를 구축할지 예측해 본다. 시디툴즈의 프로젝트 윈도에서는 진행 개요를 빨리 알 수 있다.

'분할된 팀과 어피니티 구축하기' 박스에 팀원들과 여러 장소에 있는 관련 집단들이 함께 어피니티를 구축할 때 어떻게 프로세스를 관리할지 조언이 나와 있다.

분할된 팀과 어피니티 구축하기

어피니티 구축은 분할된 팀이 함께 작업할 수 있는 가장 좋은 기회 중 하나다. 어피니티를 구축하면서 팀은 공유된 이해를 형성해 나간다. 또한 비전을 도출하고 디자인을 제시하는 준비가 되기 때문에 다른 디자인 작업에 우선할 수도 있다.

하지만 팀을 한곳에 모을 수 없다면 두 장소에서 구축 프로세스를 진행하고, 각 장소에 팀원들과 이해관계자들을 몇 명씩 둔다. 어피니티 노트를 그냥 임의로 나누거나, 사용자 타입에 따라 나누고 양쪽에 모두 사용자 타입을 균등하게 맞춘다. 그런 다음 나눠진 어피니티를 양 팀에서 구축한다.

시디툴즈를 쓰고 있다면 각 팀은 녹색, 분홍색, 파란색 라벨을 입력할 수 있다. 개별 그룹에서 어피니티를 다루는 사람들은 어피니티를 검토하고, 이 툴을 이용해 라벨을 통합하고 새로운 그룹들을 만들 수 있다. 회의 지원 툴에서 어피니티 빌더를 디스플레이하면, 어피니티를 보고 함께 최종 어피니티를 일반화하는 일을 모두 할 수 있다. 모니터에서 어피니티 노트와 그 주변의 라벨들을 움직이기도 간편하다.

그런 다음 양쪽 장소에서 여러분의 최종 어피니티를 출력하고 프로젝트 룸 벽에 건다. 이제 모두가 디자인 단계에서 작업할 동일한 사용자 데이터를 갖게 된다.

어피니티 구축 팀 결정하기

어피니티를 구축할 지원 인력을 쓸지 결정한다. 이것이 단지 인적 자원의 문제만이 아니라는 점을 상기하자. 어피니티를 구축하는 일은 관련자들과 함께 작업할 좋은 기회이기도 하다. 한나절에서 하루 정도 참여해 달라는 요청은 대개 이해관계자들도 수용할 수 있는 수준이다.

어피니티를 하루에 구축하려면 어피니티 노트 50~80개당 한 사람씩 지원 인력을 두어야 한다. 따라서 노트가 400개 있다면 하루에 어피니티를 구축하기 위해 6명에서 8명이 필요할 것이다. 이보다 사람 수가 적다면 어피니티 구축은 더 오래 걸릴 것이다. 2장으로 돌아가서 예시 스케줄을 보고 소요 시간과 어피니티 구축에 필요한 인력을 예상해 보자.

어피니티 구축을 절대 2-3일 이상 끌지 말아야 한다. 팀 구성원들이 지쳐서 너무 오래 걸린다고 생각하게 된다. 인적 자원이 동일해도 작업이 하루에 끝난다면 시간이 짧게 느껴진다는 점을 명심하라. 이렇게 되면 팀은 다음 디자인 단계로 넘어갈 수 있고, 전체 프로젝트 일정에도 가속이 붙을 것이다.

어피니티 구축 팀에는 여러분의 팀원, 이해관계자, 그리고 프로젝트 포커스를 이해하고 데이터에 관심이 있는 모든 사람을 포함할 수 있다. 해석 세션을 참관했던 사람들은 훌륭한 지원 인력이 될 수 있다. 여러분은 또한 다음 사람들을 불러올 수 있다.

- 마케팅
- 관리자
- 비즈니스 분석가
- 개발자, 정보 아키텍트(information architect), 사용성 전문가, UI 디자이너, 인터랙션 디자이너, 그리고 팀 구성원이 아니지만 제품 개발을 담당하는 다른 사람들
- 관련 프로젝트의 사람들
- 문서 기록 담당자(documentation writer)
- 기술 지원 담당자(technical support staff)

이런 지원 인력들이 하루 종일 함께할 필요는 없다. 가능한 만큼 두세 시간 단위로만 참여하더라도 프로세스에는 가속도가 붙고, 추후 디자인이 조직에서 채택되는 데 훨씬 유리해진다. 작업을 시작하기 전에 모든 지원 인력에게 어떻게

어피니티를 구축하는지 확실히 설명한다. 가능하면 많은 지원 인력이 동시에 일을 시작해서 규칙과 프로세스를 함께 들을 수 있도록 한다.

주의-어피니티를 구축하기에 앞서, 팀 구성원이 아닌 사람들에게 프로젝트 개요와 기타 프로젝트의 컨텍스트를 이해하는 데 도움이 될 만한 문서들을 미리 공유시킨다.

어피니티 구축 준비하기

준비 작업에는 온라인 노트를 정리하여 출력하는 일이 포함된다. 또한 미리 프로젝트 룸을 준비하고 필요한 물품을 확보해 둘 필요가 있다.

어피니티를 펼쳐놓기에 충분한 벽 공간이 있는, 회의실 정도 크기의 프로젝트 룸이 필요하다. 전지(butcher paper)를 180cm 길이로 잘라 수직으로 겹쳐 붙여서 벽을 구분한다. 프로젝트 룸의 벽을 모두 이렇게 덮는데, 창문이 많다면 그 위에도 덧붙인다.

어피니티 구축을 시작하기 전에 다음과 같이 한다.

- 해석 노트를 레이저 포스트잇의 낱장에, 또는 노트 크기로 잘라낸 라벨지에 출력한다. 포스트잇을 쓰지 않는다면, 떼었다 붙일 수 있는 테이프를 이용해 노트를 벽에 붙여도 된다. 시디툴즈를 쓴다면 노트를 3x5 사이즈에 출력하는 자동 양식을 이용한다.
- 노트를 섞는다. 여러 사용자의 노트를 섞은 다음 어피니티 구축 작업을 한다.
- 노트를 대략 20묶음으로 나눈다. 한 번에 쌓인 분량이 적으면 압박감이 덜하다.
- (포스트잇 출력본과는 달리) 작성 순서대로 나온 해석 노트의 복사본을 하나 출력해서 진행 목록처럼 이용한다. 어떤 특정 노트가 잘 이해되지 않을 때 이것을 보고 참고할 수 있다. 때때로 문제되는 노트의 전후에 쓰인 노트를 읽어 보면 그 의미가 분명해지기도 한다.

- 사용자와 조직의 프로필을 복사해서 출력한다. 이것 역시 불분명한 노트를 더 잘 이해하는 데 도움이 된다.

주의-시디툴즈를 이용한다면, 출력 기능에서 자동으로 노트를 3x5 크기로 출력하도록 설정한다. 그리고 순서에 관계없이 노트를 출력한 다음 프로필을 출력하고, 번호 순서대로인 노트의 목록을 출력한다.

프로젝트 룸에 필요한 자세한 물품 목록은 '프로젝트 룸 세팅하기' 박스를 참조하자.

프로젝트 룸 세팅하기

어피니티 구축 작업 역시 디자인 룸에서 하는 것이 이상적이다. 하지만 디자인 룸이 안 되면, 되도록 큰 방을 쓰는 게 좋다. (대략 15x15㎡ 정도). 프로젝트 룸에 필요한 것들은 다음과 같다.

- 프로젝트 룸의 벽을 모두 덮을 흰 무광 전지 또는 크라프트지. 종이를 180cm 길이로 잘라 수직으로 겹쳐 붙인다. 프로젝트 룸의 모든 벽을 이렇게 덮는데, 창문이 많디면 그것도 포함한다.
- 필요할 때 노트를 정리하기 위해, 추가로 여백을 만들 수 있는 플립 차트 한두 개. 일종의 백업용으로 준비한다.
- 전지를 벽에 붙일 마스킹 테이프와 벽에 붙은 내용을 검토한 뒤 옮겨 붙이려고 할 때 붙였다 뗄 수 있는 테이프. 어피니티 구축이란 노트를 옮겨 붙이는 일이기 때문에 일반 접착 테이프는 사용하지 않는다.
- 3x5 크기의 노란색 포스트잇. 어피니티를 구축하는 동안 기존 노트를 여러 개로 나눠서 벽에 추가하는 경우에 필요하다.
- 어피니티 라벨용으로 쓸 3x3 크기의 정사각형 포스트잇 노트. 대략 파란색 8팩, 분홍색 6팩, 녹색 2팩 정도 준비한다. 포스트잇 브랜드와 같이 품질이 좋은 스티커 노트가 필요한데, 너무 싼 제품은 시간이 지나면 더 쉽게 떨어지기 때문이다.
- 네임펜. 개별 참여자들에게는 충분한 분량의 파란색, 빨간색, 녹색, 검정색 펜이 필요하다. 펜 끝은 충분히 넓어서 멀리서도 글씨가 보여야 한다. 색맹인 사람이 있다면, 녹색 대신에 검정색을 쓴다.

어피니티 구축 프로세스 소개하기

2명으로 구성된 팀이라면, 어피니티를 만드는 방법을 살펴본 후 벽면을 이용하여 작업을 시작한다. 지원 인력이 있다면 어피니티 작업 방법을 소개해 이해시켜야 할 것이다. 어피니티 구축 팀 가운데 한 사람이 지원 인력의 어피니티 세션을 진행하고 조율한다. 이 사람도 역시 어피니티를 함께 만들지만, 한편으로 이러한 작업에 처음 참여하는 지원 인력의 프로세스와 진행하는 모습을 지켜보고 필요할 때 도와주어야 한다('어피니티 구축 작업에서 인력 관리하기' 박스를 보자). 사람들이 어피니티를 많이 구축해 본 후에는 이미 할 일을 잘 알고 있기 때문에 이와 같은 노력을 기울일 필요가 없다.

어피니티 구축 작업에서 인력 관리하기

어피니티를 구축하는 과정은 처음 접하는 이에게는 쉬운 프로세스가 아니며, 사람들은 프로세스에 서로 다른 방식으로 반응할 것이다. 다음에 몇 가지 가이드라인을 소개한다.

반응	조언
어피니티 노트의 수는 많고 구조는 부족해서 압도당하는 느낌을 받는 사람들이 있다. 이런 사람들은 어피니티의 한정된 일부분을 정리할 수 있지만, 전체 구조를 만들어 가는 일은 어렵다고 생각할 수 있다.	시작하기 전에 처음 어피니티를 접하는 사람들에게 이런 감정이 드는 것은 매우 일반적인 현상임을 인식시킨다. 프로세스를 진행하면 할수록 더 쉬워질 것이라고 안심시키고, 끝에 가서 어피니티가 다 정리되면 필요한 구조를 알게 될 것이라고 말해 준다.
이러한 방법으로 어피니티를 구축하는 것이 다양한 관점을 잃지 않고 어피니티 노트를 정리하는 가장 실질적인 방식임을 설명한다.	어떤 사람들은 '제대로' 어피니티를 만들 수 있을지 걱정한다. 어피니티를 모으는 방법에는 여러 가지가 있고 여기서는 그중 한 방법을 사용하는 것임을 알려 준다. 어피니티 다이어그램을 만드는 목적은 사용자의 핵심 특성을 밝혀내어 고객에 대한 이해를 추구하는 것이다.

반응	조언
어피니티가 새롭고 적합한 디자인 아이디어를 구상하도록 자극한다면, 그것은 여러분의 목적에 부합하는 것이다.	어떤 사람들은 너무 산만하여 한 주제의 문제에 집중할 필요가 있다. 이 사람들은 다른 사람들의 작업을 방해할 수 있다. 이런 사람이 두 사람이라면 서로 짝을 지어 작업하도록 제안하자. 제각각 작업하더라도 약간은 서로 의논할 수 있기 때문이다.
벽이나 포스트잇에서 '그들이 맡은' 부분을 검토하다가, 다른 사람들이 여기에 뭔가를 추가하거나 그들의 포스트잇을 다른 곳으로 옮기면 기분 나빠하는 사람들이 있다.	여러 사람이 다 함께 다이어그램을 형성하는 것을 편하게 느끼도록 사람들을 이끌고, 누군가가 전체를 주도하지 못하도록 한다. 그럼으로써 좋은 결과가 나오게 된다고 말한다. 이것이 빨리 진행하는 방법이다.

미리 어피니티를 구축하는 작업에 관한 모든 것을 설명한다 해도, 할 일을 분명하게 다 알려줄 수는 없다. 사람들이 대략 예상할 수 있도록 짧게 개요를 설명한 다음, 각 진행 단계를 가이드한다. 다음에 여러분이 참고할 만한 소개말이 있다. 이 예를 통해 여러분 역시 어피니티를 구축하는 프로세스에서 무슨 일을 할지 큰 그림을 볼 수 있을 것이다.

소개 예시 - 이초크

"어피니티 구축은 귀납적 추론에 근거한 그룹 프로세스입니다. 여러분은 데이터의 예를 보고 무엇이 중요한지, 벽에 있는 다른 데이터와 함께 묶을 수 있는지 자문합니다. 이런 그룹은 미리 정해 둔 분류 카테고리로 나누지 않고, 데이터에 주목하면서 만들어 나갑니다.

이 노트에는 이렇게 쓰여 있습니다(여러분의 어피니티 노트 가운데 하나를 읽고, 우리가 이 예시에서 이초크의 어피니티 노트로 하는 것처럼 토론한다).

'교장은 교사들에게 보내는 출력된 이메일에 개인적인 노트를 적어 보낸다.'

이 노트에는 '이메일'이라는 단어가 있지만, 실제로 이메일에 관한 내용이거나 심지어 교장이 이메일을 출력한다는 사실에 대한 내용은 아닙니다. 이 노트는 실제로 사적인, 또는 개인 대 개인의 커뮤니케이션이 필요함을 나타내는 내용입니다.

우리는 어피니티 노트에서 핵심 단어 이상을 보려고 하며, 이 프로젝트와 연관해서 그것들이 드러내는 업무 이슈를 살펴보려고 합니다. 이런 식으로 추론을 하고 거기에 근거해서 여러분의 그룹을 만드시길 바랍니다.

그러면 시작하겠습니다. 모두들 포스트잇을 대략 20개 정도 갖고 시작합니다. 먼저 우리는 벽 앞에 서서 노트를 이처럼 자연스러운 그룹으로 모아 보겠습니다. 이 프로세스는 제가 이끌겠습니다. 우리는 처음에 같이 작업하다가 차츰 개별적으로 작업을 진행하게 될 것이며 모든 노트를 라벨 없이 벽에 붙일 것입니다.

그러면 잠시 멈춰서 노트에 라벨을 붙입니다. 먼저 각 그룹에 대해 파란색 라벨부터 시작합니다. 파란색 라벨은 나중에 읽었을 때 자연스럽게 고객이 얘기하는 것처럼 들리도록 직접 화법으로 기록합니다(여러분의 프로젝트에 적절한 화법으로 대체할 수 있다). 예를 들어, "나는 모든 부모가 자신이 특별하다고 느끼기를 원한다."라고 쓰는 것입니다. 우리의 목표는 파란색 라벨에서 표현된 모든 연관된 이슈들을 확보하는 것이고, 따라서 해석 노트를 일일이 다시 읽을 필요는 없습니다. 우리는 '학부모에 대한 나의 전략'이라는 식으로 라벨을 카테고리처럼 만들지는 않습니다. 이렇게 라벨을 만들면 그 전략이 무엇인지 알아내기 위해 여기에 속한 어피니티 노트를 모두 다 읽어야 하기 때문입니다.

파란색 라벨을 붙인 다음에 우리는 파란색을 그룹으로 만들어 그 위에 상위 수준인 분홍색 라벨을 붙이고, 분홍색 또한 그룹으로 묶어 그 위에 녹색 라벨을 붙입니다. 그러면 전체 어피니티를 포함하게 되고, 그것을 읽을 수 있습니다. 맨 위에서부터 녹색, 분홍색, 파란색을 죽 읽으면 마치 고객이 직접 얘기하듯이 듣게 됩니다. 이렇게 반복하여 여러 경우에 대한 고객의 목소리를 듣고 사용자 스토리를 만들면서, 어피니티의 어느 부분을 반복하고 또, 정리해야 하는지 생각해 보기 바랍니다. 자 그럼, 시작하겠습니다(어피니티 노트의 묶음을 개별 참여자에게 건넨다)."

이것은 어피니티를 구축하는 프로세스에 대한 개념적인 설명이다. 그러나 어피니티를 구축하는 데는 여러 단계의 작업이 필요하다. 여기서 각 단계를 설명할 것이고, 따라서 여러분은 각자 어피니티를 구축하고 함께 작업하는 다른 사람들을 도울 수 있을 것이다.

어피니티 구축 세션을 시작할 때는 항상 팀에 있는 모든 사람에게 프로젝트 포커스를 상기시킨다. 참여자들에게 다음 규칙을 말하고, 프로세스를 진행하는 동안 잘 따라오는지 지켜본다.

컬럼(column, 어피니티 노트의 그룹) 구축하기

- 어피니티 노트의 컬럼(그룹)은 관찰 노트로 시작한다. 이때 관찰 노트의 종류는 무엇이든 상관없으며, 디자인 아이디어 노트나 질문 노트에서 시작되지 않도록 주의한다.
- 일단 관찰 노트로 컬럼을 시작하고 나면, 디자인 아이디어와 질문도 모든 다른 어피니티 노트처럼 취급한다.
- 만약 어떤 그룹의 내용에 적절하지 않은 노트들이 있다고 생각되면, 잘 들어맞지 않는 노트들을 따로 구분해서 새로운 컬럼을 만든다.
- 누구든지 어떤 노트라도 자유롭게 옮길 수 있다. 이 작업은 공동 작업이므로 노트 하나 하나를 옮길 때마다 모든 이의 동의를 거칠 필요는 없다.
- 최종 목표는 각 컬럼을 3-6개의 노트 그룹으로 정리하는 것이다. 한 컬럼의 노트가 6개보다 많다면, 새로운 컬럼으로 분리될 필요가 있는 특징이 묻혀 있을 수도 있다.

개별 어피니티 노트의 의미 형성하기

- 만약 노트의 의미가 잘 통하지 않는다면, 어피니티 노트 목록으로 돌아가서 이 노트의 앞뒤에 있는 노트를 읽는다. 그래도 의미가 통하지 않으면, 인터뷰 담당자 또는 해석 세션에 참여했던 사람과 이야기한다. 일단 노트가 무슨

뜻인지 이해되면, 다시 적절한 위치에 붙이거나, 필요하면 그 내용을 수정한다.

- 어피니티 노트는 모두 아이디어를 단 하나만 포함하기로 되어 있다. 어피니티 노트가 아이디어를 하나 이상 포함하여 나눠져야 할 필요가 있다면, 두 번째 아이디어를 담은 새로운 어피니티 노트를 노란색 포스트잇에 손으로 쓴다. 그리고 첫 번째 노트에 남은 두 번째의 정보를 지운다. 새로운 노트에 같은 사용자 코드와 번호를 부여하고 다음과 같이 노트 번호를 쓴다. #A (예, U01-22A). 단일 노트를 언제 둘로 분리할지를 더 잘 알고 싶다면 '한 노트를 여러 컬럼으로 분리할 수 있는가?' 박스를 참조하자.

한 노트를 여러 컬럼으로 분리할 수 있는가?

여기서 규칙은 노트 하나는 오직 한 컬럼에만 속할 수 있다는 것이다. 어느 컬럼에 가장 잘 들어맞을지 결정하라. 흔히 노트 하나 또는 두 개만이 있는 컬럼에 넣는 것이 최선이며 가장 빠른 선택이다.

이 문제를 토론하느라 오랜 시간을 힘들게 보내는 것은 시간 활용 면에서 좋지 않다. 하지만 만약 노트 안에 포인트가 여러 개 있다면, 여러 노트로 분리한다. 그냥 노란색 포스트잇에다 그 내용을 다시 쓰면 된다. 다음의 예를 보자.

- U9-25 그는 자기 출석부를 따로 갖고 있는데, 이것이 수정할 수 없는 시스템 출석부(bubble sheet 95%의 정확도)보다 더 정확하기 때문이다. 그는 스캔트론 시스템(Scantron system)에 접근하지 않으며, 따라서 스캔트론을 수정할 수 없다.

이초크 팀은 이 노트에 포인트가 2개 있음을 알았고, 그래서 새로운 노트를 만들었다.

- U9-25 그는 자기 출석부를 따로 갖고 있는데, 이것이 수정할 수 없는 시스템 출석부(bubble sheet 95%의 정확도)보다 더 정확하기 때문이다.
- U9-25a 그는 스캔트론 시스템에 접근하지 않으며, 따라서 스캔트론을 수정할 수 없다.

주의 - 시디툴즈를 이용한다면 사용자 코드와 번호만 쓰면 된다. 시디툴즈는 최종적으로 노트를 소프트웨어에 입력할 때 자동으로 다음에 이용 가능한 노트 번호를 할당한다.

'나쁜' 노트 걸러내기

- 만약 한 어피니트 노트가 어떤 그룹에 속할지 바로 찾아낼 수 없다면, 옆으로 밀어 두고 나중에 다시 본다. 구축 프로세스를 진행하는 동안 밀려나 있던 모든 노트를 다시금 살펴보고 들어가기에 적합한 자리를 찾아본다. 또는 문제의 노트를 다른 사람에게 주고 그들이 적합한 자리를 찾을 수 있는지 알아본다.
- 질문 노트에 숨어 있는 업무에 관한 암시를 찾아서 그것들을 그룹에 추가한다. 없으면 어피니티에서 분리된 질문 카테고리에 넣는다.
- 어떤 어피니티 노트는 인구통계학적 정보를 담고 있거나 업무에 대해 아무 것도 말해주지 않는다. 그런 것들은 어피니티에 통합될 수 있는지 나중에 검토할 수 있도록 폐품(junk) 카테고리에 넣는다. 추후 결국 폐품으로 판정되면, 시디툴즈 사용자들은 무시해도 되는 폐품 노트로 표시할 수 있다.

모든 어피니티 노트를 벽에 배열하기

첫 번째 단계는 어피니티 노트를 모두 라벨 없이 느슨하게 그룹 지어 벽에다 모으는 것이다. 그리고 다음 프로세스를 따른다.

1. 디자인 아이디어나 질문이 아닌 어피니티 노트를 골라 모두 들을 수 있도록, 한 사람이 큰 소리로 읽기 시작한다. 그런 다음 이 사람은 어피니티 노트를 벽에다 붙여 첫 번째 컬럼을 시작한다.
2. 이미 붙어 있는 노트와 어울리는 어피니티 노트를 찾고자, 모두 갖고 있는 어피니티 노트를 읽는다.

3. 만약 연관된 어피니티 노트가 발견되면, 그것들을 소리 내어 읽고 각각 첫 번째 어피니티 노트 아래에 붙인다.

4. 같은 스토리에 관한 어피니티 노트를 찾을 수 없으면, 포커스가 다른 어피니티 노트를 소리 내어 읽고 새로운 컬럼을 시작한다.

5. 대략 각기 노트가 2-4개 정도 있는 컬럼이 10개 나올 때까지 이를 반복한다. 사람들이 개별 노트 아래에 아무 그룹도 만들지 않고 노트를 그냥 붙이지 못하게 하자.

6. 만약 누군가가 어피니티가 위치한 그룹이나 컬럼에 동의하지 않고 그 어피니티 노트를 다른 컬럼 또는 그룹으로 옮기고 싶어하면, 그렇게 하도록 한다. 이것이 논쟁이나 토론 없이 이루어졌음을 주지시킨다. 지금은 개별 노트의 위치에 관해 토론하거나 그룹의 동의를 얻는 시간이 아니다. 누구라도 노트를 추가하거나 옮길 수 있다. 아무도 어피니티 노트를 소유하지 않기 때문에 특별한 정당화나 상의 없이 옮길 수 있다.

이런 방식으로 다 함께 시작하면 모두 노트와 그룹이 구축되는 상황을 인식할 수 있다. 그럼으로써 모두 벽에 어피니티를 구축하는 데 집중하게 된다. 그리고 이때쯤 사람들은 노트를 키워드로 요약하지 않도록 서로 일깨워줄 수 있다. 그 다음 단계는 전체 그룹 조정을 줄이기 시작하는 것이다. 첫 번째 어피니티 노트들의 위치를 정할 때 유용한 조언은 표 8-1을 참조하자.

어피니티 구축 프로세스의 다음 부분을 아래와 같이 진행한다. 노트가 모두 벽에 붙을 때까지, 또는 남은 노트가 어느 그룹인지 사람들이 정말로 모를 때까지 진행을 계속한다. 이 시점에는 대략 컬럼이 60~80개 정도 된다.

1. 새로운 어피니티 노트를 계속 추가하되 전부 다 소리 내어 읽지는 말자. 사람들이 고려할 새로운 그룹을 알려 주는, 즉 새로운 컬럼을 시작하는 노트들만 소리 내어 읽는다.

2. 오직 한두 노트만으로 구성된 그룹에 주의한다. 새로운 컬럼을 시작하기

표 8-1 어피니티 구축의 첫 단계에서 노트의 위치를 정할 때 유용한 조언

첫 번째 어피니티 노트의 위치를 정할 때 할 일과 피할 일	
피할 일	**할 일**
정해진 카테고리들로 시작하고 거기에 어피니티 노트를 맞추려고 한다.	어피니티 노트를 움직인다. 미리 정해 둔 카테고리에 맞추기를 피한다.
어피니티 노트를 적합한 위치에 놓는 걸 걱정한다.	어피니티 노트를 움직임으로써 새로운 특징을 형성한다. 움직이는 것으로 새로운 특징이 형성되지 않으면, 있는 자리에 그대로 둔다. 주의할 것은 라벨이지, 개별 데이터 포인트가 아니다.
어피니티 노트에서 '키워드'를 찾고 노트가 그 키워드의 카테고리에 속한다고 간주한다.	잘 보이지 않는 암시를 찾고자 어피니티 노트를 읽는다. 예를 들면, "프린트"라는 단어가 들어간 어피니티 노트가 모두 자동으로 프린트에 관한 컬럼에 속하는 것은 아니다.
모든 노트를 벽에 붙이는 첫 번째 단계에 많은 시간을 들인다.	노트를 대충 그룹으로 묶어 벽에다 붙인다. 이 그룹으로 다음번 분류와 구조화를 가능하게 한다. 처음부터 완벽할 필요는 없다. 어피니티 노트를 모두 벽에 붙이는 데 드는 시간을 대략 정해 둔다. 노트의 수와 팀원의 수에 따라 2-4시간 정도로 계획을 세운다.

전에 먼저 노트가 적은 그룹을 채워 본다.

3. 누군가 특정 다입의 업무 수행 방식에 대한 노트를 발견히면 말이 많이지 거나 소리를 지를 수 있다. 그러나 다음과 같이 어떤 카테고리를 말하지는 않도록 하라. "누가 이메일에 대해 다른 걸 본 게 있나요?" 이보다는 업무 수행의 특징에 집중하자.

4. 참가자들이 모두 무슨 일을 하고 있고, 어떻게 노트를 붙이는지, 언제 새로운 칼럼을 추가해야 하는지 알고 있다고 하자. 이럴 때는 소리 내어 읽는 일은 생략하고 그냥 모든 노트를 붙이는 작업을 수행하면 된다.

5. 노트가 다 떨어진 사람들은 아직 노트가 남은 사람에게서 노트를 건네 받는다. 목표는 모든 노트를 붙여, 노트의 그룹에 따라 파란색, 분홍색, 녹색 라벨을 적절히 붙일 수 있는 구조로 만드는 것이다. 노트의 규모가 600개 이하 정도라면 라벨을 달기 전에 모두 벽에 붙여야 한다.

6. 거의 모든 노트를 벽에 붙였으면 10-15분 안에 노트 붙이기를 모두 끝내도록 서두른다. 아침에 첫 번째를 시작했다면 이때는 정오쯤일 테니, 작업에 대한 보상 차원에서 참여자들에게 점심을 약속한다. 어피니티 수가 적다면 간식 시간 정도도 좋다.

우리는 팀이 새로운 포스트잇을 추가할 때 그룹들을 읽는 것을 장려하기 위해, 어피니티 노트를 모두 벽에 붙일 때까지 요약 라벨을 쓰거나 공식적으로 그룹에 라벨을 붙이지는 않는다. 이렇게 하면 사람들이 카테고리가 아닌 콘텐츠에 집중하게 되고, 그룹에 더 일관성을 유지할 수 있다. 이 첫 번째 작업에서 키워드에 집중된 긴 컬럼들이 나왔다고 해서 놀랄 필요는 없다. 그것 역시 이 첫 번째 분류 프로세스의 일부이기 때문이다. 나중에 라벨을 붙이는 프로세스에서 수정될 것이다.

파란색 라벨 추가하기

우리는 아래에서 위로 라벨을 붙여 나가므로, 첫 번째 라벨은 파란색이며 이것은 포스트잇 그룹 자체에 기록된 구체적인 내용이 무엇인지를 설명한다. 그룹으로 묶는 작업이 거의 완성되었다고 생각될 때 파란색 라벨을 붙이는 작업을 시작하며, 이때 어피니티는 핵심 내용을 거의 드러내 보여줄 것이다.

어피니티 작업을 하는 데 2명 이상이 있다고 가정하면, 처음 파란색 라벨들을 붙이는 데서 팀을 2명씩으로 나눈다. 2명이 짝지어서 작업하면 서로 아이디어를 주고받고 라벨 붙이기에 대해서 의견을 나눌 수 있다. 이렇게 작업하면 키워드만 보고 판단하지 않게 되고, 결과적으로 더 나은 어피니티를 얻을 수 있다.

가장 긴 컬럼부터 라벨을 붙이기 시작하라. 여러분의 목표는 연관된 그룹에서 노트가 2-6개 있는 어피니티를 확보하는 것이다. 노트의 수가 단지 300-400개 정도라면, 핵심 특성을 잃지 않기 위해 1-3개의 포스트잇 그룹을 만든다. 노트가 500-1000개 있다면 각 그룹을 더 심도 있게 만들어 볼 수 있다. 그룹당 노트를 4-5개 정도까지 넣는 것이다. 컬럼이 길면 요구사항들이 묻히게 된다. 그룹으로 묶은 결과가 얼마나 긴지는 좋은 어피니티를 가늠하는 첫 번째 기준이다.

모든 어피니티 노트를 라벨 없이 벽에 붙이고 나면, 대부분의 팀은 포스트잇 10-30개 정도의 길이에서 끝나는 컬럼을 몇 개 갖게 된다. 이것들은 대개 절반쯤 일관된 주제나 스토리를 이야기하고 있다. 따라서 이것을 나누면서 여러분은 몇몇 그룹이 보이기 시작할 것이다. 이 그룹들은 해당 주제에 관한 핵심 업무 특성과 이슈를 보여 준다.

그룹을 나눌 때 개별 2인 1조는 다음과 같이 작업한다.

1. 노트들의 각 컬럼을 검토하여, 하나의 일관된 특징에 함께 연관된 노트들을 찾아서 그것들을 더 작은 그룹으로 다시 그룹짓는다.
2. 새로운 그룹들에 대한 이슈나 아이디어를 함께 토론한다.
3. 잘 들어맞지 않는 노트들을 분리해 내고, 다른 주제로 작업하는 다른 조에 적합하다면 그 조에게 준다.
4. 필요하다면 새로운 컬럼을 시작한다.
5. 작업이 끝난 그룹들에 대해서 파란색 라벨을 쓴다.
6. 파란색 라벨들이 더 상위의 그룹에 연관되어 보인다면, 그런 그룹들에는 분홍색 라벨을 쓴다.

일단 팀이 긴 컬럼에 숨어 있는 특성을 구별해 내고 그 그룹들에 대한 라벨을 쓰고 나면, 팀은 동일한 이슈를 한층 더 지지하는 다른 노트들을 찾을 수 있다. 그러므로 다른 파란색 라벨의 그룹으로 구분할 만한 노트 하나에 대해 파란색 라벨을 새로 쓰면, 업무에 관해 더 크고 풍부한 스토리를 구성하게 된다. 첫 번째 어피니티에는 노트가 단 하나뿐인 파란색 라벨이 몇 개 있을 수도 있다. 나중에 데이터를 수집하여 이런 이슈를 구체화할 수 있을 것이다.

일반적으로 가장 권장할 규칙은 예비 어피니티에서 파란색 라벨당 노트 2-3개이며, 최종 어피니티에서는 파란색 라벨당 노트 4-6개를 유지하는 것이다. 만약 파란색 라벨 아래 6개가 넘는 노트가 있다면, 해당 컬럼을 검토하여 빼도 되는 특성이 있는지 점검해 본다.

적절한 파란색 라벨에는 디자인 적합성이 있다

좋은 파란색 라벨은 노트에 대해 그 이면의 무엇이 중요한지 알려 준다. 어피니티를 구축해 워킹하게 되면, 여러분은 그것을 위에서 아래로 읽을 것이다. 즉, 목표는 라벨을 이해하기 위해 개별 어피니티 노트를 읽을 필요가 전혀 없는 어피니티를 생성하는 것이다. 전략이 무엇인지, 왜 선호하는지, 또는 사람들이 어떻게 일하는지 세부적으로는 알아보고자 개별 노트를 읽어야 한다면, 라벨은 너무 지나치게 카테고리처럼 작성된 것이고 재작성될 필요가 있다. 좋은 파란색 라벨은 세부적인 업무 이슈를 라벨이 담을 수 있는 언어 표현으로 제기하는 것이다(좋은 라벨 작성 방법에 관한 조언은 표 8-2 참조).

표 8-2 좋은 라벨 작성 방법에 관한 조언

어피니티 라벨 생성에서 할 일과 피할 일	
피할 일	**할 일**
라벨을 3인칭으로 쓴다.	사용자가 여러분에게 말하는 것처럼 라벨을 쓴다. 나와 우리라는 단어를 쓴다.
너무 추상적인 라벨을 작성한다.	좋은 라벨은 해당 그룹이 구체적으로 무엇을 말하는지 기록한다.
여러분의 전문 용어로 작성한다.	누구든지 이해할 수 있는 분명한 내용으로 라벨을 작성한다.
미리 규정된 카테고리를 쓴다.	데이터를 토대로 스토리를 파악하고, 미리 생각한 개념이 조사한 것을 정리하는 최선의 방법이라고 간주하지 말자.
라벨을 어떤 그룹에 억지로 붙이려고 한다	어떤 그룹이 좋은 라벨이 되기에는 너무 일관성이 부족하지 않은지 알아본다. 라벨이 업무를 확실히 말해주는지 검토하자.
디자인에 잠재적으로 중요한 특성들을 그냥 묻어 버린다.	라벨에서 중요한 디자인 포인트를 드러내서, 팀 전체가 잘 알아볼 수 있도록 한다.

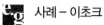 **사례 – 이초크**

다음 둘은 모두 좋은 라벨의 사례인데, 이초크 팀에게 테크놀러지에 현혹되면 안 된다는 점을 일깨워주었기 때문이다. 이초크는 단순히 온라인에서 커뮤니케이션하도록 하는 것이 유용하리라고 간주하지는 않았다. 팀은 그들의 제품이 개인 간의 비공식적 커뮤니케이션을 어떻게 지원할지 생각할 필요가 있었다.

파란색 라벨: 개인 간의 커뮤니케이션은 나에게 중요하다

　U04-27 교장은 교사에게 보내는 각각 출력된 이메일에 개인적인 메모를 포함한다

　U01-16 학교는 작고 교사들은 자주 대화한다

　U20-18 교사들 간에는 비공식적인 언어 커뮤니케이션이 많다(예를 들면, "당신 학생들의 파일을 만들어 주시면 제 의견을 더할 수 있겠네요.").

　U16-8 학생들이 '지금 할 일'을 하는 동안 그는 주변을 돌아다니면서 한 사람씩 전날 과제에 대해 이야기한다

　U04-28 DI: 이메일에서 전달(forwarding)할 때 개인적인 메모

파란색 라벨: 교사들끼리 가까이 있으면 우리는 비공식적으로, 그리고 내화로 커뮤니케이션한다

　U03-4 그녀는 다른 1학년 담당 교사들과 쉽게 커뮤니케이션한다. 그들의 방은 복도 건너편에 있다

　U12-34 대면적인(face-to-face) 비공식 커뮤니케이션은 대부분 복도에서 이루어진다

　U02-26 학교 교사들은 아침 기도 모임에서 커뮤니케이션한다

　U05-12 커뮤니케이션은 대부분 대화 형태로 일어나며 비공식적이다

　U10-2 비공식적 커뮤니케이션은 대개 교감과 미팅 스케줄을 잡아서 한다 (교감은 자신의 방에 있을 것이다)

　U11-2 학교에서 커뮤니케이션은 매우 형식에 얽매이지 않고 모두 대화로 이

뤄진다

좋은 파란색 라벨은 사용자의 업무를 특성화하는 동시에, 이 사용자 집단에 적합한 시스템을 구축하고자 팀이 고려할 필요가 있는 이슈를 나타낸다. 특성을 감추는 라벨들은 팀이 디자인에서 고려해야 하는 사용자 요구와 업무 양상 또한 감춘다. 이런 이유로, 파란색 라벨은 디자인을 구상하는 데 가장 중요한 동기다. 여러분이 만든 그룹이 너무 길거나 라벨이 너무 일반적이라면, 잘 구축된 어피니티의 충분한 이점을 얻지는 못할 것이다.

디자인 단계에서는 파란색 라벨만 고려하기 때문에, 특정한 포스트잇 하나의 정확한 위치는 실제로는 별로 중요하지 않다. 포스트잇 하나가 두 파란색 라벨 가운데 하나 아래에 자리할 수 있고 두 파란색 라벨에는 모두 이미 다른 포스트잇들이 있다면, 그 포스트잇이 새로이 위치한다고 해서 생기는 차이는 없다. 여러분에게는 이미 이 두 라벨이 있기 때문이다. 하지만 포스트잇을 움직임으로써 새로운 파란색 라벨을 생성할 수 있다면, 즉 숨어 있던 특성이 새로 제기된다면, 이를 움직여야 한다. 또는 반대로 5개의 노트로 이루어진 그룹에서 포스트잇 하나를 움직여서 노트가 하나뿐인 그룹으로 보내는 것이 훨씬 더 명료하고 라벨의 비중도 높아진다면 역시 움직이도록 한다.

하지만 이런 작업에 너무 집착하지는 말자. 어피니티를 완벽하게 끝내려고 며칠씩 매달리는 것이 목표는 아니니까. 좋은 디자인 아이디어가 나오도록 자극하기에 충분할 정도면 된다.

주의-흔히 파란색 라벨은 너무 추상적인 수준이 되기도 하는데, 너무 많은 포스트잇을 특성화하려고 하기 때문이다. 하지만 어피니티 노트의 이면을 분석하여 나누고 새로운 파란색 라벨을 생성한 다음에는, 이전의 파란색 라벨들은 분홍색 라벨이 될 것이다. 분홍색 라벨은 파란색 라벨을 사용자의 경험에 대한 관련된 스토리로 모아 준다.

적절하지 못한 파란색 라벨은 특성을 감추거나 잘못 전달한다

다음 라벨은 분명히 디자인 아이디어를 자극하는 특성, 즉 무슨 내용이 어떤 커뮤니케이션 형태를 자극하는지를 드러내지 못하고 있다. 개별 노트를 읽고 실제로 어떻게 되는지를 알아내기 바란다.

 사례 1 – 이초크

처음 작성된 파란색 라벨: 학부모와 의사소통할 때 나의 커뮤니케이션 형태는 대화 내용에 따라 결정된다

> **U11-8** 그녀는 학부모와 이메일을 통한 커뮤니케이션에 성공해서 기뻐하며, 특히 그 상황에서는 감정적으로 빠지지 않기 때문에 그러하다.
>
> **U2-12** 학부모의 이메일에 전화로 답변하는데, 학부모와 인터랙션할 기회가 더 많기 때문이다.
>
> **U12-60** 그는 학교 업무용 메일(야후)과 개인 메일(AOL)을 구별한다.
>
> **U6-7** 그녀는 문제 행동을 처리하는 데 관련하여 학부모와 나눈 모든 커뮤니케이션을 기록해야 한다.

실제로 이 라벨은 가치 있는 특성을 4개 더 감추고 있다. 이 특성들은 팀이 그룹을 구체화하는 다른 어피니티 노트를 찾을 가능성을 담고 있다. 다음에서 이 파란색 라벨이 어떻게 재작성되었는지 볼 수 있다.

재작성된 파란색 라벨: 나는 감정적인 커뮤니케이션이 될 가능성을 약화시키려고 이메일을 쓴다

> **U11-8** 그녀는 학부모와 이메일을 이용한 커뮤니케이션에 성공해서 기뻐하며, 특히 그 상황에서는 감정적으로 빠지지 않기 때문에 그러하다.

재작성된 파란색 라벨: 나는 학부모와 대면 인터랙션을 원한다

> **U2-12** 학부모의 이메일에 전화로 답변하는데, 학부모와 인터랙션할 기회가 더 많기 때문이다.

재작성된 파란색 라벨: 나는 업무용과 개인 이메일을 서로 구별할 필요가 있다

  U12-60 그는 학교 업무용 메일(야후)과 개인 메일(AOL)을 구별한다.

사례 2 - 이초크

원래의 파란색 라벨: 나는 학부모와 나누는 특정 타입의 커뮤니케이션을 기록해야 한다.

  U6-7 그녀는 문제 행동 처리와 관련하여 학부모와 나누는 커뮤니케이션을 모두 기록해야 한다.

이 라벨 역시 마찬가지로 더 나아질 수 있다. 학교에서 정보를 이용하는 것은 이미 알려진 사실이다. 더 나은 라벨은 다음과 같을 것이다.

재작성된 파란색 라벨: 우리는 우리에게 편한 대로(컴퓨터 대신) 수작업을 이용한다.

  U6-7 그녀는 문제 행동 행동을 처리하는 데 관련하여 학부모와 나눈 모든 커뮤니케이션을 기록해야 한다.

사례 3 - 이초크

파란색 라벨: 교육구에서는 우리 학교에 있는 정보를 이용한다

  U5-4 교육구에서 정보가 필요하면 U25에게 스프레드시트를 보내고, U25는 손으로 양식에 기입한다

  U11-43 그녀는 학교의 기존 데이터 관리 프로그램에 이미 잘 적응해 있고, 그것을 혼자서 잘 이용한다.

  U2-3 일일 출석을 모두 스프레드시트에 손으로 기록한다. 교육구는 스쿨 버스의 수를 계산하는 데 이것을 이용한다

이 라벨은 팀이 그들 소프트웨어의 실제 경쟁자들, 즉 학교의 기존 프로세스에 집중하도록 만든다. 이 파란색 라벨을 변화에 대한 불편함과 관련된 다른 파

란색 라벨들과 함께 벽에 붙이면, 팀은 그들의 과제를 사용자 집단이 기존 프로세스와 똑같이 편안하게 이용할 수 있는 디자인을 개발하는 것으로 파악할 수 있다.

어피니티 벽 재구성 – 분홍색과 녹색 라벨 추가하기

연관된 어피니티 노트를 모두 벽에 붙이고 첫 번째 파란색 라벨도 붙였다면, 이제 비슷한 주제별로 모으기 위해 어피니티를 재구성(Reorganize the wall)한다. 팀원들은 파란색 라벨들을 서로 연관된 주제끼리 그룹으로 묶도록 파란색 라벨의 그룹을 자연스럽게 움직인다. 이와 같이 만들어진 사용자 스토리의 큰 단위들은 녹색 라벨을 암시한다.

어피니티를 구축하는 작업을 더 쉽게 하려면, 파란색 라벨을 붙인 다음 어피니티를 살펴보고 일단 임시 녹색 라벨을 붙여본다. 임시 녹색 라벨에는 예를 들면 프로세스의 큰 단계라든가, 커뮤니케이션 전략, 툴 사용 방법, 조직 구성 방법 등을 반영하는 내용을 적는다. 여러분이 어피니티를 구축하는 동안 이 카테고리들은 자연스럽게 만들어진다(어피니티의 크기에 따라서 녹색 라벨 4-6개가 목표). 이런 임시 녹색 라벨들은 전체 어피니티에서 더 상세하게 작업할 부분을 정하는 데 도움을 준다. 이제 여러분은 파란색 라벨들을 움직여 적절한 분홍색 라벨과 최종적인 녹색 라벨을 규정하는 작업을 시작할 수 있다.

어피니티를 재구성하는 일이 끝났다면, 어피니티 작업을 하는 각각 2인 1조에 녹색 라벨을 할당한다. 경험 있는 사람들과 일한다면, 한 사람이 녹색 영역을 하나씩 작업한다. 이 시점에서 여러분은 어피니티를 온라인으로 구축하는 편이 더 쉬울 거라고 생각할 수도 있다. 왜 온라인으로 하면 안 되는지는, 박스 '어피니티는 컴퓨터가 아닌 벽에서 구축하라(244쪽)'에서 설명하고 있다.

어피니티는 컴퓨터가 아닌 벽에서 구축하라

시디툴즈는 종이 어피니티를 온라인으로 옮기는 작업을 효율적이고 빠르게 도와준다. 시디툴즈에는 또한 어피니티 노트와 그룹들을 움직이고, 라벨을 편집하고, 새로운 라벨을 생성하는 인터페이스가 있다. 그렇다면 어피니티를 그냥 온라인에서 구축하면 되지 않을까?

벽 크기만한 디스플레이가 있다면 그럴 수 있다! 벽은 팀에게 어피니티 노트를 모두 펼처놓을 만큼 넓은 공간을 제공하므로, 빨리 훑어보고 라벨을 다시 그룹으로 묶고, 어피니티 구축을 빨리 끝내기 위해 조를 짜서 작업할 수 있다. 그러나 소프트웨어 인터페이스란 한 사람에게 최적화되어 있다. 한 사람이 어피니티를 구축할 수 있다고는 해도 한 번에 어피니티 노트를 하나씩 옮긴다면 시간이 엄청나게 오래 걸릴 것이다. 더욱 중요한 문제는 어피니티가 그 한 사람의 관점만 반영한다는 것이다. 여러 사람이 동시에 어피니티를 구축하는 것은 가치 있는 작업이다. 사람들, 어피니티 노트, 조별 의견, 일반적인 그룹 토론을 그냥 섞어 놓으면 어피니티는 팀 전체의 사고 프로세스를 반영하게 된다. 어피니티 구축은 굳이 애쓰지 않고도 팀과 이해관계자들이 사용자 데이터에 관한 공유된 이해를 생성하는 방법이다. 단순한 프로세스로도 이런 결과가 가능하다.

사실 다음과 같은 상황을 상상할 수는 있다. 10명으로 구성된 팀이 프로젝트 룸에 모여 앉아 각자의 컴퓨터로 할당된 어피니티 노트들을 처리하고, 구분한 그룹을 서로 살펴보고, 테이블 너머로 이야기하는 방식 말이다. 하지만 정신 차리시길! 이것저것 자연스럽게 움직이고, 간편하게 커뮤니케이션하고, 생각 좀 하려다가 소프트웨어 조작 문제에 걸리지 않으려면 그냥 벽 크기만한 디스플레이가 나오기를 기다리는 편이 낫다.

각 조는 할당된 녹색 영역에서 아래와 같이 작업한다.

1. 군더더기를 제거하고자 파란색 라벨을 재구성하고, 파란색 그룹들을 적절한 길로 만들고, 최종 파란색 라벨을 작성한다. 한 영역에서 주제에 속하지 않는 그룹들과 포스트잇을 움직여서, 나중에 계속 작업하기 위해 다른

녹색 영역에 배치한다.

2. 파란색 라벨들을 그룹으로 묶은 것처럼 일관된 분홍색 그룹들을 생성한다. 분홍색의 레벨에서는, 분홍색 라벨당 파란색 라벨이 2-6개 있도록 하는 것을 최선의 규칙으로 권장한다.

3. 최종적인 일관된 녹색 라벨을 생성하고자 분홍색 라벨을 그룹으로 묶고, 임시가 아닌 최종 녹색 라벨을 작성한다. 녹색 라벨에는 분홍색 라벨이 4-8개 있어야 한다. 녹색 라벨 아래 분홍색 라벨이 너무 많다면 알아낸 구조를 파악하기가 어려워진다. 하지만 녹색 라벨이 너무 많아지면 주제가 너무 세분화된다. 녹색 라벨 5-6개가 좋은 어피니티를 나타내기에 적당한 숫자다.

어피니티가 커뮤니케이션 도구임을 기억하자. 팀은 벽에 붙은 어피니티들을 검토하고 디자인 아이디어를 자극하고자 그것을 이용한다. 한 구역에 라벨이 너무 많으면 검토하기가 어렵고, 한번에 생각하기에는 너무 많은 개념이 표시된다. 그리고 라벨을 모두 포스트잇으로 작성하기 때문에, 여러분은 그것들이 정확하게 데이터와 고객의 목소리를 반영할 때까지 계속 바꿀 수 있다.

끝으로 벽의 영역에 대해 소유 의식이 생시지 않도록 주의하기 바란다. 아무도 벽의 어떤 구역을 마음대로 할 수는 없다. 지원 인력이 있다면 데이터에 대해 공유된 관점을 얻고자 사람들이 여러 어피니티 그룹을 작업하도록 하고, 여러 조로 섞는다. 두 사람으로 구성된 팀이라면, 같이 작업을 시작한 다음에 각자 작업한다. 어피니티에서 맡은 그룹을 서로 바꾸면 두 사람은 어피니티의 그룹을 모두 다루게 될 것이다.

적절한 분홍색 라벨은 데이터에서 핵심 이슈를 드러낸다

좋은 분홍색 라벨은 파란색 컬럼의 이면에서 무엇이 중요한지 알려 준다. 즉 어떤 구획의 핵심 주제를 알아내고자 분홍색 라벨 아래의 파란색 라벨을 읽으려 해서는 안 된다. 그것은 분홍색 라벨 자체에서 분명하게 드러나야 한다.

사례 – 이초크

다음 라벨은 보는 순간 강력한 스토리를 전달하며, 이초크 팀에게 제품에서 어떤 가치를 지원하면 좋을지 알린다. 팀은 또한 교사들이 학생들의 창의력을 고무시키기 위해 테크놀러지를 이용하는 방식을 모두 드러내어, 좋은 결과를 보여 주었다.

분홍색: 테크놀러지는 학생들을 고무시키고 창의력을 발휘하게 한다

파란색: 나는 학생들이 창의력을 더 발휘하게 하려고 테크놀러지를 이용한다

파란색: 학생들은 테크놀러지에 열광한다

파란색: 나는 학생들에게 각자 관심사를 테크놀러지 프로젝트로 만들어보라고 말한다

파란색: 나는 게임을 해서 테크놀러지를 이용해 보도록 학생들을 격려한다

파란색: 학생들은 작업한 것을 보여주는 데 테크놀러지를 이용한다.

이초크는 또한 그들의 비즈니스 케이스에 대해서도 생각할 필요가 있었다. 또한 교사들이 테크놀러지를 이용하도록 장려하기 위해 학교가 하는 일을 어떻게 지원하고 확장할지도 생각해야 했다. 다음 분홍색 라벨은 학교에서 현재 하는 일들을 모두 기록하여 이런 이슈에 대해 주의를 환기시킨다.

분홍색: 학교는 테크놀러지를 학습하는 교사들을 지원한다

파란색: 교사들은 금전적인 인센티브를 받는다

파란색: 학교는 나를 학교 외부로 보내서 테크놀러지를 학습하도록 지원한다

파란색: 나는 자유 시간 동안 컴퓨터를 이용할 수 있다

파란색: 학교는 나의 테크놀러지 학습을 지원하지 않는다

적절하지 못한 분홍색 라벨은 이슈를 이해하는 데 충분한 정보를 제공하지 않는다

나쁜 분홍색 라벨은 파란색 라벨로 제시된 주제를 감추고 고객 데이터를 잘 대변하지 못한다. 분홍색 라벨은 디자이너들을 데이터에 집중시키는 역할을 한다. 벽을 워킹하는 동안(10장 참조), 이 라벨은 벽의 구획을 잘 훑어보도록 여러분을 이끌고 고무한다. 따라서, 나쁜 라벨은 무의식 중에 팀이 어떤 구역에서 이슈를 건너뛰도록 한다.

사례 1 – 이초크

원래의 분홍색 라벨: 나는 그것을 알려면, 그것을 해야 한다

　파란색: 테크놀러지를 이용할수록 나는 더 편해진다

　파란색: 당신이 유용한 기능을 제공한다면 나는 테크놀러지를 이용할 것이다

　파란색: 내가 그것을 즉시 적용할 수 없다면 나를 교육시킬 이유가 없다

　파란색: 나는 필요한 만큼 충분히 '테크놀러지'를 안다

이 라벨에 쓰인 단어는 그리 분명하지 않다. 일단 그 아래의 파란색 라벨들을 읽어 보면, 이 분홍색 라벨은 고객의 스토리를 잘 대변하지 못한다.

재작성된 분홍색 라벨: 나는 업무를 끝내는 데 필요한 테크놀러지만을 배운다

　파란색: 테크놀러지를 이용할수록 나는 더 편해진다

　파란색: 당신이 유용한 기능을 제공한다면 나는 테크놀러지를 이용할 것이다

　파란색: 내가 그것을 즉시 적용할 수 없다면 나를 교육시킬 이유가 없다

　파란색: 나는 필요한 만큼 충분히 '테크놀러지'를 안다

사례 2 – 이초크

원래의 분홍색 라벨: 나는 테크놀러지를 이용하는 것을 지지한다

　파란색: 학생들은 컴퓨터가 있고 인터넷에 접속한다. 나는 이점을 이용한다

파란색: 학생들은 컴퓨터가 없고 인터넷에 접속한다

파란색: 나는 학생들에게 매일 하루 종일 컴퓨터에 접근할 수 있게 한다

파란색: 학생들이 웹을 이용하면 학교와 교사들이 테크놀러지를 채택하는 데 더욱 동기 부여가 될 것이다

파란색: 나는 가정에서 테크놀러지가 이용되는지 알고 싶다

파란색: 나는 학생들에게 이메일을 제공하여 학교에서 테크놀러지를 지원한다

파란색: 나는 인터넷 콘텐츠에 대해서 걱정한다

일반적인 단어를 쓸수록, 이전의 분홍색 라벨에서 "나는 테크놀러지를 이용하는 것을 지지한다"는 완벽하게 수용된다. 하지만 파란색 라벨들의 일부는 실제로 학생들이 언제, 어떻게 접근하는지에 관한 것이고, 그런 성질을 특성화하는 별도의 그룹으로 나눌 수도 있다. 더욱 중요한 것은 파란색 라벨 "나는 인터넷 콘텐츠에 대해서 걱정한다"가 전혀 다른 카테고리에 속하는데 이 라벨 아래에 묻혀 있다는 것이다.

적절한 녹색 라벨은 업무의 핵심 스토리를 말해 주는 분홍색 라벨을 그룹으로 묶는다

녹색 라벨은 프로젝트 포커스에 중요한 일관된 스토리 부분을 구성하도록 분홍색 라벨과 그 노트들을 그룹으로 묶는다. 파란색이나 분홍색 라벨과는 달리, 녹색 라벨은 더 단정적이고 추상적이다. 녹색 라벨의 목표는 벽을 구획으로 나눠 디자이너들이 핵심 이슈의 개요를 파악하도록 만드는 것이다. 그러면 디자이너들은 구역에서 구역으로 방향을 잃지 않고 쉽게 이동할 수 있다. 또한, 녹색 라벨은 나중에 정보를 구획하여 관심 정보를 빨리 찾을 수 있도록 도와 준다. 시디툴즈는 어피니티를 온라인에서 작업할 수 있고 HTML 데이터 브라우저로 볼 수 있도록 한다. 또한 녹색 라벨을 이용해 여러분이 관심 있는 데이터에 쉽게

재접근할 수 있다.

 사례 – 이초크

다음 '자원과 자금 조달(resources & funding)'은 적절한 녹색 라벨의 사례다. 비록 두 번째 녹색 라벨처럼 첫 번째 분홍색 라벨과 직접 연관은 없어도 어피니티의 전체 분홍색 라벨이 무엇에 관한 것인지 잘 알려주기 때문이다. 여러분은 또한 이 녹색 라벨 아래에 분홍색 라벨이 3개만 있음을 알아볼 수 있다.

이초크의 어피니티에서 그 아래에 라벨들이 별로 없는 녹색 라벨은 이것이 유일하지만, 팀은 이것을 분리하기를 원했다. 그것은 중심 이슈에 대한 적절한 판단으로, 그렇지 않았다면 그 이슈는 묻혀버렸을 것이다. 하지만 만약 몇몇 녹색 라벨 구역이 이처럼 작다면, 여러분은 스토리를 너무 많이 나누지는 않았는지 다시 검토해 볼 수도 있다.

녹색: 자원과 자금 조달

　분홍색: 우리가 돈을 쓰는 데 너무 제한이 많다

　분홍색: 우리는 예산을 보충하기 위해 창의적인 방법을 생각해야 한다

　분홍색: 공급 물품을 얻는 것은 느리고 어려운 일이다

녹색: 나의 생활은 기준과 통제 아래 있다

　분홍색: 관료주의와 형식적인 절차는 나의 성공을 방해한다

　분홍색: 승인이 필요하므로 통제는 유지될 수 있다

　분홍색: 교실과 학교에 대한 기준들이 있다

　분홍색: 우리의 전자 주문 시스템은 내가 일하는(교장의 업무임) 방식에 영향을 미친다

　분홍색: 프라이버시와 보안 문제는 중요하며 이해할 필요가 있다

　분홍색: 나는 내게 필요한 것을 아니까 그렇게 하도록 해주었으면 한다

적절하지 못한 녹색 라벨은 소속된 분홍색 라벨을 대변하지 못한다

나쁜 녹색 라벨은 분홍색 라벨을 잡동사니로 만드는 바구니와 같다. 때때로 팀은 녹색 라벨을 어디에 더 붙일지 모르는 경우가 있다. 그러나 만약 라벨이 콘텐츠에 맞지 않는다면, 그것은 해당 사항이 없거나 단지 스토리를 읽는 데 혼란을 주어서 콘텐츠가 유실되고 있음을 의미한다.

 사례 – 이초크

원래의 녹색 라벨: 학교 안의 커뮤니케이션

　분홍색: 나는 학교 행정실과 연락할 필요가 있다

　분홍색: 나는 학생들과 연락해야 한다

　분홍색: 나는 다른 교사 그리고 학생들과 커뮤니케이션한다

　분홍색: 행정실/교장은 학교 전체와 커뮤니케이션한다

　분홍색: 나는 학부모와 연락할 필요가 있다

　분홍색: 나는 다른 교사들과 연락해야 한다

　분홍색: 내가 다른 교사들과 커뮤니케이션하는 내용은 이러하다

　분홍색: 우리는 학교를 홍보하고 대외적으로 알려야 한다

만약 그 아래 있는 분홍색 라벨이 전부 학교 안에서 일어나는 커뮤니케이션에 관한 것이라면, 이 라벨의 단어 선택은 적절하다. 하지만 이 녹색 라벨 아래의 일부 분홍색 라벨은 학교 밖의 커뮤니케이션에 대한 것이고(학부모와 연락), 하나는 지역사회 관계에 대한 것(학교 홍보)이다. 이초크의 어피니티 내에는 다른 위치에서 학교 밖 커뮤니케이션에 관한 다른 분홍색 라벨들이 있다. 그것들을 '학교와 외부간의 커뮤니케이션'과 같은 녹색 라벨 아래로 함께 옮기면, 업무의 중요한 부분이 강조될 것이다. 이초크에서는 이런 종류의 커뮤니케이션을 지원하기를 원했으므로, 이것을 둘러싼 이슈들이 드러나야 한다.

최종 어피니티 생성하기 – 새로운 데이터 처리하기

일단 라벨을 모두 붙이고 컬럼들이 너무 길지 않음을 확인했다면 어피니티를 완결한다. 여러분이 모든 데이터를 수집한 후에 벽에 어피니티를 구축했다면 이제 그 내용을 검토할 준비가 되었다(10장을 보자).

하지만 기초적인 어피니티를 구축했다면 이제 나가서 데이터를 더 수집할 것이다. 첫 번째 어피니티를 보고 여러분의 데이터에서 어디를 더 구체화하고 싶은지, 즉 결함을 살펴본다. 뒤에 이어지는 인터뷰에 이런 결함과 연관된 주제들을 확실히 포함시킨다. 또는 필요한 데이터를 확실히 얻고자 인터뷰 대상자를 일부 바꾼다.

인터뷰를 모두 끝내면 여러분은 기존 어피니티 구조에 추가할 새로운 노트들을 확보하게 된다. 새로운 데이터를 처리하려면 다음 절차를 따른다.

1. 새로운 노트를 출력한다.
2. 새로운 노트가 들어맞는 기존 녹색 라벨에 따라 노트를 재빨리 분류한다. 이 작업은 '직관적인 수준'에서 진행되어야 하며 단 몇 분 안에 해결해야 한다. 기존 녹색 라벨에 잘 들어맞지 않는 노트들은 '기타' 카테고리에 넣어야 한다.
3. 녹색 라벨들을 정리한다. 개별 녹색 그룹 안에서, 새로운 노트를 각각 읽고 그것이 들어맞는 듯한 분홍색 또는 파란색 라벨 옆에다 붙인다.
4. 기존 라벨에 들어맞지 않는 노트들은 그에 맞게 새로운 컬럼으로 시작한다. 이것들은 완전히 새로운 이슈를 제기하기 때문이다.
5. 모든 노트가 자리를 잡을 때까지 이를 반복한다.
6. 새 노트를 가지고 각 라벨로 돌아가서 그룹 만드는 작업을 다시 한다.
7. 새로운 특성들을 표시하는 파란색과 분홍색 라벨을 새로 생성한다.
8. 어피니티에서 완전히 새로운 구역들을 모두 파란색 라벨과 분홍색 라벨로 구성한다.

9. 필요하다면 새로운 녹색 라벨을 생성한다

지금 새로운 특성들을 생성하기 위해 작업하고 있음을 기억하라. 이는 새로운 암시와 의미를 발견하려는 일이며, 어디든지 들어맞을 (실제로 맞는다고 해도) 노트를 그냥 배치하는 일은 아니다. 그리고 그룹을 너무 길게 만들지 말자. 그것은 여러분이 데이터를 그냥 묻고 있다는 표시나 마찬가지니까.

일단 어피니티를 끝냈다면 그것을 보호할 필요가 있다. 한 가지 방법은 온라인으로 옮기는 것이다. 어피니티를 보관하는 최선의 방법으로는 '어피니티를 온라인에 올리기' 박스를 참조하자.

어피니티를 온라인에 올리기

어떤 어피니티 데이터도 잃지 않으려면 (포스트잇 노트가 벽에서 떨어지거나, 이리 저리 움직이거나, 등등) 완결된 어피니티를 온라인으로 옮겨야 한다. 어피니티를 온라인으로 옮기려면 시디툴즈를 이용해서 HTML 브라우저로 퍼블리싱한다(그림 8-2 참조). 특히 팀이 분할된 경우에 어피니티를 온라인에 올리는 작업은 필수다. HTML로 퍼블리싱된 어피니티의 예는 10장을 보자.

또한 여러분은 어피니티를 다른 이해관계자들과 공유하고 디자인하면서 이를 이용하고자 계속 종이 위에 남겨둘 수 있지만, 실제 어피니티는 잘 보관해야 한다. 어피니티 노트와 라벨을 붙였다 떼는 테이프로 벽을 잘 붙여 놓는다. 이렇게 하면 또한 다른 위치로 옮길 필요가 있을 때 쉽게 이동할 수 있다. 시디툴즈와 마이크로소프트 비지오(Microsoft Visio)가 있다면, 마이크로소프트 비지오로 익스포트하기 기능으로 원래의 종이 벽과 비슷한 벽 크기로 다이어그램을 프린트할 수도 있다.

또한 구성원 중 한 사람이 원래의 어피니티를 맡아서 그대로인지 점검하고 손상없이 깨끗한 상태를 유지하는지 확인한다. 이것은 여러분이 어피니티를 다른 방으로 옮겨야 할 경우에 특히 중요하다.

그림 8-2 HTML로 퍼블리싱하여 팀이나 다른 사람들과 공유하도록 어피니티를 온라인에 올리는 시디툴즈 스크린

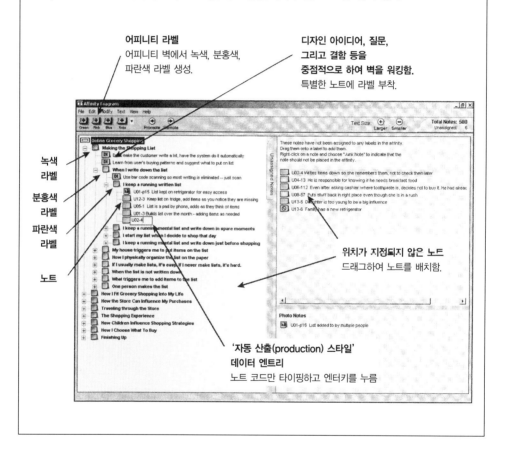

시디툴즈를 이용해서 어피니티를 온라인에 올리기

시디툴즈 어피니티 다이어그램 빌더(affinity diagram builder)에서 어피니티를 온라인으로 올리면 재사용되고 공유될 수 있는 환경에서 어피니티를 저장하고 데이터를 배치하게 된다. 일단 시디툴즈에서 온라인 상태가 되면, 어피니티는 커뮤니케이션과 재사용을 할 수 있도록 인터랙티브 데이터 저장소를 제공하여 온라인 데이터 라이브러리처럼 작동하는 HTML 데이터 브라우저로 퍼블리싱될 수 있다(9장 참조). 또한 어피니티를 마이크로소프트 비지오(Microsoft Visio, 시디툴즈에 포함되지 않음)로 익스포트하면 벽 크기만한 다이어그램으로 프린트할 수 있다.

컨텍스추얼 데이터를 이용해
페르소나 작성하기

래피드 CD 프로세스	속전 속결	속전 속결 플러스	집중 래피드 CD
페르소나와 시나리오			V

각기 다른 관점을 지닌 사람들로 구성된 팀이 고객 데이터를 수집, 해석, 정리하는 작업을 함께할 때, 여러분은 사용자와 그들의 이슈에 대해 공유된 이해를 발전시킨다. 여러분은 그저 데이터를 구축하는 것이 아니라 다른 사람들이 하지 못하는 방식으로 데이터를 '경험하는 것'이다. 그러므로 여러분은 정리된 모델과 어피니티가 여러분이 경험한 고객 데이터를 상기시키는 일종의 재현과도 같음을 알 수 있다. 그러나 다른 사람들은 그런 경험을 할 수 없기 때문에 이 모델을 쉽게 받아들일 수 없다.

대부분의 팀은 사용자의 요구와 디자인 계획에 대해 자신들이 이해한 것을 이해관계자들, 즉 관리부서, 고객의 조직, 생산 그룹 등의 사람들과 커뮤니케이션해야 한다. 이런 이해관계자들은 컨텍스추얼 디자인에 대한 배경 지식이 없고 데이터에 관한 경험도 없다. 때문에 필드 인터뷰 내용에서 실제 사용자들에 대한 기억을 구체화해낼 수도 없다. 데이터를 워킹할 때 그들은 이슈, 요구, 장애물을 볼 수는 있지만, 개인이 사용자와 그들의 이슈를 안다는 것은 그리 주관적이거나 사적인 일은 아니다.

풍부한 컨텍스추얼 데이터를 토대로 구축된 페르소나는 사용자를 살아 있는 존재로 만들고 이해관계자들이 관련 이슈에 집중하도록 돕는다. 앨런 쿠퍼(Alan Cooper)[1]의 연구로 대중화된 페르소나는, 제안된 시스템에서 마치 실제 사람들과 같은 전형적인 사용자를 설명한다. 페르소나는 복합적인 결과물과 연관되어 점점 더 광범위하게 이용되고 있다. 할리 매닝(Harley Manning)에 따르면 풍부한 컨텍스추얼 데이터가 뒷받침되지 않은 페르소나는 유효하지 않은데, 이런 컨텍스추얼 데이터가 복합적인 결과물의 상당 부분을 설명하기 때문이다. 하지만 풍부한 컨텍스추얼 데이터로 뒷받침되면, 페르소나는 개발자와 디자이너들이 사용자의 요구와 특성에 집중하는 데이터 수집 과정을 굳이 거치지 않도록 해준다.[2] 컨텍스추얼 디자인 교육을 받았든 안 받았든, 누구라도 페르소나를 읽을 수 있고 잘 구축된 페르소나를 통해 디자인으로 지원할 전형적인 사용자에 대해 감을 잡을 수 있다.

랜데스크와 같이 페르소나를 개발 프로세스의 일부로 사용하는 팀은 개발자들이 사용자의 요구에 집중할 때 페르소나의 스토리와 캐릭터에서 도움을 얻는 것을 알 수 있다. 개발자들은 '댄 민즈'와 같은 캐릭터에 대해 이야기하고(258쪽의 박스 '댄 민즈-IT 행정 소프트웨어 배치 전문가'를 보자), 이런 사람들과 그들의 문제를 어떻게 지원할지를 의논한다. 디자인 팀이 필드에 가서 직접 정보를 얻는 것과 비슷하게, 페르소나를 통해서도 실제 인물과의 관계처럼 문제 해결에 필요한 관계를 형성할 수 있다.

이 장에서는 정리된 데이터를 토대로 페르소나와 사용자 시나리오를 어떻게

---

1 A. 쿠퍼, 이구형 역, 『정신병원에서 뛰쳐나온 디자인』 안그라픽스, 2004 (The inmates are Running the Asylum: Why High Tech Products Drive Us Crazy and How to Restore the Sanity)

2 H. Manning, 『The Power of Design Personas』 IT View and Business View Report, Forrester Research, December 18, 2003.

작성하는지 이야기하고, 여러분의 페르소나를 가능한 한 풍부하고 의미 있게 만드는 지침들을 알아본다.

정의

페르소나는 전형적인 사용자를 설명하는 한 쪽짜리 텍스트다. 이 전형적인 사용자는 사용자 몇 명에게서 추출된 요소들을 합성한 것으로, 공통된 직무 역할, 인구통계학적 정보, 사용자 요구 특성을 갖고 있다. 페르소나는 현실적인 사용자 이름, 이 사용자들의 성격을 표현하는 '얼굴(head-shot)' 사진, 텍스트 설명으로 구성된다. 그들이 누구인지, 또 약간의 배경, 핵심 목표까지 설명한다. 또한 그들의 직무와 그들이 수행하는 일차적인 역할을 요약한다(한 예로, 267쪽의 '애자일런트 - 존 메리웨더, 분석가' 박스를 참조하자).

핵심 용어

페르소나 전형적인 사용자를 설명한 것으로, 여러분이 수집한 실제 데이터에서 추출한 요소로 합성해낸 존재다.

사용자 시나리오 페르소나가 수행하는 특정 직무를 설명한다. 실제로 관찰된 행동인 것처럼 스토리로 서술한다.

목표 페르소나가 성취하려고 하거나 유지하려고 노력하는 추상적인 수준의 업적.

과업 페르소나가 책임지는, 구분 가능한 업무의 부분.

역할 페르소나가 수행하는 일차적인 일. 업무를 완수하는 데 필요한 임무로, 의도를 달성하려면 함께 수행해야 할 책임의 집합.

댄 민즈 - IT 행정 소프트웨어 배치 전문가

"사용자 스스로 소프트웨어를 다운로드할 수 있게 만든다고 모든 문제가 해결되는 건 아닙니다." 댄 민즈(DanMeans)가 자신의 소프트웨어 패키지에서 타깃이 되는 고객의 질문을 검토하면서 설명한다. "사용 안내가 아무리 간단해도 클릭을 한 번 이상 해야 한다면 사용자가 건 문의 전화를 받을 테니까요."

댄 민즈는 자신의 경험을 토대로 이야기한다. 지난 7년간 인데코의 네트워크 행정가로, 그는 혼란에 빠진 최종 사용자들의 전화를 처리해 왔다. 또한 댄은 컴퓨터 7000대가 있는 회사의 소프트웨어 배치 (deployment) 담당으로, 각 컴퓨터로 직접 가서 문제를 해결한다. 그는 소프트웨어 OS를 최신 보안 수준으로 업데이트하고 그의 고객들이 중요한 임무에 이용하는 커스텀(custom) 애플리케이션을 갱신하는 데 LDMS를 사용한다.

"안개 속에서 일할 수는 없죠. 사용자에게 무슨 일이 일어날지 알려 줘야 합니다." 일반적으로, 댄은 어떤 변화가 예상되는지 고객에게 알릴 때 이메일 공지를 보낸다. 때때로 댄은 필수 보안 패치의 경우 바로 설치되도록 보내지만, 일부 덜 중요한 애플리케이션 업데이트는 고객들이 편한 시간에 하도록 해준다. "호텔에서 프리젠테이션을 준비하고 있는 영업 담당자가 20메가짜리 파일을 다운로드하게 만들지는 말아야죠." 댄이 지적했다.

"때때로 정책적인 입장에서 부서에 (업그레이드나 패치를) 강제해야 합니다. 사람들은 변화를 좋아하지 않거든요."

열성적으로 테스트하고 주의 깊게 스크립트를 작성하지만, 댄은 그래도 거의 모든 업데이트에 대해 문의 전화를 받는다는 사실을 인정한다. 따라서 댄은 항상 헬프 데스크에서 준비할 수 있도록 그의 계획을 알려 준다.

댄은 3.0 시절부터 윈도 시스템을 사용했고 최신 MSCE 자격증까지 있다. 현재 몇 년간 랜데스크를 사용하고 있지만, 아직도 사용할 수 있는 기능을 다 알지는 못한다. "프로그램을 알아볼 시간이 많지 않아요. 가끔 주변에 일어난 급한 불이나 끄기 바쁘죠."

댄은 모든 소프트웨어를 업데이트할 때 제조업자의 요구사항을 검토하지만, 항상 기록되지 않은 특징이나 요구 등이 있음을 안다. "모든 걸 다 말해 주는 사람은 없어요. 문서란 대개 최상의 시나리오로 작성되기 마련이니까요." 이런 이유 때문에, 댄은 전송 속도(bandwidth)가 크게 문제되지 않는 주요 사이트에서도 규모가 작은 고객 그룹들의 프로그램 배치를 한 번에 하나씩 실행한다. "전부 한꺼번에 해결하려고 하면 좋지 않은 일이 생길 겁니다." 댄은 다소 고압적으로 말한다. "제일 최근에 한 배치 작업이요? 컴퓨터 50대에 불과했죠."

댄은 매번 일이 잘 처리되었는지 확인 점검을 한다. 일단 잘 되지 않았다면, 컴퓨터가 꺼져 있었거나 네트워크 연결이 끊어졌으리라고 추측하지만, 사실 확실히 알 길은 없다. 어떤 컴퓨터가 왜 업데이트되지 않았는지, 또는 특정 컴퓨터에서 왜 프로그램 패키지가 작동되지 않았는지는 따로 손이 가고 시간도 오래 걸리는 프로세스를 거쳐야 할 문제다.

댄은 패키지를 2주에 한 번씩만 구성하는데, 기존 스크립트를 기반으로 자르고 붙이는 식으로 구성한다. 그는 테스트실에서 특정 플랫폼이나 구성과 관련된 어떤 이슈와 마주치기 전에는 흔히 패키지를 대략 '80% 완결' 정도로 만든다고 말한다. 그런 다음에 맞닥뜨리는 문제를 해결하여 마저 완결하는 것이다.

댄의 질문 사항은 대부분 이미 해결되었다. 그는 데이터베이스 전문가가 아니기 때문에, 뭔가 특별한 지식 등이 필요할 때는 팀의 SQL 전문가에게 도움을 요청한다.

"이 사람들은 다른 일로 바쁘니까 방해하고 싶지는 않아요." 댄이 고객의 컴퓨터 앞에 앉아 말한다. 그리고 뭔가 방해가 된다면 댄의 팀이 비난을 받을 것이다. "뭔가 우리 팀을 방해하는 일이 있다면 그걸 고치기 위해 시간을 들여야겠죠. 원격으로 고칠 수 없다면 직접 그들의 자리로 가야 할 겁니다."

댄의 목표
- 첫 번째에 소프트웨어를 성공적으로 배치.
- 네트워크 용량을 초과하지 않도록 업데이트 전송.
- 업데이트와 관련해서 도움을 요청하는 전화를 최소한으로 유지.

페르소나

☐ 작성할 페르소나 선택

☐ 개별 페르소나에 대해 대표 사용자 정의

☐ 개별 페르소나에 대해 목표, 역할, 직무를 정의

□ 페르소나 작성

□ 사용자 시나리오 작성-확장된 직무 설명

□ 페르소나 검토

랜데스크에서는 이 페르소나를 사용자 데이터, 어피니티 노트, 정리된 시퀀스를 토대로 구성했다. 댄은 실제 인물이 아니며 합성된 캐릭터로, 팀이 개발에서 강조하려는 핵심 이슈를 대변한다. 좋은 페르소나를 만드는 핵심은 여러 사용자에게서 수집된 필드 데이터를 기반으로 하는 것이다. 좋은 페르소나는 어떤 실제 사용자보다도 더 풍부하고 완벽한 설명이 된다. 그것은 양쪽 세계, 즉 필드 리서치의 폭과 깊이, 그리고 실제 사용자가 직접 한 이야기에서 최상을 뽑아낸 것이다.

작성할 페르소나 선택하기

페르소나를 구성하는 첫 번째 단계는 페르소나가 대변할 실제 사용자가 어떤 사람인지 결정하는 것이다. 래피드 CD 프로젝트에는 이 작업에 쓸 필드 인터뷰가 6-12회 있고, 인터뷰에는 1-4가지 직무 역할이 포함되어 있을 것이다. 직무 역할이 사람들이 하는 일을 설명한다는 사실을 기억하자. 다양한 직함에서 동일한 직무 역할이 발견될 수도 있다. 페르소나는 직함이 아니라 직무 역할을 대표한다.

관리, 비즈니스, 개발 부서와 원활히 커뮤니케이션할 목적으로 개별 직무 역할에 대해 페르소나를 하나씩 생성할 수 있다. 이런 페르소나들 중 하나는 일차적인 페르소나가 될 수 있는데, 이 프로젝트의 이번 버전에서 고려할 가장 중요한 사용자를 나타낸다. 나머지는 이차적인 페르소나가 되며, 일차의 보조 캐릭터들이다. 페르소나가 포커스를 유지하는 도구임을 명심하라. 페르소나는 프로젝트의 이번 릴리스에서 가장 중요한 이슈에 집중하도록 해주며, 주의가 흐트러지거나 우선순위를 두고 저울질하는 일을 방지한다.

페르소나가 많다고 더 좋은 것은 아니다. 페르소나가 너무 많으면 그 자체로 혼란을 야기한다. 사실, 적은 수의 페르소나에 합의하지 못한다면 프로젝트에 분명한 포커스가 부족하다는 뜻이다. 다음 분석을 마친 후에 여러분의 페르소나 세트를 검토해 보고, 페르소나를 너무 세분해서 구성하지는 않았는지 확인해 본다.

핵심 역할에 대한 페르소나 형성하라 다양한 직무 역할에서 데이터를 수집해냈으면, 인터뷰한 모든 직무 역할이 문제의 핵심으로 드러났는지 여부를 알 것이다. 만약 그렇다면, 페르소나를 각각의 직무 역할을 기반으로 하여 구성한다. 그렇지 않다면, 설명하려는 이슈와 문제에 핵심이 되는 직무 역할만 선택한다.

처음에 정의한 것보다 더 많은 직무 역할이 있는지 결정하라 여러분이 초기에 직무 역할에 대해 정의한 내용이 페르소나를 형성하려는 사용자 집단에는 적합하지 않을 수도 있다. 직무 역할은 마케팅 또는 직함에 의한 타깃 그룹으로 정의되었을 수도 있다. 하지만 그것이 실제로 업무가 분배되는 방식을 특성화하는 것일까? 여러분의 개별 직무 역할에 대해 사용자들을 검토하고, 사용자들을 페르소나 하나로 포괄하기에 충분히 유사한지 살펴본다. 예를 들면, 한 프로젝트에서 우리는 IT 전문가들과 개발자들에게서 데이터를 수집했다. 그러나 그들을 인터뷰했을 때, 우리는 이 두 가지 활동에 모두 관련된 하이브리드(hybrid) 개발자라는 세 번째 캐릭터가 있었음을 깨달았다. 따라서 우리는 그 역할을 위해 세 번째 페르소나도 형성했다.

시장 분할 카테고리에 도전하라 이따금 여러분은 나이, 지역, 또는 특히 고객 제품과 관련된 수입 범위와 같은 인구통계학적 정보를 기반으로 데이터를 수집할 것이다. 하지만 흔히 마케팅에 의해 인구통계학적 구분으로 그룹 지워진 사용자들이 정말로 같은 이슈에 신경 쓰는 것일까? 그들은 살아가는 방식에서 볼 때 서로 근접하고 동일한 방식을 선택할까? 청년층을 대상으로 한 조사에서 (대략 18세에서 25세 정도) 우리는 20대들이 아직 학교에 다니는지 또는 직업 활동을 시작했는지에 따라 서로 매우 다르다는 사실을 알았다. 따라서 우리는 이 연령층에 대해 페르소나가 하나 이상 필요했다. 인생 역할이 하나 이상인 20대를 효과적으로 대변하기 위해서 말이다.

기술 수준과 권력 차이에 주목하라 여러분이 선택한 사용자 범위 내에서도 특성을 정의하는 직무 역할(job role)이나 직무(task)에 집중하다 보면 같은 일을 하는 사람들의 기술 수준, 테크놀러지에 대한 수용 정도, 그리고 조직 내의 권력이 서로 다름을 발견할 수 있다. 심지어 직무를 수행하는 방식이 같더라도 수용하는 상황에 차이가 있기 때문에 서로 다른 디자인 고려 사항에 집중해야 할 것이다. 예를 들자면, 분석 실험실에서 선임 과학자는 실험실 기술자와 마찬가지로 미리 정의된 절차에 따라 실험을 한다. 의사는 간호사나 실험실 기술자와 마찬가지로 비슷한 절차를 밟으며 환자에게서 채혈을 한다. 하지만 그들이 채혈하는 의도는 다르며 테크놀러지 지원에 대한 요구사항과 이를 수용하는 정도 역시 다르다. 이와 같은 직무, 기술, 문화적 차이를 조합하여 여러분의 페르소나를 정의한다.

개별 페르소나에 대한 대표 사용자 정의하기

일단 어떤 페르소나를 작성할 것인지 알면 여러분은 개별 페르소나에 사용자들과 그 데이터를 위치시켜야 한다. 여러분은 해석 세션을 통해 이 사용자들 중 어떤 사람이 풍부한 스토리를 갖고 있는지 또는 정리된 전체 데이터를 더 잘 대표하는지 알고 있다. 이 시점에서 여러분은 관심이 덜 가는 사용자들을 추려낼 수 있으므로 처리할 숫자는 줄어든다. 사용자들을 구성할 때는 다음과 같은 사람들을 우선으로 한다. 진행 중인 업무가 많은 사람들 또는 통찰(insight)을 많이 얻어낼 수 있는 사람들로 하거나, 관심 있는 전략 또는 관점을 가진 사람들이라든가 어떤 중요한 면에서 독특한 사람들로 구성한다. 인터뷰가 짧았거나, 구체적이지 않거나, 너무 추상적인 수준이거나, 또는 반복되는 데이터로 다른 데서 얻는 편이 나은 사용자들은 빼도록 한다.

이제 여러분은 누구의 데이터에 포커스를 맞출지 알고 있다. 시디툴즈나 워드 프로세서 문서에서 기록된 어피니티 노트를 훑어보고, 여러분이 기록한 사람들의 프로필과 그들의 이슈를 재빨리 검토한다. 이 데이터를 늘리고자 핵심 직무를 특성화하는 정리된 시퀀스가 있다면 그것들을 살펴본다.

이제 페르소나를 구성할 기본 사용자를 고른다. 이 사람은 그의 실제 스토리가 모든 사람의 스토리에 가장 가깝고, 데이터가 가장 풍부한 사람이다. 흔히 사용자 한 명이 특별히 팀의 주의를 환기시키고 중요하게 여겨지게 되는데, 그 사람은 팀이 디자인과 관련해서 대화하는 동안 계속해서 언급하는 사람이다. 만일 특별히 중요한 한 사람이 없다면, 그냥 다른 사람들보다 더 나은 데이터를 가진 몇몇 사용자들이 있을 것이다. 그중 주의를 환기시키며 좋은 데이터를 얻을 수 있는 사용자 한 사람을 선택한다. 여러분은 페르소나의 일차적인 구조를 제공하는 데 이 인터뷰를 이용할 것이다. 또한 필요하다면 다른 사용자들에게서 얻은 데이터를 통합한다.

페르소나를 작성하는 일은 실제 생활에서 영감을 받은 짤막한 픽션 스토리를 쓰는 것과 같다. 현실적인 상황과 개인적인 취향을 부여하려면 기본 사용자의 일상 스토리에 충분히 밀착해야 하지만, 활동을 확대해서 다른 사용자들의 전략과 이슈를 합치도록 한다. 이런 방법으로 여러분의 페르소나는 '슈퍼' 사용자가 되어, 시장에서 그들이 차지하는 부분의 이슈를 특성화할 것이다. 이것은 팀이 단지 한 사용자의 스토리가 아니라 시장의 이슈에 집중하도록 이끈다.

개별 페르소나에 대한 목표, 역할, 직무 정의하기

이제 여러분은 기본 사용자를 정의했고 필요한 배경 정보가 있으므로, 다음은 페르소나의 활동에 관한 핵심 설명을 데이터를 통해 채워나갈 차례다.

각 페르소나의 토대가 될 기본 사용자들에 대해 다음 항목들을 정의한다(애자일런트의 사례를 보자).

목표 페르소나와 연관된 개별 사용자에 대해 다음과 같이 질문한다. 이 사용자가 성취하려는 일은 무엇인가? 그들은 무엇에 신경 쓰는가? 그들은 하루가 끝날 무렵 무엇 때문에 뿌듯해하는가? 목표에는 여러분의 프로젝트 포커스와 연관된 목표들이 포함되지만, 또한 사용자와 그들의 전반적인 생활 경험을 특성화하는 더 광범위한 일련의 목표들도 포함된다. 목표 정의를 연습하려면, 개별 사용자의 전체 업무에 관련된 추상적인 수준의 목표에 집중하고, 시퀀스 모델에서 발견할 수도 있는 구체적인 수준의 '의도'에는 집중하지 않는다. 사용자 각각에 대해 목표 리스트 3-5개를 만든다.

역할 어떤 사람이 나는 세 가지 역할을 한다고 말한다면, 이는 그 사람이 수행하는 역할 중 각각 독립적이라고 생각되는 책임 영역을 세 가지 범주로 구분할 수 있다는 얘기다. 여러분의 사용자는 어떤 역할들을 수행하는가? 그들은 자신들이 맡은 책임을 어떻게 나눌 수 있는가? 사용자의 역할에 직함과는 다른, 의도를 암시하는 이름을 부여하라. 플로 모델을 구축하기로 했다면, 여러분의 페르소나와 관련된 모든 역할을 쉽게 찾을 것이다(플로 모델에 대해서 알아보려면 『Contextual Design: Defining Customer-Centered Systems』에서 89쪽과 163쪽을 참조하라). 각 사용자가 수행하는 일차적인 역할들을 정의하고 이를 목록으로 만든다. 다시 한 번 강조하지만, 사용자 1명당 5개를 넘지 않도록 한다.

핵심 직무 이 사용자에게 가장 중요한 직무는 무엇인가? 여러분은 이 사용자들에 대해 어떤 시퀀스를 파악했는가? 흔히 각 역할은 하나 또는 그 이상의 일차적인 직무와 연관될 것이다. 여러분이 인터뷰에서 보고 들은 것에 근거해서 사용자에 대한 직무들의 목록을 만든다. 시퀀스를 수집했다면, 여러분의 포커스에 있는 개별 직무들에 대하여 정리된 시퀀스 모델을 확보해야 한다.

일단 기본 사용자와 그의 스토리에 통합할 다른 사용자들에 대해 데이터를 찾는 일을 끝냈다면, 사용자들 간 데이터가 페르소나 하나를 형성하기에 충분히 일관성이 있는지 데이터를 점검한다. 목표, 역할, 직무에서 실제로 겹치는 부분들을 찾아본다. 만약 겹치는 부분이 상당하다면 여러분의 페르소나는 일관성 있게 들어맞을 것이다. 만약 리스트가 다르다면, 그 차이가 단순히 서로를 보완하고 이 페르소나의 스토리에 함께 들어맞을 수 있는 것인지 질문해 본다. 아마도 어떤 사용자들의 데이터나 이야기는 하나의 페르소나에 통합되기에는 맞지 않을 수도 있다. 만약 그렇다면 그러한 데이터는 따로 구분해 둔다.

또한 다른 페르소나를 위해서도 데이터를 살펴본다. 목표, 역할, 직무들은 실제로 다른 페르소나를 제시하는가? 페르소나는 각각 여러분의 프로젝트 포커스와 연관된 의미 있는 차이를 대표해야 한다. 어떤 페르소나에서 잘 들어맞지 않는 듯한 데이터가 있다면, 그것은 다른 페르소나에서 더 잘 표현될 수도 있다. 각 페르소나에서, 그리고 그들이 내포한 데이터를 훑어 보면, 여러분의 페르소나가 일련의 구분된 직무 역할을 대표하는지 확인할 수 있다. 이런 역할들은 각각 여러분의 프로젝트 포커스에 관련된 사용자 요구와 활동에 대해 일관된 스토리를 형성한다.

 ### 사례 – 애자일런트, 존 메리웨더, 분석가

여러분은 이미 페르소나를 구성할 데이터를 지닌 사용자의 스토리를 알고 있다. 해석 세션 노트를 살펴보면, 여러분은 그 사람들의 데이터를 상기시키고 목표와 역할, 직무에 대해 생각하도록 만드는 관찰 내용들을 알 수 있다. 완결된 페르소나에 대해서는 '애자일런트- 존 메리웨더, 분석가' 박스(267쪽)를 참조하자.

U2 프로필

여기는 큰 제약 회사의 R&D 시설이다. 여기서는 대용량으로 쓸 활성 성분을 만든다. U2는 여기서 2년 동안 분석가로 일해 왔다. 시간제 학생 직원으로 시작해서 Q/C 실험실의 정규 직원이 (1년 3개월) 되었다. 독극물 전공으로 생물학 학위가 있다. 각각 8시간씩 3교대로 근무한다. 7일마다 근무조를 교대한다. 근무조당 분석가가 두세 명이 있다. 우리가 있는 동안에는 분석가 세 명이 있었다. 화학자나 기술자보다는 분석가라고 부른다.

U2 목표

- 샘플이 빨리 분석을 거치도록 한다. 그에게는 여러 테스트를 한번에 하는 절차와 습관이 있고, 거기에 의존한다. 측정치를 바로 적지 않고 기억해 두는 수준의 경미한 단축은 허용된다.
- 실험실의 유능한 구성원으로 움직인다. 그는 자신의 실험실, 실험 절차, 장비를 관리한다.
- 여러 가지 분석을 동시에 관리한다. 그는 그것들을 모두 한꺼번에 진행할 수 있다.

U2 역할

- 분석 담당자 - 그는 미리 정해진 분석 프로세스를 샘플에 적용한다.
- 정리 담당자 - 그는 실험 후 청소, 도구 세척, 샘플 정리에 많은 시간을 보낸다.
- 스케줄 관리자 - 그는 모든 샘플이 들어오면 그것들이 어디로 가는지 알아 두고, 이미 예정된 작업과 테스트 자체의 특징을 고려해 우선순위를 재조절해야 한다. 예를 들면, 조정이 많이 필요한지 판단하는 식이다.
- 기록자 - 그는 문서 양식을 채우고 실험실 노트에 추가하여, 완료된 작업을 기록하는 데 많은 시간을 보낸다.

U2 시퀀스 모델에서 알아낸 직무

- 샘플이 들어오면 미리 정해진 대로 분석을 수행한다.
- 장비와 관련된 문제를 점검하고 그의 재량 안에서 수정한다.
- 실험실 노트를 업데이트한다.
- 분석 결과를 보고한다.

U9 프로필

U9은 실험실 기술자 12명 중 한 사람으로, 보통 같은 근무조에 있는 다른 기술자 한 사람과 2인 1조로 일한다. 그는 일을 시작했을 때 생물학 학위가 있었고, 조직 5에서 일하는 동안 화학 학위를 취득했다. 조직 5에서 10년간 일하고 있다.

U9 목표

- 가능한 한 신속하게 샘플 분석을 완결한다.
- 느려지지 말자 - 업무 충족은 그가 그냥 해치울 수 있는 일상적이고 반복적인 일이다.

U9 역할

- 분석 담당자 - 샘플에 분석을 적용한다.
- 기록자 - 업무가 완결되면 보고한다.

U9 직무

- 샘플이 들어오면 샘플 재료에 미리 정해진 대로 분석을 수행한다.
- 실험실 노트를 업데이트한다.

애자일런트 – 존 메리웨더, 분석가

만약 존이 실험실 환경에서 완벽하게 편안해 보인다면 그건 실제로 그렇기 때문이다. 그는 애크미 제약(Acme Pharmaceuticals) 분석 실험실에서 5년간 근무해 왔고, 이제는 마치 그곳의 일부인 것 같다. 근무 시작부터 끝까지, 그리고 낮 또는 밤 근무를 모두 할 가능성이 있는 교대 스케줄로 일하기 때문에, 그는 계속 움직이면서 샘플이 프로세스를 거치고 테스트가 정해진 속도로 진행되는지 확인한다.

　샘플들은 도착하면 지정된 장소에 배치되지만, 언제 도착하는지 공식적으로 알려주지는 않으므로, 그는 종일 규칙적으로 배치 장소의 냉동 보관소를 확인한다. 샘플이 들어오면, 그는 우선순위와 특별한 요구사항을 적고 머릿속에서 그날 처리할 스케줄 계획을 세운다.

프로세스에 따라 미리 실험 계획을 수립하고 진행하므로 한 번에 실험을 4개 이상 동시에 진행한다. 표준화된 프로세스를 따라 하루에도 수회씩 반복 진행되므로 그는 절차를 잘 기억한다. 일일이 기억하지 못하는 절차는 분석이 진행되는 동안 기록되고, 기계적으로 수행된다. 실험의 속도를 유지하고자 그는 '일반적으로 허용되는 실험실 관행'에서 그리 중요하지 않은 부분을 생략한다. 예컨대 기억나지 않는 경우에 기록되어 있는 절차를 생략하거나, 정확한 분량이 그리 중요하지 않음을 알 때 분량을 일일이 측정하기보다는 대강 부어놓는 식이다.

실험실에서는 실험실 내 컴퓨터의 도입과 함께 업무 합리화를 시도하고 있다. 테스트를 할 때 그는 종이 노트에 결과를 적는다. 모든 절차가 끝나면 그는 컴퓨터가 있는 곳으로 가서 테스트에 사용된 모든 도구에서 비롯된 데이터를 입력한다. 회사에는 LIMS(Laboratory Information Management system, 실험실 정보 관리 시스템)가 있지만, 그리 성공적이지는 않다. 그가 사용하는 기계들은 대부분 연결되어 있지 않으므로, 데이터를 이동할 때는 수작업으로 옮겨야 한다. 자신이 작업한 과정을 알 수 있도록 실험실 노트에 결과를 기록하고 분석 보고서 양식에도 기록하므로, 불필요한 데이터 입력이 많다. 게다가 방법론 정의는 모두 종이에 쓰거나 방 건너편 컴퓨터에 입력하므로, 그는 실험 도구에서 온라인 시스템으로, 또 종이가 있는 책상으로, 계속 왔다 갔다 한다.

존의 목표

샘플이 빨리 분석을 거치도록 한다 - 존에게는 여러 테스트를 한번에 하는 절차와 습관이 있고, 거기에 의존한다. 측정치를 바로 적지 않고 기억해 두는 수준의 경미한 단축은 허용된다.

실험실의 유능한 구성원으로 움직인다 - 자신의 도구, 절차, 일을 무리 없이 진행하려면 꼭 완결해야 하는 테스트를 알고 있다

여러 가지 분석을 동시에 관리하자 - 존은 하루에 여러 테스트를 진행하고, 그것들을 한번에 처리하며 어떻게 모두 한꺼번에 추적할지 알고 있다.

느려지지 말자 - 존의 업무는 일상적이고 반복적이라서 그냥 해치울 수 있는 일이다.

존의 역할

분석 담당자 - 존은 회사에서 정해진 방법론에 따라, 미리 정해진 분석 프로세스를 샘플에 적용한다.

정리 담당자 - 존은 실험 후의 청소, 도구 세척, 샘플 정리에 많은 시간을 보낸다.

스케줄 관리자 - 그는 모든 샘플이 들어오면 그것들이 어디로 가는지 알아 두고, 이미

예정된 작업과 테스트 자체의 특징을 고려해 우선순위를 재조절해야 한다. 예를 들면, 조정이 많이 필요한지 판단하는 식이다.

기록자-그는 문서 양식을 채우고 실험실 노트에 추가하여, 완료된 작업을 기록하고 컴퓨터 시스템에 입력하는 데 많은 시간을 보낸다.

존의 직무

- 샘플이 들어오면 미리 정해진 분석을 샘플 재료에 적용한다.
- 장비와 관련된 문제를 점검하고 그의 재량 안에서 수정한다.
- 실험실 노트를 업데이트한다.
- 분석 결과를 보고한다.

페르소나 작성하기

이제 여러분은 데이터를 정리했고 어떤 사용자를 기본 캐릭터로 쓸지 알고 있다. 여러분은 어떤 그룹에 속한 서로 다른 사용자들을 모두 조금씩 참고해, 일관된 스토리로 개별 페르소나를 작성할 준비가 된 것이다. 다음과 같이 한다.

페르소나에 이름 붙이기 현실적인 이름을 선택하되, 인터뷰 대상자들 중 누군가의 실제 이름은 쓰지 않는다. 물론, 사용자의 성별은 페르소나가 비롯된 기본 사용자의 성별을 따르게 된다. 사용자에게 기본 사용자와 동일할 수도 있는 직무/직함을 부여한다(소비 제품의 사용자라면 '제인 그린, 싱글맘'과 같은 타이틀을 선택할 수 있다).

데이터 리뷰하기 목표, 역할, 직무 목록을 다시 읽는다. 여러분이 해석 세션에서 수집한 사용자 프로필을 다시 읽는다. 해당 그룹에 있는 모든 핵심 직무에 대한 정리된 시퀀스를 검토한다. 이 그룹과 연관된 이슈에 대한 어피니티를 검토하고 해당되는 부분을 읽는다. 이 인터뷰들에서 통찰을 읽어내고 이 사용자들에게서 인용한 것들을 상기한다. 데이터 리뷰는 이런 내용을 모두 하나의 스토리로 종합하려고 머릿속을 정리하는 작업이다.

사용자에 대해 쓰기 시작하기 일단 소개부터 시작해야 한다. 사용자의 자기 소개에서 특징적인 부분을 인용한다든가, 여러분이 누군가를 소개하는 것처럼 쓴다. 사용자의 직업을 요약하는데, 설명에 인구통계학적 정보를 포함한다. 사용자의 일상적인 하루를 묘사하거나, 그가 하루 중에 어떻게 핵심 직무를 달성하는지 서술한다. 작성하면서 다른 사용자들에게서 구성 요소와 인용을 끌어 오고, 이런 요소들을 모두 통합하는 복합체를 구성한다. 단락을 몇 개 작성한다. 페르소나는 집약적인 글이라는 점을 명심하고, 한 페이지를 넘어가지 않도록 한다.

페르소나의 목표 목록 만들기 해당 그룹에 대해 정의된 목표 전체에서 목표를 3-5개 선택한다. 각 목표를 짧게 설명한다.

페르소나의 역할과 직무 목록 및 설명하기 해당 그룹에 대해 정의된 역할 전체에서 3-5개를 선택하고 그것들의 일차적 직무를 택한다. 각 역할을 설명하고, 페르소나의 일차적 직무 수행을 보여 준다.

페르소나를 대표하는 사진 선택하기 여러분은 이 사람들이 어떤지를 전달해 주는 사진이 필요할 것이다. 선임 과학자는 중년의 나이에 진지한 얼굴, 신참 시스템 매니저는 젊고 특이하거나 약간 반항적인 스타일. 시나리오의 포인트가 이 사람이 업무를 걱정하고 그것 때문에 지쳐 있는 경우라면, 평온하고 즐거워 보이는 사진을 골라서는 안 된다(무료 데이터는 주로 즐거운 표정만 나오는 경향이 있으므로, 온라인 상업 사진 서비스를 이용하여 필요한 사진을 구할 수도 있다).

페르소나를 작성하는 것은 이야기를 해주는 것과 같다는 점을 기억하자. 여러분은 이 흥미로운 인물에 대해서, 그 사람을 모르는 사람들에게 설명하는 것이다. 그 사람을 가능한 한 재미있게 만들자. 인터뷰에서 인용하고 실제 사건을 써서 가능하면 구체적이고 분명하게 인물을 묘사한다.

단순하고, 직접적이고, 비공식적인 언어를 사용한다. 소리 내어 읽었을 때 자연스럽게 들리지 않는다면, 아마 너무 공식적인 언어로 쓴 것이다. 다른 한편으로, 단지 스토리를 더 낫게 하려고 세부 사항을 만들어내지 말자. 실제 인터뷰에서 얻어낸 실제 세부 사항들이 충분해야 하며, 따라서 보지도 않은 것을 덧붙일 필요는 없어야 한다.

또한 한 쪽을 넘기지 않도록 하고 목표와 직무 목록, 사진을 포함한다. 페르소나는 집중적인 도구이므로, 모든 사용자의 전 양상을 포함하느라고 너무 길게 썼다면 페르소나를 일관된 인물로 이해하기 어렵게 만드는 셈이다. 페르소나에 무엇을 넣고 뺄지를 결정하는 것은 모두 팀이 문제를 어떻게 생각하는지에 영향을 미친다. 그러므로 주의해서 선택하기를! 여러분의 페르소나는 사용자들에게 가장 중요한 업무 수행의 양상들을 강조하여 프로젝트의 디자인 방향을 지원해야 한다.

여러분이 데이터에 익숙하다면 좋은 페르소나를 작성하는 데 대략 1시간쯤 걸려야 한다.

사용자 시나리오 작성하기 – 확장된 직무 설명하기

페르소나는 사용자 시나리오와 함께 확장될 수 있다. 사용자 시나리오는 이 페르소나가 어떻게 특정 직무를 성취하는지 상세히 설명한 것이다. 일부 IT 조직에서는 현재의 업무 수행 방식(현재의 프로세스)을 추상적 수준의 유스 케이스에서 특성화하기를 바라는데, 사용자 시나리오는 여기에 도움이 된다. 시나리오는 마치 사용자 한 명이 특정한 날에 직무를 수행하는 스토리처럼, 통합된 시퀀스 안에서 정보를 제시한다. 이것은 정리된 시퀀스 자체보다 훨씬 더 이해하기 쉽다.

페르소나 자체를 작성하는 것과 동일한 방식으로 시나리오를 작성한다. 특성화되는 개별 직무에 해당하는 정리된 시퀀스 모델들을 수집한다. 스토리에 담을 세부 사항과 표현을 더 얻고자, 여러분은 실제 시퀀스를 다시 보기를 원할 수도 있다. 그런 다음 페르소나와 정리된 시퀀스를 살펴보며 이에 부합하도록 사용자 시나리오를 작성한다. 여러분은 이 사람이 전형적인 근무일에 이런 직무를 수행하는 스토리를, 관찰된 데이터를 토대로 실제 사례를 이용해서 이야기하려 할 것이다. 여러 가지 계기가 있을 경우에는 가장 공통적이거나 중요한 것을 선택한다. 정리된 시퀀스의 가지가 서로 다른 전략을 보여준다면 한 갈래를 선택한다. 가장 전형적인 전략이라든가, 프로세스를 합리화하는 최선의 기회를 드러낼 한 가지를 선택한다. 다른 전략을 보여줄 필요가 있다면, 사용자가 다른 전략을 따르는 두 번째 사건의 스토리를 이야기할 수 있다.

페르소나 자체와 더불어, 여러분은 페르소나의 스토리에 정보를 더하고 내용을 확장하기 위해서 실제 데이터를 이용해도 된다. 스토리를 구체적으로 만들면서 몇몇 사용자에게서 나온 실제 세부 사항을 포함하는 것을 두려워하지 말자.

페르소나 점검하기

마지막 단계는 최종 교차 점검이다. 여러분의 페르소나를 그 이면에 자리한 원래 사용자로 돌아가서 살펴본다. 표현하지 못한 사용자 특성이 있는가? 해석 세션에서 나온 데이터 또는 통찰에서 드러내지 못한 스토리가 있었는가?

이처럼 유실된 요소들을 점검하여 페르소나에 추가한다. 이제 여러분은 이해관계자들 그리고 개발자들과 커뮤니케이션할 때 페르소나를 이용할 준비가 되었다. 이것은 11장에서 다루는 비전 도출(visioning) 프로세스에 대단히 도움이 된다.

R a p i d
C o n t e x t u a l
D e s i g n

10

어피니티 워킹과 시퀀스 워킹

래피드 CD 프로세스	속전 속결	속전 속결 플러스	집중 래피드 CD
벽 워킹과 비전 도출	V	V	V

사용자 데이터가 어느 정도 정리되면 이를 바탕으로 디자인에 대한 논의를 시작할 수 있다. 컨텍스추얼 디자인 팀은 데이터에 대한 이해를 기반으로 해서 프로젝트를 이끌 비전과 개선 항목을 작성한다. 비전 도출(visioning)에 대한 내용은 11장에서 자세히 다룬다. 이 장에서 다루는 데이터 워킹[1]은 비전 도출을 위한 준비 단계다. 팀과 관련자들이 만들기 시작한 디자인 방향을 더 명료하게 하고, 잘 공유시키며, 자료로 만들 수 있도록 도와준다. 이런 검토 작업은 여러분이 프로젝트 룸의 벽에 붙여 놓은 실제 데이터를 다시 리뷰하면서 이루어진다.

이 장에서는 어피니티 다이어그램과 정리된 시퀀스를 다시 살펴본다. 그러면서 데이터에서 도출해낸 이슈 가운데 여러분의 프로젝트와 관련 있는 내용에

---

1 (옮긴이) 데이터 워킹(data walk)은 어피니티, 정리된 시퀀스 등 공동 작업으로 만들어진 사용자 데이터를 심도 있게 리뷰하는 작업을 총칭한다

대해 공통된 이해를 형성하기 위한 프로세스를 다룰 것이다. 모든 래피드 CD 유형에서 사용자 데이터를 다루지만, 정리된 시퀀스는 '집중 래피드 CD' 유형에서만 작성될 것이다.

어피니티를 함께 작업하는 동안 팀원들은 사용자 데이터에 집중하게 되고 그럼으로써 디자인 아이디어를 도출하게 된다. 어피니티는 사용자의 문제와 이슈의 범위를 일관된 스토리로 조직하여 나타낸다. 만일 페르소나를 만들었다면 내부 관련 부서 사람들에게 사용자를 한층 더 잘 이해시킬 수 있을 것이다. 이처럼 사용자 정보를 일관성 있게 구성하여 도출된 디자인 아이디어는 개별 특성에 집중하기보다 밀도 있고 체계적으로 데이터에 대응하도록 만든다.

벽 워킹을 진행하는 동안 팀원, 프로젝트 관련자, 기타 관계자들은 각각 데이터를 심도 있게 리뷰하여 개별 디자인 아이디어를 도출한다. 이런 디자인 아이디어들은 포스트잇에 적어서 디자인 아이디어를 도출하는 데 기여한 어피니티 데이터 옆에 붙인다. 이러한 과정에서 사람들이 데이터에서 '결함(holes)'을 발견하면, 더 필요한 데이터가 있다고 노트에 적어서 어피니티에 붙인다.

정리된 시퀀스를 리뷰하는 작업도 이와 유사하게 진행된다. 팀원들은 정리된 시퀀스 모델을 다시 살펴보며 디자인 아이디어와 이슈를 찾아내어 어피니티에 추가한다.

주의-벽 워킹(walking the wall)이 여러분의 래피드 CD에서 마지막 단계일 수도 있다. 네이터를 수집하고 정리한 후에, 디자인 아이디어를 도출하기 위해 검토하자. 그런 다음 여러분이 사용자에 대한 이해를 중심으로 디자인 프로세스를 진행하고 있음을 여러분 조직(회사)이 알 수 있도록, 이 과정까지 마치고 나서 여러분의 기존 디자인 프로세스대로 진행하자. 혹은 11장의 비전 도출 단계를 이어서 진행해도 된다.

정의

데이터 워킹은 개별 팀원과 프로젝트 이해관계자들이 데이터와 인터랙션하고, 거기에 익숙해지며, 디자인 아이디어를 도출하거나, 추가 데이터를 수집할 수 있도록 데이터에서 결함을 찾는 과정이다.

핵심 용어

데이터 워킹 또는 벽 워킹 CD팀이 벽에 정리된 데이터나 시퀀스를 통하여 발견된 이슈에 익숙해지며, 디자인 아이디어를 추가하고, 데이터의 빈 부분을 드러내는 과정이다. 이것은 그룹 또는 개별적으로 수행될 수 있다.

디자인 아이디어(DI) 데이터를 기반으로 하고, 정리된 모델들을 검토한 결과로 개발된 디자인 콘셉트. 디자인 아이디어는 제품 또는 시스템 콘셉트, 기능, 교육, 시장에 대한 의견, 실행 가능성, 비즈니스 규칙, 프로세스 리엔지니어링(reengineering) 제안, 보조 콘셉트, 기타 개발하려는 시스템 솔루션과 관련된 내용들을 포함할 수 있다.

결함(holes) 유실된 데이터가 있는 듯한 어피니티나 시퀀스 영역 또는 유실된 듯한 사용자 행동의 전체 영역. 결함은 사람들이 데이터에서 보이기를 기대하는 어떤 부분일 수 있다. 다시 말해 때때로 결함은 실제로 유실된 데이터의 결과이지만, 잘못된 기대나 해석으로 인해 나타날 수도 있다.

질문(Q) 의문이 생기는 어피니티의 영역이라는 점에서 질문은 결함과 비슷하지만, 데이터가 유실되어 생기는 것이 아니라 우려되는 점이나 이슈를 제기한다는 점이 다르다.

데이터 워킹 프로세스

□ 벽 워킹 준비

- 데이터와 프로젝트 룸 준비
- 프로젝트에 관련된 사람들을 소집

□ 어피니티 워킹
- 방문자들에게 여러분의 프로젝트 소개
- 벽 워킹 프로세스 소개
- 어피니티 워킹과 프로세스 모니터
- 어피니티에서 핵심 이슈와 주요 아이디어 목록 작성

□ 시퀀스 워킹
- 시퀀스 워킹 프로세스 소개
- 시퀀스 워킹 진행
- 시퀀스로부터 핵심 이슈와 주요 아이디어 목록 작성

데이터와 프로젝트 룸 준비하기

데이터와 페르소나를 프로젝트 룸 또는 큰 회의실 벽에 건다. 여러분의 프로젝트 룸이 어피니티와 시퀀스를 한꺼번에 걸어둘 만큼 크지 않다면, 근처에 프로젝트 룸을 하나 더 알아보거나, 복도를 이용하는 방법도 있다. 데이터 워킹이 원활히 진행되려면 작성된 데이터 자료들을 한눈에 보도록 벽에 부착할 수 있는 공간과 잘 정리하여 준비된 데이터 자료가 필요하다.

- 종이 위의 어피니티를 정리해서 컬럼들이 적당한 간격을 유지하고 라벨들이 읽기 쉬운지 확인한다. 또는 어피니티 다이어그램을 시디툴즈에서 온라인으로 가져가서 마이크로소프트 비지오로 익스포트한 다음, 원래 벽과 비슷해 보이는 크기의 다이어그램을 출력한다. 출력된 어피니티는 특히 이해관계자들과 공유하기에 좋다.
- 정리된 시퀀스를 적당한 포맷으로 출력한다. 글씨 폰트가 서서 읽기에 충분히 큰지 확인한다. 정리된 모델을 프로젝트 룸 주변에 건다.

- 관련된 예시 아티팩트를 어피니티 또는 시퀀스에 걸어 두든가, 테이블 위의 폴더에 정리해서 사람들이 검토할 수 있도록 한다.
- 피지컬 모델이 관련 정보를 보여 준다면 그 예시를 걸어 둔다.
- 페르소나를 생성했다면(9장 참조), 그것들을 플립 차트 크기로 출력해서 마찬가지로 프로젝트 룸 주변에 전시한다.

여러분은 또한 플립 차트 2개와 프로젝터 또는 큰 모니터가 딸린 컴퓨터 한 대가 필요할 것이다. 이것들을 이용해서 데이터를 워킹하고 나서 이슈를 정리할 수 있다. 아니면 그 대신에 플립 차트에서 이슈를 기록하기만 하고 나중에 온라인으로 옮길 수도 있다.

비전 도출 작업을 할 계획이라면, 벽 워킹 작업을 오전에 진행하고, 같은 프로젝트 룸에서 오후에 비전 도출 작업을 하도록 계획한다. 아니면 한나절씩 이틀간 프로젝트 룸을 이용하고, 첫날에 벽 워킹을 하는 방법도 있다.

프로젝트에 관련된 사람들을 소집하기

데이터를 수집하고 어피니티를 제작했다고 해도 프로젝트 팀은 반드시 데이터 워킹에 참여해야 한다. 벽 워킹 작업은 한 걸음 물러서서 디자인을 목적으로 데이터에 대해 체계적으로 생각하는 프로세스다. 이때 나누는 대화로 팀은 이해를 공유하게 된다.

프로젝트 관련자들과 프로젝트에 관심 있는 사람들을 초대해서 사용자 데이터에 친숙해지도록 만든다. 시스템을 개발할 사람들이나 디자인 요구사항의 특정 부분에 대해 이해 관계가 있는 사람들이 프로젝트에 포함되어 있다면, 여러분은 그들을 벽 워킹에 초대하고 싶을 것이다.

또한 비전 도출 세션에 참여할 사람들도 그 전에 데이터 워킹을 할 필요가 있다. 사용자 중심 디자인의 목표는 사용자 데이터에서 디자인 구상을 이끌어내는 것이다. 따라서 제품 또는 시스템의 방향을 결정하는 공식적인 프로세스에 참여하는 사람들은 모두, 디자인 콘셉트를 제안하기 전에 데이터에 몰두할 필요가 있다. 우리의 첫째 규칙은 데이터에 몰두하지 않은 사람은 결코 시스템 디자인을 할 수 없다는 것이다.

벽 워킹은 여러분이 알아낸 것들을 다른 사람들과 커뮤니케이션하고 그들의 의견, 디자인 아이디어, 데이터에 나타난 결함에 대한 우려 또는 유실된 이슈를 모으는 좋은 방법이다. 벽의 데이터를 검토하면서 프로젝트에 관련된 사람들에게 공식적으로 의견을 들을 수 있다. 구성원들은 디자인 아이디어를 적어서 공유할 때, 여러분이 그 아이디어를 고려할 거라고 예상한다. 그리고 여러분은 이렇게 함으로써 구성원들이 주는 의견을 평가하게 된다. 따라서 벽 워킹은 여러분의 조직이 이러한 프로세스의 결과를 받아들이게 만드는 좋은 방법이다.

비전 도출 세션 이전에 벽 워킹을 하고 있다면, 이 작업을 위해서 그룹 세션을 연다. 이 프로세스에 두세 시간을 할애하는데, 이는 나중에 얼마나 오래 의논할지와 시작하기 전에 얼마나 많이 소개할지에 따라서 달라진다('벽 워킹에는 시간이 얼마나 걸리는가?' 박스 참조).

여러분이 전체 커뮤니케이션 프로세스의 일부로 벽 워킹에 여러 사람을 초대하는 경우에, 벽 워킹을 어떻게 하는지 안내를 붙여 두면 방문자들이 개별적으로 데이터를 살펴볼 수 있다. 아니면 공식적인 시간, 점심 시간, 또는 사내 마케팅 이벤트 등을 이용해서 사람들이 데이터를 보게끔 초대해도 좋다. 여러분 조직에 있는 여러 부서에서 수용하도록 유노하고 있다면, 사람들이 각기 다른 시간대에 여러 그룹으로 나눠서 검토하러 오도록 할 수도 있다. 또는 하나 이상의 프로젝트와 연관된 데이터가 있을 수도 있으므로, 분리해서 초대해야 할 때도 있다.

벽 워킹이 진행될 때마다 디자인 아이디어와 데이터의 결함 부분이 어피니티 곳곳에 추가될 것이다. 여러분은 새로운 벽 워킹 팀이 데이터를 리뷰하기 전에 이 데이터 워킹이 잘 진행되도록 지난 팀이나 개인이 작성한 디자인 아이디어나 결함 표시를 일부 따로 정리하고 떼어내야 할 수도 있다. 일부는 예시로 남겨두기도 한다. 떼어낸 아이디어는 첨부된 자리의 라벨을 붙여 목록을 만들어서 나중에 참고한다.

데이터를 워킹할 방문자를 위해 준비하기

방문자들과 함께 벽 워킹을 하고 있다면, 검토를 시작하기 전에 그들을 여러분의 프로젝트에 소개시킬 필요가 있다. 그들은 여러분이 무엇을 했는지, 누구와 이야기했는지, 또는 고객 중심 디자인 프로세스가 무엇인지 알지 못한다. 그러므로 벽 워킹에 앞서, 짧게 개요를 설명한다.

- 여러분의 프로젝트 범위, 목표, 인터뷰한 사용자들의 번호와 유형 등을 설명한다.

- 필드 인터뷰를 묘사하면서 데이터가 어디서 비롯되었는지 설명한다.
- 사용자 두세 명의 짧은 스토리를 준비하는데, 이 스토리에는 그들이 누구이고, 여러분이 무엇을 관찰했고, 그들의 생활은 어떤지가 포함된다. 이 작업은 사용자에게 실재감을 준다. 아니면, 선택 사항으로 페르소나를 개발한 경우에는 그것을 소개할 수도 있다.
- 라벨 영역 하나를(녹색, 분홍색으로, 파란색으로) 읽어줌으로써 방문자들에게 어피니티 벽의 구조를 소개하여, 어피니티가 어떻게 구축되었는지 설명한다.
- 벽 워킹 프로세스를 소개한다(나중에 설명).
- 방문자들이 관련된 팀이고 여러분이 그들과 데이터를 공유하고 있다면, 방문자들에게 벽에서 그들이 가장 관심을 가질 만한 적당한 부분을 지정해준다.

일단 프로젝트 룸에 모두 모이면, 사람들에게 데이터 워킹에 필요한 물품들을 나눠 준다. 모두 다음 물품들을 가졌는지 확인한다.
- 노란색 3x5 포스트잇 팩.
- 이슈, 질문, 디자인 아이디어를 표시할 파란색 네임펜.
- 녹색 네임펜. 어피니티 데이터에서 결함 표시.

벽 워킹 프로세스 소개하기

모든 참가자에게 프로세스를 소개한다. 늦게 오는 사람이 있더라도 데이터 워킹을 시작하기 전에 무엇을 해야 하는지 설명해야 한다('체계적인 디자인을 장려하라' 박스를 참조하자).

소개할 때에 다음 사항을 함께 설명한다.
- 벽 워킹은 비전 도출 프로세스 또는 더 비공식적으로 논의하기 위한 준비 단계다. 벽 워킹에는 1-2시간이 소요된다.

- 벽 워킹 작업은 박물관에 가는 것과 같다. 조용하고, 개인적인 프로세스이며, 벽을 읽으면서 벽의 한 영역에서 주변으로 움직이고, 읽은 내용을 생각하고, 디자인 아이디어를 산출한다. 나중에 여러분은 생각한 것을 의논할 시간을 마련할 것이다.

체계적인 디자인을 장려하라

어피니티 다이어그램은 체계적인 디자인(systemic design)을 장려한다. 대부분의 사람들은 사용자 데이터와 일부 작은 문제를 보고 부분 수정을 하거나 필요한 기능을 정의할 수 있다. 그러나 작은 아이디어들을 아무리 많이 모아도 전체적인 업무 지원을 개선하도록 시스템을 보완하지는 않는다. 대신에 우리는 팀이 전체 업무 의도와 전체 프로세스를 더 지원하고, 더 큰 문제 또는 이슈를 해결하는 디자인 아이디어를 도출하도록 격려한다.

체계적인 사고에서는 사람과 시스템, 사람과 다른 사람, 그리고 그들의 조직 간 인터랙션을 전체 업무 수행의 부분으로 간주하고 관찰한다. 부가가치가 높은 혁신과 새로운 제품 기능은 이런 체계적인 관점에서 탄생한다.

어피니티와 더불어, 이런 체계적인 디자인은 어피니티의 컨텍스트 안에서 사람들이 이해하기 쉽기 때문에 이렇게 하도록 권장하기도 편하다. 만약 노란색 포스트잇, 즉 한 사용자에게서 관찰된 내용이 디자인 아이디어의 근원이라면 이것을 '수정 하나(one off)'로 간주한다. 이는 어떤 기존 문제 또는 이슈에 대한 빠르고 작은 수정을 뜻한다. 그러나 만약 디자인 아이디어가 파란색 라벨에서 비롯되었다면, 그리고 이슈의 집합이라면, 그것은 더 체계적인 아이디어라고 볼 수 있다. 분홍색 라벨에서 도출되었다면 디자인 아이디어는 더 체계적인 것이고, 녹색 라벨을 말해 주는 디자인 아이디어는 데이터에서 드러난, 더욱 큰 이슈를 해결하려는 내용일 경우가 더 많다.

이와 같이 파란색, 분홍색, 녹색 라벨의 레벨에서 디자인 아이디어를 산출하는 과제와 함께 벽 워킹 작업을 소개하자. 마치 참가자들이 모여서 게임하는 것처럼, 사람들은 더 큰 이슈를 말해 주는 아이디어를 산출하려 할 것이다. 벽을 워킹하는 프로세스는 체계적인 디자인을 구상하는 과정을 구체적이고 실제적으로 만든다. 그럼으로써 새로운 콘셉트와 해결책을 도출하는 도구가 된다.

- 디자인 구상을 자극하는 데 라벨을 이용하여 벽을 맨 위에서 맨 아래까지 읽는다. 라벨의 의미를 이해하고자 필요할 때만 개별 노트를 읽는다.
- 읽는 동안 스스로 이렇게 질문한다. 이런 일이 일어난다면 우리는 어떻게 할까? 디자인 아이디어란 이런 질문에 대한 대답이다. 디자인 아이디어가 떠오르면 노란색 포스트잇에 쓴다.

디자인 아이디어의 자격 요건은 무엇인가?

디자인 아이디어는 고객 데이터에 답이 될 수 있는 모든 응답을 말한다. 그것은 테크놀러지와 관련되었을 수도 있고, 기능적인 특징이나 부분, 마케팅 아이디어, 필요한 문서 또는 지원 시스템, 비즈니스 프로세스 또는 전략, 가격 등 어피니티에서 고객 데이터를 보고 떠오른 아이디어는 모두 디자인 아이디어가 될 수 있다. 디자인 아이디어는 대단히 구체적이거나(ex-모든 화면에 기존의 검색 기능을 추가) 매우 일반적일 수 있다(ex-검색을 더 간편하게 하기). 다음은 이초크 팀이 어피니티에 첨부한 디자인 아이디어를 일부 소개한다.

녹색 라벨: 나는 어떻게 커뮤니케이션하는가?
DI: 마케팅 메시지: 이초크는 테크놀러지를 위한 테크놀러지가 아니다. 그것은 교육, 커뮤니케이션 강화, 공동 작업을 촉진하기 위한 것이다.
DI: 교사, 학생, 학부모가 볼 수 있는 학생 프로필/성적 보고서.
DI: 사용자들이 최초 로그인에서 구독하려는 토론 리스트를 선택하고 자동으로 로그인하는가

분홍색 라벨: 나는 여러 사람이 볼 수 있도록 정보를 던져 놓는다.
DI: 메일함에 있는 메시지 간에 구별되는 특징을 생성한다. 일반적인 공지, 학생들의 개인 메일.

파란색 라벨: 나는 매일/중요한 공지 사항을 볼 때 퍼블릭 어드레스(public address, PA) 시스템을 이용한다.
DI: 교장이 PA를 이용하여 사용자들이 이초크 시스템을 쓰도록 유도한다. 예를 들면, "오늘 모임에 대해 더 자세한 내용은 여러분의 학교 홈페이지를 참고하세요."

벽 워킹 작업은 데이터에서 디자인 아이디어를 도출해내는 것이 목적이다. 이미 여러분에게 디자인 아이디어가 있었다면 실제 사용자 데이터를 토대로 그 적절성을 따져 보고, 또한 새로운 디자인 아이디어를 도출해 본다('디자인 아이디어의 자격 요건은 무엇인가?' 박스를 보자).

- 여러분은 데이터에서 결함을 발견할 수도 있다. 이것은 여러분이 어떤 데이터가 있을 거라고 예상했지만, 실제로는 없었던 영역이다. 이러한 부분을 발견하면, 노란색 포스트잇을 이용하여 내용을 적어 데이터가 필요한 자리에 붙인다. 나중에 팀은 이것을 살펴보고 그 자리를 채울 추가 데이터를 수집할지 결정할 것이다.

모두 벽 워킹의 기본 규칙을 알고 있는지 확인한다.

1. 맨 위부터 아래로 읽는다. 녹색 라벨, 다음에는 분홍색 라벨, 그 아래의 파란색 라벨 순이다. 그런 후에 그 전체 녹색 영역을 완결할 때까지 다음번 분홍색 라벨로 간다.

2. 디자인 아이디어에 반응한다. 벽의 전체 영역, 즉 파란색, 분홍색, 또는 녹색 전체 그룹에 연관되는 디자인 아이디어를 생각하려고 해본다.

3. 아이디어를 포스트잇에 파란색 마커로 쓴다. 손 글씨를 알아보지 못할 경우에 대비해 노트에 참가자 이름의 머리글자를 써 둔다.

4. 디자인 아이디어를 그것이 관련된 벽의 특정 부분에 붙인다. 라벨을 가리지 말자.

5. 데이터에서 결함을 찾는다. 녹색 마커로 노트에 결함을 적고 데이터의 근처, 여러분이 벽에서 부족하다고 생각하는 자리에 붙인다.

6. 적어도 한 번쯤, 시작한 지점으로 돌아올 때까지 조용히 벽을 읽으면서 방을 둘러본다. 누군가 시끄러운 소리를 내면 조정 담당자가 조용히 해달라고 하거나 밖으로 나가서 이야기하기를 요청한다.

7. 첫 데이터 워킹을 마친 후 시간이 있다면, 데이터 워킹을 반복하여 수행한

다. 두 번째로 어피니티를 검토하는 동안 다른 사람들이 낸 디자인 아이디어와 결함을 모두 읽고 그것이 새로운 디자인 구상을 자극하는지 살펴본다. 다른 사람들이 여러분과 같은 생각인지는 걱정하지 마라.

8. 우리가 디자인을 하고 있지는 않다는 점을 기억하자. 데이터 워킹은 데이터를 이해하고 그것이 디자인에 있어 무슨 의미인지 알아보는 작업이다. 우리가 실제로 할 일은 디자인을 논의하면서 결정할 것이다. 그러므로 시시한 아이디어라든가 여러분이 동의하지 않는 아이디어에 대해 고민할 필요는 없다.

어피니티 워킹과 프로세스 모니터

구성원들이 동시에, 하지만 조용히 벽에 붙여진 어피니티 노트를 읽는다. 서로 다른 위치에서 시작한다. 벽의 일부를 구축한 사람이라면, 자기가 한 부분에서 시작하지 말자. 그림 10-1은 벽 워킹을 한 후의 어피니티 구획을 보여 준다.

맨 위에서 바닥까지 라벨을 검토하면서, 다음과 같이 질문한다.

- 벽의 이 부분은 디자인에 대해 무엇을 말해 주는가?
- 내가 무엇을 더 알아야 하는가? 데이터에 어떤 결함이 있는가?

여러분의 디자인 아이디어와 결함을 적고, 다른 사람들의 아이디어는 일단 무시힌다. 둘러디 보면 다른 시람이 여러분의 이이디어를 구축하는 것을 발견할 수도 있다. 또는 여러분의 아이디어가 벽의 구획에 대해 뭔가 새로운 생각을 보여준다든가, 다른 사람들과 상당히 다르다는 것을 발견할 수도 있다(286쪽의 '그 모든 디자인 아이디어를 가지고 무엇을 하는가?' 박스를 참조하자). 두 번째로 어피니티를 살펴보면서, 다른 사람의 아이디어를 읽어보고 여러분이 새로운 아이디어를 도출하는 데 도움이 되는지를 살펴본다.

벽 워킹과 시퀀스 워킹을 하면서 산출된 결함과 질문을 토대로 무엇을 더 하는지는 286쪽의 '결함과 질문을 가지고 무엇을 하는가?' 박스를 보자.

그림 10-1 디자인 아이디어(손글씨로 크게 쓴 노트)가 첨부된 어피니티 다이어그램

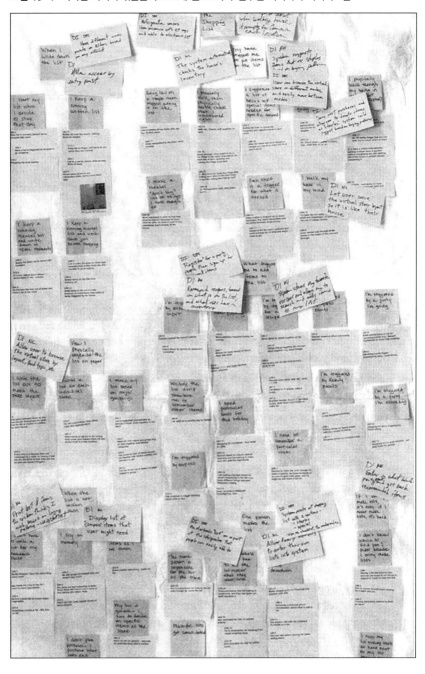

그 모든 디자인 아이디어를 가지고 무엇을 하는가?

벽 워킹 작업과 디자인 아이디어를 붙이는 작업을 하는 궁극적인 목적은 개별 참여자들이 적극적으로 데이터에 몰두하도록 만드는 것이다. 이 지점에서 여러분은 아직 디자인 아이디어를 실행하지는 않는다. 해석 세션 때처럼, 여러분이 아이디어를 생각한다고 해서 그것을 구축해야 한다는 의미는 아니다. 디자인 아이디어는 즉시 실행해야 할 일의 목록과 다르다. 시스템의 사용자와 여러분의 회사에 도움이 된다고 판단되는 디자인 아이디어는 비전 세션에서 자연스레 드러난다. 이런 이유로, 이 세션에서 디자인 아이디어를 목록으로 만드는 일은 그다지 필요하지 않다. 그러나 어떤 팀은 마무리 된 느낌이나 아이디어를 찾기 편하도록 목록으로 만드는 것을 선호하기도 하는데, 이런 목적으로 정리해 두는 것도 나쁘지는 않다.

결함과 질문을 가지고 무엇을 하는가?

임시 어피니티를 구축하는 중이라면, 데이터에 잠재된 결함이나 사용자에게 묻는 질문을 정의하는 것은 매우 가치 있는 작업이다. 다음 인터뷰를 하기 전에 결함과 질문을 검토하면 거기서 인터뷰할 데이터를 찾을 수 있다.

이것이 최종 어피니티라면, 이제 결함이 아니라 디자인 아이디어에 집중한다. 하지만 정말 중요한 결함을 발견했다면, 표시해 둔다. 그것을 채우려면 인터뷰가 몇 번 필요할 수도 있다. 나중에 새로운 인터뷰를 몇 회 시행할 것이라면 다시 돌아가서 결함을 살펴본다.

끝으로, 결함을 정의하면 이해관계자 측이 걱정되는 부분을 여러분에게 말해 주는 기회로 이용할 수 있다. 이해관계자들이 비전 도출에 참여하기 전에 벽 워킹 작업을 할 경우 여러분은 유실된 부분과 조직에서 채택되려면 필요한 부분이 무엇인지 알기 위해 결함을 검토해 주길 요청할 수 있다.

팀원들이 어피니티에서 중복되거나 위치가 잘못된 그룹을 적을 수도 있지만, 벽을 검토하는 동안에는 수정하지 않는다. 나중에 정리할 수 있게 표시만 한다.

벽을 워킹할 때, 팀원 중 한 명은 모니터 역할을 한다. 워킹 작업을 하면서 모니터에게 부과된 일은 그룹이 조용히 계속 작업할 수 있도록 돕는 것이다('사람 관리-논리적인 사람들과 감각적인 사람들은 함께 좋은 디자인을 산출한다' 박스를 참조한다).

사람 관리 – 논리적 사람들과 감각적인 사람들은 함께 좋은 디자인을 산출한다

사람들은 서로 다른 방식으로 벽을 검토하는데, 이는 성격 때문이 아니라 생각하는 방식 때문이다. 이런 인지 방식의 차이를 알면 사람들의 반응을 더 잘 관리하고, 벽 워킹 프로세스를 잘 이끌 수 있다.

논리적인 사람들
논리적인 사람들(web thinkers)은 어피니티 라벨을 읽고 디자인 아이디어를 생각해내기 시작한다. 어피니티를 검토하면서 디자인 구상은 점점 커지고 더 체계적으로 된다. 왜 그런가? 논리적인 사람들은 모든 것을 함께 엮는다. 라벨을 각각 읽을 때 그들은 사용자의 문제에 대해 그림 그리기를 시작하고 솔루션을 엮어내기 시작한다. 또한 벽의 각 부분을 보면서 자신들의 스토리와 디자인 솔루션으로 점점 더 연결하도록 자극 받는다. 논리적인 사람들은 전체 시스템 솔루션 개발에 유능하지만, 그 솔루션은 그들이 개발하는 생각의 실타래를 따라갈 것이다. 논리적인 사람들의 사고는 체계적이지만 다양하지는 않는다. 논리적인 사람들은 자신들의 생각을 마치 거미줄같이 엮으므로, 방해 받는 것을 좋아하지 않는다. 생각의 흐름이 끊기게 되기 때문이다.

감각적인 사람들
감각적인 사람들(bouncers)은 그 순간에 읽고 있는 모든 것에 디자인 아이디어로 반응한다. 그들은 사용자 데이터에 반응하여 많은 디자인 아이디어를 산출하는 데 유능하다. 그러나 이런 사람들은 아이디어에 매여 있지는 않다. 그들의 마음은 마치 벽을 뛰어 다니는 것처럼 움직인다. 따라서 감각적인 사람들은 아이디어에 다양성을 제공한다. 또한 아이디어에 대해 이야기하기를 좋아하는데, 그것에 흥분하고 있기 때문이다. 따라서 감각적인 사람들은 그들이 생각하는 것을 바로 그 순간에 공유하기를 좋아한다. 그러면서 자연스럽게 조용한 것을 좋아하는 논리적인 사람들을 방해하고 만다. 그러므로 감각적인 사람들에게는 아이디어를 적도록 하거나, 감각적인 사람들끼리 밖에서 이야기하도록 종용해야 한다.

좋은 시스템 디자인에는 논리적인 사람들과 감각적인 사람들이 모두 필요하다

우리가 원해서 논리적인 사람이 되거나 감각적인 성향을 갖는 것이 아니다. 때문에 논리적인 사람이나 감각적인 사람 중 어느 쪽이 좋다고 평가할 이유는 없다. 게다가, 좋은 디자인에는 이들이 모두 필요하다. 논리적인 사람들은 필요한 것들을 함께 엮어서 일관된 시스템을 구성하지만, 한 가지 노선으로만 엮어 간다. 감각적인 사람들은 다양한 아이디어가 있지만 함께 묶어내지는 못한다. 하지만 감각적인 사람들이 어피니티에 디자인 아이디어를 부여한다면, 그들은 다양한 사고를 소개할 것이다. 논리적인 사람들이 두 번째로 벽을 검토하면서 감각적인 사람들의 아이디어를 읽는다면, 이 새로운 아이디어를 함께 엮어내고자 자연스럽게 자신들의 생각을 열어 보일 것이다. 좋은 디자인에는 종합적인 사고와 다양한 사고가 모두 필요하다. 팀은 어피니티 벽을 워킹하는 작업을 하면서 이들을 모두 참여시키도록 조장한다.

어피니티에서 핵심 이슈와 핵심 아이디어 목록을 만들기

어피니티를 워킹한 직후에 그룹을 모아서 목록 두 개를 만든다. 목록 작성은 그룹에서 데이터에 대한 경험과 초반의 디자인 아이디어를 공유하는 공식적인 방법이다. 이것은 또한 비전 도출의 준비 단계가 된다.

핵심 이슈 목록

먼저, 핵심 이슈 목록을 정리한다. 여기에는 업무 수행에서 가장 중요한 부분과 시스템에서 다루어야 하는 핵심 사용자 이슈가 포함되어야 한다. 이것들은 디자인 아이디어는 아니고, 그룹에서 벽을 워킹하면서 경험한 가장 중요한 사용자 요구를 뜻한다. 모두 볼 수 있도록 플립 차트에 이슈를 쓰거나, 온라인으로 작성해서 프로젝터를 이용하여 본다.

이슈 목록은 암시적으로 이슈의 우선순위를 정하는 것이다. 이를 통해 팀은 어피니티에서 제시된 핵심 사용자 이슈에 더욱 집중할 수 있다. 팀은 이 핵심 이슈들에서 디자인 아이디어를 이끌어내고 거기에 집중할 것이다. 핵심 이슈 목록을 작성하는 작업을 공식적으로 진행할 필요는 없다. 우리는 이 작업을 진행하면서 중요한 사항을 가려내는 일이라고 말하면 그들이 '경직'된다는 사실을 알게 되었다. 사람들은 흔히 뭔가 돌이킬 수 없는 일을 했을까 봐 걱정한다. 하지만 벽 워킹이라는 단순한 과정을 거치면 주요한 사용자 이슈는 자연스럽게 강조된다. 즉, 전체 어피니티에서 도출해낸 이슈 가운데 프로젝트에 중요한 이슈가 점점 부각되는 것이다. 이처럼 자연스럽게 우선순위가 결정되면 팀은 다음 작업을 더 원활히 진행할 수 있다.

 사례 – 이초크

다음은 이초크의 어피니티 이슈 샘플이다.

- 출석 점검과 보고는 주요 문제다.
- 현실적으로 보자(이초크는 의존성이 있다)-
  - 일부 관료제는 우리의 통제 밖일 수도 있다.
  - 인터넷 접근 가능성은 보장되지 않는다.
- 사용자는 테크놀러지 숙련도 수준이 높지 않으므로, 우리는 시스템을 단순하게 만들 필요가 있다. 그러나 더 경험 있는 사용자들을 지원하는 것 또한 필요하다.
- 학교마다 서로 다른 요구가 있다. 우리는 기준 단위(module)가 필요하다.
- 교사 세계의 중심은 학생들이다.
- 테크놀러지를 담당하는 교사들은 새로운 테크놀러지의 얼리 어댑터(early adopter)이며, 다른 교사들이 새로운 테크놀러지를 수용하도록 최선을 다할 것이다.

어피니티 이슈 사례 – 아프로포스

- 우리는 문제/인터랙션을 전달하기 위해 매체가 어떤 것이든 일관된 용어와 기호가 필요하다.
- 대리인이 문제를 다룰 때 우리가 보여주는 인터페이스는 일관성이 있어야 한다.
- 화면에서 부동산을 관리하는 데 문제가 있다. 특히 CRM 소프트웨어에 속하는 경우 더욱 그렇다.
- 우리는 사용자가 어떤 매체로 응답할지 추정할 수 없다. 그것은 문제가 들어온 방식과 반드시 일치하지는 않을 것이다.
- 우리는 스피드 다이얼 툴(speed dial tool)로 주소를 통합할 필요가 있다.
- 사용자는 현재 전화 중에 오토 서제스트(AutoSuggest) 리스트를 이용할 수 없다.
- QA 툴은 현재 이메일에서만 작동한다. 대리인이 응답을 하는 다른 모든 방법에 적용한다면?
- 우리는 문제를 회사 외부로 전송할 수 없다.

어피니티 이슈 사례 – 구매

- 구매는 기존에, 이미 알고 있는 관계로 결정된다. 전에 일했던 사람들과 일하는 편이 더 쉽다.
- 사람들은 관계의 풀(pool), 즉 구매를 처리하고 신뢰도 있는 사람들을 관리한다. 새로운 구매 거래는 이런 사람들과 성사되는 경향이 있다.
- 구매는 알고 있는 집단이라는 컨텍스트 안에서 일어난다. 구매자들은 이런 커뮤니티 선제에서 누가 역할을 담당하는지 알고 있다.
- 제품 평가는 제품을 직접 만져보면 가장 잘 알 수 있다. 제품을 만져볼 수 없을 때, 사람들은 제품에 접근하려고 제조자를 방문하는 등 모든 다른 방법을 강구한다.
- 구매자들은 구매 아이템의 사용자들과는 다른 동기를 갖고 있다. 구매자들은 가격을 낮추고자 공급자를 얼마나 많이 확보했는가로 자신을 평가한다.
- 거래는 그 자체로 라이프사이클이 있는 독립적인 활동으로, 여기에는 공유된 문서, 논의, 결과가 있다.

핵심 디자인 아이디어 목록

두 번째로 핵심 디자인 아이디어 목록을 작성한다. 어피니티 워킹을 진행한 다음, 팀은 디자인에서 무엇을 할 수 있는가에 관한 아이디어를 쏟아낸다. 이제 핵심 아이디어 목록을 작성할 시점이다. 여러분은 비전 도출 세션을 위해서 핵심 아이디어가 필요할 것이다(11장 참조). 따라서 목록을 만들고 데이터 워킹이 끝날 때마다 거기에 디자인 아이디어를 추가한다.

핵심 디자인 아이디어란 고객의 업무 수행 방식을 새롭게 할 만큼 의미 있는 아이디어를 뜻한다. 핵심 아이디어는 작은 사용자 문제를 알 수 있는 소소한 디자인 아이디어가 아니다. 이것은 프로젝트 포커스에 해당하는 데이터에서 일관성 있고 체계적인 반응을 산출해내는 시작 지점과 같다. 예를 들면, '온라인 기술 용어 해설'과 같은 아이디어는 큰 스토리로 이끄는 큰 디자인 아이디어가 아니다. 반면 '온라인 교실'은 그것에 대해 이야기할 스토리를 상상할 수 있는 더 큰 아이디어다.

핵심 아이디어는 팀원들의 상상력을 이끌어 낼 수 있는 디자인 아이디어다. 이것은 팀이 만들려고 하는 서비스를 나타내는 간략한 문장이나, 결과물을 함축하는 단어로 표현될 수 있다.

 ### 사례 - 이초크

아래에 어피니티를 워킹한 후 이초크의 핵심 아이디어를 몇 개 소개한다.

- 사람들이 애플리케이션을 다룰 때 그들을 지원하는 가상의 지원 담당자
- 사용자의 전문 지식 수준에 따른 다중 인터페이스
- 사용자가 형성할 수 있는, 커스터마이징 가능한 데스크톱
- 온라인 교실 - 수업과 관련된 모든 것이 온라인화됨

다음에는 다른 프로젝트에서 산출된 핵심 아이디어들을 실었다. 이것들은 개별 프로젝트 포커스에 관련하여 좋은 시작 지점이 되며, 제품을 생산하는 회사들의 공동 목표다. 핵심 아이디어는 실제 고객 문제를 해결할 광범위한 솔루션

을 만드는 자극이 되지만, 한편으로 여전히 팀의 조직적 임무를 반영한다.

이 아이디어들은 각각 팀이 디자인 문제를 전체적 접근으로 다듬기 위한 씨 뿌리기 또는 시작 지점과 같다. 핵심 아이디어에서도 좀 더 큰 것이 있고, 작은 것도 있다. 팀이 핵심 아이디어 목록을 만들 때는 작은 디자인 아이디어를 산출 하는 데서 시작하는 경향이 있다. 하지만 구성원들에게 그런 아이디어는 나중

핵심 아이디어 사례 – 애자일런트

- 실험실은 페덱스(Federal Express)에서 수하물을 추적하는 것처럼 돌아가야 한다. 항상 모든 실험의 상황을 알 수 있도록 말이다.
- 모든 실험 도구에서 비롯된 데이터를 전부 통합하고 자동으로 보고서를 산출한다.

핵심 아이디어 사례 – 아프로포스

- 데이터를 다루고 세부 사항을 알 수 있는 개요 인터페이스 하나에다 전화 고객을 위한 데이터를 모두 보여 준다.
- 개별 통화와 문제 유형에 소요된 시간을 기록하는 포괄적인 시간 추적 시스템을 생성한다.
- 전화한 모든 고객의 정보를 자동으로 제공하여 통화하는 동안 노트를 온라인으로 기록하기 쉽게 한다.

핵심 아이디어 사례 – 구매 (웹 비즈니스의 초창기에 작성됨)

- 신뢰성을 전달할 목적의 온라인 지원 커뮤니티. 이베이(eBay)의 신용도 표시(trust markers)와 유사하다.
- 공급자 측의 거래 담당자들과 구매자들이 정보를 공유하고 거래 상황을 추적할 수 있도록, '협상 환경(negotiation environment)'을 생성한다.
- 공급자들에게 '가상의 참석(virtual presence)'이 가능한 방법을 제공한다 - 가상의 공장 방문, 프로세스 결산, 과거 제품의 역사 등이 있을 수 있다.

에 구축할 수 있음을 상기시켜야 한다.

이제 여러분은 그저 좋은 시작 지점을 잡아내길 원한다. 핵심 아이디어를 모두 보도록 플립 차트에 쓰거나 온라인에서 기록해 벽에 프로젝션한다.

벽을 검토하는 작업이 끝날 무렵 이 프로세스에 참여하지 않았던 이해관계자들이나 기타 관련 집단들과 커뮤니케이션하는 걸 고려할 수도 있다. 이제 어피니티를 온라인으로 가져가 화면에서 커뮤니케이션 도구로 활용하면, 다른 사람들에게 여러분의 데이터를 이해시키기가 더 쉬울 것이다('슬라이드 쇼를 통한 커뮤니케이션-관리자와 회사의 의사 소통 방식' 박스를 보자).

슬라이드 쇼를 통한 커뮤니케이션 – 관리자와 회사의 의사 소통 방식

여러분은 어피니티 노트를 슬라이드 쇼 프리젠테이션으로 쉽게 전환할 수 있다. 관리자들은 슬라이드 쇼를 좋아하고, 많은 조직에서 서로 커뮤니케이션할 때 심지어 제품 아이디어에 관한 문서를 작성할 때까지도 거의 슬라이드 쇼를 이용한다. 어피니티를 활용해 여러분의 데이터를 공유하기에 좋은 슬라이드 쇼를 만들어 보자.

팀이 어피니티 워킹을 했다면 이슈 목록을 이용하니 프리젠테이션하려는 핵심 이슈를 정의한다. 사용자의 스토리를 잘 보여주도록 슬라이드 쇼를 정리한다.

인터뷰 대상자와 그들의 인구통계학적 정보에서 시작하여, 여러분이 형성한 모든 페르소나를 공유한다. 그런 다음 슬라이드 쇼를 녹색 라벨로 구분하여, 각 구역에 있는 데이터의 스토리를 말해 준다. 분홍색은 여러분의 슬라이드 타이틀이 되고 파란색 라벨은 장전된 탄환과 같은 콘텐츠다. 데이터에서 인용문과 사례를 활용하여 여러분이 제시하는 포인트를 설명한다.

슬라이드 쇼는 디자인 과제와 일부 중요 아이디어를 제시하며 끝낸다. 또는 비전을 도출했다면, 그것을 공유하는 슬라이드도 만든다.

시퀀스 워킹 프로세스를 소개하기

정리된 시퀀스가 있다면 여러분은 어피니티 다이어그램을 검토한 다음 시퀀스를 워킹한다. 시퀀스 모델을 워킹하는 목적은 사용자의 프로세스를 향상시킬 방법을 찾는 것뿐만 아니라, 사용자가 현재 수행 중인 업무 프로세스에 대해 공유된 이해를 발전시키는 것이다. 이 작업은 어피니티 워킹과 비슷하지만, 사용자가 수행하는 직무를 재디자인하는 방법을 더 깊게 토론할 수 있는 작은 그룹으로 수행한다.

모델을 워킹하기 전에 다음과 같이 해야 한다.

1. 벽에서 시퀀스의 위치를 지적하면서 정리된 시퀀스를 소개한다. 참석자들에게 데이터가 어디에서 나왔고 시퀀스가 어떻게 구축되었는지 짧은 개요를 설명하고, 모델 워킹 프로세스를 소개한다.

2. 아래에 논의된 디자인 질문을 복사해서 나눠 준다.

3. 여러 시퀀스가 있을 경우에, 사람들을 2인 1조로 나눠서 동시에 검토를 시작한다. 데이터를 아는 사람들과 새로 초대받은 사람들을 한 조로 배치하자. 어렵다면 팀 구성원들이 돌아가면서 필요한 부분을 설명해 준다.

4. 소그룹이 직무 지원에 대해 검토하도록 연관된 아티팩트를 지적해 준다.

5. 모두 디자인 아이디어와 결함을 적을 포스트잇을 갖고 있는지 확인한다.

시퀀스를 워킹하기 전에, 소그룹이 개별 시퀀스를 워킹하는 동안 사람들에게 프로젝트 포커스와 디자인 이슈를 주지시키기 위해 디자인에 관한 질문을 한다. 이렇게 질문하는 것과 함께, 팀은 다음 활동을 수행한다.

- 한 번에 활동 하나씩 개별 시퀀스를 읽어서 해당 직무의 업무 흐름을 이해한다.

- 계기에 주목한다. 시스템에 이 계기를 어떻게 지원 또는 대체할 수 있을지 생각한다. 업무를 자동화할 때 프로세스에 장애가 될 수 있는 계기는 무시한다.

- 업무에서 디자인으로 개선할 수 있는 문제와 장애를 찾아본다.
- 모든 전략을 어떻게 지원할지 생각해서, 융통성 있는 디자인이 되도록 한다.
- 더 직접적으로 또는 단계를 빼는 방법으로 지원할 수 있는 의도를 찾아본다. 그런 의도를 성취하고자, 생산성이나 사용자 가치를 향상시키는 새로운 단계 또는 방법을 도출한다.
- 기술적이지 않은 프로세스 변화를 찾는다. 시스템을 내부에서 사용할 용도라면 업무 독립성 또는 테크놀러지 연관성을 향상시키는 역할, 프로세스, 방침, 기타 조직적 요소들을 바꿀 수 있다.
- 불필요한 업무를 제거하는 방법을 정의하거나 단계를 자동화한다. 프로세스를 향상시킬 수 있는 비즈니스 규칙을 생각해 본다.
- 현재 제품 또는 제품군에서 시퀀스의 어떤 부분을 이미 지원하는지 구분하여, 팀이 해야 할 일에 실제적으로 접근하도록 한다.

시퀀스 모델 워킹하기

모두 준비되었으면, 개별 2인 1조는 정리된 시퀀스 모델들을 대상으로 시퀀스 워킹을 진행한다. 보유한 시퀀스 수에 따라 다르지만, 시퀀스 워킹은 대략 1시간쯤 걸릴 것이다. 시퀀스가 두 개뿐이라면 시퀀스 워킹은 다 합해서 30분쯤 걸려야 한다.

다음과 같이 진행하면서 시퀀스를 읽고 이슈를 의논한다.

1. 계기와 전체 의도를 읽는다.
2. 개별 활동을 읽는다.
3. 개별 활동 안에 있는 단계와 그 의도를 읽는다.
4. 그 이슈를 다루는 데다가 직무, 활동, 단계들을 재디자인하는 디자인 아이디어를 도출한다.
5. 디자인 아이디어를 모두 포스트잇에 파란색 마커로 쓰고 그것들이 가리키

는 단계들 옆에 첨부한다.

6. 데이터의 결함을 모두 정의하여 노트에 녹색 마커로 쓴다. 그리고 시퀀스에 첨부한다.

7. 연관된 아티팩트를 검토 조사하고, 이를 이용해 디자인 아이디어를 도출하여 직무 범위 내에서 그것들이 활용되는 방식을 향상시킨다.

시퀀스 워킹은 어피니티 워킹처럼 조용한 경험은 아니다. 두세 명으로 구성된 그룹들은 보고 있는 것에 대해 서로 의논할 수 있다. 여러분이 시퀀스를 많이 보유했다면, 누구든 각 시퀀스를 맡고 있다는 것만 확실하면 된다. 그러면 사람들은 이슈와 핵심 아이디어를 의논하면서 관찰한 내용을 공유할 수 있다. 사람들이 회의 후에 각자 시퀀스를 더 세부적으로 살펴보려 하기를 기대해도 좋다. 시퀀스를 검토한 뒤 함께 돌아와 즉시 이슈를 공유한다.

시퀀스에서 핵심 이슈와 핵심 아이디어 목록을 만들기

시퀀스 모델을 워킹한 다음 그룹들을 다시 한데 모아서 추가 이슈와 핵심 아이디어를 도출한다. 이것들을 어피니티 프로세스에서 했던 것처럼 플립 차트 또는 온라인에 목록으로 만든다.

핵심 아이디어가 약간 미시적인 수준으로 보이더라도 걱정할 필요는 없다. 시퀀스는 사람들로 하여금 업무 수행 방식의 세부적인 흐름에 집중하게 만드는 경향이 있다. 어피니티 다이어그램을 통해 더 광범위한 솔루션을 도출할 것이다.

 사례 – 이초크

아래에 이초크 팀이 그들의 시퀀스에서 정의한 이슈를 일부 소개한다.

- 과제물을 생성하고 학생들에게 그것을 주지시키는 다양한 전략이 있다.
- 교사들에게는 익숙해진 습관이 있으므로, 그것들을 모두 지원한다.
- 교사들은 테크놀러지에 대한 기본적인 이해가 부족하며, 이것이 문제가

된다.

- 전문 지식 수준에 따라 서로 다른 수준으로 지원해야 한다.

이초크는 시퀀스를 워킹한 후에 몇 가지 핵심 아이디어를 추가로 도출했다.

- 주 표준(state standards)에 링크.
- 강의 계획, 뉴스, 설문조사 등을 위한 웹 템플릿(web templates).
- 출석 모니터.

데이터를 공유하고 재사용하기

여러분은 이제 데이터 워킹을 마치고, 이슈와 핵심 아이디어를 취합했다. 이제 프로세스에서 데이터를 온라인으로 옮겨서 이해관계자와 조직에서 비슷한 리서치를 수행하는 다른 그룹들과 공유하기에 좋은 시점이다(300쪽의 '고객 데이터를 회사 자산으로 만들기 - 조직에서 데이터 공유하기' 박스를 참조하자).

그림 10-2는 시디툴즈 퍼블리시 윈도(Publish Window)를 보여 주는데, 여기서 브라우저에 이름을 붙이고 구성할 수 있다. 그림 10-3에서는 어피니티를 시디툴즈에서 데이터 브라우저로 익스포트한 다음에 어떻게 보이는지 보여 준다.

그림 10-2 시디툴즈의 데이터 브라우저 구성 화면

어피니티 퍼블리싱을 위한 시디툴즈 이용

시디툴즈의 퍼블리시 윈도에서 어피니티를 html 데이터 브라우저로 퍼블리싱할 수 있다. 그리고 이 브라우저에서 네트워크, 인트라넷, 또는 기타 공유된 장소에 연결할 수 있으므로, 데이터에 접근해야 하는 사람이 모두 볼 수 있다. 시디툴즈는 html을 자동으로 산출하고, 이미지와 내비게이션 버튼(navigation button)을 생성하고, 브라우저 창을 정리하고, 또한 여러분이 지정한 장소에 브라우저를 저장한다. html이나 웹 퍼블리싱 기술은 필요 없다.

프로젝트 설명
사람들이 프로젝트 포커스를 이해하도록 돕는다.

어피니티 구획
녹색 라벨을 정리해서 사람들이 데이터에 대해 쉽게 이해하도록 만든다.

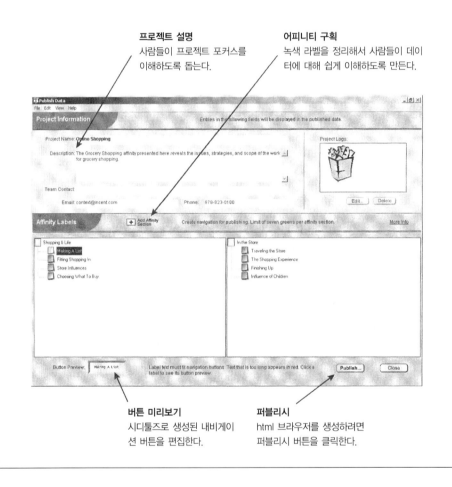

버튼 미리보기
시디툴즈로 생성된 내비게이션 버튼을 편집한다.

퍼블리시
html 브라우저를 생성하려면 퍼블리시 버튼을 클릭한다.

그림 10-3 시디툴즈를 이용하여 HTML로 퍼블리시된 온라인 쇼핑 어피니티

어피니티 다이어그램을 공유하고 재사용하기

시디툴즈를 이용하여 html 브라우저를 퍼블리싱한 후에는, 필요한 사람이 모두 데이터에 쉽게 접근할 수 있다. 여기에는 팀 구성원, 프로젝트 이해관계자들, 고객, 미래의 팀 구성원 등이 포함된다.

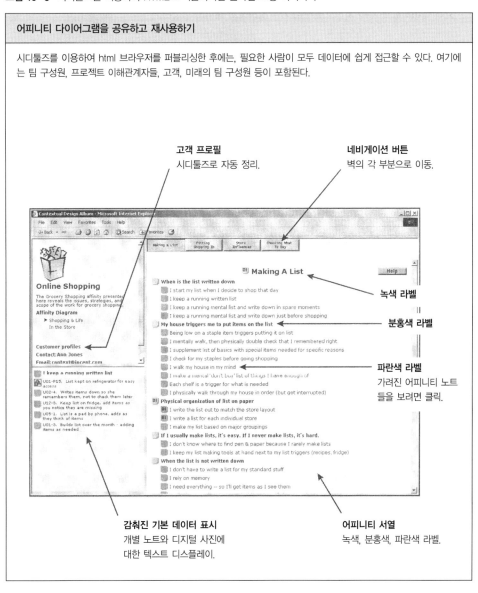

고객 프로필
시디툴즈로 자동 정리.

네비게이션 버튼
벽의 각 부분으로 이동.

녹색 라벨

분홍색 라벨

파란색 라벨
가려진 어피니티 노트들을 보려면 클릭.

감춰진 기본 데이터 표시
개별 노트와 디지털 사진에 대한 텍스트 디스플레이.

어피니티 서열
녹색, 분홍색, 파란색 라벨.

고객 데이터를 회사의 자산으로 만들기 – 조직에서 데이터 공유하기

일단 어피니티 구축을 마쳤다면, 온라인으로 옮기기를 권한다. 시디툴즈를 쓰면 어피니티를 쉽게 온라인으로 가져가서 시디툴즈 외부의 데이터 브라우저로 퍼블리싱할 수 있으므로, 누구든 정보에 접근할 수 있다. 시디툴즈가 없다면, 최소한 워드 프로세싱 프로그램에서 어피니티 서열을 반영하는 스타일이나 형식을 이용하여 입력할 수 있다.

팀과 프로젝트 이해관계자, 그리고 여러분의 조직에게 온라인 데이터를 보유하는 일이 얼마나 가치 있는지는 과장해서 말하기 어렵다. 분할된 팀의 경우 프로젝트 룸으로 모일 수 없는 상황이라면 온라인 데이터를 통해 가상의 벽 워킹 검토 작업을 할 수 있다. 또 개발자들과 요구사항이나 디자인에 대한 전달 사항이 있을 만한 다른 사람까지 포함하여, 이해관계자들도 온라인에서 디자인 아이디어에 바로 접근할 수 있다. 더 중요한 점은 이제 여러분에게는 '재사용 가능한 데이터'가 있다는 것이다. 팀은 서로의 데이터를 재사용할 수 있다. 여러분이 이 프로젝트에서 발견한 내용은 조직의 다른 프로젝트에 정보가 될 수 있다. 지금 당장이 아니라면 나중에라도.

데이터는 적어도 대략 5년 동안은 진부해지지 않는다. 우리의 경험상으로는, 그래서 오래된 고객 데이터도 신뢰성 있게 사용할 수 있다. 테크놀러지는 바뀔 수 있지만 그 이면의 업무 수행 구조와 의도는 변하지 않는다. 일단 데이터를 온라인으로 옮기고 나면, 그것을 공유하고, 추가 인터뷰를 해서 확장하여 새로움을 유지한다. 그리고 기존 지식의 바탕에서 새로운 프로젝트를 시작하면 된다.

11

업무에 대한 새로운 비전 도출하기

래피드 CD 프로세스	속전 속결	속전 속결 플러스	집중 래피드 CD
벽 워킹과 비전 도출	V	V	V

어피니티를 만든 다음, 업무 모델을 정리하고, 이슈와 디자인 시사점을 찾아내었다. 여러분은 이제 새로운, 또는 재디자인된 시스템이 어떻게 사용자의 업무나 생활을 더 잘 지원할지를 보여주는 비전(vision) 작업을 할 준비가 되었다. 도구 또는 시스템은 실제 일상 활동을 지원해야 한다는 점을 기억하자. 이 활동의 구성 요소들은 여러분의 어피니티, 시퀀스, 페르소나 안에서 나타난다. 좋은 시스템은 일상적인 활동에 잘 들어맞고, 그것을 확장하며 지원하는 시스템이다. 그러므로 기능에 대해 브레인스토밍하여 그것을 토대로 재디자인을 시작하지 말자. 새로운 테크놀러지를 도입한다면 새로운 생활이 어떨지 그 스토리를 이야기하는 것으로 재디자인을 시작하자. 이것이 비전 도출의 핵심이다.

우리는 모든 래피드 CD 프로세스에서 비전 도출을 권장한다. 비전 도출은 하루에서 이틀 사이에 끝낼 수 있고, 여러분이 제품이 지원하는 사항을 더 큰 그림으로 개념화하도록 도와 줄 것이다. 이것은 단지 기능에 대해 브레인스토밍하거나 UI 아이디어 스케치를 하는 것보다 한걸음 더 나아간 것이다. 비전 도출을 통해 여러분은 재디자인에 대해 더 체계적으로 생각하게 된다. 그러면서 여러분은 테크놀러지를 전반적인 사용자 의도에 맞추고, 업무 프로세스의 흐름이 시스템에 잘 반영되도록 만들 것이다. 이로써 여러분의 제품과 시스템이 업무에 관련된 모든 구성 요소를 고려하고 기존 업무 수행 방식을 방해하지 않으리라는 것을 보장한다.

비전 도출은 '근거가 있는 브레인스토밍(grounded brainstorming)'이면서 동시에 스토리텔링(storytelling) 세션이다. 근거가 있다고 하는 이유는 팀이 미래의 기능을 상상하기 이전에 벽 워킹을 하고 데이터를 수집했기 때문이다. 브레인스토밍이라 함은 여러분도 잘 알다시피 고객 데이터의 요구 내에서 팀원들이 비판 없이 어떤 아이디어라도 자유롭게 제시하기 때문이다. 또한 스토리텔링이라 하는 까닭은 팀원들이 (페르소나로 정의되었을 수도 있는) 사용자가 시퀀스에 기술된 직무를 수행하다 겪는 어피니티에서 노출된 문제를 어떻게 해결할지를 이야기로 엮어가는 프로세스이기 때문이다.

비전 도출은 그룹이 미래의 시나리오를 구축하도록 이끄는 방법으로, 사용자 데이터에 근거한다. 캔버스에 세부적인 것들을 채워 넣기 전에 그림의 전체 구조를 처음 스케치하는 예술가처럼, 팀은 사용자 인터페이스나 실행의 세부 사항에 집착하지 않고 새로운 업무 수행을 플립 차트에 스케치한다. 그런 세부 사항들은 스토리보딩(12장 참조)에서 작업한다.

비전 도출의 철학적 배경은 『Contextual Design: Defining Customer-Centered Systems』의 13장 「Design from Data」 273쪽에 설명되어 있다.

비전 도출 세션에 참여하는 사람은 모두 그 이전에 어피니티와 정리된 시퀀스 워킹을 해야 한다. 이 장에서는 팀을 비전 도출 세션으로 이끄는 프로세스의 개요를 설명한다.

정의

비전은 손으로 그린, 그래픽 작업물이다. 이것은 고객의 새로운 업무 수행 방식에 대한 추상적인 수준의 스토리다. 비전은 새로운 환경이 어떠하며, 그것이 어떻게 사용자의 관점에서 이야기한 대로 작동하는지를 설명한다. 여기에는 테크놀러지와 사용자 인터페이스 기능, 비즈니스 모델, 역할 정의, 프로세스 등의 변경된 내용들이 포함된다. 또한 도움, 교육, 전반적인 지원과 서비스도 포함될 수 있다.

핵심 용어

장점과 단점 비전을 각각 도출해낸 후에 팀은 제시된 비전에서 긍정적이거나 부정적인 측면을 모두 평가한다.

정리된 비전 팀은 다양한 비전 도출을 제시하고 그것들을 모두 평가한다. 그대로 둘 것과 바꿀 것을 생각한 다음, 팀은 하나로 통합 정리된 비전을 도출해낸다. 그리고 그것은 세부 디자인에 전반적인 가이드로 작용한다.

펜 비전 도출 팀에서 다른 구성원들이 비전 스토리를 이야기하는 동안 그림을 그리는 사람이다.

포커 비전 도출 프로세스를 진행하는 동안 팀에게 아직 다루지 않은 이슈를 상기시키고 어떤 스토리가 완결되었음을 확인해 주는 사람이다.

비전 도출 프로세스

☐ 준비
  • 비전 도출에 필요한 준비하기
  • 비전 도출 세션에 사람들을 초대하기
☐ 비전 도출 세션 진행하기

- 비전 도출 방법 검토하기
- 이슈와 핵심 아이디어 검토하기
- 비전 도출의 제한 요소(parameter) 정의하기
- 첫 번째 버전(version)을 위한 핵심 아이디어 선택하기
- 비전 도출 세션 진행하기
- 비전 도출 평가하기
  □ 하나로 정리된 비전을 도출해내기

비전 도출에 필요한 준비

첫 번째 비전 도출은 데이터 워킹 직후로 계획한다. 여러분은 오후에 데이터 워킹을 먼저 하고 다음날 아침에 비전 도출을 하거나, 하루에 두 가지를 할 수도 있다. 데이터 워킹을 하지 않은 사람은 비전 도출을 시작하기 전에 먼저 데이터 워킹을 수행해야 한다는 점을 잊지 말자.

어피니티와 시퀀스가 걸려 있는 방에서 비전 도출 세션을 열어야 한다. 그래야 필요한 경우에 데이터를 바로 참조할 수 있다. 여러분이 생성한 이슈를 붙여두거나 디스플레이하고 핵심 아이디어에도 접근 가능하게 한다. 데이터 워킹을 한 후에 상당한 시간이 지났다면 비전 도출 작업에 대비해 팀 전체가 다시 데이터 워킹을 해야 한다.

벽에 걸어 둔 데이터에 더해, 여러분은 방 안에 적어도 한 개의 플립 차트 스탠드와 종이 뭉치가 필요할 것이다. 다음 물건들 또한 필요하다.

- 노란색 3x5 포스트잇, 한 사람당 반 팩(half-pack), 평가하는 동안 디자인 아이디어를 적는 용도이며 비전 도출 후에 사용한다.
- 모든 참여자에게 지급할 파란색 네임펜
- 플립 차트 종이를 벽에 붙이고 각 비전의 장점과 단점을 붙이는 데 사용할 테이프

- 장점과 단점을 기록할 8.5x11 또는 더 큰 종이

주의-비전 도출 세션이 잘 되려면 에너지가 필요하며, 특히 모든 참여자의 정신적인 에너지가 요구된다. 따라서 이 세션은 하루가 끝날 무렵이나 사람들이 피곤해 하는 시간에 잡지 않는다.

비전 도출 세션에 사람들을 초대하기

비전 도출 세션에 오는 사람들은 여러분의 제품에 대한 추상적인 수준의 디자인을 산출해 줄 것이다. 따라서 참여자들은 핵심 팀원, 도움을 주려는 이해관계자들, 그리고 여러분에게 필요한 것들을 알고 있는 사람들을 모두 대표해야 한다. 다시 강조하지만, 데이터 워킹을 수행하지 않고 비전 도출 세션에 참여하는 것은 절대 권하지 않는다.

비전 도출 세션은 아이디어를 자극하고 다양한 관점을 제시할 사람들이 충분할 때 하는 것이 가장 좋다. 이때 목표는 방에 모인 사람들이 새로운 디자인에 대해 뭔가 정보를 주고받도록 조성하는 것이다. 이 사람들에게는 디자인과 기술, 시장, 프로세스, 비즈니스에 대한 지식이 있고, 이런 지식을 한데 모아 새로운 디자인에 필요한 정보를 준다(306쪽의 '비전 도출은 팀의 지식과 기술이 결합될 경우에만 유용하다' 박스를 참조하자).

그러나 이 세션에 사람이 너무 많으면 관리하기 어려워질 수 있다. 모두 한꺼번에 말하려 하고, 조용한 사람들은 의견을 좀처럼 말하기가 어려워, 스토리의 일관성도 떨어질 수 있다. 비전 도출 세션에는 참여자를 10명이 넘지 않도록 계획한다. 최적 인원은 4명에서 8명 사이이다. 8명이 넘어간다면, 두 그룹으로 나눠 세션을 동시에 진행하고 서로 다른 핵심 아이디어를 다루게 한다.

비전 도출은 팀의 지식과 기술이 결합될 경우에만 유용하다

고객 데이터는 발명이 어떤 방향으로 진행될지에 자극을 주는 컨텍스트다. 그러나 발명의 재료를 이해하지 못하면 발명도 없다. 우리에게 재료는 테크놀러지, 디자인, 업무 수행 방식이다. 비전 도출 팀은 테크놀러지의 가능성과 한계를 이해하는 사람들을 포함해야 한다. 팀이 웹 페이지를 디자인해야 하는데 팀에서 아무도 웹 페이지를 디자인해 본 사람이 없다면, 이 팀은 디자인에 웹 테크놀러지를 사용할 수 없을 것이다. 늘 메인프레임(mainframe) 디자인을 하는 사람들은 위지위그 인터페이스[1]를 디자인하라는 말을 들을 것이고, 위지위그 인터페이스에서 메인프레임 인터페이스를 그대로 되풀이할 것이다. 이와 비슷하게, 팀에 인터랙션 디자이너나 업무 수행 디자이너가 없다면, 비전을 도출해낸 결과는 그리 강력하지 않을 것이다. 디자인 팀에 모든 디자인 재료와 조직의 여러 기능을 대표하는 다양한 배경을 가진 사람들을 포함시키기를 권장하는 것은 이 때문이다. 그럴 때에만 비즈니스에 적합한 혁신적인 디자인이 나오는 것이다.

비전 도출 방법 검토하기

비전 도출 프로세스에는 세 가지 주요 단계가 있다. 첫째, 플립 차트 페이지에 개별 비전을 3-4개 생성한다. 각각 대략 30분 정도 걸린다. 둘째, 개별 비전을 평가하고 가가에 대해 잘 되는 것과 그렇지 않은 것을 정의한다. 이 두 단계는 정의된 핵심 이슈를 팀에서 다루었다고 생각될 때까지 계속된다. 마지막으로 개별적으로 도출한 비전에서 장점을 취하고, 단점을 개선하여, 팀의 업무를 이끌 최종적으로 정리된 비전을 도출해 낸다. 업무 범위에 따라 비전 도출은 하루에서 이틀 정도 걸릴 수 있다.

다른 컨텍스추얼 디자인 회의와 마찬가지로 비전 세션에도 시작하기 전에 참

---

1 (옮긴이) WYSIWYG interface - What you see is what you get의 줄임말로 직관적으로 인터랙션되는 인터페이스를 일컫는 말

가자들에게 주지시켜야 할 프로세스와 역할, 기본수칙 등이 있다.

비전 도출 프로세스 소개하기

비전 도출 방법 설명하기 팀에게 비전 도출이 모두 참여하는 그룹 스토리텔링 프로세스(group storytelling process)임을 설명한다. 이것은 마치 어릴 때 경험한 귀신 이야기와도 비슷하다. 한 사람이 이야기를 시작하면 다른 사람이 거기에 덧붙여서 이어가고, 마치지 않은 채 계속된다. 이것은 우리가 인터뷰한 사용자들의 스토리로, 사용자들은 우리가 개발하려는 새로운 테크놀러지와 프로세스로 직무를 수행하는 사람들이다.

개발된 핵심 아이디어나 조사된 직무의 주안점에서 스토리를 발전시킨다면, 누구의 아이디어든지 환영 받을 것이다. 비전에는 수작업 프로세스와 기술적인 양상이 포함된다. 여기에는 UI 콘셉트와 휴먼 인터페이스도 포함된다. 또한 자동화된 기능과 단순한 걷기, 읽기, 이야기하기도 있다. 이것은 전체 업무 수행 방식 또는 일상 활동의 스토리로, 테크놀러지를 도입하면서 영향을 받게 된다.

스토리의 관점 설명하기 비전은 시스템이나 제품이 아닌 사용자의 관점에서 나온 스토리다. "나는 누구인가?"와 "나는 무엇을 하고 있는가?"라는 질문을 해가며 비전을 도출해 내어 이런 사용자 관점을 고무한다.

세부 사항의 수준 설명하기 비전은 추상적인 수준이므로 세부 사항을 다 설명해 주지는 않는다. 하지만 추상적인 수준이 '애매하다'는 의미는 아니다. 비전은 시퀀스 모델에서 직무에 근거하여 사용자 스토리의 특정한 부분을 설명하지만, 세부적인 UI 또는 근본적인 개발 방법 등을 다루지는 않는다. 비전은 사용자가 무엇을 보고 하는지, 그리고 시스템의 기능적인 수준에서 무엇을 모니터하고 자동화하는지에 집중한다.

비전을 도출하는 과정이 반복됨을 설명하기 여러분은 몇 가지 비전을 도출해낼 것이고, 각각을 완성시키는 데는 대략 20분에서 30분 정도 걸릴 것이다. 3-4가지 정도 마친 다음에는 그것들을 평가하는데, 잘 된 부분과 그렇지 않은 부분들을 정의한다. 평가는 비전을 도출하는 도중이 아니라 끝낸 다음에 한다.

조언-비전 도출의 스토리는 영화를 만드는 것과 비슷한 느낌을 준다. 마치 영화처럼, 생각과 행동을 가진 캐릭터들이 있다. 비전 도출에서 그들을 드러낸다. 단선적인 스토리가 아니어도 되며 과거 회상(flashbacks)과 미래 예측(flash forwards)도 있을 수 있다.

그림 11-1은 전체 프로세스를 보여 준다. 단순한 UI는 다양한 조건 하에 이용할 수 있는 기능들을 보여 주며, 명시적인 세부 UI 디자인이 아니라는 점에 주목하자. 다양한 기능은 프로세스 내에 있는 다양한 특성들과 연관되어 있다. 자동화된 기능과 그것으로 관리하는 내용은 함께 그려져 있다.

그림 11-2는 사용자 인터페이스에 선호 영역이 있음을 설명하지만, 이것들은 레이아웃을 보여주지는 못하고 단지 일련의 기능 집합만 보여 준다. 또한 업무 집단 내에서 사용자의 프로세스와 기분이 좋거나 나쁠 때 어떤 일이 일어나는지 보여 준다.

그림 11-1 아프로포스의 콜 센터 규칙에 대한 비전은 프로세스가 작동하는 방식과 UI 기능을 보여 준다.

그림 11-2 아프로포스의 웹 비전은 UI에 대한 고민 없이, 필요한 기능을 어떻게 표현하는지를 보여 주는 사례다.

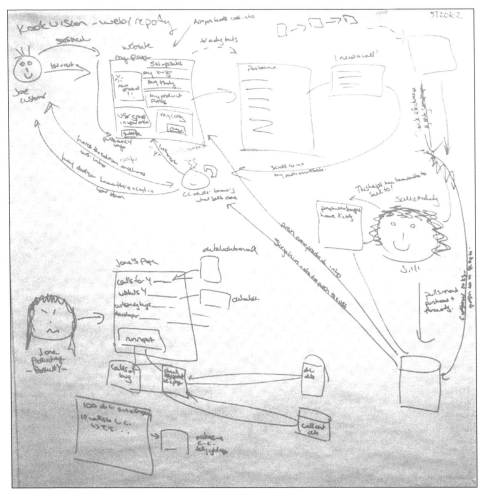

역할 소개하기

펜 팀의 나머지 구성원들이 스토리를 이야기하는 동안 비전 그림(vision drawing)을 그리는 사람이다(비전 그림의 예는 그림 11-4 참조). 펜(the pen)은 팀을 위해서 서비스하는 사람으로, 이 역할을 담당하는 사람은 스토리에 기여할 수 없다. 펜은 내용을 분명하게 만들기 위해 질문할 수 있고, 한두 가지 디자인 콘셉트를 제시할 수도 있다. 하지만 펜은 중심인물로서 스토리를 이야기할 수는 없다. 어떤 사람이 주요 아이디어를 강력하게 감지해서 스토리에 참여하기를 원한다면, 그 사람은 펜 역할을 포기해야 한다. 비전 도출 프로세스를 안다면 외부 참여자도 펜의 역할을 맡을 수 있다.

펜에게는 두 가지 역할이 있다. 사람들이 이야기하도록 격려하고, 아이디어가 개발되는 동안 그것을 비전에 맞추는 것이다. 즉, 펜은 스토리에서 전개되는 아이디어를 듣고, 중요한 흐름에서 너무 벗어난 아이디어는 다른 비전을 위해 대기시킨다. 아이디어가 팀이 진행 중인 스토리 전개와 충돌하면, 펜은 그것을 핵심 아이디어 리스트에 추가한다. 이렇게 해서 스토리 전개에 일관성을 유지하고, 팀 구성원들에게도 자신의 아이디어가 수용되었으며 나중에 다루어질 것이라는 느낌을 준다.

펜은 또한 누군가 흐름을 따라갈 시간이 필요하다면 사람들에게 기다려 주기를 요청하고, 아이디어를 제공하려는 사람에게 기회를 준다. 또한 대체로 모든 이의 아이디어가 반영되었는지 확인하여, 대화의 속도를 조절한다. 그렇다고 해서 펜이 아이디어의 문지기와 같은 역할은 아니다. 만일 펜이 빨리 그림을 그리고 모든 구성원의 아이디어를 담아내지 못하면 팀의 노력과 스토리의 흐름에 저해될 것이다.

그림 11-3은 완전한 업무 흐름(work flow)을 보여 준다. 전체 프로세스를 지원하려면 시스템이 무엇을 해야 하는지 밝혀내고자, 전화 통화 같은 프로세스 단계들이 포함되었다. 또한 다양한 역할을 담당하는 여러 사람 사이에 일어나는 커뮤니케이션을 조사했으며 여러 장비(컴퓨터와 소형 기기들) 또한 포함했다.

그림 11-3 웹상에서 B2B 구매에 대한 비전. UI는 사용자의 전체 업무 흐름이라는 컨텍스트에서 비전이 도출되었다.

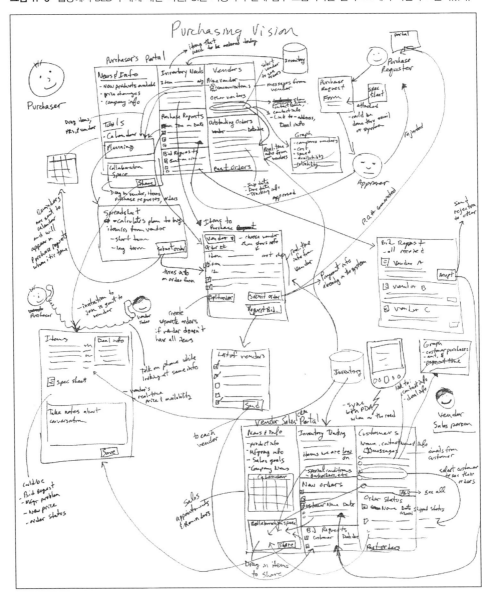

포커 팀의 누구라도 포커(the poker)가 될 수 있다. 포커는 비전 도출에 참여하지만, 팀이 이야기하고자 하는 이슈에도 주의를 기울인다. 팀이 스토리텔링에서 안정적인 상태에 이르면 포커는 팀이 아직 다루지 않은 이슈를 상기시킨다. 그럼으로써 추가 스토리텔링이 나오도록 자극하고 더 완성도 있는 솔루션으로 이끈다.

조정할 때 포커의 역할은 사람들이 규칙을 잘 따랐는지 확인하는 것이다. 규칙은 모두 의견을 반영할 기회를 갖고, 누구 한 사람이 스토리를 지배하지 않는 것이다.

참여자 펜을 제외하고 팀 전체가 비전을 도출해내는 대화에 참여한다.

규칙 설명하기

- 첫 번째 비전을 도출하는 동안, 아이디어에 대해 좋거나 나쁘다는 식의 평가는 하지 않는다. 평가 시간은 나중에 따로 둔다.
- 아이디어는 누구의 소유가 되지 않는다. 그룹의 비전을 다듬어가는 데 모두 참여한다.
- 팀 구성원들끼리가 아니라 (비전을 그리는) 펜에게 이야기한다. 여러분은 플립 차트에 있는 내용으로 작업 중이고 플립 차트에 없는 내용은 디자인에 포함되지 않을 것이다.
- 디자인 솔루션과 사용자 행동을 제안하고, 이런저런 이슈에 대해 어떻게 하기를 원하는지 팀원들에게 질문하지 말자. 비전 도출은 토론하는 시간이 아니며, 다 함께 미래에 어떻게 될지에 대해서 구체적인 스토리를 만드는 시간이다.

그림 11-4 비전의 구성 요소들을 그리는 방법의 예

비전을 그리는 방법

펜을 맡기 위해 그림 실력이 뛰어날 필요는 없다. 비전은 대략적이고 추상적인 수준으로 스케치하여 팀이 이야기하는 스토리를 따라 그린다. 스토리를 표현하는 방법에 대한 몇 가지 아이디어를 소개한다.

사람을 그릴 때는 막대기 형태나 간단하게 얼굴로 표현

다양한 역할을 모자로 표현

움직임을 표시하는 화살표

필요한 경우 화면이나 장비 스케치

세부 UI나 장치는 부분 확대

프로세스 흐름을 그려서 화면 뒤의 행동 표현

말풍선으로 생각 또는 대화 표시

이슈와 핵심 아이디어 리뷰하기

이슈와 핵심 아이디어를 리뷰하는 의도는 여러분의 두뇌가 비전을 도출하도록 준비시키는 것이다. 시작하기 전에 다음 사항들을 확실히 해야 한다.

- 어피니티와 시퀀스 워킹에서 도출한 이슈를 목록으로 만들거나 검토한다. 이렇게 함으로써 어떻게 디자인해야 할지 혹은, 개선해야 할 문제가 무엇인지 알 수 있다.
- 핵심 디자인 아이디어 목록을 만들거나 검토한다. 이 목록은 팀이 데이터 워킹을 하는 동안 산출된 핵심 디자인 아이디어에서 나온 것이다. 이것을 비전을 도출하는 시작 지점으로 삼는다.
- 선택적으로, 여러분이 이용할 수 있는 테크놀러지의 목록을 만든다. 이 단계에서 팀이 발명하는 데 이용 가능한 테크놀러지를 상기하게 되므로 매우 유용할 수 있다. 만약 누군가가 어떤 테크놀러지를 이해하지 못하면 설명해 주거나 시연해 준다. 사람들은 자기가 아는 범위에서만 디자인할 수 있으므로, 팀 구성원이 모두 프로젝트에서 전제하는 테크놀러지를 이해하고 있는지 확인해야 한다.

비전의 제한 요소 정의하기

비전을 도출하기 전에, 팀은 비전의 제한 요소(parameter)들을 이해할 필요가 있다. 여기서 가장 중요한 것은 테크놀러지, 비즈니스, 시간 제한이다.

만약 테크놀러지 플랫폼이 선택되었다면, 팀은 그것으로 무엇을 할 수 있고, 또 할 수 없는지 알아야 한다. 비전을 도출에 대해 논의하기 전에 먼저 엔지니어에게 테크놀러지 플랫폼을 설명해 달라고 요청하여 이런 사항을 관리한다. 팀 구성원들도 질문을 해서 상상할 수 있는 것과 없는 것이 무엇인지 이해한다.

비즈니스 제한은 다양한 형태로 나타날 수 있다. 제품을 디자인하든, 내부 시스템을 디자인하든 팀은 비즈니스 목표를 이해해야 한다. 또한 비즈니스 측면에서 기대되는 시스템의 가치를 이해해야 한다. 만약 ERP(Enterprise Resource Planning) 시스템 또는 내부 비즈니스 시스템이라면, 팀은 그들이 고려해야 하는 프로세스 리엔지니어링 예측이나 앞으로 다가올 비즈니스 변화를 이해해야 한다. 또한 비전을 도출하기 전에 비즈니스 또는 마케팅 관계자에게 비즈니스 목표와 기대 효과를 설명해 달라고 요청한다. 여러분이 얼마나 광범위하게 비전을 도출할 수 있는지 이해하려면 이런 결정들이 어떻게 확정되는지를 명확하게 한다.

시간, 즉 결과물이 출시되기까지 일정(time frame)은 팀에서 가장 자주 염려하는 제한 요소다. 시간에 과도하게 집중하면 팀이 비전을 좁은 범위에서 도출할 위험이 있고, 이렇게 되면 서로 다른 부분들이 전체 솔루션에 어떻게 들어맞는지를 잘 볼 수가 없다. 또한 광범위한 비전은 부분으로 나눠져서 개별적으로 개발될 수 있음을 기억하자. 하지만 한꺼번에 비전을 도출한다면 개별 출시분이 사용자 중심으로 디자인될 가능성도 크며, 특히 합리적인 출시 일정을 계획하는 경우에 더욱 그러하다.

우리는 일반적으로 다음과 같이 하기를 권한다.

- 평균적인 개발 팀이라면, 현재의 개발 기술만을 이용하고 3년에서 5년 안에 출시 가능한 비전을 고안한다.
- 수준 있는 리서치 팀이라면, 5년 안에 충분히 개발될 기술을 이용하여 5년에서 10년의 기간으로 비전을 도출한다.
- 1년 안에 결과물을 출시하려고 하지만 더 큰 그림으로 개발하기를 원하는 팀이라면, 현재의 개발 기술만 이용하고 3년에서 5년 안에 출시 가능한 비전을 고안한다. 하지만 그런 다음 잠시 물러나 그 장기간의 비전에 근거한 1년짜리 비전을 도출한다. 즉 단기간의 비전에서 시작하지 말자.
- 다음번 릴리스에서 수정할 가장 중요한 것들만 정의하기를 원하는 팀이라면, 아예 비전을 도출하지 마라. 사용자에게 가치 있는 순서로, 가장 중요

하고 핵심적인 수정 사항을 목록으로 만든다. 그런 다음 이들 중 무엇이 실행하기에 쉽거나 어려운지 정의하고자 개발 부서와 작업한다. 그리고 사용자 요구와 기술적인 노력의 정도에서 균형을 맞춰 최종 목록을 작성한다.

- XP를 사용하는 팀이라면, 현재의 개발 기술만 이용하고 2년 안에 출시 가능한 비전을 고안한다. 그런 다음 비전을 연관된 기능 단위로 나눠서 업무에 가장 중심적인 단위에서 시작한다. 그 다음 작업을 이끄는 데 비전을 이용하고, 여러분이 지속적으로 받는 사용자 피드백에 근거하여 우선순위를 바꾼다.

보통 첫 번째 릴리스를 규정하는 합리적인 계획이 없다고 생각되면 팀은 오히려 비전 도출을 폭넓게 할 수 없다. 단기 혹은 장기 방향에 있어 비전과 그것을 도출하는 프로세스가 어떻게 이용될 수 있는지 설명해 주자. 엄격하게 제한된 비전은 삼가자. 그런 비전은 대개 사용자에게 잘 적용되지 않는다. 사용자의 업무를 전체로 그리지 않았기 때문이다. 팀이 더 폭넓게 비전을 도출하도록 하고, 그런 뒤 다음 릴리스의 최종 비전을 형성한다. 이런 방식으로 여러분은 장기와 단기 방향에서 모두 최선의 결과를 얻을 수 있다.

비전을 도출하는 과정 자체가 빠르기 때문에, 이 작업은 기능적인 그룹들 및 궁극적인 솔루션에서 결정권이 있는 사람들이 공유된 이해를 형성하는 동안 래피드 CD 프로세스를 추진시킨다.

첫 번째 비전을 위한 핵심 아이디어 선택하기

어피니티와 모델을 검토한 다음 핵심 아이디어 목록을 만들었다면, 여러분에게는 이미 목록이 있을 것이다. 만약 없다면 첫 단계는 목록을 작성하는 것이다(10장 참조).

핵심 아이디어는 마치 브레인스토밍하듯이 목록으로 만들었기 때문에, 일부는 겹쳐 있을 수도 있고, 또는 작은 아이디어 몇 개가 큰 아이디어 하나로 결합될 수도 있다. 잠시 시간을 두어 목록을 정리하고 핵심 아이디어를 큰 그룹으로 구분한다. 그럼으로써 팀은 또한 작은 아이디어를 결합해 더 체계적인 아이디어로 만드는 것을 알게 된다.

 사례 – 이초크

이초크의 핵심 아이디어 목록은 크고 작은 핵심 아이디어를 30개 이상 확보하는 데서 시작했다. 매우 흥미로운 동시에 약간 부담스럽기도 한 작업이었다. 몇 가지 경우에서 하나의 큰 아이디어로 결합되는 관련 아이디어들이 있었다.

예를 들면, 이 목록에서 첫 번째 아이디어인 가상 교실(virtual classroom)은 핵심 아이디어다. 다른 아이디어들은 이와 같은 큰 아이디어에서 확장된 것이다.

아이디어: 가상 교실 - 수업과 관련된 모든 것이 온라인으로 표현된다.

아이디어: 학생들을 대상으로 한 성적 트래커(bug tracker) - 한 해 동안 학생의 성적 발달을 계속 추적하고, 이 데이터를 성적 보고서를 내는 데 이용한다.

아이디어: 학생 파일(student files) - 한 교육구에서 학교를 옮길 때 학생들의 정보를 축적할 수 있는 영역이다.

아이디어: 학생과 관련된 모든 커뮤니케이션을 중심적으로 축적한다(예를 들면 현장 학습 서식, 학생 작업 등).

아이디어: 이초크 펜팔.

대략 10분 후에 이초크는 작은 아이디어를 모두 대표하는 더 큰 아이디어 5개로 핵심 아이디어 목록을 통합했다.

아이디어: 가상의 지원 담당자

아이디어: 마이 이초크(my eChalk)

아이디어: 학교 쇼케이스(school showcase)

아이디어: 온라인 교실

아이디어: 서식 순환(forms life cycle)

5개, 10개, 20개 또는 더 많은 핵심 아이디어가 있더라도 어디서부터 시작할지를 결정하는 빠른 방법이 필요하다. 여기에 대해서는 논쟁하기보다는, 그냥 투표로 정하기를 권한다.

사실 어디서 시작하는지는 그리 중요하지 않은데, 어차피 비전을 하나 이상 도출하게 되기 때문이다. 더 중요한 것은, 모든 비전은 이야기가 펼쳐지듯 다양한 핵심 아이디어의 양상에서 자연스럽게 나온다는 점이다. 그러므로 첫 번째 아이디어를 정의할 때 재미있는 방법들을 시도해 보기 바란다.

다음은 우리가 대체로 가장 자주 이용하는 방법이다. 5분 정도밖에 걸리지 않으며, 팀에게 에너지를 주고 활기차게 만든다.

1. 팀에게 비전을 도출하려는 핵심 아이디어를 투표할 것이라고 설명한다.
2. 포스트잇 깃발 하나가 한 표임을 설명한다.
3. 팀원마다 포스트잇 깃발을 동일하게 나눠 준다. 6개씩이 적당하다.
4. 각 구성원은 원하는 방식으로 투표한다. 6개 아이디어에 하나씩 투표하거나, 6표를 한 아이디어에 다 주는 식으로 다양하게 표를 분산시킬 수 있다.
5. 모든 사람을 핵심 아이디어가 적힌 플립 차트 앞에 세우고, 한 명도 빠짐없이 투표가 어떻게 되는지 보도록 기다려야 한다고 알린다.
6. 팀이 투표를 다 하도록 충분한 시간을 준다. 하지만 너무 길어지진 않도록 한다. 3, 4분 정도가 지나면 2분만 더 주고 투표를 마친다.
7. 가장 투표수가 많은 아이디어에서 시작한다.
8. 또한 평범하게 박수라든가 '환호하는' 등의 방법으로도, 간단하게 투표할 수 있다. 가장 환호가 많은 아이디어가 승리한다. 어쨌든 목표는 논쟁을 없애고 그저 시작하는 것이니까!

비전 도출 세션 진행하기

펜은 플립 차트 앞으로 가서 핵심 아이디어의 제목을 라벨에 적어 붙인다. 그런 다음 펜은 "나는 누구이고 뭘 하고 있나요?"라고 질문한다. 일단 팀원들이 아이디어를 제공하기 시작하면 여러분은 첫 번째 비전으로 들어간 것이다. 모든 사람이 참여하고 있는지 잘 보고, 아이디어가 종이에 기록되는지 확인하고, 다룰 영역을 상기시키는 포커의 말에 귀 기울인다('팀 관리하기' 박스를 보자).

팀 관리하기

다음은 비전 도출 프로세스에서 참여자들이 부딪칠 수 있는 문제들이다.

비전에 대한 걱정 어떤 사람들은 아이디어가 그려지는 것을 그리 편하게 지켜보지 못하기도 한다. 그들은 모든 결점을 뜯어보거나 아이디어를 어떻게 실행할지 고민하고 있을 것이다. 그들에게 아무것도 확정되지 않았음을 상기시켜주자. 지금은 그냥 플립 차트 페이지일 뿐이다. 아이디어가 잘 전개될지는 나중에 평가하고 필요하면 바꿀 것이다.

대화에 불참 모든 이가 참여하고 의견이 수용된다고 느끼는지 확인하라. 일부 사람이 말하지 않는 이유는 전체 수가 많기 때문일 수도 있다. 비전 도출은 10명이 넘으면 진행이 어려워진다. 필요하다면 작은 그룹으로 나눈다.

너무 경직된 비전 도출 일부 사람들 또는 심지어 팀 전체가 이 시간에 참여해 창의적으로 생각하는 것 자체를 어려워할 수도 있다. 사람들의 부담을 줄이기 위해서 미리 가벼운 휴식 시간을 갖고, 그냥 편하게 서서 비전 도출을 하면서 대체로 몸을 움직이게끔 만든다. 폭넓게 생각하면 더 혁신적인 제품이 나올 것이며 평가는 나중에 한다는 점을 일깨워 준다. 또는, 비전 도출 세션을 시작하고 폭넓게 진행하고자 다듬어지지 않은 디자인 아이디어를 제시해 보자. 경직된 분위기를 풀고 나면 사람들은 전보다 더 광범위한 내용을 접해도 좀 더 안정될 것이다.

세심한 그룹 어떤 사람들은 매우 세심해서 모든 세부 조각을 다 맞춰야만 다음으로 나갈 수가 있다. 그룹 전체가 이런 상황일 때는 시간 때문에 사람들에게 더 빨리 하라고 강요하지 말자. 이런 팀은 아이디어에 계속 집중할 수 있다면 시간이 걸리는 것에

는 상관하지 않는다.

스타일이 혼합된 그룹 일부 구성원들만 세부 사항에 집중하고 다른 사람들은 세부 사항을 빼고 개방적으로 상상하기를 원한다면, 각각 비전을 도출하는 데 기여할 수 있는 점을 긍정적으로 생각하라고 말해 준다. 개방적으로 상상하는 쪽은 방향을 설정하고, 세부에 집중하는 사람들은 지나치게 상세하지는 않은 수준에서 세부 사항의 첫 번째 레이어를 채우도록 한다.

누군가 제시한 선택 사항을 별도의 아이디어로 취급하는 편이 더 나을 때는 주의 깊게 듣는다. 개별 아이디어에는 핵심 주제가 있고, 여러분은 그것을 명확하게 진술할 수 있어야 한다. 만약 선택 사항이 같은 주제를 확장할 뿐이라면, 그냥 통합한다. 만약 그것이 새로운 주제를 제시하거나 현재 주제를 유의미하게 수정한다면, 새로운 아이디어로 다룬다. 그런 뒤 사람들에게 그 아이디어를 나중에 정리할 것이라고 말한다. 아이디어 하나로 너무 시간을 오래 끌지 말자.

첫 번째 비전이 끝나면 두 번째로 넘어간다. 팀이 언제 한 아이디어 정리를 마치는지 잘 듣자. 그리고 다음 아이디어로 빨리 넘어간다. 각 비전에 20분에서 30분을 넘지 않도록 한다.

고객 업무에서 새로운 영역, 즉 매우 다른 종류의 기술을 사용하거나 이전과 다른 수위의 위험을 허용하는 등의 영역을 포괄하고자 다음 아이디어를 선택한다. 각 아이디어를 별도의 종이에 적는다.

큰 그룹일 경우, 비전 도출 세션을 동시에 진행하거나 같이 시작한 뒤 나눠질 수도 있다.

평가하기 전에 적어도 2가지 비전을 도출한다. 3,4가지라면 더 좋다. 하지만 이것 역시 프로젝트의 범위에 따라 다르다. 여기서 목표는 디자인을 통해 지원하려는 업무 수행(work practice)과 가장 흥미롭고 큰 핵심 아이디어를 다루는 것이다. 비전을 도출하는 과정을 진행할 때 유용한 조언은 표 11-1을 보자.

표 11-1 비전 세션을 생산적으로 진행하기 위한 조언

비전 도출 프로세스에서 할 일과 피할 일	
피할 일	**할 일**
비전 하나에 여러 페이지를 쓴다.	비전에 대해 플립 차트 한 페이지만 사용한다. 여러 페이지에 걸치게 되면 대개 비전에서 일관된 직무나 관점을 하나 이상 설명하고 있다는 표시다. 집중된 주제로 새로운 페이지를 시작한다.
일반론으로 이야기한다.	사용자가 누구이며 무엇을 하고, 말하고, 생각하고, 보는지 특정하게 이야기한다.
시스템이나 UI에 과도하게 집중한다.	데이터베이스, 프로세서, 웹서버, 기타 배경에서 작동하는 것들을 인정하되, 그 실행을 다루지는 말자. UI 화면이나 장비를 대충 스케치하여 사용자가 거기서 무엇을 하는지 표현한다. 버튼이나 내비게이션에는 신경 쓰지 말자.
이것이 최종 디자인이 된다는 생각으로 제한된 느낌을 받는다.	여러 가지 비전을 생성하고 그것들을 평가한다. 실행하기에 너무 어려울 가능성을 생각해 본다. 다음에 평가 단계가 있으며, 일단 비전 도출이 되면 다시 살펴볼 수 있음을 기억한다.
비전 도출에서 너무 일찍 제한을 두거나 범위를 좁힌다.	프로젝트 포커스의 제한 내에서 가능하면 광범위하게 비전을 도출한다. 그런 다음 가능성이 보이면 자원, 스케줄, 기술적인 제한 등을 고려하여 평가해 본다.
모든 세부 사항을 다루려고 한다.	세부 사항을 다루는 것은 스토리보드를 만들 때까지 기다린다.
펜이 아니라 서로에게 이야기하거나 잡담을 한다.	아이디어를 모든 이와 공유한다. 잡담은 집중력을 분산시키므로, 여러분의 아이디어가 포착되지 않을 것이다. 서로 비전에 대해 토론하고 그것이 어떻게 작동하는지 질문하는 것이 아니라, 펜에게 그런 스토리를 이야기하는 것이다.
깨끗하고 완벽하게 그리려고 신경 쓴다.	깨끗한 정리에 크게 고민하지 말자. 비전 도출은 더 통합된 스토리를 생성하는 것이다. 따라서 대략적인 브레인스토밍과 비슷하게 빠른 시간에 끝낼 수 있다. 깔끔하게 정리하려고 하면 스토리텔링이 느려지고 스토리 구조도 파괴된다.

주의-유능한 펜을 확보하는 것은 비전 도출 세션을 성공적으로 이끄는 데 필수다. 이 사람은 잘 듣고, 또 많이 걸러 내거나 설명할 필요 없이 아이디어를 빨리 종합할 수 있어야 한다. 펜이 느리면 모임은 지루해진다. 사람들이 자기 아이디어가 잘 기록된다고 느끼지 못한다면, 결국 실망할 것이다. 이럴 때는 펜을 바꿔서 세션을 속도 있게 이끈다.

사례 – 이초크

이초크의 온라인 교실 비전은 교실에서 행할 핵심 직무에 대한 아이디어에 근거하며, 하나의 웹 애플리케이션에서 이용할 수 있어야 한다. 이러한 핵심 직무에는 학급 활동 일정, 과제물 작성, 학부모에게서 허가 받기, 학생 행동에 대해 학부모와 커뮤니케이션하기, 출석 확인 등이 있다(324쪽의 그림 11-5 참조). 이것들은 이초크에서 수집하고 정리한 시퀀스에서 비롯된 활동들이다.

처음에는 비전이 단선적으로 보일 수 있지만, 사실 그것은 한 해 동안 일어나는 활동을 반영하며 어떤 순서로든 일어날 수 있다. 업무의 스토리는 여러 사람과 연관되므로, 역할을 수행하는 개인은 아이덴티티 라벨을 붙이고 작은 머리를 그려서 표시한다.

생각이나 대화와 같은 프로세스 단계는 머리 옆의 말풍선으로 표시된다. 화면이나 웹 페이지는 그냥 사각형으로 보여 주는데, 안에 내용이 들어 있다. 이 지점에서는 실제 UI가 어떤지는 신경 쓰지 않는다. 체크박스로 할지 리스트 박스로 할지 혹은, 버튼의 형태 등은, 해당 스토리에서 업무를 지원하려면 어떤 기능이 필요한지를 표현하는 것과는 관계없다. 사용자가 뭔가를 체크하거나 버튼을 클릭하는 등의 행동을 취하면, 그것을 화면 그림에 표시한다.

정보를 저장하고 화면을 위치시키는 이면의 시스템은 데이터베이스나 캔 모양으로 표시된다. 시스템이 하는 일은 매우 추상적인 수준으로 표현되며, 때때로 그냥 데이터베이스 이름만 쓰거나 다른 경우에는 단어 몇 자 또는 글머리 기호로 나타낸다. 비전은 여러 시스템이나 데이터베이스가 필요하리라는 것까지

그림 11-5 이초크의 가상 교실 비전은 새로운 업무 수행 방식을 추상적인 관점으로 보여 준다. 세부 사항들은 스토리보드 작업에서 다룬다.

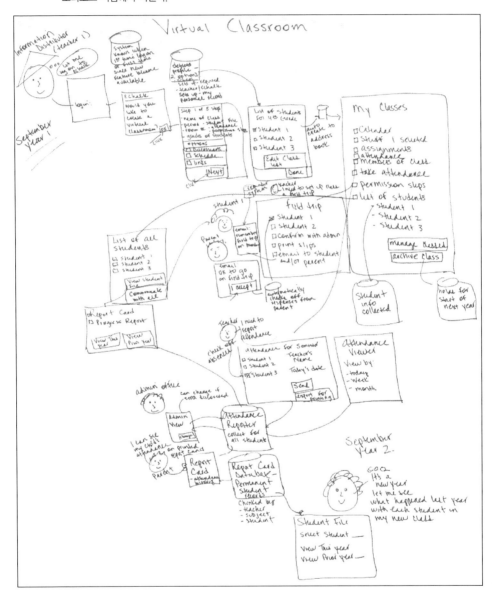

암시하지는 않는다. 이것은 그저 이런 상황에서 사용자의 행동에 반응하려면 다양한 화면에서 어떤 일이 일어나야 하는지를 표시하는 방법일 뿐이다.

비전 평가하기

평가하는 목적은 비전에서 잘 되는 것을 구분하고 그렇지 않은 것을 극복하려는 것이다. 평가는 몇 가지 충돌하는 비전 가운데서 선택하는 것이 아니다. 각각 비전 페이지에는 팀이 유지하려는 프로세스, 기능, 디자인 구성 요소가 있다. 이 그림을 한 덩어리로 간주하면 사람들은 그 전체를 그대로 실행해야 한다고 생각하게 된다.

그러나 좋은 디자인은 발명이며, 재결합이고, 부분들의 반복으로, 이 반복은 사회기술적인 시스템 안에서 사용자, 테크놀러지, 비즈니스의 요구에 부합할 때까지 계속된다. 비전을 평가함으로써 팀은 그러한 부분들을 주시하여 창의적으로 재디자인하도록 고무되고, 작동하지 않는 측면이 있다는 이유로 어떤 비전을 거부하지 않게 된다.

'장점과 단점(pluses and minuses)'은 팀이 한 걸음 물러서서 아이디어를 비판적으로 다시 검토할 수 있는 비공식적인 방법이다. 비판하면서 어떤 것을 취하고 어떤 것을 버릴지, 또한 잘 되지 않는 것은 어떻게 바꿀지를 알고 그 작업을 실행할 것이다.

장점과 단점은 이슈를 제기하고 의견 일치로 향하는, 빠른 집단 프로세스다. 이런 프로세스가 우선순위를 결정하는 기나긴 회의보다 훨씬 낫다. 비전을 도출한 팀과 함께 첫 번째 장소에서 장점과 단점을 작업하자. 시기는 비전 도출 세션을 마친 직후에 한다.

평가 세션은 두 가지에서 네 가지 비전을 다룬다. 일단 비전을 생성한 후에는 개별적으로 평가하지 말자. 여러 가지를 한꺼번에 평가한다.

팀은 개별 비전들을 검토한 다음 함께 모든 비전의 긍정적인 특징(장점)을 목록으로 작성하고 부정적인 특징(단점)에 대해서도 그렇게 한다. 단점 이전에 장점을 듣는 것은 팀이 그저 개인적으로 싫어하는 부분에 반응하는 것이 아니라, 비전 자체를 잘 볼 수 있도록 한다. 비전의 가치가 손상되는 것이 아님을 확인시켜 주는 것이다.

팀은 단점 목록을 작성하면서 이런 문제를 극복할 디자인 아이디어를 생각해야 한다. 그런 다음 팀 구성원들은 자신의 디자인 아이디어를 포스트잇에 써서 평가가 끝날 때쯤 비전에 아이디어를 붙인다.

비전을 만들기 위해 그룹을 하나 이상으로 분리했다면, 다 같이 모여 새로운 비전을 모두 공유할 필요가 있다. 이와 같은 공유 시간은 비전을 평가하기 직전에 가질 수 있다.

장점은 잘 작동하는 디자인의 양상을 표현한다. 장점이란 다음과 같다.

- 수집된 데이터에서 드러난 사용자의 업무를 지원한다.
- 디자인을 기술적으로 실행할 수 있다.
- 영업 잠재력이 높다 - 영업 부서에 구매 결정자를 자극하는 좋은 제안이 될 것이다.
- 이 디자인은 우리 조직 안에서 실행이 가능하다 - 조직은 그것을 완성하는 데 협력하거나 프로세스를 관리할 수 있을 것이다.
- 조직의 임무를 지원한다.

단점은 장점의 반대다. 하지만 여기에 유실된 이슈, 역할, 또는 상황은 포함시키지 않는다. 비전은 그 비전이 설명하려는 것으로만 평가될 수 있고, 설명하지 않는 결함으로 평가될 수는 없다. 단점이란 다음과 같다.

- 이 디자인은 업무를 지원하지 않는다.
- 기술적으로 실행할 수 없다.
- 이 디자인은 영업 잠재력이 낮다.
- 우리 조직의 임무와 일치하지 않는다.

- 이 비전이 성공하려면 조직 차원의 정치 활동이나 새로운 프로세스가 너무 많이 필요하다.

때때로 사람들은 비전에 대해서 어떻게 느끼는지에 극단적인 태도를 취한다. 즉, 좋아하거나 싫어하거나 둘 중 하나다. 누군가 어떤 비전을 좋아하면 적어도 세 가지 단점을 이야기해 주길 요청한다. 마찬가지로 싫어한다면, 적어도 세 가지 장점을 말해야 한다.

사례 – 이초크

다음은 이초크 팀이 온라인 교실 비전에 대해 정의한 몇 가지 장점과 단점이다.

장점

- 학생의 성적 진척을 공유함
- 수업과 학생별 정보를 정리함
- 데이터에 대한 다양한 관점을 보유함
- 교사 홈페이지에 링크함
- 교사가 다양한 정보를 분배하게 함
- 교사가 이 모든 것을 하도록 함 - 업무 수행 방식이 지원됨
- 학부모에게 정보 전달함
- 교사에게 정보 관리에 대한 통제권을 부여함
- 교사에게 권한을 부여하고 더 많은 통제권을 제공함 - 업무 현장의 평준화

단점

- 이것이 실제로 시간 절약인가, 아니면 업무의 증가인가?
- 학교 행정에서 수용되어야만 가능함
- 학생 정보에 너무 접근하기 쉽다는 우려는 없는가?
- 학부모 및 테크놀러지에 익숙하지 않은 학생들과 커뮤니케이션하려면 여전히 온라인 이외의 방법이 필요함

하나의 정리된 비전 생성하기

여러 가지 비전을 형성하고 공유하는 작업을 마치면, 팀은 추상적이고 일반화된 수준의 정리된 비전을 하나 생성해야 한다. 정리된 비전은 여러 가지 비전을 결합하여 부정적인 면을 제거하고 긍정적인 면을 강화한 것이다. 여기서는 모든 핵심 구성 요소를 제시하여 한 페이지 분량으로 하나의 비전을 형성하며, 따라서 팀은 디자인 작업에 대해 분명한 포커스를 확보하게 된다.

정리된 비전을 생성하려면 다음 사항들을 고려해야 한다.

- 만약 여러 비전이 서로 충돌하지 않는다면, 각각에서 필요한 부분들을 결합하여 새로운 비전을 그린다.

- 만약 비전이 실제로 프로세스에서 다양한 케이스에 적용된다면, 전체 업무 흐름과 핵심 콘셉트를 추상화하여 그것들을 한 페이지에 표현한다. 백업용으로 여분의 페이지도 마련한다.

- 비전은 각각 서로 다른 비즈니스 전제 혹은 테크놀러지 플랫폼에서 작동되기 때문에 여러 비전이 충돌한다면, 운영할 테크놀러지나 비즈니스 전제부터 합의한다. 그런 다음 각 비전에, 합의한 전제 내에서 작동할 수 있는 부분들을 둘러본다. 선택된 전제에 맞추기 위해, 충돌하는 비전에서 얼마나 많은 요소가 빨리 재개념화될 수 있는지에 놀랄 것이다. 그 다음에 새로운 방향을 대표하는 한 그림을 그리면 된다.

- 비전에서 실행 가능한 부분을 판단하기 전에 기술적인 조사가 필요한 것이 있다면, 그것을 기록하고 기술 담당 팀이 조사를 시작한다. 이때 그렇지 않다고 알려지기 전까지는 해당 기술이 안정적이라고 가정하고 디자인한다. 동일한 의도를 달성하는 단순화된 방법을 정의하고, 또한 그것을 스토리보드로 만든다.

두 사람이 한나절이면 정리된 비전을 구축할 수 있다. 왜 그렇게 오래 걸리는지 의아해할 수도 있다. 이 작업이 이미 있는 내용을 '다시 그리는' 것이라고 해도, 앞서 그린 내용을 분명히 하고 디자인할 것을 일관되게 표현하는 기회가 되기 때문이다. 비전들을 잘 정리해 냈다면, 팀은 그것을 보고 이어지는 디자인 프로세스를 잘 진행하도록 이끌고 프로젝트 범위가 확대되는 걸 방지할 것이다.

작업을 마치면 최종 비전을 정리해서 플립 차트에 그리거나 온라인으로 옮긴다. 구성 요소를 모두 확실히 기억할 수 있도록, 비전에 짧막한 설명(narrative)을 써두는 것도 고려하자. 이것은 매우 추상적인 수준의 유스 케이스 또는 사용자 스토리다.

초기 비전들은 팀이 디자인에 대해 구체적으로 대화할 수 있게 만드는 문서 역할을 한다. 이 비전들은 실제로 온라인으로 옮길 필요는 없다. 그러나 일단 시스템 디자인에 사용하려는 정리된 비전이 있으면, 여러분은 그것을 온라인으로 옮겨서 조직에 있는 다른 사람들과 커뮤니케이션하는 데 쓸 수 있다. 비지오(Visio), 파워포인트(PowerPoint), 또는 코렐드로우(CorelDRAW)와 같은 드로잉/그래픽 프로그램을 활용한다.

정리된 비전을 프로젝트 룸의 벽에다 건다. 잘 정리되었다면 비전에 대해 이해관계자들 또는 관리 부서와 커뮤니케이션한다. 이때 사람들이 직접 그림을 워킹하도록 하거나, 제품이나 시스템 콘셉트를 소개하는 슬라이드 쇼를 만들어 커뮤니케이션한다(332쪽의 '외부 커뮤니케이션 - 비전은 조직에서 공유된 이해를 형성시킨다' 박스를 참조하자).

사례 – 쇼핑

다음은 온라인 쇼핑에 대한 비전이다. 이것은 평면 패널(flat panel)이나 타블렛(tablet)을 이용하는 가정 내 시스템으로, 선택하고, 텍스트를 입력하고, 바코드 라벨을 읽는 데 쓰는 손에 들 수 있는 입력 장치다. 가족 구성원은 냉장고라든가 패널이 있는 다른 장소로 가서 이 장치를 이용해 집안을 둘러볼 수 있다.

그림 11-6은 비전의 온라인 형태로, 저장할 수 있으며 팀이 생각한 것을 추후에

도 알게끔 주석을 달 수 있다. 비전 그림에는 그것을 설명하는 이야기를 덧붙인다. 비전을 저장할 때는 비전에 관한 이야기를 녹화하는 것을 고려해 보자. 실제로 우리 고객 중 한 명이 프로젝트 도중에 부득이하게 하차하며 그런 식으로 비전에 대한 기록을 남겼다. 글로 쓴 설명이나 비디오 기록이 있으면, 여러분이

그림 11-6 설명을 덧붙인 쇼핑 비전 그림

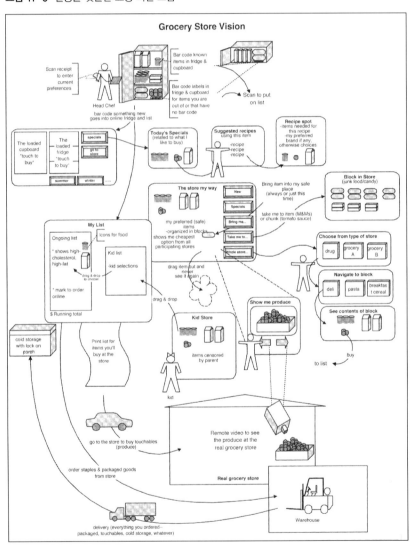

실제로 세부 사항을 다루기 전에 이미 많은 시간이 흘렀을 경우에, 비전의 특정한 내용을 기억해 내는 데 매우 유용하다.

 비전 설명 사례 – 쇼핑

이것은 온라인 쇼핑을 위한 비전이다. 이것은 평면 패널이나 타블렛을 이용하는 가정 내 시스템으로, 선택하고, 텍스트를 입력하고, 바코드 라벨을 읽는 데 쓰는 손에 들 수 있는 입력 장치다. 가족 구성원은 냉장고라든가 패널이 있는 다른 장소로 가서 이 장치를 이용해 집안을 둘러볼 수 있다.

눈에 보이지 않는 시스템은 이 가정의 구매 패턴과 선호도를 생성하고자 이전의 구매로부터 정보를 저장한다. 그리고 패널 화면에 디스플레이할 내용을 정하는 데 이 데이터를 이용한다. 평면 패널에 나타나는 쇼핑 목록에 아이템을 추가하는 방법으로는 냉장고, 찬장, 기타 집안의 다른 장소에 있는 프린트된 바코드 라벨을 치는 것이 있다.

아이템을 추가하는 또 다른 방법은 '가상' 집 안 곳곳과 '가상' 가게들을 보고 거기서 선택하는 것이다. 가상의 집 안 장소, 예를 들면 가상 찬장에서 고객은 개별 아이템, 선반, 또는 찬장이나 냉장고 전체를 선택해서 목록에 추가할 수 있다. 또한 가상 가게의 내용물, 즉 통로, 블록, 구획, 개별 아이템과 브랜드, 계절 아이템, 가게의 전문 아이템 등은 이 특정 구매자가 쇼핑에 접근하는 방식으로 디스플레이되고 조직화된다. 그리고 선호하는 아이템, 브랜드 등만 디스플레이한다. 다른 가족 구성원들도 각자 특별한 가상 가게를 가질 수 있다. 예를 들면 부모들에게 인정받는 아이템만 모은 아동용품 가게 등이 있겠다.

조리법 등은 아이템에 링크된다. 여러 가게가 참여하므로, 집기와 가게 물건들은 어떤 가게에서든 나올 수 있고, 구매자는 어떤 가게가 해당 아이템에 대해 최상의 가격인지 알아보거나 가격대에 따라 아이템 보기를 선택할 수도 있다. 벽돌과 모르타르(mortar) 가게의 경우 비디오 카메라가 있어서 구매자 가정의 패널에 실시간 이미지를 디스플레이하므로, 고객은 제품을 목록에 추가하기 전에 실제 모습을 볼 수 있다. 이미지를 만지면 아이템은 목록에 추가된다. 그리고 아이템을 드래그해서 밖으로 빼면 집 안 장소 또는 가게에서 영구적으로 제거된다.

주문을 하고 배송을 받는 데는 두 가지 방법이 있다. 고객이 목록을 생성해서 온라인으로 주문할 수 있고, 주문하면 아이템이 가정으로 배달된다. 고객이 부재중이라서 직접 받을 수 없을 때는 잠금 장치가 있는 배송 상자를 이용한다. 또한 고객은 가정에서 목록을 정리하고, 출력해서 실제로 가게에 가서 구매할 수도 있다.

외부 커뮤니케이션 – 비전은 조직에서 공유된 이해를 형성시킨다

제품은 대개 기술력 때문에 실패하지는 않는다. 제품은 조직이 실제 요구사항을 제대로 반영하지 못하고, 디자인이 무리 없이 작동하기에는 아직 이른 상태이기 때문에 실패한다. 고객 데이터를 토대로 디자인하면 이런 문제를 해결할 수 있다. 조직에서 누가 고객을 가장 잘 아는가로 서로 싸우는 대신 데이터를 가이드 삼아 볼 수 있기 때문이다. 여러 분야에서 모인 팀이 고객 데이터에 집중하여 만들어낸 비전은 제품이나 시스템에 대해 공유된 방향성을 형성한다. 비전 도출에서 개별 디자인 아이디어를 수용하고 종합해 일관된 비즈니스의 향방을 산출하는 컨텍스트를 생성한다.

제품이 복잡할수록, 조직에서 채택하는 프로세스도 더욱 복잡해진다. 모두 정보를 원하고 자기 의견이 고려되기를 원한다. 큰 회사에 있다면, 조직의 다른 부서에게서 여러분의 디자인에 대한 지지를 얻을 필요가 있을 것이다. 비전 세션은 다양한 관점을 반영할 훌륭한 기회를 제공하며, 조식의 채택을 유노함과 동시에 여러분의 삭업에 대한 커뮤니케이션이 된다.

예를 들면, 우리 고객 중 하나는 5개 국가의 다국적 기업에서 비전 도출 세션을 다섯 번 열어서, 핵심적인 이해관계자들을 벽 워킹과 브레인스토밍에 참여하도록 초대했다. 그리고 팀은 모든 이들이 같은 것을 개발하고 있었음을 알게 되었다. 업무 수행 방식이 컨텍스트에 의해 제한되는 것과 마찬가지로, 같은 회사 사람들은 같은 종류의 기술을 이용해 디자인하고, 같은 고객 데이터를 보며, 같은 비즈니스 케이스를 생각하고, 비전 도출 프로세스를 진행하면 비전이 그룹끼리 겹치게 된다. 하지만 팀은 그럼으로써 회사 전체에서 엄청난 지지를 얻게 되는 것이다!

R a p i d
C o n t e x t u a l
D e s i g n

12

스토리보드 만들기

래피드 CD 프로세스	속전 속결	속전 속결 플러스	집중 래피드 CD
스토리보드			V

스토리보드는 비전의 관점을 확대하고 새롭게 디자인된 시스템에서 사용자가 어떻게 업무를 수행하는지에 대한 세부 사항을 다룬다. 여러분은 사용자의 기존 업무 수행 방식이 파괴되지 않았음을 확인하기 위해, 새로운 시스템에서 업무가 어떻게 완수될지 그 세부 사항을 규정해야 한다. 그러므로 스토리보드는 사용자 데이터를 토대로 만든 정리된 시퀀스를 기반으로 만들고 검토한다.

사람들이 디자인할 때면 너무나 자주 업무 수행 방식을 파괴한다. 자신들의 큰 아이디어에서 세부적인 사용자 인터페이스와 디자인 실행으로 바로 건너뛰기 때문이다. 디자이너가 기술에 집중하는 순간 개발 이슈는 그들의 주요 고민거리가 된다. 이때 시퀀스 모델과 어피니티 데이터로 만들어진 스토리보드는 팀이 업무에서 필수인 의도와 단계를 하나라도 간과하지 않도록 해준다. 스토리보드를 만들면서 여러분은 시퀀스를 새로운 시스템에서 어떻게 지원하는지의 세부 사항들을 다루게 된다. 이는 사용자가 예전 방식으로도 활동을 달성하도록 지원하거나, 의도에 더 잘 부합하도록 새로운 기술을 도입해 지원한다 해도 마찬가지로 작용한다.

비전은 자연스럽게 우선순위를 결정하는 데 기준이 된다. 모든 시퀀스를 스토리보드로 만들 필요는 없다. 대신에 어떤 시퀀스가 비전과 연관되었는지 구별하고, 그것들을 스토리보드로 만든다. 시퀀스 모델은 프로젝트 범위에서 완수할 핵심 직무를 대표해야 한다. 다음 제품 출시에 대비해서는, 이런 시퀀스들을 지원하는 것으로도 충분할 것이다.

스토리보드는 미래의 시나리오로, RUP의 경우 미래의 유스 케이스, 그리고 XP 프로세스에서 사용자 스토리의 근거와 동일하다('왜 스토리보드인가 - 텍스트 기반의 유스 케이스 대신 그림을 이용하라' 박스를 참조하자). 스토리보드가 어떻게 다른 방법론과 연관되는지 더 깊게 논의하려면 15장을 보자. 이 장에서는 스토리보드를 어떻게 만드는지 설명한다.

정의

스토리보드는 새로운 업무 수행 방식에 대한 정지 화면 영화와도 같다. 영화의 스토리보드를 만드는 것처럼, 팀은 사람들이 새로운 세계에서 어떻게 일할지를 단계별로 그림을 그린다. 스토리보드에는 수작업 단계, 사용자 인터페이스의 대략적인 구성 요소, 시스템 활동과 자동화, 문서 이용까지도 포함된다. 스토리보드는 추상적인 수준의 유스 케이스처럼 작동한다.

시스템 디자인에서 스토리보딩의 역할은 『Contextual Design: Defining Customer-Centered Systems』의 13장「Design from Data」287쪽에서 더 자세히 다룬다.

핵심 용어

구체적인 비전 또는 작은 비전(mini vision) 스토리보드를 만드는 프로세스는 상

왜 스토리보드인가 – 텍스트 기반의 유스 케이스 대신 그림을 이용하라

스토리보드는 미래의 시나리오 또는 추상적인 수준의 유스 케이스 사례와 같고, 표준 유스 케이스 문서 구조와 통합 모델링 언어 표기(Unified Modeling Language notation)를 대표할 수도 있다. 우리는 각 프레임 그림에서 재디자인된 업무를 표현하고자 스토리보드를 선택한다. 여기에는 수작업 단계, 기능을 보여 주는 사용자 인터페이스의 대략적인 구성 요소, 시스템 활동과 자동화, 문서 이용까지도 포함된다.

여러 팀과 함께 작업하면서 우리는, 최상의 시스템 디자인은 미래의 업무 모델에 관한 이런 종류의 시각적 표현에서 나온다는 것을 알게 되었다. 즉 텍스트 버전의 시나리오나 단순한 사용자 인터페이스 그림만으로는 새로운 업무 수행의 모든 면을 고려하기 어렵다. 유스 케이스와 객체 모델러(object modeler)들은 재디자인된 업무를 다룬 텍스트 위주의 유스 케이스 특성화를 이용하는 데 익숙하다. 우리는 이 때문에 팀이 궁극적으로 시스템 활동 정의와 비즈니스 규칙에 너무 집중하며, 필요한 인적 프로세스(human process)와 사용자 인터페이스 기능에는 별로 집중하지 않음을 알게 되었다. 반면 인터랙션 디자인을 먼저 고려하는 UI 디자이너들은 시스템 단계들을 간과하고 UI의 세부 사항에만 과도하게 집중하는 경향이 있다. 그들은 너무 일찍 감치 레이아웃의 세부 사항을 논의하는 데 빠져서, 다양한 사용 시나리오가 암시하는 바를 논의할 때에는 엉뚱한 이야기를 하게 된다.

컨텍스추얼 디자인에서 핵심 원직 하나는, 팀에서 의논하려는 디자인에 관련된 대화를 할 때 적절한 표현 형식을 사용하는 것이다. UML 모델, 유스케이스, 스토리, UI 그림 시리즈 또는 심지어 추상적인 수준의 비즈니스 프로세스 도식 등으로 스토리보드 콘셉트를 표현할 수는 있으나, 이 방법들 가운데 팀이 이 모든 요인을 동시에 고려할 수 있는 형식은 없다. 스토리보드는 통합적이고 연속된 사고를 보여 주며, 특히 비전과 시퀀스를 기반으로 만들었을 때는 사용자에게 더 완벽한 디자인을 제공한다.

스토리보드는 또한 사용자와 디자인을 논의하는 데 개념적인 공통 분모를 제공한다. 사용자는 개념적인 모델링보다는 스토리보드를 훨씬 더 잘 이해하는 경향이 있다(애니메이션, 만화, 영화의 창작에서도 스토리보드가 이용되는 것처럼). 가정 내 시스템을 개발하면서, 우리는 스토리보드 프레임을 사진으로 찍어서 사용자 그룹과 이해관계자들에게 그것을 디스플레이했다. 그런 다음 '공유' 세션을 갖고 사람들에게서 이슈를 모았다. 이 방법으로 팀은 미래의 사용자들이 디자인을 수용하도록 만들었고, 다음 버전 스토리보드에 반영될 수 있는 추가 피드백도 얻었다.

컨텍스추얼 디자인이 어떻게 다른 개발 방법론들과 함께 이용되는지는 15장을 보자.

세한 수준의 비전에서 시작한다. 이것은 11장에서 설명한 비전 도출 프로세스와 유사한 프로세스다. 구체적인 수준의 비전은 추상적인 수준으로 정리된 비전의 일부분을 세부적으로 다룬다. 구체적인 비전은 정리된 시퀀스로 정의된 직무에 국한된다. 이는 시퀀스 모델에 정의된 직무가 작업의 단계를 개선하고, 사용성의 이슈를 해결하면서 사용자의 의도를 그대로 유지하려는 것이기 때문이다. 구체적인 비전을 통해 팀은 대안을 모색하고, 스토리보드를 만드는 준비단계로 토론을 이끌어낸다.

스토리보드를 만드는 프로세스

□ 준비하기

- 프로젝트 룸, 데이터, 필요한 물품 준비하기

- 스토리보드 작업을 할 사람들 모으기

- 어디서 시작할지 선택하기

□ 스토리보드를 어떻게 만들지 검토하기

□ 구체적인 비전 도출하기

- 정리된 비전 워킹

- 어피니티와 정리된 시퀀스 모델에서 특별히 스토리보드의 전개와 관련된 이슈를 수집하기

- 한 직무에 대해 스토리보드가 될 구체적인 비전 생성하기

- 구체적인 비전의 장점과 단점 정의하기

□ 스토리보드 생성하기

- 스토리보드 프레임 그리기

- 정리된 시퀀스에 대해 스토리보드 검토하기

□ 이해관계자들 또는 더 큰 팀의 구성원들과 스토리보드 공유하기

□ 스토리보드 다듬기

□ 다음 스토리보드 작업으로 이동하기

프로젝트 룸, 데이터, 필요한 물품 준비하기

스토리보드를 만들려면 여러분은 프로젝트 룸에 통합된 비전과 시퀀스를 걸어 둘 필요가 있을 것이다. 또한 구체적인 수준의 비전을 그릴 플립 차트와 스토리 보드 프레임을 그릴 5.5x8.5 크기의 종이도 필요하다. 검토하고자 스토리보드 프레임을 플립 차트에 고정시킬 때 쓸 붙였다 뗄 수 있는 테이프를 준비하자.

스토리보드 작업을 할 사람들 모으기

스토리보드는 두 사람씩 짝지어서 작업하는 것이 최선이다. 컨텍스추얼 디자인 의 다른 세션들과 마찬가지로, 여러분은 스토리보드 작업을 혼자 하고 싶지는 않을 것이다. 두 명이 함께 서로 아이디어를 주고받을 수 있다. 팀에 사람이 더 많거나 프로세스에 다른 사람들을 포함시키고 싶다면, 스토리보드 몇 개를 동 시에 만들 수 있다. 이 경우 연속성을 유지하고자 핵심 구성원 한 명이 모든 스 토리보드에 관여해서 작업한다.

　파트타임으로 일하는 구성원들을 도우며 풀타임으로 작업하는 핵심 구성원 들이 있다면, 그들은 항상 같은 사람들이 같은 스토리보드를 맡고 있는지 확인 해야 한다. 사람들이 스토리보드를 옮겨 다니면 전체가 함께 느려진다. 이 작업 은 계속해서 검토하고 합의해야 하는 일이기 때문이다. 두 사람당 스토리보드 를 하나씩 할당하고, 나중에 공식적인 공유 세션을 연다.

어디서 시작할지 선택하기

스토리보드 작업으로 뛰어들기 전에, 여러분은 시작할 지점을 선택해야 한다. 여러분의 시퀀스는 프로젝트에 대한 핵심 직무들을 대표한다. 스토리보드를 시작할 시퀀스로는 시스템에서 처리할 핵심 업무가 담긴 것으로 선택하라.

이해관계자들이나 더 큰 팀과 동시에 스토리보드 작업을 한다면, 두 사람마다 개별 시퀀스를 할당하여 스토리보드를 만든다. 시퀀스들에 서로 겹치는 활동이 포함되지 않도록 주의하자. 만약 그렇다면, 어떤 팀이 겹치는 부분을 다루는지 표시한다. 매우 긴 시퀀스가 있다면 여러 팀에서 동시에 작업하도록 시퀀스를 자르는 것을 고려한다. 두 사람으로 구성된 팀이라면 간단하게 핵심 스토리보드로 시작하면 된다.

정리된 비전을 검토하면서 혹시 여러분의 시퀀스에 부합하지 않는 직무들을 암시하는지 살펴본다. 스토리보드 작업을 이끄는 데 추가 데이터가 필요할 수도 있다. 한 가지 직무의 데이터를 수집하는 데 집중된 필드 인터뷰가 있으면 작업은 매우 빨라진다. 스토리보드 작업을 가이드할 실제 사례가 하나만 있어도, 데이터 없이 스토리보드를 만드는 것보다 작업은 더 빠르고 생산적으로 될 것이다.

우리의 경험상 어떤 활동이 어떻게 달성되는지에 대해 분명한 아이디어가 없을 때에, 에너지를 낭비하고 논쟁하는 상황이 벌어진다. 비전 하나만으로는 충분한 가이드가 되지 못하며, 특히 복잡하거나 일반적으로 친숙하지 않은 직무일 경우에는 더욱 그러하다.

서로 다른 케이스나 조건에 해당되는 비전을 검토한다. 정리된 시퀀스에는 또한 여러 갈래의 가지와 전략들이 있을 테고, 이들에 대한 스토리보드도 마찬가지다. 이따금 비즈니스 내에서 새로운 프로세스 디자인을 계획한다는 것은 동일한 활동을 서로 다른 가정 아래서 스토리보드로 만들 수 있음을 암시한다. 비전, 정리된 시퀀스, 모든 프로세스 계획에서 암시된 모든 케이스의 목록을 만들고, 이 케이스들을 스토리보드로 작업한다.

스토리보드를 어떻게 만들지 검토하기

참여하는 사람들이 모두 다음과 같이 이해하고 있는지 확인하자.

- 스토리보드는 비전에서 설명된 새로운 업무 수행의 더 세부적인 사항들을 다룬다. 이것은 제품과의 인터랙션만이 아니라 업무를 완전한 스토리로 표현하는 그림과 글로 구성된다.

- 스토리보드는 손으로 그린 그림 세트다. 이를 통해 사람들은 새로운 업무 수행 방식이 어떻게 작동하는지를 구체적으로 생각할 수 있다. 스토리보드는 수작업 단계들, 새로운 시스템의 사용자 인터페이스와의 인터랙션, 시스템 자동화, 비즈니스 규칙, 다른 시스템 및 제품들과의 인터랙션을 담는다. 여러 종류의 스토리보드 프레임은 그림 12-1을 참조하자.

- 스토리보드는 사용자 데이터를 토대로 작성된다. 개별 스토리보드는 기존의 정리된 시퀀스와 연관되며, 어피니티와 아티팩트에서 수집한 다른 사용자 데이터를 고려해야 한다. 스토리보드가 완성되면, 여러분은 그것을 시퀀스에 비추어 사용자가 직무를 완수하고 의도를 달성할 수 있는지를 다시 검토할 것이다.

- 개별 스토리보드 프레임은 스토리에서 한 단계다. 스토리보드에서 개별 단계는 시스템과의 인터랙션 하나, 다른 사람과의 인터랙션 하나, 수작업 단계(manual step) 하나, 시스템이 응답하는 지점에서 화면 뒤에서 이뤄지는 단계 하나를 표현한다.

- 영화에서와 마찬가지로, 스토리보드에도 전략과 케이스를 다루는 과거 회상(flash backs)과 미래 예측(flash forwards)이 있다. 즉, 한 갈래인 직선적인 경로일 필요는 없다.

- 스토리보드에는 이 작업에 참여하지 않은 사람들도 제안된 프로세스를 읽고 이해할 수 있도록 충분한 세부 사항과 텍스트가 있어야 한다. 또한 팀 구성원이 아닌 다른 사람들도 스토리보드를 이해하도록 만들어야 한다.

그림 12-1 여러 종류의 스토리보드 프레임 예

그렇게 하면 여러분의 피고용자들이나 비즈니스의 고객들도 스토리보드
를 검토하고 새로운 프로세스가 어떨지 살펴볼 수 있다.

그림 12-2 실제 스토리보드 사례. 프로세스, UI, 휴먼 인터랙션 등 업무에 대한 서로 다른 종류의 관점에 주목하자. 포스트잇은 스토리보드를 공유한 후에 수집된 이슈다.

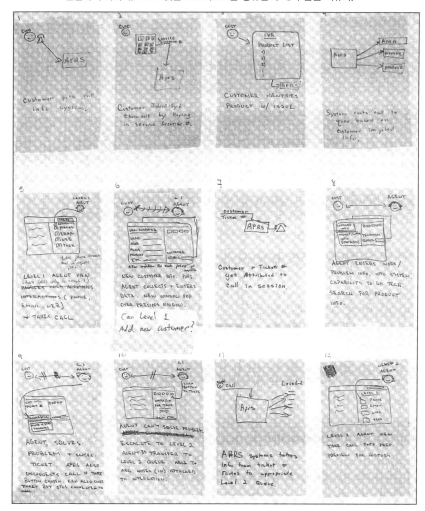

다음과 같이 프로세스의 순서를 설명한다.

1. 시퀀스와 관련된 데이터를 수집한다.

2. 개별 활동, 의도, 단계를 설명하는 시퀀스에 대한 구체적인 수준의 비전을 생성한다. 이렇게 하는 동안 비전과 합의된 기술 플랫폼의 제한 내에서 작업한다.

3. 구체적인 수준의 비전에 대해서 장점과 단점을 정의하고 단점을 수정한다.

4. 스토리보드 프레임을 생성한다. 개별 프레임 안에 인터랙션 하나 또는 단계만 넣도록 유의한다.

앞쪽의 그림 12-2는 완성된 스토리보드의 한 예다.

비전 워킹하기

비전과 스토리보드 작업 사이에 잠시 쉬는 시간이 있다면, 팀은 비전을 심도 있게 검토해 새로운 시스템이나 제품에서 직무와 시스템이 어떻게 바뀔지 다시한 번 인지한다. 그룹의 사람들이 비전에 익숙하지 않다면, 누군가 사람들 사이를 돌아다니면서 스토리를 인지시키는 역할을 맡는다. 그룹 내의 모든 사람이비전에 익숙하다면, 그냥 조용히 검토하면 된다.

어피니티와 정리된 시퀀스에서 이슈 수집하기

구체적인 수준의 비전 도출에 앞서 어피니티와 정리된 업무 모델에서 이슈를수집한다. 여러분의 비전 이슈는 광범위하거나 추상적인 수준일 가능성이 크다. 그러니 어피니티와 시퀀스 모델로 돌아가서, 스토리보드와 연관될 만한 더세부적인 이슈를 살펴보고자 그것들을 빨리 검토한다. 이렇게 하는 동안 어피니티에서 스토리보드로 작업할 직무와 연관된 부분들을 찾을 수 있다. 시퀀스를 워킹하면서 전략과 의도, 장애물에 특히 주의를 기울인다. 하위 팀(subteam)이 모두 어피니티와 시퀀스를 전부 워킹할 필요는 없다. 이 사람들에게는 각기다른 부분들을 살펴보거나, 기록하는 작업을 할당하고, 그런 다음 모여서 공유하면 된다.

이슈를 수집하는 데는 15분에서 20분 정도 할애하고, 하위 팀과 내용을 공유하는 데 별도로 15분을 할애한다.

구체적인 수준의 비전에서 직무에 대해 접근하기

일단 데이터를 파악했다면 스토리보드 프로세스의 첫 단계를 시작할 준비가 된 것이다. 하지만 개별 스토리보드 프레임을 그리기 전에, 비전의 테두리 안에서 직무를 어떻게 지원할지에 관한 대안을 생각할 필요가 있다. 구체적인 수준의 비전은 여러분이 데이터를 워킹한 후에 생성한 전체 시스템 비전과 같지 않다. 구체적인 수준의 비전은 범위가 더 좁고, 스토리보드로 나타내는 시퀀스와 케이스의 세부 사항을 다루는 데 집중되어 있다.

규모가 더 큰 비전 도출 세션과 동일한 프로세스를 따르는데, 단지 더 세부적으로 들어가는 것이다. 비전 도출 세션 때와는 달리, 구체적인 수준의 비전을 도출할 때 펜은 대화에 활발하게 참여한다. 펜이나 펜이 아닌 사람이 모두 그림을 그릴 수도 있다. 이 두 사람은 개별 활동, 개별 의도, 개별 케이스를 어떻게 설명할지를 함께 이야기한다. 비전을 도출할 때와 마찬가지로 여러분은 사용자가 수작업으로, 또는 다른 사람들과, 그리고 시스템과 인터랙션할 때 무엇을 할지에 집중한다.

시퀀스에서 활동으로 여러분의 사고 프로세스를 나눈다. 직무 또는 식무의 구획에 어떻게 접근할지에 대해 아이디어가 하나 이상 있다면, 구체적인 수준의 비전을 여러 가지로 만들어 본다. 여러분의 목표는 플립 차트에 아이디어를 다 풀어내는 것이다. 가능성을 빨리 그리고, 그것들을 평가하고, 단점을 수정한다. 플립 차트는 대화를 실제로 포착하는 대화판으로 생각하면 된다.

구체적인 수준의 비전은 여전히 제안된 테크놀러지와 인터랙션하는 사용자 경험과 프로세스에 관한 것이다. 이때는 정확한 인터랙션 디자인이나 이면의 객체(underlying object) 또는 데이터 모델링을 피한다. 이것은 여러분이 세부 사항을 다루고, 이 특정 직무를 위해 비전에서 어떤 부분을 작동할지 결정하는 기회다. 또한 결정하는 시간이므로, 이제 여러분은 비전의 어떤 부분을 실행할 수 없는지 세부적으로 살펴볼 수 있다. 여러분은 기능과 UI에 대해 세부 사항을 이해하고 있지만, 아직 특정 UI에 관해 이야기하는 단계는 아니다.

여러분은 스토리보드에서 프로세스를 보여주고 싶어한다. 여기에는 정확한 비즈니스 규칙 또는 요구되는 자동화, 인터페이스의 콘텐츠와 초기 레이아웃, 공동 작업 예측, 다른 테크놀러지에 의존하는 정도, 접근해야 하는 사후 시스템, 직무에서 하는 작업의 완결과 관련된 기타 다른 구성 요소 등이 있겠다. 여러분은 업무 지원에 필요한 기능을 다루고 있지만 이런 기능은 결국 전체 업무의 컨텍스트 안에 있다. 또한 사용자 인터페이스에서 기능에 접근하는 방법에 대한 기본 개념 안에 존재한다.

구체적인 수준의 비전을 생성하는 데는 직무 또는 중심 케이스당 1시간에서 1시간 30분 정도 소요된다. 조건이 많고 더 복잡한 직무라면 더 오래 걸릴 수도 있다.

주의 – 시간의 압박을 느끼는 상황이라도, 구체적인 수준의 비전 도출을 건너뛰고 바로 스토리보드 프레임을 만들려고 하지 말자. 스토리보드로 직행하면 실제로 시간이 더 오래 걸린다. 이는 생각할 시간이 충분하지 않았기 때문이다. 구체적인 비전을 도출해 내면서 충분히 생각한 다음 스토리보드 프레임을 만들면 근본적으로 구체적인 수준의 비전에서 프레임으로 이동하는 프로세스가 된다.

구체적인 수준의 비전에서 장점과 단점 정의하기

일단 여러분에게 가능한 방법으로 접근했다면, 비전을 도출한 후에 했던 것처럼 장점과 단점을 정의한다. 단 한 가지 접근만이 있더라도 이렇게 하는데, 이는 여러분이 한 걸음 물러서서 솔루션에 대해 비판적으로 생각할 시간을 주기 때문이다.

단점을 보완할 디자인 아이디어를 산출하고 구체적인 수준의 비전에 맞춰 그것들을 수정한다. 동일한 직무를 수행하는 다른 방법들이 있다면, 어떤 것을 이용할지 선택할 때 그 방법들의 장점과 단점을 구분해 본다.

서로 충돌하는 가능성들이 있다면, 스토리보드에는 하나를 선택해야 한다. 장점과 단점을 살펴본 후에도 스토리보드의 방향에 대해 합의하지 못했다면, 더 급진적인 솔루션을 선택한다('두 아이디어 사이에서 선택하는 방법' 박스를 참조하자).

대안들도 계속해서 함께 다룬다. 사용자가 여러분이 제안한 디자인을 좋아하지 않으면, 여러분은 항상 대안으로 되돌아갈 수 있다. 우리는 이 대안들을 테스트 케이스(test case)라고 부른다. 이것들은 여러분이 페이퍼 프로토타입을 테스트하고자 포커스를 정의할 때도 도움이 되므로 (13장 참조), 계속해서 지켜본다.

두 아이디어 사이에서 선택하는 방법

구체적인 비전을 도출할 때, 여러분에게는 똑같이 좋은 두 가지 대안이 있을 수 있다. 래피드 CD 프로세스에서 스토리보드들을 통해 페이퍼 프로토타입을 개발하게 되고, 이 프로토타입들은 나중에 사용자에게 테스트될 것이다(13장을 참조하자). 따라서 여러분은 지금 둘 중에서 '최선의' 솔루션을 선택하는 것을 걱정할 필요가 없다. 하지만 테스트할 솔루션은 어떻게 선택하는가? 더 급진적인 쪽, 사용자가 예측할 가능성이 적은 쪽을 선택하길 권한다. 여러분의 스토리보드는 페이퍼 프로토타입에서 사용자와 테스트할 내용을 담게 된다. 이때 사용자에게 익숙하게 보던 것을 준다면, 큰 반응을 얻어내지 못할 것이다. 그러나 예상하지 못한 내용이라면, 사용자는 긍정적으로든 부정적으로든 반응을 보일 것이고, 여러분은 대화를 이끄는 데 그 반응을 이용할 수 있다.

그러므로 우리는 사용자의 습관에 도전하면서도 의도를 더 잘 충족시키는 솔루션을 선택하기를 권한다. 여러분은 테스트한 후에 언제든 더 관습적인 접근으로 돌아올 수 있다.

그런 다음 테스트 케이스의 목록을 작성해서, 필드에 나갔을 때 무엇을 테스트하고 싶은지 알아본다. 좋은 디자인을 최종적으로 결정하는 사람은 여러분이 아닌 사용자임을 기억하자.

스토리보드 그리기

이제 여러분은 새로운 업무 수행 방식에 따라 스토리보드를 기록할 준비가 되었다. 개별 프레임은 스토리에서 한 단계를 표현한다는 점을 기억하자. 단계에 가지가 있다면, 스토리보드에도 가지를 치고 각 프레임에 번호를 붙인다. 예를 들면 1A, 1B, 1C 식이다.

일단 완성되면 프레임을 플립 차트 페이지에 테이프로 붙여서 스토리보드를 쉽게 보고, 이용할 수 있게 만든다. 스토리보드에 제목을 쓰고, 각 프레임에 번호를 붙인다.

스토리보드 프레임을 그릴 때는 다음 사항에 유의한다.

- 사용자 인터페이스를 대강 그린 뒤 사용 예로 주석을 붙인다.
- 수작업 행동을 설명한다-분명히 할 필요가 있는 부분에 그림을 그린다.
- 사용된 문서를 스케치한다.
- 사람들의 대인적(interpersonal) 단계에서 일어나는 인터랙션을 만화로 그린다.
- 시스템이 한 단계를 차지한다면, 시스템이 하는 일을 그리고 그것이 의존하는 모든 데이터를 설명한다.
- 사용자가 시스템으로 일련의 활동을 하는 경우, 개별 활동을 구성하는 분리된 단계를 대략적인 사용자 인터페이스 레이아웃과 함께 그린다.
- 해당 직무를 수행하는 담당자를 표시하고자 역할 이름을 적어 둔다.
- 모든 비즈니스 규칙, 실행할 때 주의할 점, 제한 요소, 하드웨어 또는 소프트웨어 기대치 등의 주석을 붙인다.
- 무슨 일이 일어나는지 또는 상황에 대한 추정, 기타 그림으로 충분하지 않은 부분에 설명하는 글을 포함한다.
- 여러분이 스토리보드에서 프로세스에 대한 '문서(documentation)'를 작성한다고 가정하고, 디자인 회의에 참석하지 않은 사람도 스토리보드를 읽

고 무슨 일이 일어나는지 이해할 수 있도록 한다.

여러분이 구체적인 수준의 비전에서 단계별로 구상해 두었다면 스토리보드 프레임을 그리는 데는 1시간 정도 소요된다.

사례 – 이초크

그림 12-3은 이초크의 온라인 교실 비전에서, 전체 스토리보드의 15프레임이 나와 있는 플립 차트 페이지다. 각각 두 사람으로 구성된 두 하위 팀에서 스토리보드를 작업했고, 그런 다음 스토리보드를 한데 모아서, 전체 스토리가 잘 통하는지 확인하고자 공유했다.

이초크 팀은 다음 직무들을 표현하는 데 총 34프레임을 만들었다.

- 학급 달력 생성
- 과제 작성과 수령
- 학급 이벤트 생성
- 출석 관리
- 성적 입력(entering grades)
- 학부모와의 커뮤니케이션

성적 평가와 같이 두 가지 케이스가 있는 일부 직무에 대해서는 각기 다른 케이스 또는 시나리오가 진행되었다. 성적 평가의 두 가지 케이스는 좋은 성적과 나쁜 성적이다. 학급 과제에도 케이스가 두 가지 있는데, 교사의 관점과 학생의 관점이다.

이초크 팀은 조사한 날에 교사와 이초크 사이의 인터랙션을 통해서 생각을 전개했음을 확인하려 했다. 따라서 그들은 그날 하루 동안 교사가 한 직무에서 다른 직무로 이동할 때 시간의 변화를 표시했다(예를 들면, 수요일 오전 8:30, 수요일 오전 9:30). 팀은 스토리보드를 직접 그리면서 스토리에 살을 붙이고, 어떻게 테크놀러지가 업무를 수행하는 데에 무리 없이 들어맞는지를 생각한다. 시스템

그림 12-3 검토 세션에서 붙인 이슈를 포함하는 이초크의 스토리보드 구획.

행동(system behavior)은, 그것이 사용자가 보는 화면을 유발시킬 때와 나중에 이용하기 위해 데이터를 축적할 때를 보여주고자 스토리보드로 표현되었다.

이초크 팀은 깔끔하고 멋진 스토리보드를 만들려고 고심하지 않았다. 그들은 업무의 세부 사항을 끌어내는 데 집중했다. 그리고 프로젝트에 익숙한 사람이 이렇게 표현된 업무 수행을 이해하기에 충분할 정도로 세부 사항을 담아서 개별 스토리보드 프레임을 만들려고 했다.

그림 12-4에서 12-8은 이초크의 스토리보드 프레임에서 일부를 확대한 것이다.

그림 12-4 이초크의 7번 프레임을 확대한 것으로 뒤에 따라오는 프레임들의 컨텍스트를 보여 준다.

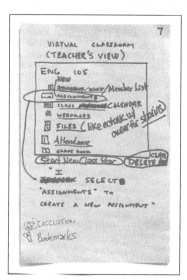

그림 12-4는 이초크 애플리케이션의 모든 기능이 나타난 화면을 보여 준다.

팀은 이 프레임을 마치 오프닝 장면(opening scene)처럼 스토리를 시작하는 용도로 쓰고 있다. 이 프레임은 뒤따르는 여러 프레임에서 교사가 이용할 다양한 기능을 소개하는 스테이지와 같다. 이 스케치에서 사용자는 새로운 학급 과제를 작성하고자, 새로운 과제(New Assignment) 기능을 선택한다.

그림 12-5 이초크의 8번 프레임을 확대한 것으로 UI 기능과 시스템 단계를 모두 보여 준다.

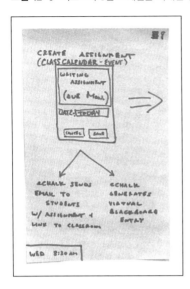

그림 12-5에서 프레임의 윗부분은 사용자의 화면이다. 이는 화면 뒤에서 시스템이 수행하는 일이 무엇인지를 설명하는 참고용으로 그려졌다. 프레임의 아랫부분은 시스템 행동을 설명한다. 교사의 하루 스토리가 흘러갈 때 해당 요일의 시간대를 기록해 둔다.

그림 12-6 이초크의 9번 프레임을 확대했다. 이 프레임에서는 직접 쓰는 것으로 스토리를 설명하고, 디자인이 반드시 지원해야 하는 업무를 드러낸다.

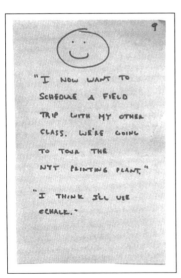

이런 설명 단계는 다음에 수행되는 직무로 이동하도록 이끈다. 그림 12-6은 교사의 의도와 직무를 나타낸다. 이것은 또한 어떻게 이초크 툴이 전체 프로세스에 연관되도록 계획되는지를 보여 준다.

그림 12-7 스토리보드 11번 프레임을 확대했다. 이 프레임은 필요한 기능을 드러내는 데 실제 케이스를 이용한다.

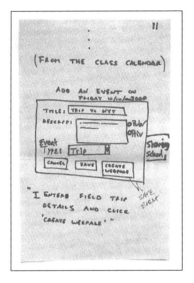

그림 12-7은 화면 인터랙션을 스케치한 것으로 사용자가 생성한 현장 학습 이벤트에 관한 실제 세부 사항들을 포함했다. 이 세부 사항들은 팀이 시퀀스 모델에 기록한 실제 현장 학습에서 나온 것이다.

그림 12-8 스토리보드 12번 프레임을 확대한 것으로 실제 UI는 디자인하지 않고 필요한 기능을 표현하고 있다.

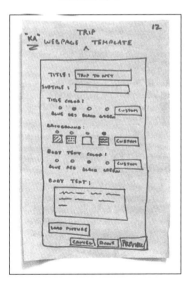

그림 12-8은 사용자에게 제안된 더 상세한 화면 그림을 보여준다. 여기에는 어떤 기능을 사용할 수 있어야 하는지 분명히 알 정도로 UI 세부 사항이 충분하게 담겨 있다. 이것이 실제 UI가 아니라는 점을 기억하자. 화면 스케치는 사용자의 직무 수행을 위해서 제안해야 하는 기능만을 잡아내려는 것이다.

조언

스토리보드를 만드는 프로세스에 대한 몇 가지 조언을 소개하겠다.

- 스토리보드를 작업하려면, 여러분은 먼저 전체 구조와 기능을 염두에 두어야 한다. 이때 정확한 언어, 아이콘, 또는 레이아웃 등은 걱정하지 말자. 실제 UI 디자인은 나중에 생성될 것이다.

- 스토리보드를 그리다가 막히면, 구체적인 수준의 비전으로 되돌아가서 막힌 부분을 살펴본다.

- 여러분이 가진 시퀀스를 처리하면서 새로운 케이스가 계속 산출되는 것 같다면, 이것들이 사용자의 업무에서 나타난 케이스라서 반드시 다루어야 하는지, 아니면 일어날 가능성이 있는 일을 고려한 여러분의 아이디어인지 자문해 본다. 논리적으로 추론된 케이스에 대해서는 신경 쓰지 말고, 일단 알려진 사용자 케이스를 먼저 다룬다.

정리된 시퀀스에 대해 스토리보드 검토하기

스토리보드가 완성되면 정리된 시퀀스 모델과 대조하여 검토해 여러분이 시퀀스에서 개별 단계와 의도를 설명했는지 확인해 본다. 여기서 '설명했는지'의 의미는 여러분이 어떤 단계나 의도가 완수될지 여부를 생각했다는 뜻이다. 여러분은 새로운 디자인에서 아무 변화 없이 어떤 단계나 의도가 기존과 동일한 방식을 지원하도록 결정할 수도 있다. 아니면 새로운 단계들이나 새 테크놀러지, 또는 자동화 등을 소개할 수도 있다. 이것은 여러분의 디자인이 업무에 지장을 주지 않음을 확인하는 마지막 품질 검사와 같다.

스토리보드 공유하기

여러분의 팀이 두 사람 이상이고 동시에 작업하고 있다면, 스토리보드가 완성된 후에 공유 시간을 갖는다. 이와 같은 스토리보드 공유는 작업을 담당한 각 2인 1조에게 작업에 대한 피드백을 주는 검토 세션과 같다. 수집된 이슈를 기록하고 스토리보드를 다시 작업한다.

가정 내 사용자를 대상으로 한 시스템을 개발하고 있다면, 그 사람들과 함께 스토리보드를 공유한다. 이제 사람들의 업무를 어떻게 바꿀지에 대한 여러분의 아이디어를 공유할 시점이다. 사람들이 피드백과 우려되는 점을 표현하도록 더 공식적인 프리젠테이션을 준비한다. 따라서 이 단계는 잘 계획하고 조정할 필요가 있다.

이런 공식적인 공유를 위해서, 디지털 카메라를 이용하여 스토리보드 프레임을 촬영하고, 각각을 슬라이드 쇼에서 프로젝션해서, 큰 방에서 스토리보드를 볼 수 있도록 한다. 이 그룹과 계속해서 데이터를 공유해 왔다면, 공유할 목적으로 슬라이드 쇼를 보여주거나 벽을 워킹할 필요는 없다. 그러나 알아낸 것과 비전을 그동안 공유하지 않았다면, 먼저 이 과정부터 거쳐야 한다.

스토리보드 프레임을 공유할 준비가 되면, 각각을 프로젝션하고 개별 프레임에 대해 수기로 이슈를 기록한다. 이때 여러분은 종이 스토리보드를 가져와서 영향을 받은 프레임에 포스트잇을 추가하여, 나중에 이것을 보고 해당 이슈를 재디자인에 반영할 수 있다. 이렇게 하면 여러분이 이해관계자들이 제기한 이슈를 추가하는 모습을 공개적으로 보게 되므로, 그들도 자신들의 의견이 '수용되었다고' 느낄 수 있다.

스토리보드 공유를 진행하려면, 다음을 준비해 벽에 걸어 둔다.

- 정리된 비전
- 스토리보드
- 스토리보드의 기반이 되는 시퀀스

이 회의에서 팀이 효과적으로 검토하도록 이끌려면, 모든 팀원이 참석해야 한다. 몇 번이고 회의를 해서 한 번에 피드백을 하나씩만 받고 싶지는 않을 테니 말이다. 따라서 회의는 한 번으로 하고, 오지 못하는 사람들에게는 의견을 반영할 기회가 사라진다고 말해 둔다. 래피드 CD에서 시간을 관리하는 방법 중 하나는 얼마나 참여할지 분명히 예측하는 것이다.

모든 스토리보드 공유 회의에서는, 회의를 진행하는 조정자(moderator)를 정한다. 이 사람은 팀 구성원 중 한 명이 될 것이다. 조정 담당자는 회의를 포커스에 집중시키고 적정한 속도로 진행되도록 한다. 또한 어떤 논의를 계속하거나 또는 나중으로 미뤄야 할지를 결정한다. 스토리보드는 스토리보드 팀의 두 사람, 즉 발표자와 펜이 프리젠테이션한다.

스토리보드를 공유할 때 발표자는 다음과 같이 한다.

- 참석한 사람들을 이해시키고자 스토리보드에서 추상적인 수준으로 설명하는 시퀀스 또는 직무를 소개한다.
- 개별 스토리보드 프레임은 각각 무슨 일이 일어나는지를 설명하면서 순서대로 검토한다.
- 참여자들이 제시하는 피드백, 이슈, 또는 디자인 아이디어를 듣고 그것들을 포스트잇에 적어서 연관된 프레임에다 붙인다.

발표자가 이야기할 때, 펜은 미처 스토리보드에 써 두지 못한 내용이 있으면 발표자가 말한 내용에다 주석을 붙인다. 이것 또한 비공식적인 품질 검토가 된다.

발표자가 스토리보드를 워킹하면서 설명하는 동안, 검토하는 사람들은 다음 사항들을 살펴보아야 한다.

- 스토리보드에서 유실되거나 혼동되는 부분
- 사용자 데이터에서 수집된, 사용자 업무 수행에 대한 침해
- 비전과의 불일치
- 업무를 더 향상시킬 기회
- 테크놀러지 또는 사용자 수용에 대한 우려
- 계획된 비즈니스 프로세스 변화에 대한 침해
- 비즈니스 목표와의 불일치

팀 구성원들은 또한 그들의 이슈나 디자인 아이디어를 포스트잇에 적어서, 그것들이 연관된 스토리보드 프레임에 붙일 수 있다.

주의-이슈에 대해 결정을 내리거나 디자인 아이디어를 채택하는 것은 스토리보드 팀의 일이다. 전체 그룹은 디자인과 디자인의 선택 사항을 이해하고자 질문하지만, 공유 세션에서 이슈를 함께 해결하는 데는 관여하지 않는다. 그 일은 스토리보드 팀이 스토리보드를 재작업할 때 수행한다.

스토리보드 재작업하기

스토리보드 팀은 공유 세션에서 기록을 담당하고 스토리보드를 어떻게 바꿀지 결정한다. 그런 다음, 동일한 스토리보드 작업 프로세스를 거쳐 재작업을 한다.

재작업은 한 번으로 충분하다. 특별히 원하지 않는다면 재작업한 스토리보드를 다시 공유할 필요는 없다. 다시 한 번 강조하지만, 목업 인터뷰를 통해 스토리보드가 사용자와 테스트하는 과정을 거친다는 점을 기억하자. 과도하게 재작업을 하는 건 시간 낭비일 뿐이며, 이는 나중에 사용자와 하는 편이 낫다.

다음 스토리보드로 이동하기

일단 스토리보드 하나를 완성했다면, 스토리보드 작업이 필요한 다음 차례의 정리된 비전으로 넘어가 동일하게 진행한다. 여러분은 비전에 영향 받은 개별 주요 직무에 대한 스토리보드를 생성할 것이다. 문제의 복잡성에 따라 각각 곁가지가 있는 스토리보드를 4개에서 10개 정도 만들 수 있다. 이때 목표는 사용자가 업무를 완수하는 데 관여하는 핵심 직무들을 포함하는 것이다. 그리고 이 직무들은 여러분이 제안한 새로운 테크놀러지에 영향을 받게 된다.

R a p i d
C o n t e x t u a l
D e s i g n

13

페이퍼 프로토타입 테스트하기

래피드 CD 프로세스	속전 속결	속전 속결 플러스	집중 래피드 CD
해석과 함께 페이퍼 목업 인터뷰하기		V	V

비전을 도줄하거나 권장 사항 목록을 만든 다음, 팀은 사용자에게 재디자인과 새로운 기능을 어떻게 제안할지에 대한 첫 번째 프로토타입 화면 작업을 하게 된다. 속전 속결 플러스에서 팀은 사용자 인터페이스의 첫 번째 화면 작업을 시작하고자 과거에 이용했던 방법은 무엇이든 이용할 것이다. 집중 래피드 CD에서 여러분은 스토리보드를 만들며 새로운 업무 수행과 시스템을 다루었다. 이제 여러분은 시스템과 사용자 인터페이스(UI)를 정의할 디자인의 구성 요소들을 추상화해야 한다. 여러분이 어떤 프로세스를 선택했든, 기능과 UI의 첫 번째 화면 작업을 정의할 방법이 필요하다.

하지만 이 기능과 초기 레이아웃은 아직 사용자 테스트를 거치지 않았다. 여러분의 디자인 콘셉트를 테스트하고 기능을 명확하게 만들고 싶은가? 그렇다면 페이퍼 프로토타입을 구축하고 페이퍼 프로토타입 필드 인터뷰에서 이것을 사용자 집단과 함께 테스트하기를 권한다.

이 장에서는 페이퍼 프로토타입을 어떻게 구축하는지 소개하며, 여러분의 스토리보드가 어떻게 들어갈 기능을 정의하는 가이드가 되는지도 알아볼 것이다. 14장에서는 여러분의 초기 디자인을 테스트하고 이터레이션을 위해 고안된 페이퍼 프로토타입 필드 인터뷰를 설명한다.

페이퍼 프로토타입 테스트는 인터뷰 담당자와 함께 솔루션을 디자인하도록 사용자를 초대한다. 완성되지 않은, 즉 완벽하게 디자인되지 않은 페이퍼 모델은 말보다 더 좋은 커뮤니케이션 수단이 된다. 사용자는 여기에 필요한 부분을 덧붙이거나 직무를 더 잘 지원하는 디자인으로 바꿀 수 있다. 사용자에게 페이퍼 시스템을 이용해 실제 일상의 직무를 수행해 달라고 요청해 보자. 사용자는 실제 생활 케이스라는 컨텍스트 속에서 디자인의 세부 사항에 몰두할 것이다. 이때 시스템에 어떻게 반응하는지 사용자를 관찰하고 그들과 이야기함으로써, 여러분은 제안된 디자인이 제대로 작동하는지 알 수 있다. 만약 제대로 작동하지 않는다면, 인터뷰 담당자는 그 프로토타입을 바로 개조하여 디자인 수정을 제안한다. 이런 방식으로 팀은 디자인에 대한 피드백을 얻고 시스템과 관련된 최종 요구사항을 구체적으로 만든다.

페이퍼 프로토타입 인터뷰는 2대 1 인터뷰로, 한 사람은 인터뷰를 하고 다른 사람은 기록한다. 인터뷰에 이어, 해석 세션에서는 팀이 이야기할 필요가 있는 핵심 이슈들을 기록한다. 우리는 사용자를 2명에서 4명 정도 몇 차례 인터뷰해서 팀이 사용자 피드백에 근거하여 디자인을 반복 수정하도록 권한다. 각 프로토타입 인터뷰가 끝나면, 팀은 디자인을 수정하고 이를 다시 테스트한다.

『Contextual Design: Defining Customer-Centered Systems』의 17장 「Prototyping as a Design Tool」 367쪽과 18장 「From Structure to User Interface」 381쪽을 참조하자.[1]

---

1 다음의 책도 참조하자. 스니더(Snyder, C.) 『Paper Prototyping: The Fast and Easy Way to Design and Refine User Interfaces』 모건 카우프만, 2003.

정의

페이퍼 프로토타입은 여러분의 제품을 페이퍼 모델(paper representation)로 만든 것이다. 이것은 포스트잇, 다양한 종이조각, 또는 이용할 필요가 있는 다른 재료들로 구성한다. 이를 이용해 여러분의 디자인을 사용자 인터랙션을 거쳐 테스트할 수 있다. 프로토타입에서는 모든 요소를 움직일 수 있고 바꿀 수 있어야 한다. 여러분은 사용자의 콘텐츠를 추가하고, 인터페이스 구조를 바꾸거나, 아니면 사용하려는 고객의 반응에 따라 프로토타입을 수정할 것이기 때문이다. 페이퍼 프로토타입은 사용자의 업무 장소에서 사용자와 함께 페이퍼 프로토타입 필드 인터뷰를 실시할 때 이용된다.

핵심 용어

페이퍼 목업 프로토타입을 대신할 수 있는 용어다. 페이퍼 목업, 페이퍼 목업 인터뷰와 같이 사용한다.

페이퍼 프로토타입 인터뷰 사용자의 업무 공간에서 페이퍼 프로토타입을 이용하여 실시하는 필드 인터뷰의 일종이다. 이것은 사용자가 실제 직무를 완수하기 위해 '마치 이런 것처럼' 해보자는 상황을 설정한다. 인터뷰 담당자는 목업의 부분들을 조정하여, 사용자의 요구와 직무에 응답하는 식으로 기능과 구조를 바꾼다. 사용성 테스트에서 흔히 그러하듯 미리 정의된 사용자 직무는 없다.

와이어 프레임 컴퓨터로 그려진 사용자 인터페이스로 레이아웃, 간단한 버튼, 평이한 콘텐츠를 포함하는 기본적인 사용자 인터랙션 디자인을 표현한다. 여기에는 시각적이거나 미적인 디자인은 포함되지 않는다. 우리는 때때로 최종 사용자 인터페이스를 디자인하기 위해 2, 3회의 페이퍼 목업 인터뷰에서 와이어 프레임(wire frame)을 이용한다. 하지만 이때에도 모든 부분을 떼어내 옮겨서 수정할 수 있으므로, 사용자에게 인터페이스를 제안해 보여주지는 않는다.

시각 디자인 컴퓨터 화면이나 다른 장치에 디스플레이된 사용자 인터페이스의 시각적 또는 미적인 외관이다. 인터페이스의 기능이나 사용을 지원하고 또 강화하고자 색, 형태, 크기, 스타일 등을 이용한다.

페이퍼 프로토타입 구축 프로세스

☐ 준비하기

- 이터레이션 회차(iteration) 계획하기
- 데이터와 공간 준비하기

☐ 페이퍼 프로토타입 구축하기

- 구성 요소를 정의하고자 스토리보드 워킹하기
- 브레인스토밍과 UI 콘셉트 정의하기
- 모든 UI 공유하기
- 프로토타입 구축하기

☐ 사용자 피드백에 근거하여 디자인 수정하기

- 사용자와 테스트하고자 다음 프로토타입 구축하기

이터레이션 회차 계획하기

래피드 CD에서 여러분은 매우 빠르게 반복하여 비전과 기능 테스트에서 균형을 유지하기를 원할 것이다. 새로운 제품 콘셉트 또는 유의미한 새로운 기능을 개발하는 프로젝트의 경우를 살펴보자. 한 회당 사용자가 3-4명 있고 두세 가지 역할을 포함하는 프로토타입 테스트를 3회 수행한다. 기존 시스템에 기능을 추가하거나 시스템 구성 요소가 구축되는 지점의 범위가 좁은 프로젝트에서는, 사용자가 3-4명 있고 한두 가지 역할을 포함하는 목업을 2회 이용한다.

페이퍼 프로토타입 테스트를 3회 하는 프로젝트에서 각 회차는 아래와 같이 계획해야 한다.

- 1회 - 포스트잇과 종이에 모두 손으로 그린 매우 대략적인 프로토타입을 마

런한다. 의도는 비전과 디자인 구조를 테스트하는 것으로, UI는 해당되지 않는다. 손으로 그린 프로토타입은 하루 안에 제작될 수 있고, 팀이 아직 어떤 기능을 확인하거나 바꿀지 모르기 때문에 와이어 프레임을 생성하는 것은 시간 낭비다(362쪽의 '왜 첫 번째 프로토타입은 종이에 구축하며, 온라인 와이어프레임을 이용하면 안 되는가?' 박스를 보자).

- 2회 - 더 다듬어졌지만 여전히 대략적인 프로토타입을 준비하며, 프로토타입을 더 쉽게 만들기로 했다면 일부 작업은 온라인에서도 가능하다. 이때 의도는 디자인 구조를 정리하고 제작 프로세스를 가속화하는 것이다.

- 3회 - 더 많이 다듬어진 와이어 프레임 프로토타입으로, UI 디자인을 테스트해야 하므로 그것에 대한 충분한 정의와 프로토타입 콘텐츠를 포함한다. 이때 의도는 사용자 인터랙션 디자인과 사용자에게 잘 이해되는 말을 확인하는 것이다.

페이퍼 프로토타입 인터뷰를 2회만 하는 더 작은 규모의 프로젝트라면, 각 회차를 다음과 같이 계획해야 한다.

- 1회 - 더 다듬어졌지만 여전히 대략적인 프로토타입을 준비한다. 첫 번째 버전을 빨리 만들고 기능과 레이아웃을 바꿀 때 사용자 참여를 극대화하기 위해, 여전히 종이로 시작하기를 권장한다. 그렇게 해도 프로토타입은 여러분의 현재 제품에 있는 기존 기능과 통합된 더 세부적인 기능을 포함할 수 있다. 아마 여러분은 기존 시스템에서 기능을 확장해서, 바뀌지 않을 기존 UI 패러다임에 맞출 것이다. 이는 그리 범위가 넓지 않은 재디자인이 될 것이고, 따라서 비전과 디자인 구조를 더 큰 프로젝트에서 하듯이 철저하게 테스트할 필요는 없다. 일부를 수정하고자 단지 기존 사용자 인터페이스에 한두 가지 기능만 추가한다면, 사용자가 바뀐 부분에 집중하도록 시스템 화면에 포스트잇으로 기능을 덧붙인다.

- 2회 - 더 많이 다듬어진 와이어 프레임 프로토타입이 되어 있을 것이다. UI

디자인을 테스트하고자 UI 디자인에 대한 충분한 정의와 프로토타입 콘텐츠를 포함한다. 이때는 사용자 인터랙션 디자인과 사용자가 잘 이해하는 말이 무엇인지를 확인하는 것이 목적이다.

조언 - 일단 와이어 프레임을 이용하기 시작하면, 여러분은 재사용할 수 있는 UI 부분들의 라이브러리를 구축할 수 있다. 이것은 다음번에 프로토타입을 구축해야 할 때, 프로세스를 가속화하는 데 도움이 된다. 하지만 다음 프로토타입을 지난번에 구축한 프로토타입에 너무 의존해서 자동으로 시작하기를 원하지는 않을 것이다. 그렇게 되면 전혀 새로운 방식으로 시도해 보려는 의욕이 떨어질 수 있기 때문이다.

왜 첫 번째 프로토타입은 종이에 구축하며, 온라인 와이어 프레임을 이용하면 안 되는가?

우리가 처음 컨텍스추얼 디자인을 개발했을 때만 해도 그렇지 않았지만, 페이퍼 목업과 페이퍼 목업 인터뷰는 이제 사용자 인터페이스를 개발하려는 데라면 어디서나 이용된다. (킹(kyng)의 논설은 이 주제에 대한 고전이다. 스니더(Snyder)의 책은 더 최근의 자료다.)[2] 페이퍼 목업 인터뷰는 시스템 테스트라는 의미로 받아들여지는데, 사용자가 사용자 인터페이스를 이해할 수 있기 때문이다. 사용자는 UED나 OO[3]와 같은 모델을 이해하지 못하며, 스토리보드를 리뷰한다 해도 새로운 업무 수행을 쉽게 상상하지 못한다. 결국, 고객이 자신들의 업무를 자각하고 그것을 표현하지 못하면 함께 의논하더라도 그들은 무엇이 잘 작동하고 무엇이 그렇지 않은지 분명히 표시하지 못할 것이다.

---

2 킹(Kyng, M.),『In Proceedings of the Conference on Computer-Supported Cooperative Work』(1988. 9. 26-28) 중에서 178쪽 'Designing for a Dollar a Day', Oregon, Portland.

3 엔(Ehn, Pelle), 『Work-Oriented Design of Computer Artifacts』Gummessons, Falkoping, Sweden, 1988. International distribution by Almqvist & Wiksell International, also Coronet Books, Philadelphia, PA.

따라서 사용자가 시스템을 수용하는 정도와 기능을 테스트하고자 우리는 종이에 시스템을 표현한다. 페이퍼 프로토타입은 움직일 수 있는 버튼, 메뉴, 콘텐츠 레이아웃, 기타 제안된 사용자 인터페이스의 다른 양상들로 완성된다. 종이를 쓰면 사용자를 디자인의 구조적인 면에 효과적으로 집중시킬 수 있다. 윈도를 손으로 그리면 아이콘 디자인, 정확한 레이아웃, 멋진 조작 등은 중요한 요소가 아니라는 점이 명백해진다. 사용자가 페이퍼 모델과 인터랙션할 때 그들은 멋진 사용자 인터페이스에 휩쓸리지 않으며, 구조에 집중할 수밖에 없다. 시스템 디자이너와는 달리 코드 작성에 제약을 받지 않는 건축가들도, 고객과 처음 아이디어에 대해 커뮤니케이션할 때는 완성된 드로잉보다 스케치로 하는 것을 선호한다.

페이퍼 프로토타입에는 변화를 수용한다는 특성이 있다. 사용자가 프로토타입의 어떤 윈도를 가리키며 "하지만 지금은 이걸 해야 하는데요."라고 말한다면, 윈도에 바로 기능을 쉽게 추가할 수 있다. 또한 사용자에게 무엇이 필요한지, 왜 필요한지, 그리고 몇 가지 대안 중에서 그들의 요구를 충족시키기에 어떤 것이 나은지 등을 이야기하기도 쉽다. 사용자와 함께 시스템을 디자인하도록 움직이는 것도 간단하다. 실제로 작동하는 다른 프로토타입이나 프로토타입 툴이라도 페이퍼 모델처럼 빠르고, 사용자와 함께 쉽게 디자인할 수는 없을 것이다.

그러므로 우리는 작동하는 프로토타입이나, 심지어 완성된 인터랙션이나 시각 디자인을 출력하기보다는, 페이퍼 모델로 시작한다. 처음 테스트를 한두 번 거친 후에 시스템의 부분들과 레이아웃이 안정되기 시작하면, 매우 단순한 무채색의 와이어 프레임을 구축할 수 있다. 그러나 우리는 이 와이어 프레임이 사용자에게 종이 컷아웃(cutouts)과 마찬가지라고 생각한다. 와이어 프레임은 다음 번 인터랙션의 개발을 가속화한다. 이것은 최종 인터랙션 디자인으로 향하는 한 단계다. 하지만 종이 컷아웃과 이동할 수 있는 각 부분과 펜만 갖춰놓고 인터뷰해도 수정 사항을 수용할 수 있다.

여러분이 시각 디자인을 완성하지 않은 채 시작한다는 점도 중요하다. 모든 시각 디자인은 시스템의 기능과 콘텐츠를 지원하는 것이 주요 의도 가운데 하나다. 그러나 기능과 콘텐츠가 아직 최종 상태가 아니기 때문에, 시각 디자인이 무엇을 지원해야 하는지조차 알 방법이 없다. 이 시점에서 시각 디자인을 시작한다면, 프로토타입이 수정될 때마다 매번 시각 디자인을 바꿔야 하므로 결과적으로 작업의 낭비가 심할 것이다.

데이터와 공간 준비하기

UI를 위해서 프로토타입 구축을 시작할 때 스토리보드가 있다면 프로젝트 룸에 모두 걸어 놓는다. 여러분은 또한 프로토타입을 만들 재료가 필요할 것이다. 어떤 장치나 다른 하드웨어 부분에 대한 프로토타입을 구축하는 경우에는, 제품에 적합한 재료가 들어가도록 다음 목록을 적절히 수정하자.

- 프로토타입 배경용으로, 보드지로 만든 포스터 보드 또는 카드 시트 (9x12, 11x14, 또는 11x17 인치)
- 화면, 웹 페이지, 큰 대화창을 그릴 일반 크기(8.5x11)와 절반 크기(5.5x8.5)의 종이
- 포함시킬 가능성이 있는 콘텐츠 부분들의 출력물. 이것들은 잘라서 다른 레이아웃으로 배열하는 식으로 쓰는데, 웹 페이지 디자인에 특히 유용하다.
- 모든 크기와 색상의 포스트잇 - 1x2, 2x3, 3x3, 3x5, 4x6. 큰 버튼에서 풀다운(pull-down) 메뉴, 대화창, 작은 윈도까지 모든 부분에 이용된다.
- 라벨로 쓸 포스트잇 깃발(flag)
- 버튼으로 쓸 동그란 스티커
- 부분들을 함께 붙이고 쉽게 이동시키는 데 쓰는 붙였다 뗄 수 있는 테이프
- 실수하는 경우에 대비한 수정액
- 네임 펜(Sharpie Extra Fine Point pen) - 각 사람에게 충분한 개수의 파랑, 빨강, 검정, 녹색 펜을 나눠준다. 볼펜이나 다른 종류의 펜 대신 네임 펜을 쓰는 것이 좋은데, 텍스트를 읽기 좋고 분명하게 쓸 수 있기 때문이다.
- 강조 표시에 쓸 다양한 색깔 펜
- 가위
- 필요한 경우 겹치는 기능을 표현할 수 있는 OHP 필름
- 하드웨어 또는 손에 드는 프로토타입에 이용할 다양한 크기의 상자나 장난감

- 프로토타입의 여러 부분들을 보관할 파일이나 봉투(선택 사항)

그림 13-1에서 우리가 페이퍼 프로토타입을 만드는 데 필요한 물품들을 어떻게 이용했는지 볼 수 있다. 보드지는 이처럼 창과 구획이 많은 디자인의 배경이 된다. 서로 다른 콘셉트를 표현하는 부분들은 구분된 종이 여러 장과 포스트잇에 붙여져 있다. 우리는 스프레드시트나 차트에서 정보 레이아웃을 테스트하고자 종이 위에 컬럼까지 만들었다.

그림 13-1 기능과 정보 레이아웃을 테스트할 목적인 페이퍼 프로토타입의 샘플

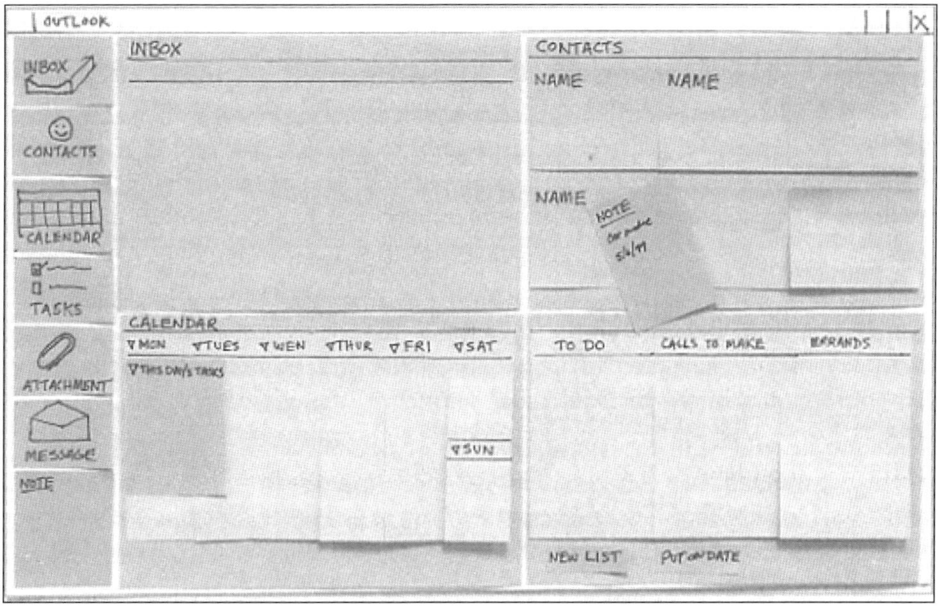

구성 요소를 정의하고자 스토리보드 워킹하기

여러분이 기능과 UI 레이아웃을 정의하는 데 다른 프로세스를 이용한다면 이 단계는 건너뛸 것이다. 하지만 스토리보드를 만들었다면 여러분은 새로 도입하려는 업무 또는 일상의 프로세스를 지원하는 세부 디자인에 근거하여, 필요한

기능을 추상화할 준비를 마친 것이다.

필요한 기능을 추상화하고자, 시스템이 나타내는 핵심 구성 요소와 그 기능을 정의하면서 스토리보드를 다시 워킹한다. 구성 요소들은 하나 이상의 스토리보드에서 이용되는 경향이다. 그러므로 여러분은 어떤 구성 요소와 연관된 스토리보드가 암시하는 기능을 수집하기 위해 그것들을 모두 검토해야 할 것이다. 한 사람을 정해 개별 스토리보드의 스토리를 이야기한다. 각 스토리보드를 워킹할 때, 여러분은 핵심 기능과 자동화 또는 비즈니스 규칙에 따라 사용자와 관련될 새로운 시스템의 주요 부분들을 적는다.

여러분은 구성 요소들의 특성으로 간단한 목록을 작성하거나, 스토리보드에서 뽑아낸 필요 기능으로 간단한 UI를 빨리 그릴 수 있다. 하지만 이 똑같은 구성 요소들을 여러 스토리보드에서 재사용한다는 점에 유의해, 요소들을 그냥 추가하기만 하자. 또한 구성 요소들의 기능이 겹치지 않도록 주의해야 한다. 기능이 겹쳐지는 구성 요소는 통합한다.

래피드 CD에서 우리는 스토리보드에서 바로 사용자 인터페이스 목업으로 이동하기를 권한다. 복잡한 시스템을 다루거나 더 공식적인 수정 또는 시스템 레이아웃을 원한다면, UED 형식을 이용하는 것도 고려해 보자('사용자 환경 디자인은 시스템 구조 파악을 돕는다' 박스를 참조하자).

다 끝났으면 여러분은 스토리보드에서 암시된 기능들이 충족된 초기 레이아웃을 포함하는 사용자 인터페이스의 구성 요소 세트를 확보해야 한다. 이것은 인터페이스 디자인이 아니다. 이것은 단지 사용자 인터페이스를 위한 '기록(note)' 또는 작업 지시일 뿐이다.

마치기 전에 한 걸음 물러서서 구성 요소와 그 내용을 검토하고 다음과 같이 질문해 본다.

- 각 구성 요소는 일관된 직무 또는 역할을 지원하기 위해 함께 놓여 있는가?
- 구성 요소가 너무 많아서, 일부를 더 일관된 인터페이스로 결합해야 하는가?

- 구성 요소들 사이의 연결은 분명한가?
- 개별 구성 요소 안의 기능은 그 구성 요소의 목적을 명확하게 지원하는가?
- 너무 복잡한가? 기능을 단순하게 만들 수 있는가?
- 스토리보드에 없었거나 고객 데이터가 뒷받침되지 않은 기능성을 추가하지는 않았는가?

일단 만족스럽다면 여러분은 대안 사용자 인터페이스 콘셉트에 대해 브레인스토밍을 시작할 좋은 구성 요소 세트를 확보한 것이다. 이것은 비전을 도출하는 과정과 비슷한 프로세스다. 그러나 여러분은 이제 스토리보드에 나타나거나 다른 방법론으로 정의된 기능들을 표현하기 위해서 UI가 어떻게 구성될지에 집중하게 된다(15장 '래피드 CD와 다른 방법론들'을 보자).

사용자 환경 디자인은 시스템 구조 파악을 돕는다

래피드 CD에서는 사용자 환경 디자인(UED, User Environment Design) 과정을 생략하고 UI 구조 설계로 바로 넘어가기를 권한다. 하지만 복잡한 프로젝트나 시스템의 경우, 혹은 비교 분석을 하거나, 기획된 디자인을 분석하여 잠재적인 문제점들을 찾으려고 할 때는, UED 형식을 이용하는 걸 고려해야 한다.

좋은 제품, 시스템, 또는 웹 페이지에는 그 내부의 자연스러운 업무 흐름을 지원해 주는 적합한 기능과 구조가 있어야 한다. 시스템 디자인에는 실제로 세 가지 레이어가 존재한다. UI는 사용자가 개선된 업무를 수행하기 위하여 시스템의 기능, 구조, 업무 흐름에 접근하도록 하여 준다. 시스템의 구현은 기능과, 구조, 업무 흐름이 가능하도록 하여준다. 그런데 제품의 핵심은 가운데 레이어, 즉 시스템이 수행되는 부분이다. 건축가가 집의 구조와 흐름을 보려고 도면을 그리는 것처럼, 디자이너는 새로운 시스템의 '평면도(floor plan)'를 보아야 한다. 시스템 평면도라 할 수 있는 UED는 바로 스토리보드에 숨겨져 있다.

UED는 '포커스 영역(focus areas)'의 조합 혹은 시스템에서 관련된 활동을 지원해 주는 영역으로 나타난다. 이런 영역은 예를 들어 윈도나, 웹 페이지, 대화창 등이 될 수 있다. UED는 시스템의 각 부분을 보여 준다. 그 부분이 어떻게 고객의 업무를 지원하는지, 특정 부분에서 정확하게 어떤 기능을 이용할 수 있는지, 그리고 어떤 특정한 사용자 인터페이스나 시스템 수행 디자인에 이 구조를 묶어놓지 않고, 고객이 시스템의 다른 부분에서 어떻게 접근해 오는지 등을 알려준다. UED에서 기능은 기능적인 세부 사항(명세)과 실행 수준의 유스 케이스를 이끌어낸다. 개별 포커스 영역에서 기능은 해당 기능을 지원할 사용자 인터페이스의 부분에 대한 명세(specification)가 된다.

UED를 생성할 때 팀은 스토리보드를 자세히 들여다보고, 시스템을 지원하는 데 무엇이 필요한지에 대해 암시된 내용을 추상화한다. 스토리보드 작업 후 포커스 영역, 기능, 그리고 링크를 생성하는 등의 스토리보드에서 나타난 암시가 UED에 반영되면, 팀은 시스템을 구조화하는 최선의 방법을 알게 된다. 이 시스템 구조는 이제, 만약 제대로 구축되었다면 스토리보드에서 다루어진 대로 비전을 실현하는 시스템을 표현한다.

그러나 사용자가 이 시스템을 가치 있게 평가할지를 판가름할 테스트가 아직 남아 있다. 그리고 어떤 디자인 팀이라도 중요시하는 포인트만으로 필요한 기능을 예상할 수 있다. 따라서 처음 UED를 만든 후에, 팀은 개별 포커스 영역을 종이로 목업을 만들고 목업 인터뷰에서 그것을 테스트한다. 사용자 테스트를 반복하여, UED와 사용자 인터페이스 패러다임은 안정화되어지고, 구체적인 수준의 시스템 요구사항도 확정된다.

사용자 환경에 관한 심도 있는 논의는 『Contextual Design: Defining Customer-Centered Systems』의 14~16장 295쪽에서 보자.

브레인스토밍과 인터페이스 구성 요소 정의하기

프로세스의 이 시점에 다다르면 팀은 UI와 그래픽 디자이너인 구성원들을 확보해야 한다. 그렇지 못했다면, 그들을 잠시나마 팀에 데려와 초기 사용자 인터페이스 디자인과 최종 디자인까지 프로세스를 계속 진행하는 일에 도움을 받는다. 이때 프로젝트에 직접 연관되지 않은 사람들을 데려왔다면, 먼저 데이터를 워킹하게 하고 비전과 스토리보드를 함께 공유한다.

여러분은 웹, 데스크톱, 모바일, 기타 등 어떤 플랫폼을 대상으로 개발하는지를 이미 알고 있어야 한다. 또한 만약 있다면, 여러분이 따라야 하는 회사 또는 법적인 사용자 인터페이스 표준이 있는지 또 어떤 테크놀러지 제약이 있는지 알아야 한다. 이때 목표는 합리적인 UI 레이아웃 안에서 제안하려는 기능을 표현하는 개별 UI 구성 요소에 대한 대략적인 UI 콘셉트를 개발하는 것이다.

규모가 큰 팀이라면, 2인 1조씩 두 팀으로 나눠 각 팀에 사용자 인터페이스 디자이너를 두고 두 팀이 동시에 구성 요소들을 개발한다. 그러나 디자인을 별개의 구성 요소나 구획으로 나누어서 완성될 때는 합치는 것을 잊지 말자. UI 디자이너가 한 명뿐이라면, 이 사람이 그룹들 사이를 돌아다녀야 한다.

UI 디자인을 개발할 때 다음을 유념하자.

- 구성 요소를 어떻게 표현할지를 주제로 아이디어를 브레인스토밍한다. 산출된 아이디어를 플립 차트에 스케치해서 모두 보고 참여할 수 있도록 한다.
- 여러 가지 대안을 개발한다(그림 13-2 참조).

그림 13-2 UI의 두 가지 선택을 보여 주는, 샘플 페이퍼 프로토타입 구성 요소 스케치. 팀은 이 중 하나를 선택해 사용자와 테스트한다.

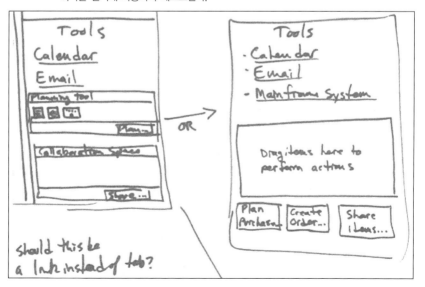

- 브레인스토밍된 각 아이디어에 대해 장점과 단점을 검토한다.
- 단점을 극복한다. 각 단점의 솔루션에 대해 브레인스토밍한다.
- 대안이 한 가지 이상 있다면, 하나를 선택한다. 혁신적으로 추진하려면 아이디어 가운데 사용자와 테스트하기에 더 급진적인 성격의 것을 선택한다. 급진적인 쪽에는 급진적이거나 그렇지 않은 디자인 모두에 해당하는 프로토타입 부분들을 포함할 수도 있으므로, 목업 인터뷰를 하는 동안 필요한 경우 대안적인 아이디어에 빨리 접근하게 된다.
- 모든 기능을 포함해서 다 완료하면 최종 사용자 인터페이스를 플립 차트에 스케치한다. 이것은 사람들이 프로토타입을 만들 때 가이드로 쓸 것이다(그림 13-3을 참조하자). UI 디자이너들은 이것을 대략적인 수준으로 유지하는 일이 어려울 것이다. 디자이너들은 대부분 자연스럽게 매우 세부적으로 만들려는 경향이 있으므로, 이에 주의해서 필요 없는 세부 사항에 시간을 낭비하지 말자.
- 프로토타입 구성 요소에 실제 사용자 업무 케이스를 적용해, 여러분의 전형적인 케이스에 필요한 기능이 모두 있는지 확인해 본다. 이 구성 요소를 이용하는 시퀀스가 있다면, 개별 단계를 워킹하고 여러분의 목업이 전체 업무를 지원할 수 있는지 살펴본다. 개별 직무를 완결하는 데 필요한 업무 흐름과 기능이 있다면 검토하고자 몇 가지 실제 시퀀스를 활용할 수 있다. 필요하다면 인터페이스 기능을 업데이트하라.

1차 페이퍼 프로토타입에 이용될 디자인을 다루는 데 하루 이상 끌지 말자. 별로 중요하지 않은 세부 사항에 집중하거나 이 시점에서 디자인을 끝내고 싶지는 않을 것이다. 여러분은 이때 디자인의 주요 구성 요소와 특징만 포착하기를 원한다. 그저 UI 구성 요소를 어떻게 배치할지 대략적인 아이디어만이 필요한 것이다. 래피드 CD에서 여러분이 다루는 범위는 이 작업을 하루에 완결할 정도로 작아야 한다.

그림 13-3 프로토타입을 만들 때 팀을 가이드할 최종 UI 스케치 사례

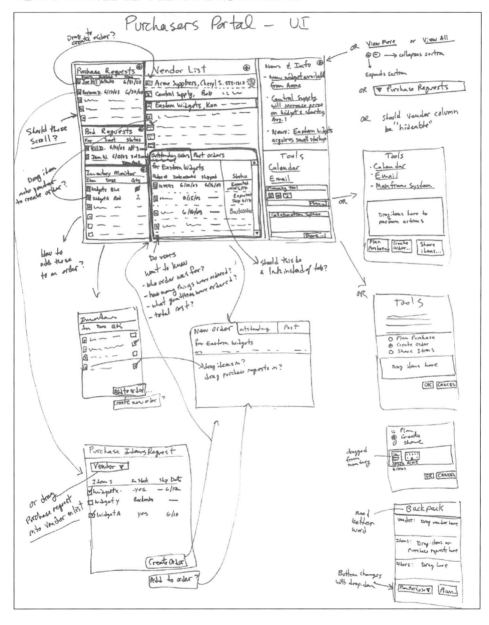

그리고 아이디어에 너무 많이 추가해 놓지 말자. 1차를 실시한 후에 적어도 디자인의 일부분이 완전히 바뀌는 일은 상당히 흔하다. 사용자들은 항상 여러분이 미처 생각하지 못한 멋진 아이디어로 여러분을 놀라게 할 것이다. 하루 만에 UI를 개발하는 일의 최대 장점은 개발하는 데 오래 걸리지 않은 아이디어이므로 쉽게 버릴 수 있다는 것이다.

주의-첫 번째 UI 디자인은 대략적이어야 하고 초기 페이퍼 프로토타입만을 지원해야 한다. 페이퍼 프로토타입의 각 회차를 거치면서, UI는 완성될 때까지 다듬어진다.

사례 – 구매

그림 13-4에 나타난 스케치는 인터페이스 구획이 몇 개로 그려져, 다양한 변형

그림 13-4 구매자 포털을 나타낸 이 프로토타입은 포스트잇에 손으로 그렸으며, 인터뷰 담당자가 인터뷰를 하는 동안 쉽게 움직이고, 수정하며, 새로운 콘텐츠를 추가할 수 있다.

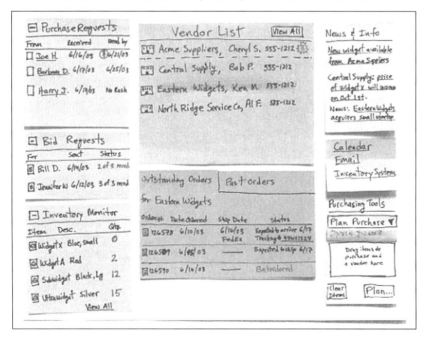

이 일어나는 구매자 포털을 보여 준다. 아이디어가 다루어질 때 이슈와 질문들 또한 기록되는 것을 알 수 있다.

모든 UI 공유하기

규모가 큰 팀이라 하위 팀들로 나눠서 작업한다면, 디자인을 공유할 필요가 있다. 여러분은 프로토타입을 구축하기 전이나 후에 이 일을 할 수 있다. 공유하기에 가장 좋은 시점은 구축하기 전인데, 그러면 목업에서 수정할 필요가 없기 때문이다. 하지만 디자인은 실제로 모든 부분을 함께 정리해야 할 때까지는 완전히 해결되지 않는다. 따라서 초기 디자인을 검토하고, 그 다음에 목업을 최종적으로 검토하는 걸 고려하자.

개별 하위 팀이 초기 UI 디자인의 구성 요소를 완결한 후에, 각 디자인을 팀 전체와 공유하고 장점과 단점을 파악한다. 패러다임에 불일치되는 것들과 스토리보드와 비전에서 벗어난 요소들을 찾는다. 필요한 수정 사항들을 파악하고 일치시켜야 하는 표준에 합의한다. 하지만 이 시점에서 UI 표준에 대해서는 고민하지 말자. 패러다임과 구성 요소에서 사소하게 불일치되는 것은 1차에서 그리 중요하지 않다. 사실 1차에서는 사용자에게 최선이 될 아이디어를 얻고자 서로 다른 패러다임을 테스트하는 편이 유용할 수도 있다. 그러므로 여러분에게 실제로 레이아웃에 대해 두 가지 다른 콘셉트가 있다면, 두 가지를 모두 테스트한다.

공유를 하고 디자인 구성 요소에 대해 합의했다면, 여러분은 첫 번째 프로토타입을 구축할 준비가 된 것이다. 이미 목업을 구축했다면, 뒤로 돌아가서 필요한 수정을 하면 된다.

디자인을 검토하는 동안 여러분은 핵심 테스트 이슈를 정의했을 수도 있다. 이것들을 '목업 인터뷰에서 주목할 부분'의 목록에 넣는다.

프로토타입 구축하기

목업을 구축하는 데는 다양한 종이 부품(구성 요소)들을 활용한다. 첫 번째 프로토타입을 구축할 때는 다음 가이드라인을 고려하자.

- 인터페이스의 모든 부분을 움직일 수 있는지 확인한다. 예를 들면 버튼, 풀다운 메뉴, 움직일 가능성이 있는 웹 페이지의 구획, 기타 등이 있다.

- 여러분이 테스트하고 있는 모든 주요 UI 구성 요소에 대한 링크를 만든다. 여러분은 핵심 부분들 간의 분명한 흐름을 보여주고 싶을 뿐, 일반적이고 이미 알려진 기존 기능에 대한 구성 요소들은 필요하지 않다. 여러분이 그다지 피드백을 원치 않는 다른 사소한 구성 요소들도 마찬가지다. 이것이 대략적인 프로토타입임을 명심하자. 여러분이 논의하려는 부분에 사용자를 집중시키는 데 필요한 것을 포함한다.

- 프로토타입 UI에 숨겨진 기능을 포함하지 말자. 프로토타입에 개별 기능을 시각적으로 표현해서 테스트할 수 있도록 해야 한다. 다시 말해, 키를 누르거나 오른쪽 마우스를 클릭해야만 표현되는 기능은 쓸 수 없다.

- 사례 데이터 또는 콘텐츠를 포함하되, 지울 수 있도록 한다. 이 콘텐츠는 사용자에게 컨텍스트에 대한 감을 주려는 의도로 담았으며, 사용자가 그들의 현재 업무에 프로토타입을 맞춰 그릴 수 있게 돕는다. 아무것도 없는 빈 화면을 무더기로 제시하지 말자. 그러나 일단 인터뷰에 들어가면, 샘플 콘텐츠를 사용자의 실제 콘텐츠로 바꾸게 될 것이다.

- 정보 콘텐츠를 포함하라. 웹 사이트를 구축하고 있다면 사용자가 테스트하도록 예시 페이지를 준비해서 모든 콘텐츠를 레이아웃해야 한다. 이때 콘텐츠와 페이지 구성 요소들을 움직일 수 있는지 확인하는데, 실제 콘텐츠를 이용한다. 따라서 사이트에 제품 페이지가 있다면, 핵심 라인(주력 제품군)으로 예시 제품 페이지를 개발하고, 그 제품 라인에서 레이아웃을 테스트한다. 예시 페이지를 사용자가 원하는 실제 제품을 논의하는 데 활용

하는 것이다. 이와 같은 대리 콘텐츠를 종이 위에서 보여준 다음, 어떻게 특정 제품이 비슷하게 표현될 수 있는지 논의한다. 여러분은 또한 기존 사이트로 가서 실제 콘텐츠를 살펴보고 그것이 종이 위에서 어떻게 표현될지 이야기할 수도 있다.

• 새로운 콘텐츠를 촉진하는 영역을 만든다. 때때로 디자인은 여러분에게 없는 새로운 종류의 콘텐츠를 제시하거나, 유의미하게 새로운 방식으로 콘텐츠를 재작성하기도 한다. 여러분은 간단하게 구획에다 각각에 들어갈 콘텐츠 타입으로 라벨을 붙이는 식으로 목업을 만들 수 있다. 예를 들면 구획에 '가치 제안'이라고 라벨이 붙어 있다면 이는 사용자가 무엇을 보려고 하는지에 대한 대화를 촉진시킬 것이다. 아니면 이것은 이런 타입의 웹사이트에서 기존 콘텐츠에 대한 사용자의 반응을 대신할 수도 있다.

첫 번째 프로토타입이 정리된 다음, 사용자와 테스트하기 전에, 목업의 모든 부분을 전체적으로 검토하여 부분들이 다 있고 잘 합쳐지는지 확인한다. 완벽

테스트를 시작하려면 완벽한 목업이 필요한가?

디자인 규모가 크고 시간이 부족하다면, 여러분은 실제로 테스트하고자 구성 요소들을 가져가려 할 수도 있다. 중심적이거나 중요한 요소로 테스트를 시작하고 여러 번 테스트를 거치면서 목업을 키워 나간다. 다만 주의할 것은, 개별 구성 요소를 적어도 두 번씩 테스트해야 한다는 점이다. 구성 요소를 하나씩 테스트한다면 테스트 횟수를 추가할 필요가 있을 수도 있다. 그리고 시스템도 함께 테스트해야 한다. 구성 요소 자체는 좋지만 시스템과 함께는 잘 작동하지 않을 수도 있기 때문이다.

프로토타입에서 고객이 적어도 일관된 업무를 하나라도 수행하는 한, 프로토타입 테스트는 가능하다. 예를 들면, 이초크 팀의 디자인에는 몇 가지 구성 요소가 있었다. 바로 이메일, 출석 체크와 보고, 성적 진척 보고, 달력이다. 요소들은 이 업무들 중 하나에 이용되어 처음부터 합리적으로 처리될 수 있었는데, 각각이 일관된 직무를 표현했기 때문이다.

한 프로토타입 사본을 하나 만들어서, 디자인에서 빼먹은 부분이 없는지 확인하고자 구성 요소들의 그룹을 만들어 검토한다('테스트를 시작하려면 완벽한 목업이 필요한가?' 박스를 참조하자).

사소한 수정 사항을 해결한 후에, 이번 회에서 실시하는 개별 인터뷰에 필요한 충분한 사본을 만든다. 시간을 절약하고자, 첫 번째 사본은 수작업으로 만들고 나머지 사본을 위해서 부분들을 복사한다.

인터뷰를 하러 나가기 전에, 모든 조각과 프로토타입 부분을 다 정리해서 인터뷰하는 동안 쉽게 찾을 수 있을지 확인한다. 우리는 흔히 구성 요소별로 하나씩 라벨을 붙인 서류철에 보관한다. 붙였다 뗄 수 있는 테이프를 이용해서 구성 요소들을 폴더 안에 고정한다. 흰색 포스터 보드를 가져가서 사용자 앞에 놓아 스크린이나 배경으로 쓴다.

그림 13-5 이초크에서 그들의 홈페이지를 어떻게 목업했는지를 보여주는 사례다. 인터뷰를 하는 동안, 사용자는 내 수업(My Classes)과 같은 버튼 중에서 하나를 클릭하고 인터뷰 담당자는 접혀 있는 포스트잇을 열어 선택할 것들을 보여준다.

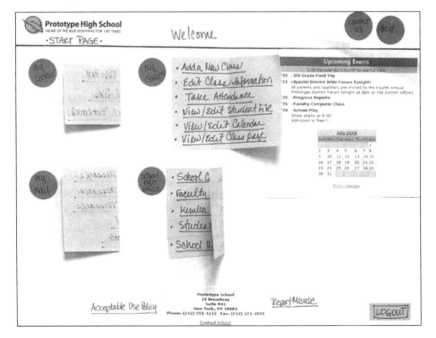

사례 - 이초크

그림 13-5에서 여러분은 이초크의 인터뷰 초기 회기에서 나온 페이퍼 프로토타입 사례를 몇 가지 볼 수 있다. 이것들은 손으로 그린 대략적인 구성 요소들을 결합하여 준비된 콘텐츠 조각들을 복사해서 프로토타입에 테이프로 붙여 만들었다.

이런 방식으로 이초크는 사용자에게 프로토타입이 수정되도록 만들어졌음을 바로 표시했고, 이로 인해 이초크 팀은 모든 것을 만들 필요가 없어져 시간을 절약할 수 있었다.

이초크 팀은 이벤트를 생성할 수 있다는 아이디어를 테스트하고 있었는데, 이를 그룹의 구성원들에게 가시적으로 보일 수가 있었다. 그림 13-6은 그들의

그림 13-6 와이어프레임과 손으로 그린 포스트잇을 모두 이용한 이초크의 프로토타입

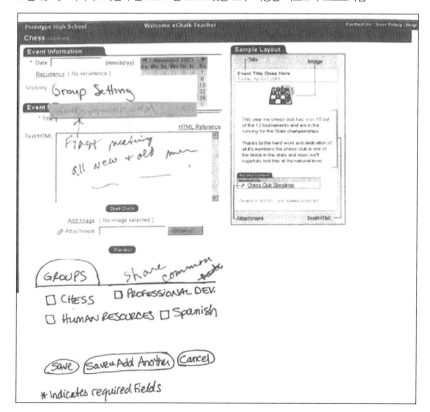

UI가 프로토타입 인터뷰를 위해 필드로 나가기 전에 팀이 디자인한 모든 기능을 담고 있음을 보여 준다.

UI는 모두 종이 위에 나와 있고, 여기에는 기존 화면이나 와이어 프레임을 잘라낸 것이라든가 포스트잇에 손으로 그린 기능들이 들어갔다. 팀이 인터뷰를 하러 나갔을 때, 프로토타입을 사용자의 실제 세계에서 얻은 콘텐츠로 채웠다.

사용자와 테스트하기 위해 다음 프로토타입 구축하기

1차 프로토타입 인터뷰와 해석 세션을 마치고 나면(14장에서 설명했듯이), 다음 차례의 프로토타입을 만들 필요가 있다. 디자인의 부분들을 확인하면서 여러분은 그것들을 프로토타입에서 와이어 프레임 드로잉으로 전환할 수 있다. 이렇게 하면 최종 UI 제작으로 넘어갈 수 있다. 다음 인터뷰에서 확인해야 하는 디자인 부분들도 강조될 것이다.

프로토타입의 와이어프레임 드로잉으로 옮겨가려고 한다면, 각 부분을 떼어내서 프로토타입이 인터뷰하는 동안 사용자의 콘텐츠를 추가하고 각 부분을 수정할 만큼 충분히 변화 가능한지 확인한다.

와이어 프레임이란 무엇인가?

와이어 프레임은 UI 구성 요소들을 그래픽적으로 표현한 것으로, 다음 사항들을 포함한다.

- 실제 UI와 마찬가지로 배치된 모든 요소
- 합리적으로 정확한 상대적인 크기
- 실제 UI에서 사용하는 단어
- 각 부분 사이의 경계는 단순한 선으로 표현함
- 그라데이션이 아닌 단순한 음영으로 강조를 표시한 요소들
- 색에 중요한 의미가 있는 경우를 제외하면, 서체나 색은 고려하지 않음

- 픽셀에 위치를 정하지는 않음
- 미학적 호소력은 최소화하거나 없음
- 디자인에서 기능과 콘텐츠를 강화할 목적인 단순한 시각 디자인 양상. 즉, 여기에는 단순한 선으로 경계를 표시하고 단순한 음영, 그리고 어떤 요소가 개념적으로나 기능적으로 연관되었거나 두드러져 있는지를 보여주는 제한된 색이 있음

목업 2차에서 3차로 옮겨가면서 인터랙션 디자인과 레이아웃을 고정시키는 작업을 계속해서, 3차는 앞의 두 번보다 기능, 콘텐츠, 언어, 레이아웃 면에서 훨씬 더 완성도 있게 만든다. 여기서부터 여러분은 더 쉽게 최종 인터랙션 디자인과 시각 디자인으로 이동할 수 있다('작동하는 프로토타입 활용하기' 박스를 참조한다). 목업은 그 자체로 최종 디자인의 작업 지시서와 같은 역할을 한다.

이제 프로세스에서 다음 단계는 실제 시각 디자인을 하는 것이다. 콘텐츠를 다시 정리하거나 시각 디자인과 함께 작동할 수 있도록 만들려면 일부 기능을 약간 바꿔야 할 수도 있다. 기존 GUI 표준으로 디자인한다면, 작업은 더 쉬울 것이나. 처음부터 끝까지, 여러분의 UI 디자인을 실행할 수 있는지 확인하려면 개발자들과 협력해야 한다.

프로토타입 테스트의 끝으로 가는 시점에서, 우리는 단지 종이로는 테스트될 수 없는 구체적인 수준의 사용성 기능을 평가하고자 작동하는 프로토타입을 활용한다. 예를 들면 사용자가 드로잉 툴에서 오브젝트를 움직이려면 핸들을 얼마나 잘 조작할 수 있는지 등이 있다. 작동하는 프로토타입을 이용하면 자동으로 업데이트하는 (모바일 기기에서처럼) 콘텐츠의 타이밍을 에뮬레이팅(emulating)하는 테스트를 할 수 있다. 웹 페이지의 라이브 스캐닝(live scanning)은 종이 한 장을 스캔하는 것과는 많이 다르며, 이는 버튼을 누를 때의 물리적인 감각과 디스플레이 화면에 뭔가 나타났을 때도 마찬가지다.

우리는 또한 시각 디자인 대안을 테스트하는 데 온라인에 디스플레이된, 하이파이(high fidelity)로 완성된 웹 페이지 디자인을 이용하기도 한다. 이것은 스캐닝을 향상시키고 다양한 레이아웃을 테스트하고자 폰트, 색, 간격을 최적으로 사용하도록 결정하게 해준다. 여기서 레이아웃은 위 요소들의 관계와 구성 요소, 한 영역에서 다른 영역으로 옮겨가는 흐름에서 두드러진 부분 등에 따라 달라진다. 그리고 이를 통해 한 곳에서 다른 곳으로 이동하는 내비게이션에 대한 '감'을 테스트하고, 핸드폰과 같은 기기를 이용하는 실제 경험을 테스트할 수 있다. 또한 다시 강조하자면, 종이에서 테스트될 수 없는 인터랙션을 테스트하는 것도 가능하다. 하지만 이와 같은 '디자인 리뷰'는 기능을 테스트하는 것이 아니다. 이런 작업의 목적은 시각 디자인과 레이아웃이 디자인을 얼마나 잘 지원하는지를 테스트하려는 것이다. 더구나 목업 테스트 이후에 뒤따르는 이 테스트들은 모두 이미 시스템 구조와 기능을 고정화한 상태에서 진행된다.

'작동하는 프로토타입'은 또한 큰 웹사이트의 새로운 구획처럼, 기존 시스템을 조금 확장하는 디자인을 하는 경우에도 유용하다. 기존 시스템에 쉽게 링크시키고 내비게이션, 일관성, 기존 시스템과 새 디자인 사이의 흐름을 테스트할 수 있다.

14

페이퍼 프로토타입 인터뷰하기

래피드 CD 프로세스	속전 속결	속전 속결 플러스	집중 래피드 CD
페이퍼 목업 인터뷰와 해석		V	V

페이퍼 프로토타입 또는 목업 인터뷰를 수행하면 디자이너들은 왜 디자인 요소들이 성공 또는 실패하는지를 이해하게 되고 새로운 기능도 정의한다. 이 인터뷰들은 앞서 살펴본 컨텍스추얼 인터뷰의 원칙에 근거한다. 우리는 사용자와 함께 사용자의 컨텍스트에서 페이퍼 프로토타입을 테스트한다. 이는 그들의 실제 업무 수행을 기반으로 하기 위해서다. 사용자는 자신의 콘텐츠를 추가하고, 프로토타입을 조작, 수정함으로써 프로토타입과 인터랙션한다. 이런 파트너십은 일종의 공동 디자인이다. 사용자가 현재 수행하거나 가까운 과거에 수행했던 직무에 근거한 프로토타입과 더불어 작업할 때, 사용자와 디자이너는 문제를 밝혀내고 그것을 수정하고자 프로토타입을 조정한다. 그리고 사용자와 인터뷰 담당자는 사용 방식에서 무슨 일이 일어나고 어떤 디자인 대안이 나타나는지 함께 해석한다.

여러분의 디자인을 증명하려는 수단으로 목업 인터뷰를 활용해서는 안 되며,

그보다는 여러분의 디자인을 깨려는 시도로 사용자와 함께 작업한다고 여겨야한다. 실제로 사용할 때 프로토타입이 잘 유지된다면, 사실상 여러분의 디자인이 좋다는 의미다.

핵심 이슈와 새로운 기능을 파악하려면, 목업 인터뷰를 해석하는 세션은 개별 인터뷰 후 24시간 이내에 실시한다. 1회차 인터뷰를 진행한 후에는 프로토타입을 재디자인하고 다음 차례에서 그것을 다시 테스트한다. 이런 반복적인 프로세스를 거쳐 디자인이 사용자에게 최적인 기능과 인터랙션 레이아웃을 갖고 있는지 확인된다.

이 장에서는 페이퍼 프로토타입의 필드 인터뷰를 진행하고 해석하는 방법을 알아볼 것이다. 여기서는 여러분이 인터뷰에서 찾아야 하는 정보의 유형과 어떻게 사용자에게 접근하고, 사용자와 함께 있는 동안 완수하려는 여러분의 계획을 어떻게 알릴지도 다룬다. 또한 목업 해석 세션을 어떻게 실시하는지도 살펴볼 것이다. 인터뷰와 예기치 못한 상황을 처리하는 방법은 4장 「컨텍스추얼 인터뷰하기」를 참고하자.

『Contextual Design: Defining Customer-Centered Systems』의 19장 「Iterating with a Prototype」293쪽도 참조하자.

정의

페이퍼 프로토타입 또는 목업 인터뷰는 사용자의 업무 공간에서 실시되는 2대 1 인터뷰로, 사용자가 업무를 수행하면서 페이퍼 프로토타입을 이용하는 모습을 관찰하는 데 집중한다. 인터뷰에서는 사용자의 반응에 근거하여 디자인 수정안을 제공하며, 사용자와 함께 업무상 요구에 더 잘 들어맞도록 즉각적으로 프로토타입을 수정한다. CI 인터뷰와는 달리, 페이퍼 프로토타입 인터뷰에는 인터뷰 담당자 2명이 필요하고, 사용자는 인터뷰하는 동안 많은 일을 하지 않는다. 담당자 중 한 명은 인터뷰를 진행하고, 다른 한 명은 기록한다. 인터뷰에서 기록자는 조용한 관찰자다. 일차적인 인터랙션은 인터뷰 진행자와 사용자 사이의 1대 1 인터랙션이다.

핵심 용어

컨텍스트 실생활의 케이스로 프로토타입을 워킹하고 목업과 물리적으로 인터랙션함으로써, 사용자 업무의 컨텍스트에서 사용자 요구를 이해한다.

파트너십 공동 디자인에서 사용자와 파트너로 함께 작업하고, 진행하면서 프로토타입을 수정한다.

해석 목업을 다루면서 나타나는 사용자의 반응에 관해 공유된 이해를 생성하고, 사용자 요구에 반응해 디자인 수정 사항과 추가 기능을 제안한다.

포커스 프로토타입이 사용자 업무를 어떻게 지원하는지에 포커스를 맞춰, 잘 듣고 조사한다. 구조에 포커스를 맞추는 것으로 시작하여 반복 회차를 거치면서 인터랙션 디자인 포커스로 이동한다. 선호하는 디자인 구성 요소에 관한 가정에 도전한다.

페이퍼 프로토타입 프로세스

- ☐ 준비하기
  - 목업 인터뷰 방문 세팅하기
  - 디자인과 프로토타입을 반복할 수 있도록 충분한 시간 스케줄 잡기
  - 사무실을 떠나기 전에 준비물 정리하기
- ☐ 목업 인터뷰 실시하기
  - (선택 사항) 인터뷰 소개하기
  - 업무 공간으로 이동하기
  - 인터뷰 진행하기
- ☐ 해석 세션 실시하기

- 반복하기
- 디자인 완성하기

목업 인터뷰 방문 세팅하기

일단 첫 번째 필드 인터뷰를 마치고 디자인 콘셉트를 개발하고 나면, 여러분이 목업 인터뷰를 진행할 경우에 어떤 사람들을 선정하여 언제 방문할지 세팅할 필요가 있다. 여러분은 처음의 조사에서 타겟으로 한 것과 동일한 직무 역할을 수행하는 새로운 인터뷰 대상자를 찾기를 바랄 것이다. 즉, 새로운 대상이지만 여러분이 디자인한 솔루션으로 지원하는 바로 그 사람들이다. 여러분은 참여자 중 한두 명을 재사용하거나 배치할 수 있다. 그러나 디자인 아이디어가 단지 그 사람들만이 아니라 타겟 집단 전체를 지원하리라는 것을 입증하도록 새로운 사용자들로 확장하는 편이 좋을 것이다. 따라서 이전에 인터뷰했던 사용자들을 다시 인터뷰하지는 않는다.

목업 인터뷰는 CI와 동일한 시간만큼, 즉 대략 2시간 정도 소요된다. 그리고 CI와 마찬가지로, 여러분은 상사나 관리자에게 일정을 재촉 받을 수도 있지만 1시간보다 짧은 스케줄은 잡지 않도록 한다. 그렇지 않으면 사람들이 목업을 이용해 작업하는 모습을 살펴보고 함께 디자인할 시간이 충분하지 않을 수도 있다.

목업 인터뷰는 2-3회 이내로 실시될 것이다. 이때 여러분은 개별 인터뷰에서 지원된 각 직무 역할을 포함한다. 그리고 한 차례에 4명 이상을 인터뷰하지는 않는다. 직무 역할마다 적어도 3명 정도 인터뷰할 때 최선의 결과를 얻게 된다. 여기에 상응하도록 인터뷰를 계획하자.

컨텍스추얼 인터뷰 때처럼 인터뷰 전날 사용자에게 연락해서 확인한다. 이 통화에서 비밀 보장에 대한 이슈를 모두 처리하라. 이 시점에서 비밀 보장은 여러분의 문제가 될 수도 있다. 여러분이 사용자에게 새로운 디자인을 보여주는 상황이므로, 그들에게 비밀을 보장해 달라고 서명을 요청할 수도 있다.

페이퍼 프로토타입 인터뷰가 실제 상황을 가정하며 사용자에게 평소와 다르지 않을 것이라고 설명한다. 만약 특별한 일이 있더라도 인터뷰를 하는 동안에는 평소에 하는 실제 업무를 하길 요청한다. 비록 목업 인터뷰가 '그런 척하는' 상황이라 해도, 여러분은 여전히 사용자가 자리를 정리하지 않고 어떤 관련된 직무를 수행하는 모습을 확인하고 싶을 테니 말이다.

주의 - 여러분이 프로토타입을 부분별로 다루고 있다면, 특정 직무만을 지원하게 될 수도 있다. 선택된 사용자들이 여러분의 프로토타입에서 지원하는 역할을 담당하거나 직무를 수행하고 있는지 여부를 확인하자.

디자인과 프로토타입을 반복할 수 있도록 스케줄 잡기

페이퍼 프로토타입 인터뷰는 인터뷰를 해석하고, 디자인을 적합하게 조정하고, 새로운 프로토타입을 구축할 시간까지를 1주 이내로 짜야 한다. 페이퍼 프로토타입 인터뷰 주간은 대개 표 14-1과 유사하다(다른 스케줄 계획은 2장을 참조하자).
한 차례와 다음 차례 사이에 와이어 프레임을 생성하려 한다면, 프로토타입을 구축하는 데에 더 많은 시간을 할애해야 한다. 많은 부분으로 이루어진 복잡

표 14-1 페이퍼 프로토타입 인터뷰 스케줄 샘플

월요일	화요일	수요일	목요일	금요일
1주 차 : 컨텍스추얼 필드 인터뷰 6회 시행하고 어피니티 구축함.				
1차 실시, 한 장소에서 페이퍼 프로토타입 인터뷰 2회 시행함.	**오전** 1차 실시, 세 번째 사용자. **오후** 적어도 1명의 지원 인력과 함께 페이퍼 프로토타입 인터뷰 해석함.	적어도 1명의 지원 인력과 함께 페이퍼 프로토타입 인터뷰 해석함.	**오후** UI에 필요한 수정 사항을 결정함.	페이퍼 프로토타입 다시 구축함. 끝났으면 다음 주 인터뷰를 위해 복사본 준비함.

한 시스템을 다룬다면, 작업을 끝내기 위해 각 회차 사이에 시간이 더 필요할 것이다. 아니면 각 회차에서 서로 다른 역할을 타깃으로 하는 부분들을 테스트하고 반복(iteration)을 더 늘릴 수도 있다. 래피드 CD 프로세스는 직무 유형을 한 가지에서 세 가지 정도 타깃으로 할 때 가장 잘 작동하며, 이보다 많으면 시간이 오래 걸릴 것이다.

사무실을 떠나기 전에 준비물 정리하기

페이퍼 프로토타입을 위해 준비하는 것은 매우 중요하다. 개별 인터뷰당 전체 프로토타입이 하나씩 있는지, 모든 부분(종이 부품)을 각각 잘 찾을 수 있는지 확인한다. 하지만 때때로 인터뷰 도중에 부분들을 찾느라고 약간 시간이 걸리더라도 너무 걱정할 필요는 없다. 그럴 때는 항상 사용자에게 다음과 같이 말하자. "지금 서버나 웹사이트가 잠시 느리네요. 조금만 참으세요." 그러면 충분히 이해해 줄 것이다.

프로토타입을 수정하는 데에 필요한 물품들을 챙겨서 가져가자. 사용자와 작업하면서 프로토타입을 수정할 수 있다. 먼저 인터뷰 파트너와 누가 인터뷰 담당자가 되고, 누가 기록자가 될지 결정하라. 혹은 둘 중에서 누가 먼저 인터뷰 담당자를 할지 정하고, 휴식 시간에 명시적으로 역할을 바꿀 수 있다. 바꾸고 나면 인터뷰를 시작하면서 다시 사용자에게 진행자가 바뀌었음을 말한다. 도중에 역할을 바꾸려 할 때도 마찬가지다.

인터뷰 소개하기

컨텍스추얼 인터뷰에서 여러분은 사용자와 영업 부서나 관리자에게 브리핑해 줄 필요가 있다. 인터뷰를 가정집에서 할 때에도 브리핑이 필요한데, 구성원 중 한 명 이상을 인터뷰할 계획이라면 가족에게 같은 소개말을 되풀이하여 할 수 있다. 그런 다음 그냥 한 사람씩 인터뷰를 시작해서 다음으로 넘어가면 된다.

이때 소개말에는 프로젝트 진행에 대한 이야기와 목업을 보여주는 것까지 들어가므로 사람들은 무슨 일이 일어날지 이해할 수 있다. 이것이 시연(demo)이라든가 영업을 목적으로 한 방문이 아님을 강조하고, 사용자가 실제 데이터나 정보를 이용하지만 페이퍼 시스템으로 실제 직무를 수행할 것이라고 말해 준다. 또한 함께 디자인하는 상황이며, 여분의 포스트잇과 UI 부분들을 펼쳐 놓고 모든 부분을 바꿀 수 있다고 강조한다.

끝으로, 이것이 프로토타입임을 분명히 하고, 회사에서 새로운 기능으로 출시하겠지만 현재 정확한 시기는 정해지지 않았다고 말한다. 조직에서는 흔히 프로토타입을 보여주면 그것을 사용자가 지금 보는 대로 출시하겠다는 약속으로 여길까 봐 걱정한다. 조직 내 마케팅 부서에는 여러분이 미리 개발된 버전을 다루며, 일단 디자인이 정해지면 전체 계획을 세울 예정임을 사용자에게 강조할 것이라고 안심시킨다. 릴리스 계획이 있고 그것이 조직의 관심사라면 소개에서 이 정보도 공유할 수 있다.

소개는 짧고 비공식적으로 한다. 여러분은 이제 막 인터뷰 대상자와 해당 사업의 이해관계자들에게 이 디자인이 채택되기 위해서 어떤 과정을 거치는지를 알려준 것이다. 해당 사업에서 사용자가 한 명만 있다면 이 단계를 거칠 필요는 없다.

업무 공간으로 이동하기

사용자가 그저 페이퍼 시스템으로 업무를 '수행하는 척만' 한다지만, 여러분은 여전히 그들의 실제 업무 환경에서 인터뷰를 진행할 필요가 있다. 인터뷰하는 동안 여러분은 실제 데이터를 투입해서, 종이와 다른 관련된 시스템 사이를 돌아다니게 할 것이다. 그리고 심지어 현재 웹사이트에 있는 콘텐츠를 보여주고 그것이 페이퍼 목업에서는 어떻게 들어맞을지를 의논할 수도 있다. 따라서 인터뷰는 사용자의 업무 공간에서 진행한다.

사용자 자리로 이동하는 시간도 최대한 이용하여, 기록하고 질문한다. 심지어 사용자의 자리로 걸어가면서 소개말을 거의 다 할 수도 있다. 이때 여러분의 포커스에 대해 이야기하자. 또한 사용자에게 현재 수행하는 업무에 대해서 질문한다.

인터뷰 진행하기

페이퍼 프로토타입은 CI 인터뷰와 동일한 구조를 따른다. 실시하는 데는 대략 2시간쯤 걸린다. 여기서는 인터뷰 부분의 개요를 살펴본다.

소개하기

소개는 인터뷰를 시작하고 처음 10분에서 15분을 넘기지 않아야 한다. 여러분은 소개에서 프로토타입 인터뷰가 무엇인지를 설명할 것이다. 또한 여러분 자신이 인터뷰를 하면서 이렇게 설명한 대로 행동해야 한다.

사람들에게 여러분 자신과 포커스, 인터뷰 방법을 소개한다. 이 시간은 여러분과 프로젝트 포커스를 소개할 뿐만 아니라 여러분이 알려는 것이 무엇인지를 사용자가 이해했는지 확인하는 시간이기도 하다. 사용자에게 여러분이 프로토타입을 소개할 것이며, 프로토타입으로 각자의 업무를 '수행' 해 달라고 부탁한다.

그리고 종이를 이용하는 이유도 설명해 준다. 여러분은 사용자에게 기능을 더하거나 빼고, 사용자가 인터뷰 내내 프로토타입을 이용하면서 부딪치는 문제의 솔루션에 대해 여러분과 브레인스토밍을 해서 프로토타입을 개선해 주기를 바란다고 이야기한다.

인터뷰가 얼마나 소요될지 예상치를 설정한다. 사용자에게 앞으로 2시간 동안 함께 작업할 계획이라고 알린다. 만약 인터뷰에 앞서 사용자가 1시간 또는 1시간 30분만 내주기로 동의했다면 이 시간을 이용하고, 더 길게 할 수 있는지도 알아본다.

사용자에게 인터뷰에서 말한 내용은 모두 비밀이 보장된다고 안심시킨다. 사용자의 이름은 번호로 대체되며 무슨 얘기든 자유롭게 할 수 있다고 말한다.

프로토타입에서 시작할 지점을 정한다. 정하지 않았다면 사용자에게 업무에 대해서 물어보고 어디서 시작할지 참고한다. 이때 관련 있는 사용자나 조직에 대한 인구통계학적 정보와 더불어, 여러분의 포커스에 관련되었다면 사용자의 배경과 역할에 대한 개요도 얻는다. 그날 수행해야 하거나 가까운 과거에 수행한 직무의 유형을 잘 들어 둔다. 이러한 관련 정보도 다 프로토타입에 포함될 것이다. 일단 이런 정보를 찾았다면, 여러분은 인터뷰의 목업 부분으로 이동할 준비가 된 것이다.

인터뷰에 앞서 인터뷰에서 역할을 설정한다. 첫 번째 인터뷰 담당자는 사용자의 행동에 반응하면서 프로토타입의 CPU처럼 행동하고, 두 번째 담당자는 조용히 기록할 것이라고 사용자에게 설명한다. 그런 뒤 사용자에게 프로토타입에 글씨를 쓰고, 부품을 움직여서 더 적절하고 잘 조직화되도록 사용해 주길 요청한다. 또한 필요하다면 부분들을 떼어내도 좋다고 이야기한다.

예시 스크립트 – 이초크

이 프로젝트에 대해서, 그리고 저희가 무엇을 하려는지를 잠깐 소개하겠습니다. 저희는 여러 도시의 여러 학교에서 교사, 교장, 행정 담당 직원을 인터뷰했습니다. 여러분과 같은 교사들을 포함해서 여러 사람들이 동료, 학부모, 학생들과 커뮤니케이션할 때의 모습을 관찰했죠. 게다가, 또한 어떻게 교사들이 강의 계획을 작성하고 과제를 부과하며, 출석 확인, 성적 발달 보고서 등의 다른 수업 직무를 수행하는지도 관찰했습니다. 이런 데이터를 토대로 저희는 어떻게 우리 이초크 제품으로 업무를 더 잘 지원할지를 상상하여 페이퍼 목업을 구축했죠. 이제 여러분께서 저희가 개발한 목업에 대해 피드백을 해주셨으면 합니다. 저희가 이 시스템이 여러분께 더 적합한지 잘 이해할 수 있도록 이 페이퍼 시스템을 이용해 주시길 부탁드립니다. 물론 실제 시스템이 아니니 흉내만 낼 수 있지만, 그럼으로써 여러분은 솔루션을 공동으로 디자인하는 데 참여하게 됩니다. 인터뷰를 하면서 실제 업무를 약간 하실 수도 있습니다. 먼저 실제로 일을 하고 그 다음에 목업에서 다시 수행하면 되죠. 하지만 실제 업무를 많이 할 수는 없습니다.

(인터뷰 담당자는 페이퍼 프로토타입을 가리키며 포스트잇으로 만들었음을 사용자에게 보여 준다.) 개발에 들어가기 전에, 우리는 이게 정말 잘 작동하는지 사람들과 테스트해서 확인하고 싶습니다. 그게 우리가 페이퍼 시스템을 만들어 온 이유죠. 여러분은 마치 작동하는 물건처럼 직접 이걸 이용해 보면서 정말 여러분이 원하는 대로 잘 작동하는지 확인해 볼 겁니다. 보다시피 이 가방에 필요한 것들이 준비되어 있습니다(준비한 물품을 가리킨다). 이건 프로토타입을 테스트하는 것이지 여러분을 테스트하는 건 아닙니다. 프로토타입이 여러분에게 맞게 잘 작동하도록 만드는 게 우리 일이죠. 만약 여러분이 뭔가 잘 되지 않는다고 느낀다면, 저는 그 부분의 종이를 뜯어내 원활히 작동되도록 바꿀 겁니다. 우리가 원하는 건 이 프로토타입이 자기 페이스대로 발전하는 것이니 '여러분 마음대로' 하셔도 됩니다. 우리는 이 테스트로 많은 부분이 바뀌었으면 좋겠어요. 그렇지 않다면 좀 실망할 수도 있겠죠!

제 파트너는 마치 인간 비디오카메라처럼, 조용히 우리가 행동하고 말하는 모든 것을 기록하기만 할 겁니다.

그러면 동료나 학생, 학부모와 나누는 커뮤니케이션과 관련해서, 무슨 일을 하는지 그 개요를 얘기하는 걸로 시작하죠. 출석 확인이나, 강의 계획 작성 같은 다른 직무도 마찬가지로 할 예정입니다.

전환 단계

전환은 짧지만(2분), 인터뷰 프로세스에서 명시적인 부분이다. 소개하는 동안 여러분은 단지 소개만 하는 것이 아니고, 연관된 직무 또는 사용자에게 해달라고 하거나 프로토타입을 이용해 재현해 달라고 요청할 수 있는 사용자의 업무를 찾고 있는 것이다. 전환 단계는 인터뷰에서 중요한 부분이다. 전환 단계는 인터뷰의 일부로, 그 단계에서 여러분은 질문하는 위치에서 벗어나 소개말로 대답을 하고 프로토타입을 이용하는 다음 단계로 넘어간다.

전형적인 인터뷰에서 벗어나 분명하게 프로토타입 인터뷰 모드로 전환하라. 새로운 시스템을 두세 문장으로 소개하고 그 기본 구조를 설명한다. 프로토타입을 가져오고, 여러분의 프로토타입이 쉽게 알아볼 수 있게 만들어졌다면 사용자가 스스로 이해하게끔 시도한다. 사용자가 헤매거나 프로토타입에 부담을 갖지 않도록 스스로 오리엔테이션을 하고 프로토타입의 조각과 부분들을 파악할 기회를 주자.

만약 여러분의 프로토타입이 사용자가 현재 이용하는 시스템과 상당히 거리감이 있다면, 프로토타입과 주요 구성 요소들을 소개해야 할 수도 있다. 무엇을 하든, 프로토타입을 시연하거나 '저희 제품이 마음에 드십니까' 식의 태도를 취하지는 말자. 프로토타입을 오리엔테이션하기에 충분한 정보만을 주고 사용자의 업무와 연관시켜 주면 된다. 인터뷰 이행 시에 시작하는 말로, 다음 예시 스크립트를 이용한다.

 ### 예시 스크립트 – 이초크

제게 당신의 역할과 관련된 좋은 아이디어가 있습니다. 프로토타입을 이용하는 걸로 시작해 보죠. 여기 오프닝 화면이 있고 콤비네이션(combination) 마우스와 키보드가 있습니다(사용자에게 펜을 준다). 당신은 중요한 직무 중 하나가 과제, 시험, 프로젝트 등에 대해 학생과 커뮤니케이션하는 거라고 하셨는데요. 그리고 5일간 유지될 새로운 프로젝트를 할당해야 한다고 하셨습니다. 일단 화면에 익숙해지기 위해 잠시 보시죠.(사용자가 살펴보는 동안 시간을 준다.) 프로젝트 세팅을 시작해도 괜찮으시겠습니까?

인터뷰하기

사용자가 실제 업무 수행을 시작해야 한다는 점을 분명히 해둔다. 이 시간 동안 사용자가 프로토타입에서 업무를 수행하는 모습을 관찰한다. 사용자가 자기 업무를 수행하도록 두되, 가끔 멈춰서 여러분이 관찰한 내용을 해석하여 제시해 본다. 시스템의 새 부분들을 가져오거나 그러서 사용자에게 디자인 아이디어를 제안한다.

사용자와 함께 작업하기 위한 접근 방법 선택하기

어떤 사용자는 탐색을 좋아하고 어떤 사람들은 바로 직무를 시작하기도 한다. 적절한 접근 방법을 선택해서 사용자가 프로토타입을 이용해 움직이기에 어떤 방법을 원하는지 표현하도록 만든다.

관찰하고 토론하며, 디자인 수정하기

여러분은 인터뷰 세션의 태도와 규칙을 설정했다. 주의할 것은, 여러분이 소프트웨어를 시연(demo)하는 것처럼 시작한다면 사용자도 이것이 시연인 것처럼 행동하고 질문할 것이다. 여러분이 조각이나 아이콘의 이름과 같은 사용자 인터페이스의 세부 사항에 관한 코멘트에 반응한다면, 사용자는 여러분이 이와 같이 세부적인 수준의 반응에 관심이 있다고 생각할 것이다.

그러나 여러분은 구조, 기능, 전체 UI 레이아웃에 집중하고 있으므로, 이러한 질문에 그대로 따라가서는 안 된다. 그저 사용자가 요구하는 대로 업무나 아이콘을 바꾸면 된다. 사용자를 위해서 이런 수정 사항을 바꾸는 일은 매우 중요하다. 사실, 가능하면 빨리 수정할 기회를 찾아야 한다. 작은 수정 사항이라도 사용자는 여러분이 자신의 요구에 맞추려고 실제로 프로토타입을 수정해 나간다는 인상을 받기 때문이다.

그림 14-1은 이초크 프로토타입에서 표시된 구획을 보여 준다. 사용자가 수정한 사항을 보자. 사용자는 이 디자인 부분에서 직접 기능을 추가하고 제거했다.

사용자가 처음에 탐색부터 한다면, 그렇게 하도록 내버려 둔다. 사용자는 UI의 첫 번째 부분을 보면서 이렇게 말할 것이다. "저건 뭐 하는 거죠?" 그럴 때는 "클릭해서 보세요." 라고 대답한다. 그런 다음 UI 구성 요소들을 보여 주고 사용자가 예상한 것에 대해 이야기한다. 이런 식으로 10분을 넘지 않게 탐색을 계속한다. 그런 다음, 바로 직무로 전환하여 사용자가 프로토타입으로 직무를 수행하도록 종용한다. 탐색은 곧잘 추상적인 대화와 시연으로 넘어가기도 하는데, 이는 여러분이 피해야 하는 상황이다. 하지만 탐색이 좋은 경우도 있는데, 인터페이스가 기능 및 용법과 얼마나 잘 커뮤니케이션되는지 테스트할 수 있기 때문이다.

사용자가 먼저 프로토타입으로 직무를 수행하는 유형이라면, 직무와 연관된 인터페이스의 부분을 그 사람 앞에 놓고 다음과 같이 묻는다. "보니까 어떻게 될 것 같으세요?" 이렇게 하면 사용자의 답변을 통해 인터페이스가 어떻게 커뮤니케이션하는지에 대한 피드백을 받을 것이다. "이 직무에서 어디가 시작 지점

그림 14-1 이초크 프로토타입은 인터뷰를 하는 동안 표시되어, 해석하는 동안 기록 자료처럼 이용되었다.

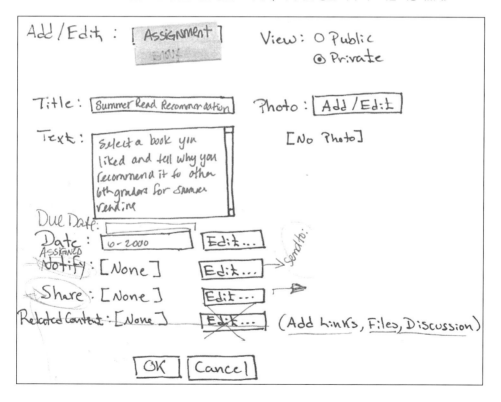

인지 아시겠어요?" 라고 물어서, 사용자가 스스로 시작할 수 있는지 알아본다. 일단 시작하면, 실제 데이터를 페이퍼 시스템에 투입하거나, 웹 페이지 또는 다른 온라인 콘텐츠를 디스플레이하고 그것이 여러분의 예시 페이지에서 어떻게 디스플레이될지 설명한다.

사용자가 활동 하나를 끝내면, 다음에는 무엇을 할 것인지 물어보고 계속 진행한다. 만약 사용자가 "이 버튼으로 X를 하나요?" 라든가 "이 버튼으로는 뭘 하나요?" 라고 묻는다면 다음과 같이 대답한다. "이게 뭘 하는 거라고 생각하세요?" 그럼으로써 여러분이 디자인에서 계획한 대로 사용자가 반응하는지 살펴본다. 또는 이렇게 말한다. "한 번 해보시고 알아보세요." 사용자가 기대하는 부분이나 기능이 디자인에서 충족되지 않는다면, 사용자의 기대를 알아보고 수용할 만한지 살펴본다. 새로운 인터페이스를 생성하고 사용자의 암묵적인 기대에 응하도록 수정한다.

하지만 사용자는 한발 물러서서 명시적으로 데이터를 가지고 디자인하지는 않는다는 점을 기억해야 한다. 사용자는 그저 그 순간에 반응할 뿐이다. 따라서 여러분이 그들이 무엇을 원하는지 파악하면 이렇게 말한다. "그 대신 이렇게 작동한다고 말씀 드리면 어떻게 하시겠어요?" 사용자들에게 계획한 디자인을 보여 주고 진행하면서 그것을 이용하고, 논의하고, 수정한다.

대부분의 경우 사용자는 약간 수정을 하긴 하나, 자신들이 프로토타입을 이용하면서 바로 형성한 것보다 여러분이 계획한 디자인이 더 낫다고 생각한다. 하지만 그들을 지켜보며 여러분은 무언의 인터랙션에서 드러난 의도를 더 잘 지원하도록 디자인을 바꿀 수 있다. 그리고 사용자에게 파트너십과 공동 디자인의 태도를 고무시킬 수 있다.

직무를 거의 다 수행하면, 인터페이스의 다른 부분을 탐색하도록 이동한다. 이 사용자의 업무와 연관된 중요한 부분을 모두 거칠 때까지 이런 방식으로 계속 진행한다.

시간이 있다면, 처음으로 직무를 다 완수하고 난 다음에 사용자가 시스템 이용 방법을 알았는지 확인하는 차원에서 재디자인된 프로토타입에서 비슷하지만 새로운 직무를 반복해 시켜본다. 잘 수행하지 못하면, 여러분의 시스템이 여전히 너무 복잡하다는 의미다.

여러분이 할 일은 사용자에게 업무와 연관된 인터페이스의 부분을 제시한 다음 사용자가 시작한 인터페이스에서 '클릭하여 이동한(clicks to)' 새로운 부분들을 제안하는 것이다. 다음에 여러분이 처할 수 있는 몇 가지 상황이 있다.

- 준비된 것 중에 적당한 부분이 없다. 만약 사용자가 여러분이 생각하지 못했던 기능이나 구성 요소를 찾고 있다면, 포스트잇이나 종이를 꺼내서 적당한 부분을 바로 그린다.
- 사용자가 다른 구성 요소에 링크시킨 부분을 원하는 것 같다. 해당 부분을 가져와서 사용자가 적합하다고 생각하는 곳에 이용한다.
- 사용자가 디자인 일부에 좋지 않은 반응을 보인다. 부분이나 디자인 구성 요소를 바꿔서 상황에 더 잘 맞도록 디자인한다.
- 사용자가 디자인 전체에 좋지 않은 반응을 보인다. 디자인 대안이 있다면 (이것은 시험 케이스의 일부였으므로), 대안을 가져오거나 그래서 사용자가 거기에 어떻게 반응하는지 본다.
- 사용자가 여러분의 UI 콘셉트를 싫어한다(여러분이 데스크톱 툴에서 탭이나 웹 프리젠테이션처럼 사용자에게 어려워 보이는 뭔가를 이용했을 수도 있다). 재빨리 UI를 재구성해서 이런 표면적인 세부 사항들을 제거하고 계속한다. 예를 들면, 탭은 페이지나 박스로 바꿀 수 있고, 웹 UI에는 메뉴를 넣고 왼쪽의 내비게이션 바를 빼는 식으로 재구성한다.

여러분의 목표는 실제 용례 케이스에서 진행하면서 사용자와 함께 프로토타입을 이용하여 피드백을 받고, 기능을 바꾸고, 구성 요소를 추가하는 것이다. 사용자가 업무를 진행하는 대로 따라가면 프로토타입의 모든 부분을 거치지 않을 수도 있다. 프로토타입에서 테스트하고 싶은 특정 부분이 있다면, 버튼 등을 지적하고 사용자에게 그것을 클릭하거나 이용하면 어떻게 되리라고 생각하는지 질문할 수 있다.

프로토타입이 복잡하면 할수록 개별 반복과 테스트 횟수는 늘어난다. 사용자 인터페이스의 구성 요소가 더 많이 포함된 디자인을 다듬을 때, 여러분은 기능에서 더 복잡한 양상과 그것이 어떻게 사용자 경험에 영향을 미치는지를 테스트해야 한다. 이런 경우의 일반적인 사례는 윈도나 웹 페이지에서 콘텐츠 스크롤이 얼마나 많이 허용되는지를 테스트하는 것이다. 콘텐츠를 확장하거나 없애는 것이 적합한지, 그것이 어떻게 나머지 레이아웃에 영향을 미치는지 테스트하는 것이다. 콘텐츠가 풍부한 디자인은 쉽게 훑어볼 수 있는지 확인한다. 그리고 모든 구성 요소 사이에서 적절한 균형을 확실히 유지하여, 중요한 기능과 콘텐츠가 가장 두드러지도록 만든다.

기록하기

인터뷰 담당자는 사용자와 인터랙션하는 일차적인 사람으로, 디자인 수정 사항과 솔루션을 제안한다. 또한 프로토타입에 주석을 달고 인터뷰를 진행하면서 새로운 UI 조각들을 만든다. 이렇게 표시된 프로토타입은 해석 세션을 거치면서 참조된다.

남은 한 사람은 인터뷰에서 기록자로 행동한다. 기록자는 대단히 세심해야 한다. 이 사람은 인터뷰하는 동안 노트에 개별 인터랙션을 적고, 손을 대고 수정한 UI 조각들을 구분하는 일을 맡는다. 기록자는 이벤트의 시퀀스를 가능하면 말 그대로 포착(capture)해서 해석 세션에서 재형성할 수 있도록 한다. 이 시점에서 사용자의 말을 인용하는 것은 중요한데, 사용자가 무엇을 좋아하고 싫어하는지를 알려 주는 통찰을 제공하기 때문이다.

기록자는 인터뷰하는 동안 질문해서는 안 된다. 그렇게 되면 인터뷰가 너무 여러 방향으로 흘러간다. 사용자는 둘 중 누구와 인터랙션해야 하는지 모를 것이다. 또한 그럼으로써 애써 인터뷰를 이끌던 인터뷰 담당자의 생각 흐름을 끊을 수도 있다. 그러니 두 사람이 언제나 인터뷰 도중에 역할을 바꾸기로 미리 합의할 수 있음을 기억하고, 바꾼 다음에 질문하도록 하자. 아니면 마지막에 두 번째 인터뷰 담당자로 전환해서 탐색할 다른 이슈가 있는지 살펴볼 수도 있다. 가장 중요한 것은, 기록자는 기록하는 데 집중해야 한다는 것이다. 기록자가 자신도 참여해야 한다고 생각한다면, 인터뷰에 동참하느라 세심하게 기록하는 걸 그만둘 것이다.

다시 한 번 말하지만, 우리는 컴퓨터나 비디오를 사용하는 건 권하지 않는다. 비디오로 세부 사항을 잡아내려면 의식될 정도로 목업에 가까이 오게 되는데, 그러면 인터뷰에 너무 방해가 된다. 오디오 테이프 또한 여러분이 원하는 세부 사항을 잡아내지 못할 것이다. 기록자가 일어나서 무슨 일이 일어나는지 세심히 보는 편이 좋은데, 이를 위해 심지어 기록을 하는 내내 서 있을 수도 있다.

랩업하기

인터뷰가 끝나갈 즈음에 여러분은 요약을 원할 것이다. 랩업은 10분에서 15분을 넘길 필요가 없다. 페이퍼 목업 인터뷰에서 랩업은 CI의 랩업과는 다르다.

먼저 사용자에게 시간을 내주어서 감사하다고 인사한다. 그리고 시스템과 인터페이스에 대해 사용자가 좋아한 부분과 그렇지 않은 부분을 요약한다. 여기에 대한 여러분의 해석이 맞는지도 확인한다.

전체 프로토타입을 2시간에 다 거치지 못하는 것도 흔한 일이다. 그러니 2시간에 다 마치지 못해도 놀라지는 말자. 시스템에서 '솔직한' 반응을 관찰하고 싶었던 어떤 부분들을 다루지 못했다면, 랩업 시간에 그것을 소개하고 사용자가 어떻게 반응하는지 본다. 세부 사항까지 알아볼 시간은 없지만 해당 기능의 가치에 대한 일반적인 반응은 얻을 수 있다. 그러나 이를 통해 업무를 무리 없이 지원하도록 시스템이 전체적으로 잘 맞아 들어가는지에 관한 피드백은 얻지 못할 것이다.

우리는 '구매 점수(sales points)'를 테스트하고 기능의 우선순위를 정하도록 요청하는 것으로 마무리한다. 사용자는 이제 막 시스템을 자신의 업무에 이용했다. 이것은 가치를 확인하기에 가장 좋은 시점인데, 이제 사용자는 시스템이 업무와 본인의 업무 구성(self-organization), 그리고 그들의 전체 생산성에 어떻게 영향을 미치는지 이해할 수 있기 때문이다.

새로운 시스템의 가치를 바로 테스트하고자, 우리는 이렇게 질문한다. "이 시스템이 좋습니까? 여기에 돈을 지불하겠습니까?" 만일 구매 담당이 아니라고 하면, 다음과 같이 묻는다. "이것을 구매하도록 관리자에게 권하시겠습니까?" 사내 애플리케이션일 경우에는 다음과 같이 묻는다. "회사 동료들에게 이 애플리케이션을 이용하라고 하시겠습니까?" 이때 여러분의 목표는 사용자가 가치 점수를 매기고 거기에 대한 코멘트를 얻는 것이다. 점수가 높다면(흔히 우리가 예상한 것보다 훨씬 높다) 여러분은 가치를 잘 전달한 것이다. 이것은 가격을 결정하는 방법이 아니라 가치를 측정하는 것이다. 만약 사용자가 열광적으로 반응한다면, 제품은 성공적이라고 할 수 있다. 하지만 반응이 미지근하다면, 뭔가 빠진 것이다. 그러면 이제 사용자가 가치 있게 여기는 것에 대해 바로 이야기한다.

사용자에게 우선순위를 결정해 달라고 요구할 때는 다음과 같이 말한다. "저희가 첫 번째 출시로는 이 제품에서 세 가지만 실행할 수 있다면 어떤 것을 해야 할까요?" 사용자는 자신이 가장 가치 있게 평가하고 업무를 가장 잘 지원하는 것을 대답할 것이다. 그러면 다시 이렇게 묻는다. "저희가 두 가지만 할 수 있다면요?" 사용자에게 무엇이, 왜 가장 중요한지 분명해질 때까지 계속한다.

끝으로 사용자에게 도와 줘서 감사하다고 전한다.

예시 랩업 스크립트 – 이초크

다음은 이초크 인터뷰 가운데 하나를 골라 랩업 일부를 재구성한 것이다. 사용자가 어떻게 핵심 포인트를 확인하고 거기에 맞춰가는지에 주목하자. 랩업은 여러분이 실제로 사용자에 대한 큰 그림을 이해했는지 확인하는 마지막 기회다.

인터뷰 담당자: 시간을 내주서서 정말 감사드립니다. 요약하는 의미에서 제가 알게 된 핵심 포인트 몇 가지를 정리해 볼게요. 당신에게 유용한 것은 달력 기능, 특히 템플릿 이용 방법인데, 당신이 학생 또는 학부모와 한 해 동안 다양한 이벤트에 대해서 조정하고 커뮤니케이션해야 하기 때문이죠. 또 매번 다시 만들지 않아도 되기 때문이기도 하구요. 또한 달력을 학교 내부와 외부에서 모두 공유할 수 있다는 점도 마음에 들어 하셨습니다.

사용자: 맞아요. 그건 달력을 만드는 시간이나 교사들이나 학생들과 함께 조정하는 시간을 모두 절약하게 해주죠.

인터뷰 담당자: 그리고 공지 기능도 좋다고 하셨는데, 우린 그 부분을 한 번 옮겨서 당신이 이초크에 접속해 있든 아니든 화면에 나타나게 됐죠.

사용자: 그렇죠. 공지를 보려고 꼭 정해진 화면으로 갈 필요 없이 어떤 페이지에서든 볼 수 있어야죠.

인터뷰 담당자: (랩업을 계속한다)

인터뷰 담당자: 끝으로 제가 가기 전에 몇 가지 질문이 있는데요. 오늘 보신 것에 근거해서, 그리고 오늘 함께 수정한 내용을 반영한다고 가정하면, 학교에 이초크를 실행하라고 권하시겠습니까? (대답을 녹음)

인터뷰 담당자: 피드백해 주신 내용은 모두 저희 이초크 팀으로 가져갈 겁니다. 하지만 잠깐 단 세 가지만 실행할 수 있다고 생각해 보세요. 가장 우선으로 꼽을 세 가지는 무엇입니까? (대답을 녹음)

인터뷰 담당자: 이제 규칙을 바꾸겠습니다. 단 두 가지만 된다면 어떤 것들일까요? (한 가지가 될 때까지 계속)

조언

여기서 여러분은 컨텍스추얼 인터뷰 원칙을 기반으로 해, 목업 인터뷰를 성공적으로 수행하는 데 필요한 사례와 조언을 찾을 수 있다.

컨텍스트

사용자의 실제 경험에 근거할 것을 기억하라. 사용자가 프로토타입에서 현재의 업무를 수행하는지 확인하자. 필요하다면 대략 1주일 이내에 수행할 최근 직무를 재현한다. 프로토타입을 이용하는 경험에 사용자를 계속 연관시키려면, 사용자가 프로토타입을 만져 보고 직접 인터랙션하는지 확인한다. 여러분은 또한 목업과 실제 툴을 교대로 사용해 업무를 수행하도록 요청할 수도 있다. 툴을 사용하여 먼저 직무를 수행하고, 그런 다음 목업을 사용한다. 아니면 온라인으로 실제 정보에 접근하여 그것을 프로토타입으로 옮긴다.

표 14-2 페이퍼 프로토타입 인터뷰를 하는 동안 구체적인 데이터를 얻는 데 필요한 조언

인터뷰를 하는 동안 컨텍스트를 유지하기 위해 해야 할 일과 피할 일	
피할 일	**할 일**
사용자가 좋아하거나 싫어하는 것에 대해 막연하게 또는 추상적으로 이야기하게 한다. 대화를 구체적으로 하다	목업 안에서 가까운 과거에 수행한 실제 업무와 특정한 케이스를 따라간다. 업무 수행의 컨텍스트에서 무엇이 잘 되는지를 이해한다.
사용자가 스토리를 요약하도록 듣다.	상황을 재구성한다- 사용자가 단계를 건너뛰면 빠진 곳을 알려 준다. 사용자가 프로토타입에서 각 단계를 워킹하게 한다.
전문가의 역할을 맡는다- 프로토타입을 시연하지 말자.	프로토타입에서 실제 직무를 수행하듯이 워킹한다. 사용자가 인터페이스를 탐구하거나 토론하고 싶어하면, 사용자의 손으로 직접 '작동' 해 보도록 요청하고 어떻게 될지를 보여준다.
사용법의 컨텍스트에서 벗어나는 요구를 하는 기능에 대해서 토론한다.	사용자가 프로토타입에서 직무를 워킹하게 한다. 업무에서 빠뜨린 기능의 영향력을 살펴본다.

표 14-2에서, 여러분은 추상적인 데이터보다 구체적인 데이터를 얻는 데 필요한 조언을 구할 수 있다. 이런 조언은 여러분이 계속해서 업무를 기반으로 삼아 인터뷰를 진행하는 데 도움이 될 것이다.

파트너십

파트너십에서 지켜야 할 원칙은 사용자와 공동으로 디자인하는 관계에 집중하는 것이다. 여러분과 사용자는 함께 프로토타입을 탐구하고 사용하는 데 연관되어 있다. 뭔가 잘 작동하지 않는 부분에 부딪치면, 그것을 수정한다. 디자인의 선택 사항을 함께 토론하고 시도해 본다. 여러분이 인터뷰를 하면서 프로토타입을 수정하고 있음을 확인하자. 새로운 부분들을 형성할 때는 인터뷰에 가져온 여분의 부품을 이용한다. 프로토타입을 이용해 함께 디자인을 제안하고 이야기한다. 또한 사용자의 디자인 아이디어를 즉시 반영한다. 만약 사용자가 어떤 기능을 제안하면, 그것을 적용한다.

표 14-3 페이퍼 프로토타입 인터뷰를 하는 동안 파트너십을 형성하는 데 유용한 조언

인터뷰에서 파트너십을 형성하고자 해야 할 일과 피할 일	
피할 일	**할 일**
시스템 향상이 목적이라는 포커스를 감춘다.	포커스를 공유하고 사용자에게 여러분이 디자인을 잘 했는지 검증하고자 도움을 구한다고 말한다.
거리감이 있는 관계를 형성한다- 소극적인 태도에 멀찌감치 앉아 있다. 미안해하는 태도를 취한다. 거만한 태도를 취한다.	친밀한 관계를 형성한다- 사용자 쪽으로 몸을 기울이고 관심을 표시한다. 신뢰하고 진심으로 대한다. 페이퍼 프로토타입에서 재미있는 면을 다루고, 인터뷰에서 여러분의 CPU 역할을 즐긴다. 사용자를 위해서 재미있게 분위기를 맞춘다.
프로토타입을 시연한다. 인터뷰를 인계한다. 프로토타입을 사용자 앞에 두는 대신 여러분 앞에 둔다. 여러분이 직접 작동시키려고 프로토타입을 사용자에게서 떨어뜨려 놓는다.	사용자가 프로토타입의 용법을 알아보게끔 한다. 사용자가 탐색하면서 알아내지 못한 경우 기능만 설명한다. 먼저 그렇게 한 다음 용법을 암시하는 핵심적인 단어 몇 가지를 말한다. 그래도 여전히 분명하지 않다면, 그 기능은 잘 작동하지 않는 것이다. 프로토타입을 만져 보고 자기 방식대로 만들도록 사용자를 독려한다.

표 14-3은 여러분이 사용자를 공동 작업 관계로 참여시키는 데 유용한 조언이다. 이 조언들은 인터뷰를 하는 동안 사용자를 여러분과의 파트너십으로 끌어들이는 데 도움이 될 것이다.

해석하기

사용자와 함께 의미를 결정한다. 어떤 것이 왜 잘 작동하거나 그렇지 않은지를 말해 줄 수 있는 사람은 사용자뿐이다. 여러분은 스스로 잘 안다고 생각할지 모른다. 그러나 사용자가 단지 뭔가 하고 있다고 추측된다는 이유만으로 실제로 그것을 한다고 확신할 수는 없다. 사용자가 반응하고 제안하는 이면에 자리한 업무 이슈에 귀를 기울이자. 사용자가 말하는 것과 실제 원하는 것 간의 차이를 찾아본다. 그리고 사용자가 원하는 것을 디자인에 추가한다. 여러분이 듣고 싶은 내용을 말해 주는 사용자를 조심하자. 프로토타입을 대하는 사용자의 감정적인 반응을 살펴본다. 이것은 사용자의 실제 반응을 파악하도록 이끌어 주는 단서가 될 것이다.

인터뷰하는 동안 여러분은 스스로 관찰하고 있는 업무에 관한 시스템의 영향력을 이해했는지 검증할 필요가 있다. 사용자에게 이런 영향력에 대한 해석과 새로운 디자인 선택사항을 제안하여 검증할 수 있다. 표 14-4에 나오는 조언은 인터뷰의 컨텍스트에서 여러분의 해석을 검증하는 방법을 제공한다.

포커스

포커스를 확장하고 더 많은 데이터를 보려면 여러분이 가정하는 것에 도전해야 한다. 1차 인터뷰를 하는 동안에는 시스템의 구조와 기능에 집중하자. 예컨대 어떻게 기능을 서로 다른 위치로 구분하고 각각의 위치에서 어떤 기능을 제공할지 등에 주의를 기울이자. UI 세부 사항에는 집중하지 말자. 프로토타입 인터뷰에서는 디자인이 사용자의 업무 수행을 어떻게 지원하는지 아는 것이 목적이다. 프로토타입의 외관이 더 정교해 보일수록 UI를 더 테스트해야 한다는 것을

표 14-4 인터뷰하는 동안 해석을 검증하는 데 유용한 조언

인터뷰에서 파트너십을 형성하고자 해야 할 일과 피할 일	
피할 일	**할 일**
그냥 무슨 일이 일어나는지 보고 기록한다.	패턴, 의도, 이슈를 찾는다. 인터페이스를 접하고 나타난 반응 뒤에 있는 실제 이슈를 정의해 본다. 의도나 요구를 더 잘 지원하는 디자인 아이디어를 제안한다. 그런 다음 사용자가 문제를 해결하는지 본다. 이렇게 하여 여러분의 가설이 타당한지 여부를 입증하고 디자인 아이디어를 검토할 수 있다.
예/아니오로 대답할 수 있는 질문만 한다.	상세화를 위한 가설을 제시한다. 디자인을 점검하는 차원에서 사용자에게 프로토타입에서 무슨 일이 일어날 것이라고 생각하는지 물어 본다.
사용자의 반응에서 관찰되는 비언어적인 단서를 무시한다.	사용자의 반응을 살펴본다. 인터페이스에서 떨어져 있다면 대개 그것이 너무 부담스럽거나 복잡하다는 의미다. 더 잘 작동하는지 보려면 그것을 단순하게 만든다. 사용자 쪽으로 몸을 기울이고 구조, 콘텐츠, 그리고 흐름이 잘 작동한다는 의미로 부드럽게 호응해 준다. 디자인에서 사용자에게 가장 중요한 양상을 정의해 주는 즐거움과 가치를 찾아 본다.
사용자에게 무엇을 원하는지, 또는 원치 않는 요소 대신에는 무엇을 원하는지만 물어본다.	여러분은 이 디자인과 다른 사용자 데이터에 대해 오랫동안 생각해 왔지만 사용자는 그렇지 않다는 점을 기억하자. 사용자는 기술적인 가능성을 잘 모르며, 디자이너가 아니기 때문에 흔히 자주 쓰던 기존 툴에서 비롯된 수정안을 제안할 것이나. 내신 그들에게 수정안을 제시하고 어떻게 반응하는지 본다. "제가 이런 것을 제공한다면 어떨까요…" 대화의 컨텍스트에 따라 적합한 것을 바로 찾아서 반영한다.
사용자가 왜 수정을 원하는지 토론하지 않고 프로토타입에 요구된 수정 사항을 반영한다.	사용자가 왜 수정을 원하는지 이해하지 않고 프로토타입 수정으로 들어간다면 여러분의 팀에 도움이 되지 않을 것이다. 사용자가 싫어하는 것이 UI인가 아니면 기능인가? 충족시켜 주어야 하는 숨은 의도는 무엇인가?
사용자가 무엇을 생각하는지, 화면에서 무엇을 보고 있는지 여러분이 알고 있다고 가정한다.	아래와 같이 질문한다- "이 아이템을 보세요. 뭐가 보이시죠?" "상관 없다고 생각하시는 게 있나요?" "뭐가 빠졌습니까?" "무엇을 생각하시죠?"

표 14-5 페이퍼 프로토타입 인터뷰를 하는 동안 포커스를 유지하는 데 유용한 조언

인터뷰 도중 포커스를 유지하고자 해야 할 일과 피할 일	
피할 일	**할 일**
프로토타입 구축, 과거 시스템과의 비교 또는 프로토타입에 대한 반응이 아닌 다른 논의에 집중한다.	업무에 집중한다. 목업에서 재현할 케이스를 구분하고 그것들을 워킹한다.
포커스 외부의 이슈나 이벤트를 추적한다.	사용자가 하는 모습을 관찰하고, 그것을 기반으로 포커스를 확장하지만, 사용자가 관련 없는 이벤트를 제시하면 그럴듯하게 둘러댄다. 포커스에서 벗어난 대화를 사용자가 하지 '않게' 만드는 것은 무례한 일이 '아니다.' 실제로는 무관한 정보인데 사용자에게 관심이 있다는 암시를 주고 싶지는 않을 것이다. 사용자의 포커스를 여러분이 테스트에서 가장 관심 있는 프로토타입의 부분에 연결시킨다(그것이 사용자 업무의 컨텍스트에 있다면 말이다).
UI에 집중하고 UI 선호에 대해 논의한다.	UI 세부 사항, 언어, 아이콘, 색상은 여러분의 포커스가 아니다. 목업을 사용자에게 맞도록 수정하라. 사용자 인터페이스에 있는 구체적인 수준의 세부 사항이 아닌 기능, 흐름, 페이지 레이아웃에 관한 대화를 추적한다.
자동화 또는 잘 보이지 않는 테크놀러지가 어떻게 작동하는지에 집중한다.	만약 사용자가 기술적인 지식이 있다면 자동화가 어떻게 작동하는지 이해하고 싶을 수도 있다. 여러분이 자동화 작업을 많이 하고 있다면, 비즈니스 규칙이나 여러분이 그대로 진행할 순서를 보여 주는 스크립트를 가져 온다. 그러면 그것을 디자인의 일부로 공유하고 토론할 수 있다. 이면에 자리한 테크놀러지와 플랫폼에 대해서 일반화하여 말하지 말자. 하지만 여러분이 사용자에게 필요한 데이터를 제공할 수 있는지에 대한 그들의 회의적인 태도를 모아 본다. 이것은 여러분의 시장에 참고가 되거나 관리 계획을 바꾸는 데 필요할 것이다.
아직 이해하지 못했다는 이유로 이슈를 수집하지 않는다.	여러분이 이해하지 못했거나 놀라운 점을 조사하라. 사용자의 반응 뒤에 숨은 이유를 찾고, 여러분이 이슈를 지원하기 위해 기능이나 디자인 수정을 제공할 수 있는지 살펴본다.
미리 대답을 듣고 싶은 질문을 생각해서 사용자에게 그것을 이야기한다.	업무를 따라가고, 업무가 어떻게 구성되는지 논의한다. 여러분의 머리에 있는 주제대로 이끌지 않는다. 이런 것들은 인터뷰가 끝날 무렵에 질문할 수 있다.

기억하자. 프로토타입이 좀 거칠다면, 구조를 더 테스트해야 한다. 목업은 포커스를 유지하는 데 도움이 되어야 한다.

인터뷰를 하는 동안 여러분은 적절히 진행하고 있고 포커스에서 벗어나지 않았음을 확인해야 한다. 완벽한 통제 없이 인터뷰를 이끌 수 있도록, 표 14-5의 조언을 이용하라.

해석 세션 수행하기

인터뷰에서 너무 많은 일이 일어나고 세부 사항이 매우 중요하기 때문에, 우리는 인터뷰 담당자와 기록자가 모두 참석하여 프로토타입 인터뷰를 한 후 24시간 이내에 해석 세션을 열도록 권장한다. 또한 해석 세션에는 적어도 3명, 하지만 5명을 넘지 않는 인원이 참여하기를 권한다. 구성원은 인터뷰 담당자, 인터뷰 기록자, 해석 세션 기록자, 그리고 일반 참여자다. 해석 세션의 기록자는 해석 세션을 하기 전에 정해서 워드 프로세서 파일을 세팅할 수 있도록 한다.

규모가 큰 팀이면, 해석 세션에 3-4명 정도 참여하기도 쉽고 팀과 공유도 쉽게 할 수 있다. 작은 팀이라면, 지원 인력으로 이해관계자들을 초청한다. 이해관계자들 입장에서도, 2시간만 약속하면 되고 인터뷰 결과도 바로 볼 수 있다. 보여주고 따라가야 하는 세부 사항이 너무 많기 때문에, 이렇게 하면 해석 세션도 가속화되고 개별 세션에서 지원 인력을 두어 외부의 관점을 얻을 수 있다.

프로토타입 해석 세션은 CI 해석과 매우 유사하며 소요 시간도 비슷한데, 대략 인터뷰 때와 비슷한 시간이 걸린다. 인터뷰 담당자는 인터뷰 대상자의 인적사항 정보를 요약하면서 세션을 시작하고, 인터뷰의 콘텐츠로 재빨리 이동한다. 디자인과 연관된 이슈는 각 프로토타입 구획에서 기록되고 정리되어야 한다.

여러분은 수기로 포스트잇에, 또는 온라인에 노트를 기록할 수 있다. 수작업 과정으로 진행하려면 비어 있는 사용자 인터페이스 목업을 구성 요소별로 묶어서 테이블에 펼쳐 놓는다. 각각을 관찰한 내용, 이슈, 또는 디자인 아이디어를 포스트잇에 쓴 다음 제품 구성 요소에 붙인다. 한 구성 요소가 아니라 시스템 전반에 걸쳐 있는 이슈를 기록하는 영역도 넣는다. 또는 프로토타입 구획 또는 디자인 구성 요소에 따라 정리한 문서에 노트를 기록하도록 한다. 여러분은 개별 구성 요소의 이슈 목록을 효과적으로 만들고 있다. 이 이슈들은 재디자인에서 고려해야 할 개별 요소의 컨텍스트에서 다루어지는 것들이다. 온라인으로 기록하면 관찰한 내용을 모두가 볼 수 있도록 프로젝션할 수 있다.

해석 회의의 규칙은 아래와 같다.

인터뷰 담당자 해석 세션을 진행하는 방식은 두 가지가 있다. 1차 인터뷰 담당자는 프로토타입을 워킹할 수 있고, 기록자는 자신의 노트를 보충할 수 있다. 또는 인터뷰 담당자가 노트를 보충하는 동안 기록자가 해석을 이끌 수도 있다. 어느 쪽이든, 1차 인터뷰 담당자는 스토리를 상술하고, 목업의 조각들을 보여 주며 해석하면서 그것들이 지적될 때 수정한다. 기록자는 조용히 노트를 따라 가며 순서가 맞는지 확인하고 인용한 것을 공유한다.

기록자 기록은 포스트잇이나 온라인에 할 수 있다. 승인된 디자인(계획대로 작동해서 재디자인이 필요 없는 것)과 언급해야 하는 이슈, 유실된 기능, 사용자 인용, 디자인 아이디어, 질문을 기록한다. 손으로 기록하는 기록자 한 명이 따라가기에는 노트가 너무 많다면, 한 사람 더 기록자 역할을 맡는다.

참여자 스토리를 듣고, 질문하고, 기록할 것을 표시하고, 디자인 솔루션을 산출한다. 다시 한 번 강조하지만, 이것은 솔루션을 토론하는 시간이 아니다. 손으로 포스트잇에 기록하고 있다면, 모두 각자의 디자인 아이디어를 기록할 펜과 포스트잇을 충분히 갖고 있는지 확인한다.

해석 세션을 하는 동안, 데이터를 잘 듣고 사용자 인터페이스, 여러분이 디자인한 구성 요소에 필요한 추가 기능, 또는 미처 생각지 못한 전체적으로 새로운 업무 양상에 대해 이슈가 우선시되는지 결정한다. 노트에 UI와 F(기능)로 라벨을 붙여서 기능 이슈를 먼저 다루고 UI 이슈를 나중에 다루며, 새로운 업무 수행 방식이 있다면 스토리보드로 만들 것에 대해서 의논하는 것도 잊지 않는다. 그리고 승인된 부분에는 V를 붙여서 재디자인할 때 그 부분을 그대로 유지한다.

 사례 – 이초크

이 사례는 이초크 페이퍼 프로토타입의 해석 세션에서 나온 부분적인 이슈 목록이다. 그들은 프로토타입 구획별로 노트를 정리했다.

과제물 작성

- 날짜 필드 하나만이 아니라, 제출 기한과 오늘 날짜를 모두 입력할 필드가 필요. (F)
- 과제가 학생에게 부과되었을 때 과제에 링크, 파일, 토론을 추가 또는 첨부하기를 원함. (F)
- 사용자가 하는 일은 과제물 작성이므로, '공지'라는 단어는 적절하지 않음. 버튼 이름을 '부과(Assign)'로 바꿀 필요가 있음. (UI)

이벤트 생성

- 이벤트를 누구에게 보일지를 결정할 때, 사용자는 그룹에서 이벤트를 볼 수 있는 모든 사람 가운데 보일 사람들을 구분하거나, 아니면 그룹 관리자들에게만 보이기로 함. (F)
- 이벤트를 반복하는 편이 사용자에게 유용하다면 이벤트를 반복하고 특성화할 수 있음. (V)

반복(iteration) 1차에 해당하는 인터뷰를 해석하고 나면, 여러분은 목업을 재디자인할 준비가 된 것이다.

디자인 반복하기

개별 프로토타입 회차를 마친 다음, 각 디자인 구성 요소를 다룬 노트를 워킹하고 변경할 수정 사항을 정한다. 구성 요소들을 개발하는 하위 팀이 있다면, 그들이 이슈에 대한 응답을 처리할 수 있다. 관점이 공유될 수 있도록 하위 팀에서 사람들이 교대로 일하는 방법을 고려해 보자.

팀은 이 시점에서 해석 세션의 결과로 시스템 재디자인을 설명하는 이슈 목록을 생성한다. 그리고 각 포인트를 검토하고 수정할지 아니면 다음 회를 끝낼 때까지 디자인을 그대로 둘지 결정한다. 이 회의를 하는 동안, 구성 요소에서 기능과 레이아웃을 업데이트하고 다음 질문에 대답해 본다.

- 디자인의 방향이 제대로인가? 프로토타입 인터뷰가 접근 방식의 변화를 제안하는가?
- 디자인의 어떤 부분이 안정적인가?
- 디자인의 어떤 부분이 불확실하며, 계속 변하거나, 또는 잘 작동하지 않는가?
- 우리는 디자인에 이의를 제기하고 있는가?
- 페이퍼 프로토타입 인터뷰가 끝나기 전에 시스템의 핵심 구성 요소에 대한 세부 UI 디자인과 렌더링을 시작할 수 있는가?

무엇을 바꿀지 결정하려면 먼저 구성 요소들 전체에 해당하는, 시스템 전반에 걸친 이슈를 살펴본다. 먼저 이런 이슈를 언급하는 시스템 문제가 있는지 살펴본 뒤 다음과 같이 자문한다.

- 미처 생각하지 못했던 새로운 구성 요소가 필요한가?
- 두 영역을 하나로 결합하거나, 한 영역을 둘로 분리하는 구성 요소들을 인지할 필요가 있는가?
- 미처 생각하지 못했던 전체 직무 또는 콘텐츠 영역이 있는가?

다음으로 구성 요소 내 기능, 콘텐츠, 흐름, 그리고 일반적인 레이아웃의 수준에서 드러나는 이슈를 결정한다. 이것은 UI 이슈가 아니다. 필요한 곳에 기능을 추가하고, 링크를 붙이고, 전체 기능과 콘텐츠 레이아웃을 바꿔 본다. 추가 조사가 필요하거나 디자인을 필요 이상으로 복잡하게 만들 가능성이 있는 것은 나중으로 미룬다. 또 사용자에게서 추가 피드백을 받고 수정하려는 경우도 나중으로 미룬다.

마지막으로, 인터랙션 디자인을 더 완벽하게 하고 구성 요소들에 적절한 이름(메뉴 제목 등의 라벨)을 붙이는 일과 관련된 모든 사용자 인터페이스 이슈를 해결한다. 이제 출력해서 잘라낼 와이어 프레임 기반의 목업을 만드는 일에 대해서 생각해 봐야 할 시점이다. 이것을 만들고 나면 레이아웃, 인터랙션 디자인, 콘텐츠 프리젠테이션 테스트를 하는 데 유용하게 쓰일 것이다.

수정 회의를 오래 끌어서는 안 된다. 각 포인트를 논의하는 데 10분에서 15분이상 소비하지 말자. 유의미한 수정을 하기로 결정했다면, 다음 차례 프로토타입을 구축하기 전에 스토리보드에 디자인이 반영되도록 수정 사항의 작은 비전(mini-vision)을 도출한다. 사용자와 커뮤니케이션하거나 사용자 스토리를 형성하는 데 스토리보드를 활용하고 있다면, 진행에 따라 스토리보드와 사용자 스토리를 업데이트할 필요가 있을 것이다.

수정 회의는 또한 목업 인터뷰 각 회차의 사이 시간을 이용하는 프로세스다. 목업 인터뷰 회차를 전부 끝내면, 디자인을 마무리하고 문서화하는 데 일정 시간을 투자한다.

디자인 마무리하기

일단 모든 페이퍼 프로토타입 인터뷰와 해석 세션이 완결되면, 마지막으로 디자인을 검토하고자 모인다. 이 회의에서는 디자인을 마무리하고 UI 디자인에서 다룬 모든 관련 이슈를 검증한다. 이것은 디자인이 완벽하고 모든 이슈를 설명했음을 확인할 기회다. 이제 이 디자인으로 개발 단계에 들어가고, 문서화하거나,

조직 내의 방법론과 프로세스 요구에 따라 작업 지시서(specifications)를 쓸 준비가 되었다.

조언 - 디자인과 사용자의 반응을 공유할 때 최종 디자인과 사용자로부터 직접 인용을 이해관계자들에게 프리젠테이션하는 것을 고려해 보자. 그러면 이해관계자들도 여러분이 왜 이런 디자인을 했는지 알게 될 것이다.

R a p i d
C o n t e x t u a l
D e s i g n

15

래피드 CD와 다른 방법론

래피드 CD의 단계들은 기본적으로 다음 세 부분들로 적절하게 나눌 수 있다.

필요 조건 수집 사용자 집단의 요구, 활동, 이슈, 장애물, 잠재적인 기회를 특성화하고자 고객 데이터를 수집하고 정리하는 지점.

업무 또는 활동 재디자인 새로운 테크놀러지를 소개하여 기존 업무나 일상적인 수행을 재디자인하기 위해 데이터가 이용되는 지점.

사용자 경험 디자인 사용자와 반복적으로 테스트하면서 재디자인이 정비되고 생산적인 사용자 인터페이스가 정의되도록 시스템 기능을 지원하는 지점.

2장에서 설명했듯이, 이 단계들은 어떤 조직의 방법론이나 애자일(Agile) 방법론에 적절하게 잘 적용될 수 있고, 특히 기본적인 요구사항을 수집하는 단계에서는 더욱 그러하다.

비즈니스 케이스 여러분이 새로운 제품 또는 비즈니스 시스템을 도입하여 그 가치를 보여 주도록 비즈니스 케이스를 정의한다고 하자. 이때 사용자 집단에 대한 필드 데이터를 수집하고 어피니티를 통해 요구를 특성화하면, 지원할 수 있는 어려움과 시스템에서 향상시킬 수 있는 기회가 드러날 것이다. 추가로 비전을 도출하면 여러분은 사용자 입장의 비즈니스 케이스를 확보하게 된다.

제품 또는 시스템 요구사항 수집 일단 문제를 알고 나면, 이것을 다루어야 한다. 타깃 활동을 수행하는 사용자 역할은 시퀀스 모델과 함께 이러한 문제의 필드 데이터를 더 수집해, 시스템을 정의하는 데 필요한 구체적인 수준의 세부 사항을 제공하게 된다. 여기에 비전 도출을 더하면 여러분은 시스템에 대한 추상적인 수준의 요구사항을 확보할 것이다. 이것은 하나의 직무 역할(job role)과 직무(task)를 동시에 지원하기도 하는 애자일 프로세스나, 또는 역할이 2-4개 정도이고, 활동도 몇 가지인 더 큰 프로젝트에서도 동일하게 수행된다.

페르소나와 사용자 시나리오 9장에서 우리는 이 동일한 데이터를 이용해 어떻게 핵심 사용자를 대표하는 페르소나와 그들의 핵심 직무를 표현하는 사용자 시나리오를 형성하는지 설명했다. 이것들은 커뮤니케이션 수단과 같이 작용하며, 개발을 위한 도구가 되는 데 중점을 둔다. 또한 이해관계자들의 입장에서, 자체적인 디자인 방법론이 있는 사람들에게는 사용자 요구를 적절히 수용하도록 하는 필터와 같이 작용한다. 또는 랜데스크의 사례처럼, 페르소나와 사용자 시나리오가 XP 프로세스를 보충해 주기도 한다. 팀은 수는 적지만 질이 좋은 타깃 직무 역할 세트를 명확하게 선택하여 이와 같은 특성화를 강력하게 할 수가 있다. 이는 또한 이면에 있는 사용자 데이터의 질에 근거한다.

래피드 CD는 비즈니스를 분석하고 회사 프로세스 중 요구사항 단계에 실행 가능한 부분을 쉽게 보조하고 보충할 수 있다. 이런 이유로 속전 속결 CD와 래피드 집중 CD의 첫 단계를 수행하면 그 다음 진행되는 한 회사의 디자인 프로세스에 고객 데이터를 쉽게 투입할 수 있는 것이다.

하지만 자체 사용자 스토리가 있는 UML 또는 XP[1]에서 유스 케이스가 필요한 RUP[2]와 같은 방법론이라든가, 심지어 한층 더 사용자 중심적인 시나리오가 기반이 된 디자인[3]의 경우, 프로세스를 추진하는 데 대안적인 디자인 아티팩트를 이용한다. 이 방법론에서는 모두 개선 아이디어를 브레인스토밍할 때에 정리된 고객 데이터를 이용한다. 또는 데이터에 대해 더 체계적인 반응을 산출하는 데 비전 도출 프로세스를 쉽게 이용한다. 비전 도출은 어느 조직에서든 잘 알려진 기법이며 쉽게 적용될 수 있어야 하는 브레인스토밍과 매우 가깝다.

이와 비슷하게, 페이퍼 프로토타입 인터뷰는 디자인 아이디어를 테스트하고 그것을 다듬는 방법으로 광범위하게 수용되고 있다. 우리는 이 작업을 일부 사용성 테스트처럼 고정된 시나리오가 아니라 실제 사용자 케이스를 가지고 필드에서 하기를 권장한다. 그러나 그렇든 아니든 사용자에게서 피드백을 얻는 기법으로 페이퍼 프로토타입은 수년간 상당히 성장해 왔다. 때때로 사용자 데이터를 디자인에 반영하고, 시스템이 어떻게 수용되는지를 개발자들과 디자이너들 양 측에 모두 보여줄 가장 좋은 첫 단계로 활용된다.

하지만 어떻게 초기 사용자 데이터와 최종 디자인 반응 사이에 다리를 놓을 수 있을까? 어떻게 우리가 테스트하는 디자인 아이디어가 실제로 사용자의 요구에 관련되는지 입증할 수 있을까? 디자이너가 데이터를 워킹한다면, 데이터를 이용하여 초기 추상적인 수준의 아이디어를 가이드하거나 섬네일 수 있나. 이 아이디어가 비전으로 통합된다면, 팀은 방향성을 갖게 된다. 하지만 세부적인 시스템 기능과 UI 구조를 얻으려면 도약이 필요하다.

방법론들이 갈라지는 지점은 바로 이러한 도약이다. 우리는 팀이 데이터, 활동의 재디자인, 사용자 경험 디자인 사이를 이행(移行)하는 과정을 구조화하는

---

1 벡(Beck, K.), 『익스트림 프로그래밍, 제2판: 변화를 포용하라』(Extreme Programming Explained: Embrace Change), 정지호, 김창준 역, 인사이트, 2006.

2 크롤 퍼와 크루첸(Kroll, Per and Kruchten, P.), 『The Rational Unified Process Made Easy: A Practitioner's Guide to Rational Unified Process』, 애디슨 웨슬리, 2003.

3 알렉산더(Alexander), I and Maiden, 2004. 『Scenarios, Stories, Use cases through the System Development Life-Cycle』. 존 윌리(John Wiley). 또한 『Contextual Design』, 엘세비어 10장 「Role of Scenarios in Contextual Design」도 참조.

데 스토리보드를 활용할 것을 제안한다. RUP에는 유스 케이스가 필요하고, XP에는 사용자 스토리가 필요하며, 다른 방법론들은 미래의 시나리오나 프로세스 모델을 이용한다. 그러나 이런 디자인 아티팩트들은 스토리보드에서 개발할 수 있다. 스토리보드로 작업하면 팀은 수집된 고객 데이터를 이용해 새로운 업무 프로세스를 바로 재디자인하는 데 집중하게 될 것이다. 그런 다음 그것을 여러분 회사의 방법론에 필요한 아티팩트로 전환하고, 디자인 프로토타입으로 넘어가서, 사용자와 테스트하면 된다.

그림 15-1과 15-2는 시나리오와 유스 케이스를 개발하고 사용자 스토리를 이끄는 데 이용된 스토리보드 예시다. 우리는 또한 더 자세한 랜데스크 사례를 소개해서, 고객 데이터가 어떻게 스토리 카드(story cards)[4]와 최종 사용자 인터페이스 디자인으로 가는지 살펴볼 것이다. 그림 15-1에서 여러분에게 스토리보드 프로세스를 상기시키고 사례 가운데 일부에 대한 컨텍스트를 제공하고자, 아프로포스 콜센터 스토리보드 사례를 소개한다.

스토리보드는 유스 케이스 사례들을 이끈다

스토리보드 작업으로 비전의 세부 사항들을 구성하는데, 원칙적으로 시스템이 지원해야 하는 핵심 직무를 표현하는 정리된 시퀀스를 이용해 가이드한다. 스토리보드는 추상적인 수준의 유스 케이스와 같으며, 표준 유스 케이스 문서 구조와 통합 모델링 언어 표기법(Unified Modeling Language notation)으로 표현할 수 있다. 컨텍스추얼 디자인 아티팩트들은 수행되어야 하는 직무를 개념화하고, 그런 다음 유스 케이스 개발에 투입하는 식으로 쉽게 이용될 수 있다.

그림 15-2는 유스 케이스 언어로 아프로포스의 스토리보드를 표현한 것이다. 이어지는 예시는 그림 15-1에서 소개된 스토리보드에 대한 유스 케이스다. 여

---

4 (옮긴이) 스토리보드에 사용되는 한 장 한 장의 카드, 이것들이 모이면 전체 스토리를 알 수 있는 스토리보드를 구성한다.

그림 15-1 시나리오와 유스 케이스를 생성하는 데 이용된 설명 텍스트가 있는 아프로포스 콜센터
스토리보드 사례

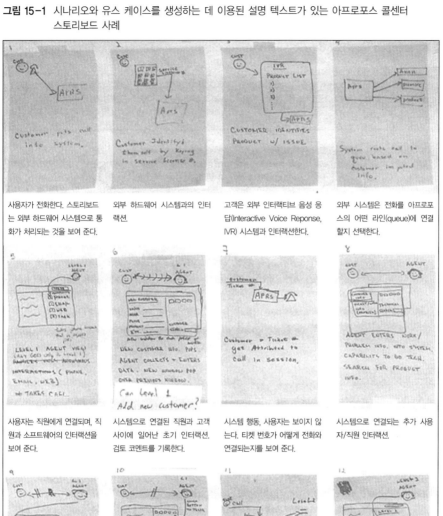

사용자가 전화한다. 스토리보드 는 외부 하드웨어 시스템으로 통 화가 처리되는 것을 보여 준다.

외부 하드웨어 시스템과의 인터 랙션.

고객은 외부 인터랙티브 음성 응 답(Interactive Voice Reponse, IVR) 시스템과 인터랙션한다.

외부 시스템은 전화를 아프로포 스의 어떤 라인(queue)에 연결 할지 선택한다.

사용자는 직원에게 연결되며, 직 원과 소프트웨어의 인터랙션을 보여 준다.

시스템으로 연결된 직원과 고객 사이에 일어난 초기 인터랙션. 검토 코멘트를 기록한다.

시스템 행동, 사용자는 보이지 않 는다. 티켓 번호가 어떻게 전화와 연결되는지를 보여 준다.

시스템으로 연결되는 추가 사용 자/직원 인터랙션.

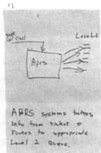

첫 번째 결말: 직원이 문제를 해 결하고 티켓을 닫는다. UI와 잘 보이지 않는 행동을 보여 준다.

두 번째 결말: 문제를 확장할 필 요가 있다. UI가 확장 프로세스를 어떻게 처리하는지 보여 준다.

확장을 처리하는 시스템 행동.

레벨 2 직원이 전화를 처리한다. UI 는 이미 수행된 업무를 보여 준다.

그림 15-2 아프로포스 스토리보드가 유스 케이스 언어로 어떻게 표현될 수 있는지를 나타내는 예시.

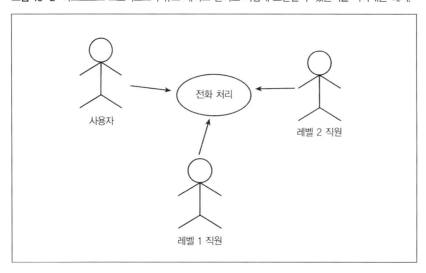

기에는 초기 인터랙션과 선택할 수 있는 두 가지 결말이 포함된다.

 예시 – 아프로포스 유스 케이스

전제 조건

- 사용자는 문제를 갖고 전화한다.
- 레벨 1 직원은 사용자와 문제에 대한 정보를 수집한다.
- 레벨 1 직원은 문제를 해결히려고 시도한다.

이벤트의 흐름

1. 사용자는 문제를 갖고 콜센터로 전화한다.
2. APRS 시스템이 전화를 받아서 사용자 확인을 요청한다.
3. 사용자는 서비스 라이센스 번호를 입력한다.
4. APRS 시스템은 사용자와 사용자가 이용하는 제품에 어떤 레벨로 지원할 수 있는지 결정한다.

5. APRS 시스템은 사용자에게 IVR(interactive voice response) 시스템을 통해 문제가 있는 제품을 확인하도록 요청한다.

6. 사용자는 제품을 확인한다.

7. APRS 시스템은 사용자의 지원 약정과 제품에 근거하여 전화를 어떤 라인으로 보낼지 정한다.

8. 전화가 중앙 라인(the head of the queue)에 도달하면, 다음에 응답할 수 있는 레벨 1 직원에게 전달된다.

9. 직원은 헤드셋에서 전화를 받는다. 동시에, 화면에서는 시스템에 사용자에 대해 보유한 정보를 보여 준다. 이 화면은 전화가 어떻게 처리되는지를 확인한다(IM: instant message 또는 이메일에 대비되는 전화). 시스템은 티켓을 열고 그것을 이 전화와 연결시킨다.

10. 직원은 사용자에게 문제가 무엇인지 묻는다. 사용자가 정보를 주면 직원은 그것을 시스템에 입력한다.

11. 직원은 제품 정보를 검색한다.

12. 직원은 사용자에게 문제에 대한 해결책을 제공한다. 직원은 티켓을 닫는다. 티켓을 닫으면 전화는 임의로 끊어진다. 그렇지 않으면, 직원이 봉화를 마치고 수동으로 전화를 끊는다.

후속 조건

- 직원은 다음 전화를 받을 여유가 있다.
- 티켓은 통화 내용과 레벨 1 직원의 자리에서 통화가 열려 있는 진행 시간, 그리고 직원이 파악한 모든 정보를 기록해 낸다.

확대-문제 확장

위의 단계 12번 대신,

12. 직원은 자신이 문제를 해결할 지식이 없다고 판단한다. 그는 사용자에게 문제를 다음 레벨로 올리겠다고 말한다.

13. 직원은 이 사용자가 다시 통화 대기 상태가 되지 않게 하려고, 시스템을 체크해서 누가 다음 레벨에서 업무 중인지 확인해 본다. 그 결과 두 사람이 통화 중이고 세 사람은 '리서치' 모드인 것을 확인한다.

14. 레벨 1 직원은 이들 중 한 사람이 이 제품 전문임을 알고 있다. 그 사람에게 메시지를 보내서 이 전화를 받을 수 있는지 묻는다. 레벨 2 직원은 승낙한다.

15. 레벨 1 직원은 통화를 바로 레벨 2로 보낸다. 사용자는 대기 상태로 방치되지 않는다.

16. 레벨 1 직원의 화면은 비워지고, 그런 다음 통화가 가능한 상태로 표시된다.

후속 조건

기본 유스 케이스에 추가하여,

- 티켓은 열린 상태로 있다.
- 티켓은 통화가 확장되었음을 보여 준다.

이슈

- 레벨 1 직원은 새로운 사용자를 입력할 수 있는가?

미래의 시나리오

스토리보드를 만드는 의도는 디자인 프로세스를 이끄는 것이다. 스토리보드를 만들며 팀은 생각을 충분히 구조화하는 프로세스를 지원받게 되고, 그럼으로써 팀의 생각을 객관적이고 구체적으로 만든다. 하지만 팀 외부와 커뮤니케이션하는 경우에는, 스토리보드를 만드는 것만으로는 충분하지 않을 수도 있다. 그럴 때는 프리젠테이션에서 스토리보드를 워킹하는 것도 좋은데, 스토리보드도 더 구체적으로 만들어지고 프로젝트에 함께하지 않은 사람들에게도 배경 지식을 제공하게 된다. 또한 이는 개인적인 방법으로 디자인 방향을 커뮤니케이션할 수 없어서 더 공식적인 메커니즘이 요구될 때 유용하다.

미래의 시나리오는 새로운 시스템의 행동, 즉 흔히 말하는 '미래의(to-be)' 시스템 행동을 누구든 이해할 수 있는 방식으로 드러내는 방법이다. 우리는 9장에서 페르소나를 칭찬하며 사용자 시나리오를 소개했다. 사용자 시나리오는 정리된 데이터를 토대로 구축되며, 새 시스템이 도입되기 전에 전형적인 사용자의 일상을 특성화하는 것이다. 미래의 시나리오는 우리가 스토리보드를 구현해 그 디자인을 실행할 경우에 사용자의 세계가 변화될 방식을 표현한다. 미래의 시나리오에서 페르소나도 움직이도록 함께 이용해 보자. 미래의 시나리오는 개발자와 이해관계자들에게 새로운 시스템이 지원하려는 업무나 생활에 대해 암시하는 바를 시각적으로 보여 주는 좋은 방법이 될 것이다.

미래의 시나리오를 형성하려면 간단하게 스토리보드를 텍스트로 쓰고, 필요하면 그림을 덧붙인다. 페르소나와 마찬가지로 이것은 스토리이며 이야기처럼 작성되어야 한다. 여기에 실제 데이터에서 비롯된 세부 사항을 설명하고 스토리보드에서 암시된 디자인 수정을 담는다. 스토리보드를 시작 지점으로 삼고, 진행하면서 컨텍스트를 채워 간다.

시나리오는 일반적으로 도입 부분이 필요한데, 거기서 여러분은 시나리오에서 언급하는 문제와 더불어 배우 역할을 하는 사람들이 누구인지 설명한다. 페르소나에서 이 설명에 필요한 부분을 참고하자. 그런 다음 시나리오는 스토리보드를 따라 진행되는데 대체로 스토리보드 프레임당 한 단락 정도다.

스토리보드 프레임에 시스템 UI와 중요한 인터랙션이 나타나는 지점에서, 그림으로 UI에 대한 스케치를 추가한다. 페이퍼 프로토타입을 끝냈다면(13장과 14장 참조) 스케치를 가이드하는 데 그것들을 이용한다. 페이퍼 프로토타입 테스트를 마쳤다면 여러분은 사용자가 시스템에서 무엇을 할지 더 상세하게 알 수 있다.

사용자 데이터로 페르소나를 이끌어내고, 정리된 시퀀스를 토대로 사용자 시나리오를 작성한다. 그런 뒤, 비전과 스토리보드를 이용해 미래의 시나리오를 끌어내고, 페이퍼 프로토타입으로 사용자 인터페이스와 함께 미래의 인터랙션을 생각해 보자. 그러면 여러분은 새로운 시스템으로 사용자의 일상이 어떻게 향상될지를 그림으로 그릴 수 있을 것이다. 이와 같이 표현하면 개발 부서에서 시스템을 개념화하고, 영업 부서와 마케팅 부서에서 가치 제안을 인식하게 되며, 비즈니스 쪽에서 그들의 프로세스에 있는 새 시스템의 영향을 더 잘 이해하게 된다.

XP 사용자 스토리

사용자 스토리는 사용자의 측면에서 시스템에 의해 수행될 특징을 기록한 것이다. 이 스토리는 사용자가 새로운 시스템에서 어떻게 직무를 수행할지 설명한다. 사용자 스토리는 단순하고 형식에 얽매이지 않으며, 대개 인덱스카드에 쓴다. 스토리보드에는 많은 사용자 스토리가 포함되며, 이 중 어느 것이라도 XP 프로세스를 시작하는 지점으로 이용될 수 있다.

예시 – 아프로포스

다음 아프로포스 스토리보드에서 산출할 수 있는 몇 가지 스토리 예시가 있다. 이 사례들을 가이드 삼아, 사용자와 함께 테스트할 핵심적인 특징을 개발하게 된다.

콜센터 XP 형식의 사용자 스토리

스토리 1: 통화를 넘길 때, 나는 왜 통화를 처리하지 못했는지 짧게 메모하고 고객에게서 받은 관련 정보를 강조할 수 있다.

스토리 2: 통화를 넘길 때, 나는 그냥 다음 레벨로 통화를 넘기거나 또는 누가 있는지 보고, 문제를 즉시 처리할 수 있는 사람을 확인해 넘긴다.

예시 – 랜데스크

랜데스크는 XP 프로세스를 이용하고 있으며, 앞의 예시에서 사용자 스토리를 형성하고자 XP 디자인 프로세스와 함께 컨텍스추얼 데이터를 이용한다. 공식적으로 스토리보드 작업을 하지는 않았지만, 그들은 정리된 시퀀스를 가이드 삼아 사용자가 수행해야 하는 세부 직무를 다루었다.

다음 샘플은 개발 회사에서 업무를 평가하는 데 이용하는 스토리 카드(422쪽의 그림 15-3과 15-4)로, 각 업무는 특정한 요구사항을 충족해야 한다. 스토리 카드는 일반적으로 고객이 직접 보거나 시스템을 이용해 할 수 있는 무언가로 작성한다.

그러면 개발 부서에서는 스토리 카드로부터 특정 직무를 형성해서, 이터레이션 동안 전체 업무의 가이드처럼 이용한다. 특정한 릴리스에 맞춰 크고, 형식적이고, 흔히 시대에 뒤떨어진 요구 문서를 만드는 대신 스토리 카드 더미를 만들어 이용해도 된다.

고객의 피드백이나 새로운 비즈니스 요구에 근거해 디자인 수정이 있을 경우, 사용자 스토리 카드는 이를 수용하기 위해 필요에 따라 조정된다. 실제 이용할 때에는 스토리 카드를 출력하거나 흔히 손으로 써서, 공개적인 업무 장소에 게시한다.

그런 다음 각 스토리 카드는, 디자인 팀에서 제품으로 코딩하기 전에 먼저 페이퍼 또는 와이어 프레임 형태로 사용자와 테스트할 수 있도록 UI를 시각화하여 표현한다. 그림 15-3과 같이 세부적인 수준의 기능을 포함하는 프로토타입은 인터랙션 디자인 팀이 개발 팀에 전달하는 전형적인 내용이다.

이 예에서는 개발자들에게 제품이 코딩되면 정확히 어떻게 보이고 또 어떻게 작동해야 하는지 알려 준다. 테스트 담당자들은 이터레이션 때마다 디자인이 잘 수용되는지 테스트하는 데 이러한 목업 단계를 넣을 수 있다. 이 프로토타입의 세부 사항은 고객과 함께 반복하여 테스트한 다음, 개발 팀에게서 기술적인 제한에 관한 피드백을 얻을 뿐만 아니라, 제품 마케팅 팀과도 의논한 후에야 결정된다.

스토리 카드는 프로세스를 통해 계속해서 디자인과 연관되어 있다. 두 번째

그림 15-3 스토리 카드와 거기에 대응하는 UI는 이 단계에서 소프트웨어 개발의 성공
과 실패를 보여 준다.

Story Line:	???		Iteration #:	9	Est Cost:	1

Title: Show phased deployment success & failure rations

Description:　　　　　　　　　　　　　　　　UI Needed: ☐ Yes ☐ No

　　　Show phased deployment success & failure ratios. Group results
　　　for easy scanability.

Team:	Software Distribution		Story #:	

그림 15-3 (두 번째)

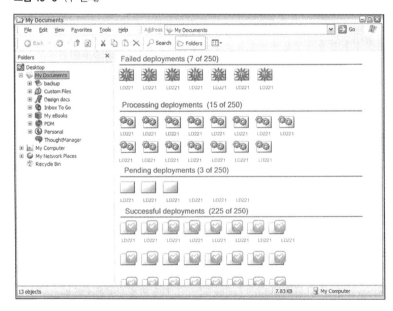

예시인, 그림 15-4는 시스템의 특정한 부분을 나타낸 대략적인 시각 디자인 명세를 보여 준다.

이것은 애플리케이션에서 시각 디자인 처리와 더불어 결과가 어떻게 보일지를 표시하는 비전 도출 프로토타입으로, 성공하거나 실패한 배치에 따라 분류되었다. 전형적으로 이 수준의 프로토타입은 제대로 요구사항을 포착해 냈는지 알아보고자 고객과 제품 마케팅 양쪽의 의견 수렴을 거친다. 그런 다음 스토리 카드와 함께 벽에 붙여 개발의 가이드로 삼는다.

인터랙션 디자이너는 제품에 대한 최종 인터랙션과 보고 느끼는 감각을 생성하고자 개발 팀과 함께 작업한다. 이것은 모두 테스트를 한 후에 수행된다.

그림 15-3의 두 번째 이미지는 사용자에게 보여지는 UI를 시각적으로 구성한 것이다.

그림 15-4의 두 번째 이미지는 더 상세한 디자인 프로토타입으로, 시각 디자인이 어떻게 처리될 수 있는지를 보여 준다.

그림 15-4 스토리 기드와 거기에 대응하는 UI 디자인은 미리 정의된 전송 방식을 지원하는 시스템을 보여 준다.

그림 15-4 (두 번째)

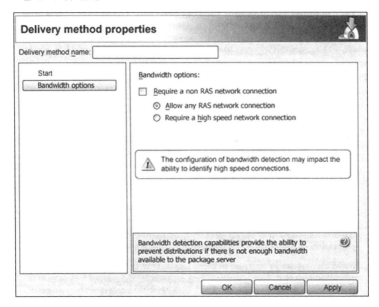

애자일 개발 프로세스를 위한 래피드 CD

사용자 중심 디자인의 실행 방식은 애자일 소프트웨어 개발 방법론에 쉽게 도입할 수 있다. 래피드 CD는 다음 프로세스를 권장하는데, 이 프로세스는 우리가 랜데스크[5]와 함께 개발한 것이다.

여기에 단계별 프로세스 개요가 있고, 각 단계에 대한 일반적인 시간 견적도 포함되어 있다. 우리는 UI 디자이너 두 명이 각각 개발자 한 팀과 작업하는, 분리된 두 팀을 가정했다. UI 디자인 팀은 사용자 스토리의 컨텍스트에서 인터페이스의 세부 사항을 다룬다.

UI 디자인은 대개 팀에서 다른 사람들과는 구분되는 기술을 가진 사람들이

---

5 바이어, 홀츠블랫, 그리고 베이커, 『Proceedings of XP Agile Universe 2004』, 「An Agile Customer-Centered Method: Rapid Contextual Design」, 캐나다 캘거리에서.

수행한다. 우리의 경험으로 볼 때 이런 경우의 의사 전달, 즉 일단 개발자가 그 기술의 가치를 인식하기는 매우 쉽다. 사실, UI 디자이너로 인해 얼마나 많은 시간과 노력이 절약되는지 알고 나면 개발자들은 오히려 무엇을 해야 하는지 UI 디자이너가 충분히 말해주지 않아서 선택 사양만 많아졌다고 불평한다. 우리는 또한 일부 사용자 테스트에 개발자들을 UI 디자이너들과 동반시키면 더 잘 이해하게 된다는 점을 알게 되었다.

다음은 애자일 방법론에 맞춰진 래피드 CD의 단계들이다.

프로젝트 포커스 세팅하기 프로젝트의 복잡성과 요구되는 혁신의 수준을 결정한다. 이번 제품 릴리스에서 지원할 핵심 고객 역할을 한두 가지 정하고, 현장 방문 계획을 세운다(토론은 한나절이면 하지만, 방문을 세팅하는 것부터 시작하면 2-3주가 예상된다. 일단 관계가 형성되어 있고 조직에 전문 지식이 있다면 더 쉬울 것이다).

잠재적인 고객과 컨텍스추얼 인터뷰 실시하기 개별 역할마다 적어도 3명에게서 데이터를 수집한다. 1주일 안에 팀은 4개 조직의 사람들과 8회 인터뷰를 하고, (현재 직무에 대한) 어피니티 노트와 시퀀스를 산출하여 그 데이터를 해석할 수 있다. UI 전문가와 마케팅, 개발 인력으로 구성된, 다양한 분야에서 모인 팀이 수행하면 이상적이다. 우리는 직접 이를 실행하면서 개발자들이 대개 이전 프로젝트를 마무리하는 중임을 알게 되었는데, 이런 경우 나중에라도 참여시켜 작업을 가속화할 수 있다. (1주일 소요)

어피니티와 정리된 시퀀스 구축하기 어피니티는 모든 고객에 걸쳐 이슈의 범위를 보여 주며, 시퀀스 모델은 (직무 모델) 프로젝트로 지원할 특정 직무가 현재 어떻게 완결되는지 보여 준다. 이것은 현재(as-is)의 사용자 업무 수행 방식을 나타낸다.(3-4일 소요)

더 규모가 큰 팀에 데이터를 소개하기(전체 개발 팀을 포함) 핵심 결과를 요약한 다음, 팀은 어피니티를 워킹해서 구성원들이 고객의 환경을 이해하도록 만든다. 팀 구성원들에게 각각 질문과 디자인 아이디어를 적어 두기를 요청한다.

설명할 이슈 확인하기 전체 팀은 프로젝트에서 어떤 이슈를 다룰지 확인한다. 어피니티에서 이슈를 수집해내고, 프로젝트 범위 내에서 다룰 수 있는 가장 중요한 이슈를 선택한다. 어떻게 업무를 더 잘 지원할지 아이디어를 브레인스토밍한다. 중요한 아이디어는 나중에 영향력이 있는 다른 프로젝트에 관련될 수도 있으므로 기록하고 저장해 둔다.(2일 소요)

이슈에 대한 반응으로 사용자 스토리 형성하기 사용자 스토리는 시퀀스 모델로 가이드해 만들고 시스템이 어떻게 이슈를 해결할지 알려 준다. 간단한 스토리보드는 토론하는 데 도움이 된다.

사용자 스토리에서 릴리스 계획(release planning) 프로세스 진행하기 팀의 커뮤니케이션을 촉진하고자, 개념적인 다이어그램과 추상적인 수준의 UI 목업을 이용한다. 완성된 UI가 없으면 팀은 실행하는 데 정확히 어떤 어려움이 있을지 알 수 없다. 하지만 조직의 컨텍스트 내에서, 팀은 그들이 정의하는 UI의 전형적인 복잡성을 알 수 있고, 따라서 대략적인 견적을 낼 수 있다. 사용자 스토리를 이터레이션 순서대로, 일관된 기능의 세트가 담긴 스토리 그룹으로 정리한다.

스토리의 우선순위 결정하기 우선순위를 정하고 필요하면 스토리를 삭제해서 릴리스 예산에 맞춘다. 일단 사용자 피드백을 얻기 시작하면 추가 사용자 스토리가 생겨날 것이므로, 언제나 예산 일부를 남겨 둔다.

첫 번째 이터레이션에서 사용자 스토리를 지원하는 세부 사용자 인터페이스 디자인하기 UI 디자인에는 자체의 규칙이 있다. 사용자 스토리를 코딩하는 구현(implementation) 작업과 뒤섞지 말자.(1-2일소요)

목업 인터뷰를 통해 종이로 사용자와 UI 테스트하기 사용자 스토리는 시스템 기능성을 나타내는 매우 정제된 정의다. 1회의 페이퍼 프로토타입 테스트에서 많은 사용자 스토리를 다루게 될 수 있다. 이 UI를 사용자 3-4명과 테스트하고, 그 결과는 디자인을 다듬는 데 이용한다. 시간과 인력이 있다면 더 세부적인 UI로 2차 테스트를 실시한다. 3차 테스트는 활성 코드를 갖고 실시될 것이다.(모두 시행하는 데 2주 소요)

개발 팀이 구현하도록 사용자 스토리와 완성된 UI 제공하기 세부적인 UI가 있으면 개발자들은 상당히 정확하게 이터레이션에 해당하는 작업을 할 수가 있다. 덧붙여서, 개발자들은 UI 목업을 수용 테스트에 포함시킬 수 있고, 이것으로 자신들의 직무에 분명한 마침표를 찍게 된다.

두 번째 이터레이션 목업을 동시에 개발하기 첫 번째 이터레이션을 수행하는 동안, UI 팀은 두 번째 이터레이션의 사용자 스토리를 위한 UI를 개발하고, 첫 번째 이터레이션을 완결하려고 코딩하기 전에 두 차례의 페이퍼 목업에서 사용자와 함께 UI를 테스트한다.

개발 팀이 구현하도록 두 번째 스토리 세트와 완결된 UI 제공하기 첫 번째 이터레이션에 내한 코딩 작업이 끝나면, UI 팀은 개발자들에게 다음 스토리 세트와 UI를 제공하고 개발자들은 두 번째 이터레이션을 시작한다.

세 번째 이터레이션을 디자인하고 테스트하기 그러는 동안, UI 팀은 세 번째 이터레이션에서 쓰일 UI를 디자인하고 그것을 종이 위에서 사용자와 테스트한다. 이와 동시에, 필요하다면 그들은 실제 제품에 대한 빠른 피드백을 얻고자 사용자와 함께 첫 번째 이터레이션에서 만들어 낸 작동하는 코드를 테스트한다(우리의 프로젝트는 이처럼 고객과 함께 매번 2-3회 이터레이션을 거쳐 끝났다).

개발 팀이 구현하도록 세 번째 스토리 세트와 완성된 UI 제공하기 두 번째 이터레이션이 끝날 무렵, UI 팀은 개발 팀에게 세 번째 이터레이션에 필요한 사용자 스토리와 UI 디자인을 제공하고, 피드백 테스트도 계획에 포함한다. 이 프로세스는 릴리스가 끝날 때까지 반복된다.

사용자 피드백 처리하기 사용자 테스트로 미래의 사용자 스토리를 수정할 것이 제안된다면, 이미 수정 사항이 만들어진 것이나 다름없다. 필요하다면 그 스토리에 해당되는 업무 견적도 바뀌게 된다.

사용자 피드백을 통해 팀에서 이미 끝낸 업무를 수정해야 함을 알게 되면 여러분은 추가 사용자 스토리를 계획하고 필요한 시간만큼 스케줄에 넣는다. 이러한 피드백은 시스템이 작동할 때 일어나며 구체적인 수준의 이슈가 드러날 것이다. 처음부터 스케줄이 너무 빡빡하지 않도록 주의해야 한다. 팀은 이런 추가 스토리를 다룰 인력에 대한 예산을 일부 남겨 둘 필요가 있다.

래피드 CD는 다른 방법론을 확장시킬 수 있다

래피드 CD의 핵심은 고객 데이터와 그 실행을 디자인 프로세스에, 그리고 디자이너와 개발자의 마인드에 투입하는 것이다. 래피드 CD는 비즈니스 결정을 가이드하고, 요구사항의 우선순위를 결정하며, 합리적으로 업무를 수행하는 방법을 찾고, 사용자에게 무엇이 가치 있는지 분명하게 만든다. 또한 양질의 사용자 경험을 산출하는 데 필요한 데이터를 제공한다.

래피드 CD 기법을 활용하고 그것을 여러분 조직의 방법론에 적용하라. 여기서 살펴본 디자인 아티팩트를 적절하게 응용하면 여러분도 사용자 데이터에서 이익을 얻을 수 있다.

조직에서 채택할 때 떠오르는 이슈

컨텍스추얼 디자인을 통해 여러분은 조직을 지원할 적합한 디자인을 산출하도록 고객 데이터를 활용하게 된다. 또한 조직이 사람들의 실제 업무와 생활에 근거해 시스템 방향과 재디자인된 업무 수행 방식에 대해 결정을 내리도록 장려한다. 고객 데이터가 있다면 여러분은 데이터에 근거에 결정할 수 있고, 논쟁에 빠지지 않을 것이다. 그리고 시장을 고려하는 사용자 스토리를 확보하게 될 것이다.

디자인을 산출하는 데 쓸 고객 데이터를 어떻게 수집하고 이용하는지를 알려주는 프로세스가 있다면, 다양한 분야의 구성원으로 이루어진 팀이라도 함께 빠르게 작업할 수 있다. 래피드 CD 프로세스를 통해 여러분은 2주에서 4주 정도의 짧은 시간에 데이터를 디자인 프로세스에 적용할 수 있다. 재디자인과 프로토타입을 작업하는 시간까지 추가하면 8주에서 10주 이내에 사용자 중심 디자인을 산출할 수 있다.

어떤 회사에서는 실제로 사전(front-end) 디자인을 하지 않는다. 그들은 데이터베이스를 얼마나 늘릴 수 있는지부터 검토하고 다음에 추가할 특성을 선택할지 모른다. 개발자와 디자이너들은 특성을 구분하기 위해 마케팅에 따르도록 요구 받기도 하는데, 이것은 대개 좋은 디자인을 하기에는 부적합한 방법이다. 그들은 포커스 그룹을 인터뷰하거나 비공식적인 방법으로 주요 고객과 이야기 할지도 모른다. 디자이너가 제품 관리나 마케팅 부서에 함께 참여하는 식으로 더 구조화된 사전 디자인 프로세스를 도입하면 실제로 상당한 시간이 소요될 수도 있다. 하지만 사람들이 프로세스가 너무 오래 걸리거나 부담스럽다고 할 때는 대부분 이러한 시간이나 인적 자원에 대해 말하는 게 아니다. 그들은 실제 로 변화에 저항하고 있는 것이다.

사실 더욱 확고한 사전 디자인 프로세스를 도입하는 것조차도 변화를 요구한 다. 그러나 일단 도입하면 추후 개발과 디자인 시간이 단축되고, 요구사항의 우 선순위 결정이 단순해지며, 사용자 경험의 질이 향상된다.

점점 더 많은 회사에서 프로세스에 고객 데이터를 이용해야겠다고 생각한다. 하지만 이것은 조직과 개인 차원의 변화를 의미한다. 이 장에서 우리는 변화를 이해시키는 데 유용한 몇 가지 이슈를 설명할 것이다.

어떤 프로젝트로 시작해야 하는가?

데니스 앨런(Dennis Allen)[1]은 워드퍼펙트(WordPerfect)에서 일할 때 컨텍스추얼 디자인을 소개하면서 물방울 방식(water drop method)이라고 묘사했다. 그는 적 은 데이터를 모아서 점심 때 그것에 대해 핵심 개발자와 관리자들에게 이야기 한다. 그리고 나서 해석 세션 작업을 하기 위해 몇 명 정도 초대했다. 얼마 후, 그는 인컨텍스트가 워드퍼펙트를 방문해 일반적인 관심사에 대해서 이야기하 도록 준비했다. 데니스 앨런은 데이터를 좀 더 모으고, 좀 더 많은 사람과 이야

---

1 「Succeeding as a Clandestine Change Agent」, C. D. Allen in 『Requirements Gathering: The Human Factor』 (special issue), Communications of the ACM, May 1995, Vol. 38, No. 5. K. Holtzblatt and H. Beyer, eds.

기했다. 그리고 데이터에 관한 슬라이드 쇼를 만들었다. 사람들은 차츰 데이터를 원하기 시작했다. 곧 회사는 본격적으로 CD 프로젝트를 할 준비가 되었다. 우리가 떠날 때쯤, 핵심 제품군에서 열 팀 정도가 프로세스를 이용하기 시작했다. 하지만 그러고 나서 워드퍼펙트가 매각되어 우리는 다시 시작해야 했다. 그러나 데니스 앨런은 이미 어떻게 소문을 내고 회사를 움직이게 할지를 알았다.

우리의 경험은 물방울 방식이 인지도를 높이는 최선의 방법임을 말해 준다. 뭔가 작게 하기 시작해 적은 데이터를 수집하고, 친구와 함께 해석하고, 그런 다음 주변에서 공유하라. 마치 게릴라전처럼 하는 것이다. 여러분과 함께할 다른 사람들을 찾고 적은 데이터를 수집해서 특별한 허락 없이 그것을 해석한다. 그런 다음 주변과 공유한다.

다음 단계는 테스트 프로젝트를 정하는 것이다. 고객 데이터를 디자인에 투입하려는 관리자나 프로젝트 리더가 이끄는 프로젝트에서 시작한다. 큰 프로젝트나 회사에서 가장 중요한 제품을 대상으로 시작해서는 안 된다. 범위가 넓은 큰 규모의 프로젝트는 관리하기가 어려울 테고 결과를 보여주기까지 더 오래 걸릴 것이다. 흔히 회사의 주력 제품이나 핵심 비즈니스 그룹은 변화에 저항하는 근원지다. 여러분은 돈이 되는 사업, 즉 회사를 성공시킨 사업에 대항하려 하는 것이다. 사람들은 왜 그냥 하던 대로 하면 안 되는지 의아해할 것이다. 따라서 여러분의 프로세스가 조직에서 채택되고 싶다면, 프로젝트 범위를 작게 하고 모두 문제라는 데 동의하는 부분을 하나 선택해 공략할 계획을 세운다. 모든 이가 잘 훈련되고 프로젝트를 주의 깊게 이끌고 있는지 확인하자. 래피드 CD 방법론을 이용하면 사람들이 결과를 빠른 속도로 금방 볼 수 있다.

혹은 조직에서 그리 중심적이지 않은 프로젝트나 인지도를 높이려는 새로운 부서를 선택한다. 그들은 프로젝트와 프로세스로 자신들을 차별화하려고 할 것이다. 또한 새로운 것을 시도하는 데도 더 자발적일 수 있다. 이 경우에도 조직에서 채택되어야 하긴 하지만, 우리의 경험으로 볼 때 이런 팀들이 실험이라든가 뭔가 새로운 것을 배울 때 불편을 더 기꺼이 받아들인다. 그러므로 한 프로젝트를 성공시키는 데서 시작하고, 성공한 다음 다른 프로젝트로 넘어간다. 조금씩 성공을 쌓아가면 된다.

어떻게 소문을 내는가?

물방울 방식은 단순히 화제의 일부가 되거나 사람들이 여러분이 하는 일에 대해 궁금해하고 뭔가 물을 때까지 대화를 퍼뜨리는 것으로 관심을 형성한다. 회사에서 흔히 일부 열광적인 사람들로 시작해, 더 큰 토론을 조성하려면 정규 회의 스케줄, 회사 밖 모임 또는 점심 시간을 이용한 비공식적인 공유 세션으로 사람들을 초대한다.

여러분의 프로젝트를 가시적으로 만들자. 이것은 조직적 변화의 일부다. 그저 여러분이 보유한 어떤 고객 데이터의 영향에 대해 이야기하는 것만으로도 대단한 관심을 불러 일으킬 것이다. 컨텍스추얼 디자인 프로세스는 자체 소문을 형성하는 전용 프로젝트 룸에서 가장 잘 수행된다. 어피니티 다이어그램과 같은 디자인 아티팩트, 시디툴즈로 생성된 온라인 데이터 브라우저, 스토리보드, 페이퍼 프로토타입, 프로젝트 룸은 프로젝트를 가시적으로 만든다. 이를 갖춰 놓으면 주변을 지나가는 사람들이 들여다 보기 시작할 것이다. 그리고 그들도 곧 고객 데이터를 이용해 보고 싶어할 것이다.

프로젝트 룸이 조성하는 환경은 매우 독특해서, 사람들은 그저 무슨 일인지 보려고 프로젝트 룸을 방문하게 될 것이다. 어떤 팀은 지나가는 사람들을 방으로 끌어들이려고 다이어그램을 바깥 벽에 붙이기도 했다. 페르소나도 함께 이용해 이렇게 해보자. 개발자와 이해관계자들 주변에 이런 데이터를 풀어 놓는다. 비공식적인 모임으로 그들을 프로젝트 룸에 초대하여 데이터를 보여주고 그들과 가장 연관된 사항을 지적해 보도록 요청한다. 페이퍼 프로토타입을 걸어 놓고 워킹하면서 개발자와 이해관계자들이 실체가 있는 결과를 먼저 보고, 디자인 검토 회의를 진행할 때 그것을 이용하도록 한다.

온라인 정보에 쉽게 접근할 수 있는 좋은 프로젝트 룸을 마련하고, 물방울 방식과 결합해 내부 마케팅에 힘쓰면 여러분이 프로세스를 추진하는 데 필요한 좋은 소문이 잘 형성될 것이다.

사용자 중심 디자인에서 ROI란 무엇인가?

대부분의 회사는 뭔가 새로운 것을 시도하기 전에 ROI(return on investment)를 보겠다고 요구한다. 이러한 요구에는 일부 업무의 작동 방식을 어떻게 향상시킬지에 대한, 또 하나의 값비싼 제안일 뿐이라는 식의 거부감이 들어 있다. 하지만 대부분은 역시 변화에 대한 저항이다. 기존 프로세스가 현실적인 비교를 받아들이는 데 얼마나 오래 걸릴지, 이런 식의 측정치가 있는 회사는 거의 없다. 그러나 가능하다면, 기존 프로젝트에 대한 비공식적인 측정치와 여러분이 수행하는 래피드 CD 프로젝트의 파일럿(pilot) 프로젝트를 수집한다. 여의치 않다면, 여러분의 프로세스에서 문제 의식을 일깨워서 조직에서 파일럿 프로젝트를 채택할 수 있도록 다음 질문을 이용한다.

요구사항 정의하기 팀이 프로젝트에 대한 요구사항에 동의하는 데 얼마나 오래 걸렸는가? 여러분은 아직도 베타 테스트를 하기 바로 전 주까지 요구사항을 수정하고 있는가? 데이터가 없을 때 우선순위를 결정하는 회의는 얼마나 오래 걸리는가? 비즈니스와 IT 사이에서 제품이 수요가 있다는 데 동의하기까지 얼마나 많은 이터레이션을 거치는가? 아니면 그런 동의 문제는 절대 해결되지 않는가? 항상 데이터가 있으면 결정하는 시간을 단축한다는 점에 주목하자. 기존 회의 시간과 데이터를 갖고 진행한 회의 시간을 확인해, 그 차이를 보여 준다.

코드량 관리자는 흔히 코드 라인(lines of code)을 생산성을 측정하는 기준으로 삼는다. 하지만 코드 라인은 계속 늘어나기 쉬운데, 부적절한 요구사항이나 관리자 또는 UI 디자이너와의 의견 불일치로 인해 코드 라인이 낭비되기 때문이다. 여러분은 프로세스의 일부에 대한 비교할 만한 측정치가 있는가?

고객 반응 고객 데이터가 없는 제품은 어떻게 받아들여지는가? 이 중 얼마나 많은 수가 관리나 비즈니스 부서에 의해 취소되는가? 데이터를 이용했을 때 그것으로 인해 매출이나 인기도가 높아졌는가? 업계의 평판은 어떠한가?

우리는 통계가 없을 때, 스토리텔링을 이용하면 프로세스에 관한 진실을 한층 재미있게 상기시킨다는 사실을 발견했다. 위와 같이 질문을 던짐으로써 현재 프로세스의 현실성에 대한 의식을 일깨울 것이다. 모두에게 일명 '히스테리 버전 이벤트'와 다른 회사의 이야기를 주지시키면 관리자와 팀에게 동시에 새로운 것을 시도하는 가치를 납득시킬 수 있다. 예를 들면, 다음 이야기는 많은 사람이 자신의 경험과 연관시킬 수 있을 것이다.

"출시하기 전 마지막 몇 주였고 우리는 모두 밤낮으로 초과 근무 중이었다. 끼니도 피자를 시켜 때우고 날짜를 맞추려면 어떤 기능을 삭제할 수 있는지에 대해 논쟁했다. 또 고객이 실제로 무엇을 요구하는지도 다시 논쟁했다. 우리는 열심히 일했고, 전체가 노력해서 단지 며칠(몇 주)만 지난 정도로 날짜를 맞췄다. 그리고 나서 우리는 잠시 쉬고, 잠을 자고, 약간 몸을 풀고, 초반의 진흙탕을 빠져 나와 다시 일어났다. 다음 버전에서 무엇을 만들 것인가, 고객이 원하는 것은 무엇인가, 다음에는 무엇을 향상시켜야 하는가, 어떻게 결정될 수 있는가? 그리고 이러한 논쟁은 다시 시작되었다."

한편 일부 통계치를 모아 커뮤니티와 공유해서 수치 자료에서 이익을 얻어낼 수 있다. 회사에 존재하는 신화적인 믿음을 잡아내, 사람들이 사용자 중심 디자인을 향하도록 흔들어 놓는 데 이것을 이용한다. 하지만 결국 성공적인 프로젝트 하나가 다른 모든 것보다 조직이 변하는 데 더 도움이 될 것이다.

어떻게 저항을 극복할까?

저항은 일반적인 것이다. 새로운 프로세스를 도입하면 언제나 조직의 저항에 맞닥뜨리게 된다. 사람들이 원하든 원하지 않든, 변화는 어렵다. 사람들에게는 습관이 있고 매일 끝마쳐야 하는 직무가 있다. 그들이 변화를 원해도, 매일 하는 직무를 어떻게 새로운 프로세스에 맞춰갈지는 알지 못한다. 게다가 변화란 이전과는 다른 기술, 사고 방식, 디자인 방법을 이용해야 함을 암시한다. 예를 들면, 고객 중심 디자인을 이용하려는 개발자는 코딩 대신 고객과 이야기하고 한 번에 몇 주 동안 데이터를 구축해야 한다. 이런 종류의 변화를 겪으면 사람들은 당연히 자기 업무와 능력에서 벗어난다고 느낀다.

물론 정말로 변화를 원하는 사람들이라면 책을 읽고, 교육에 참석하고, 새로운 기술을 배우는 동안 초반의 미숙함은 용인할 수도 있다. 하지만 고객 중심 디자인이 지나가는 유행이라고 생각하는 사람들은 저항을 통계와 시간에 대한 이성적인 논쟁으로 위장해 표출할 수 있다. 그런 사람들은 이성적으로 논쟁해 대응하려 하지 말고 참여하도록 초대하는 것이 저항을 없앨 해답이다. 그들에게 지성, 경험, 도움을 달라고 요청하라. 그들의 가치를 높여주자.

컨텍스추얼 디자인이 고객의 소리를 듣고 그들에 대한 공감을 발전시키는 것과 관련되었듯이, 여러분은 개발자들의 소리를 듣고 그들과의 공감을 발전시켜야 한다. 무엇이 그들의 일을 어렵게 만드는지, 무엇이 그들을 열광시키고 동기와 자기 만족감을 부여하는지 알아 보라. 또 개발자들은 제품이나 시스템에서 어디에 결함이 있다고 생각하는지, 또는 고객에 대해서는 어떤 면을 더 알고 싶어하는지 찾는다. 때때로 사람들은 이 새로운 프로세스가 자신들의 업무에서 어떤 결함을 드러낼 거라는 (말하지도 않고 심지어 의식하지도 못하는) 억측 때문에 저항감을 갖는다. 우리와 함께 일했던 한 개발자는 우리의 프로세스를 신뢰했지만 고객을 방문하러 나가려 하지는 않았다. 그는 이렇게 말했다. "고객들이 문제를 발견하긴 하겠지만 내가 그걸 수정할 시간이 없다는 걸 알거든요. 그러니까 나가서 알아보고 싶진 않아요."

많은 개발자가 천성적으로, 그리고 훈련을 통해 완벽주의자가 되어 있다. 따라서 자신의 '결함'을 노출하는 것은 받아들이기 힘든 일이다. 이것은 고객 데이터가 그토록 가치 있는 이유이기도 하다. 데이터는 개발자들이 성공하려면 무엇을 구축해야 하는지를 인지하는 데 도움이 된다. 그로 인해 개발자들은 작업에서 원하고 필요한 것을 관리하고 선택할 수 있게 된다. 우리와 함께 일했던 다른 개발자는 절대 고객을 방문하러 나가지 않았다. 그는 콘텐츠 도메인이나 고객에 대한 지식 없이 제품을 디자인하고 있었다. 일단 우리가 필드로 데리고 나가자, 그는 돌아와서 이렇게 말했다. "그동안 저는 한 면으로 된 거울 뒤에서 디자인을 하고 있었던 것 같네요. 마케팅으로 모든 게 걸러졌으니까요. 이젠 거울 앞으로 걸어 나왔죠. 지금은 고객이 무엇을 원하는지 알고, 다시는 되돌아가지 않을 겁니다." 저항감을 제거하는 데 고객과 필드 인터뷰보다 더 강력한 것은 없다.

새로운 프로세스는 또한 기존 프로세스와 그 역할에 도전하므로 위협적으로 느껴진다. 회사에서 현재 이용되는 프로세스를 찾아내고 회사에 고정적으로 이익이 되는 제품을 개발한 사람에게는 변할 이유가 없다. 전통적인 사용성 전문가들은 자신들의 영역이 사라지거나 가치가 약화될 거라고 느낄 수도 있다. 마케팅 담당자는 '자신들의 일'에 뭔가 기술적인 부분이 관련되는 것을 불쾌하게 여길 수도 있다.

이러한 이유로, 저항을 관리하는 데 참여는 필수다. 해석 세션에 이들을 모두 참여하게 하고, 현장 방문에 데려가고, 어피니티 구축을 돕게 한다. 그런 다음 비전 도출 세션을 함께한다. 혹 사람들에게 시간제한이 있더라도 연락을 취해 본다. 단 두 시간만 참여해도 얻을 것은 많다.

여러분은 특히 우월적인 태도에 빠지는 것을 주의해야 한다. 뭔가 새로운 것을 시도하는 일은 흔히 '비밀' 프로젝트처럼 보이기 쉽다. 팀은 서로 관계를 맺게 되며, 새로운 언어로 이야기하고, 새로운 방식으로 일한다. 만약 이해관계자들, 연관 프로젝트 관계자들, 또는 해당 디자인을 구현할 개발자들이 '여러분이 꽤나 특별한 것처럼 행동'한다고 생각한다면, 또는 여러분이 계속 그들에게 '이 프로젝트가 얼마나 대단한지' 이야기한다면, 그들은 불쾌하게 느끼고 변화를 거부할 것이다. 외부 사람들과 커뮤니케이션하고 사람들을 끌어들여 고립되지 말아야 한다.

또한 너무 지나치게 사용자 중심 디자인만 항상 이야기하는 전도사가 되지는 말자. 계속 들으면 사람들이 피곤해 하며, 오히려 저항감이 커져 싫어하게 된다. 저항과 싸우는 최선의 방법은 파트너가 되어 잘 들어 주는 것이다. 론 레인저 (Lone Ranger, 미국 서부극의 주인공)에게도 톤토(Tonto)와 지원 세력이 있었던 것처럼 말이다.

앞서가는 기업들은 계속해서 성공하려면 프로세스를 진화시켜야 함을 알고 있다. 한 프로세스를 통해 얻은 과거의 성공이 계속된 성공을 보장해 주지는 않는다. 그렇다고 항상 변하는 시장에서 새로운 프로세스가 더 많은 성공을 거두지 못하리라는 뜻은 아니다. 우리의 경험으로 볼 때, 조직과 시장에 적합한 최상의 시스템을 형성하려는 사람들은 새로운 프로세스를 도입하는 데 가장 준비된 사람들이다. 그들은 프로세스를 계속해서 향상시키지 못한다면 뒤처진다는 점을 이미 인식하고 있다.

사람들의 질문과 도전에 어떻게 대답할까?

그간의 경험으로 우리에겐 사람들이 변화에 저항할 때 흔히 하는 표준 질문 유형들이 있다. 아래에 우리가 제시하는 대답과 그 질문들을 소개한다.

이미 고객과 대화하고 있는데 왜 바꾸라는 거죠?

당신의 기존 방식이 고객 데이터를 이용하지 않는다는 게 아니다. 다만 모든 고객 데이터가 똑같지는 않다는 것이다. 디자이너들에겐 자신이 할 일을 가이드할 세부적인 데이터가 필요하다. 그들은 사용자가 누구이며 어떻게 일하는지를 상당히 구체적인 수준에서 이해할 수 있도록 충분한 데이터를 원한다. 마케팅 설문 조사, 포커스 그룹, 심지어 사무실 인터뷰조차도 사용자의 일반적인 업무에 대해서만 이야기하도록 질문한다. 정작 디자이너들에겐 세부적인 업무에 관한 이야기가 필요한 데도 말이다. 그리고 사람들의 지식은 말로 표현되지 않아서, 역시 세부 사항을 알려주진 않는다. 그래서 우리는 현장에 가서 업무가 진행되는 대로 관찰하고 이해하려는 것이다. 이건 정말로 우리가 아는 신뢰성 있는 데이터를 얻을 수 있는 유일한 방법이다.

합의된 방식으로 수집한 신뢰성 있는 데이터가 없다면, 조직의 사람들은 '실제' 요구사항에 대해서 계속 논쟁할 것이다. 하지만 합리적인 프로세스를 거쳐 데이터를 수집하면, 디자이너들과 회사는 결정을 할 수 있다. 데이터는 사람들이 무엇을 하는지, 왜 하는지 어떻게 하는지, 그리고 그 일이 사람들에게 어떤 의미인지 드러내 주기 때문이다.

연구실에서 하는 사용성 테스트조차도 '컨텍스트에서 벗어나(out of context)' 있다. 이런 테스트에서는 사용자에게 자신의 일이 아닌 직무를, 자신의 환경이 아닌 곳에서, 자신의 것이 아닌 도구를 써서 수행하라고 요청한다. 규정대로 테스트하는데 이것 역시 자신의 방식이 아닐 것이다. 그리고 이 사용자들에겐 특별히 잘 하려는 동기도 없다. 이것 하나만으로도 요구사항을 수집하는 사람들에게는 데이터가 의심스러운 이유가 된다. 이런 데이터는 인터페이스에서 구체적인 수준의 사용성 이슈를 테스트할 때만 사용할 수 있다. 하지만 이 데이터로 실제 데이터와 수행, 실제 예외 케이스와 더불어 실제 환경에서 업무를 지원하는 제품의 실행 가능성을 테스트할 수 없다. 실제 업무를 연구실에서 하지는 않기 때문에, 툴 인터페이스 자체에 대한 반응을 넘어서는 사용자 요구를 수집하기는 어렵다.

조직에서 이해관계자들이 이슈를 쉽게 이해할 수 있도록 이런 예를 들어 보자.

"다들 운전하는 방법을 알고 있죠. 하지만 누군가에게 운전에서 모든 세부 단계를 말해 보라고 한다면, 잘 대답하지 못할 겁니다. 문을 열고, 앉아서, 열쇠를 꽂고, 기어를 넣고 간다고 대답할 수는 있죠. 그런데 그보다 상세한 세부 사항은 나오지 않습니다. 자녀들에게 운전을 가르치는 경우에, 코너를 돌 때 속도는 어느 정도인지, 스틱 자동차에서 기어는 어떻게 바꾸는지, 또는 계기판은 어떻게 보는지 잘 모르는 것과 마찬가지입니다."

이 예가 잘 먹히지 않는다면, 사람들에게 신문에서 읽을거리를 어떻게 결정하는지, 또는 왜 항상 같은 브랜드의 식품을 사는지 물어 본다. 무언의 지식, 즉 일상생활의 활동에서 디자인에 필요한 구체적인 세부 사항이 무엇인지 일단 알게 되면 한결 이해하기 쉽다.

마케팅 부서는 당연히 설득할 수 있다. 실제 사용자 데이터는 바로 기록되고, 정리되어, 제품 정의를 이끌어 낼 준비가 된 '고객의 목소리'이기 때문이다.

이미 요구사항을 수집했는데, 그걸 사용할 수는 없나요?

우리에게 필요한 데이터는 무언의, 또는 잠재된 사용자의 요구를 드러내는 세부 디자인 데이터다. 이것을 통해 사용자를 더 잘 지원할 기회를 마련하고 우리 제품에 투입할 좋은 요소들을 정하게 된다. 우리의 경험상, 표준화된 요구사항 문서에는 사용자의 실제 요구나 잠재된 요구사항들이 없다. 이런 문서는 그저 특성에 대한 요구사항 목록일 뿐이다. 특성 요구는 업무를 수행하면서 드러난 이슈에서 되짚어 볼 필요가 있다. 그리고 대개 마케팅이나 비즈니스 분석가들은 그런 요청을 받더라도 실제로 할 수는 없다. 따라서 간단한 특성 목록으로 된 요구사항은 디자이너들이 이런 특성들이 이용될 컨텍스트를 이해하는 데는 도움이 되지 않는다.

반면에 설문 조사나 포커스 그룹, 사용자 콜센터, 기타 사용자의 요청과 불만을 수집하는 곳에서 나온 데이터는 래피드 CD에서 두 가지 방식으로 이용할 수 있다. 첫째, 이해관계자들과 이슈를 검토해 인터뷰 포커스를 형성하는 걸 돕는 다. 이때 잠재적인 문제 또는 가능한 해결책까지 살펴봐야 한다.

둘째, 이런 추상적인 수준의 방법이 만족시켜야 할 조건을 산출한다면, 그것 들을 모아 어피니티 다이어그램의 포스트잇에 쓴다. 데이터의 출처를, 예를 들 면 '포커스 그룹 사용자'와 같이 사용자 타입으로 구분하고, 이 노트들을 어피 니티에 적용해서 모든 데이터가 포함되게 한다.

빨리 시작하려면 조직에 축적된 지식을 이용해도 좋으나, 그것이 디자인하기 에 충분하다고 생각하지는 마라.

통계적으로 정확한 샘플이 없잖아요. 이건 대표 집단이 아닌데요

컨텍스추얼 디자인은 적은 사용자 샘플에서 데이터를 수집하지만 우리는 이것 으로 충분하다는 것을 알았다. 더 많은 고객과 이야기한다고 결과적으로 의미 있는 새로운 데이터를 얻는 건 아니다. 많은 사람이 (특히 엔지니어들이) 그처럼 적은 대상에게서 나온 데이터를 신뢰하기를 어려워한다. 그들은 통계적으로 의 미 있는 데이터를 보고 싶어한다. 만약 당신이 고객 한 명을 인터뷰해서 뭔가 알아냈다는 말을 듣는다면, 그들은 그건 한 사람 이야기일 뿐이라고 하면서 "그런 건 백만 명 중에 하나야."라고 말할 것이다.

일반적으로, 사람들은 다음 두 가지 실수 중 하나를 범했는지 걱정할 때 통계 적인 논쟁을 제기한다.

- 이 디자인은 광범위한 시장에서 중요한 특성을 고려하는 데 실패할 것이다.
- 이 디자인은 많은 사람들에게 유용하지 않거나 가치가 없는 특성들을 포 함할 것이다.

각각을 차례대로 다루어 보자.

과연 우리가 중요한 특성들을 포함하는 데 실패할까? 컨텍스추얼 데이터의 타당성에 관한 논쟁에는 세 부분이 있다. 첫째, 한 시장을 통틀어서 업무 수행은 근본적으로 유사하다. 둘째, 샘플 수가 적더라도 우리 프로젝트에 대해선 신뢰성이 있다. 그리고 셋째, 우리는 시장에 대한 관점을 극대화시켜 줄 참여자를 선택한다.

3장의 '어떻게 적은 데이터로 전체 시장의 특성을 파악할까?' 박스를 보자. 거기서 우리는 업무의 기본 구조를 파악하는 데 왜 적은 수만 인터뷰해도 되는지를 설명했다. 즉, 컨텍스트의 공통점과 사람들이 일관된 직무를 수행하고자 이용하는 약간의 전략만 있으면 되는 것이다. 사용성 테스트를 연구한 결과, 고객 10명에서 15명 정도를 대상으로 데이터를 수집하고 나면 알아야 하는 것들을 대부분 찾아내고 수익 체감의 지점(point of diminishing returns)[2]에 도달한다는 사실을 알 수 있다.

또한 3장에서 여러분이 최대한 다양한 사람을 참여시켜 이러한 다양성을 갖추도록 권장했다. 그리고 첫 번째 인터뷰 세트에 근거해 참여자를 확대하고자, 우리는 때때로 프로젝트 룸을 떠나 업무 그룹의 새로운 구성원을 드러내는 곳으로 이동해 인터뷰하기도 했다.

벽을 워킹하는 프로세스를 이용해 이해관계자들이 데이터에서 결함을 찾도록 만든다고 해도 우리는 필요하면 추가 데이터를 수집할 수 있다. 우리는 이런 방식으로, 적은 샘플로도 좋은 시스템 디자인에 필요한 케이스를 추출함을 보장한다.

그러면 우리가 별로 중요하지 않은 특성들을 포함하게 될까? 디자인을 통해 우리는 사용자의 일상에 영향을 미치는 실제 이슈를 지원하며, 고객과 비즈니스에 의한 가치 제시를 보여줄 특성을 고안해야 한다. 하지만 그런 영향력을 결정하기 위해 정성 데이터를 계산해 그에 따르지는 않는다. 정성 데이터는 어떤

---

2 『Problem Discovery in Usability Studies: A Model Based on the Binomial Probability Formula』, J.R. Lewis. In Human-Computer Interaction: Applications and case studies. Proceedings of the Fifth International Conference on Human-Computer Interaction, Orlando, FL, Volume 1, 1993. M.J. Smith & G. Salvendy, eds.; 『The Trouble with Computers』, T. Landauer. MIT Press, Cambridge, MA, 1995. 311쪽.

통제된 프로세스를 거치더라도 무작위로 수집되지 않는다. 정성 데이터를 분석하는 목적은 통찰을 자극하는 것이지 통계 수치를 산출하는 것이 아니다.

그 대신 우리는 사용자의 일상에서 무엇이 중요한지 파악하려고 정리된 데이터를 살펴본다. 한 프로젝트에서는 어피니티 다이어그램 노트의 절반 정도를 거기에 포함된 데이터를 이용하기보다 시스템 세팅과 튜닝에 대해 다뤘다. 팀이 시스템 세팅을 단순화하는 편이 낫겠다고 결정하는 데 계산 같은 건 필요하지 않았다.

큰 컴퓨터에서 스위치를 디자인하는 고전적인 예를 보자. 우리는 다음과 같은 경우에 엔지니어링에 관한 논쟁을 해결한 경험이 있다. 즉, 사람들이 오프에서 리모트 상태로 스위치를 옮길 때 '한 번 충돌하고 나면 다시는 충돌하고 싶지 않으니까, 차라리 아주 아주 느리게' 움직였다는 데이터가 나왔을 경우, 스위치를 한 개로 할지 두 개로 할지가 문제였다. 24명 중 7명에서 불필요한 충돌이 일어나는 정도라면 비즈니스에 끼치는 영향력은 파괴적이다. 이런 에러는 얼마나 발생했는지 그 횟수와는 연관성이 없다. 비즈니스에서 업무 손실의 영향력으로 인해 이것은 가장 우선으로 해결해야 할 이슈가 된 것이다.

정성 데이터는 무조건 생활에 미치는 영향력이 얼마나 큰지를 보고 우선순위를 결정한다. 이것이 훌륭한 가치 제안을 구별하는 최선의 방법이다. 업무에서 시스템이나 비효율적인 프로세스의 영향력을 이해하면, 그것을 향상시킬 기능을 만들어야 하는 근거가 된다.

출장 예산이 없는데요. 사용자를 찾을 수 없습니다

우리는 이런 변명은 저항하기 위한 연막탄이라고 생각한다. 3장에서 우리는 어떻게 고객을 찾을지 이야기했다. 수년간 여러 회사에서는 인터뷰할 고객을 찾는 창의적인 방법을 모색해 왔다. 그리고 이제 일반적인 리서치 대행사에서도 에스노그라피 방문(ethnographic visit) 인터뷰[3]를 세팅할 수 있다. 여러분은 충분히 창의적으로 일할 수 있지만, 조직에서 프로세스를 수용하기 전에는 여러분의 노력은 인적 네트워크를 넓히는 데 소모될 것이다. 그래서 인터뷰 사용자를 몇 명밖에 구하지 못할 수도 있다.

출장 예산의 경우, 재정적인 한도는 현실이다. 그러나 여러분은 필요한 세부 데이터를 전화 또는 인터넷 회의를 통해서 얻으려는 게 아니다. 이런 의사를 조직에 전달하자. 여러분 주변에서 언제나 작업을 시작할 사용자를 찾을 수 있다. 영업 부서와 마케팅 부서의 친구들에게 연락해서 도움을 받는다. 아니면 고객을 찾을 때까지 개인적인 인맥을 활용한다. 사용자가 네 명만 있어도 전혀 없이 하는 것보다는 더 많은 데이터를 얻을 것이다. 그 네 명은 여러분의 회사가 고객 중심의 조직이 되도록 그 시작을 도와 줄 것이다.

일단 실제 필드 인터뷰에서 데이터라는 배경을 확보했다면, 여러분은 전화 기반의 필드 인터뷰를 수행해 알아낸 사실을 더 전 세계적인 규모로 검토할 수 있다. 이것은 우리도 이제 시험하기 시작한 방법이다. 이때 많은 차이를 발견한다면 이것을 적신호로 생각하고 다시 고객에게 나가봐야 한다.

우린 CD 테크닉을 원하지 않습니다. 우리 방식대로 하겠어요

사람들은 자신이 이용하는 프로세스를 소유해야 한다. 즉, 래피드 CD를 조직에 맞게 응용하는 상황은 일반적인 것이다. 모든 회사에서는 이미 어떻게든 프로세스를 진행하고 있다. 매우 공식적인 프로세스가 있거나, 아니면 비공식적인 프로세스로 작게 시작할 수 있는 경우도 있다. 조직에서 공식적으로 프로세스를 담당하는 방법론 관련 부서가 있을 수도 있고, 매우 강력한 관례에 따라 일상 업무를 수행할 수도 있다. 또는 식스 시그마(Six Sigma)를 수행하거나, OO 테크놀러지를 도입하거나, 아니면 프로세스 변화에 정신이 없고 압박감을 느낄 수

---

3 (옮긴이) 탐문 인터뷰라고 불리는 것으로 인터뷰 대상자의 집무실 등 관련 공간의 자연스러운 상태에서 인터뷰나 관찰을 실시하여 인터뷰의 장소로 인한 오류를 줄이는 방법이다. 예를 들어, 축구선수를 인터뷰 룸에서 인터뷰할 때와 축구장에서 인터뷰할 때, 같은 질문일지라도 알아낼 수 있는 정보의 깊이는 다르다.

도 있다.

따라서 정말로 컨텍스추얼 디자인을 하려는 설립자가 있지 않는 이상, CD를 도입할 때는 모두 기존의 작업 방식에 맞추는 일이 수반된다. 그리고 어떤 프로세스든, 앞서 가는 CEO가 똑똑한 개발자들과 함께 도입한다고 해도, 회사와 사람들 그리고 그들의 기술에 맞추려면 변형되어야 한다. 어떤 사용자 중심 디자인 프로세스라도 부분별로 쇄신되어 적용될 것이다.

컨텍스추얼 디자인을 적용할 때는 언제나 컨텍스추얼 디자인의 일부를 여러분 자신만의 것으로 소화해내는 과정이 포함된다. 사람들은 자기들의 상황에 맞추거나 그것을 향상시키기 위해서 프로세스를 바꿔야 한다고 주장할 테니 말이다. 컨텍스추얼 디자인이 발전하던 초기에는 재디자인된 시퀀스 모델 (redesigned sequence model)이라는 단계가 있었다. 우리는 그 단계에서 비전을 반영하고자 의도적으로 정리된 시퀀스의 단계들을 재작성해서, 그것을 (그림 없이) 텍스트로 나타냈다. 당시 회사에는 우리가 코치로 교육시킨 CD 전도사가 있었는데 그는 재디자인된 시퀀스 모델을 이용할 사람을 찾았지만 결국 찾지 못했다. 그 대신 그 주변 사람들은 일종의 기법으로 스토리보드에 열광했다. 그러자 전도사는 우리에게 "스토리보드가 사실 재디자인된 시퀀스 모델을 그림으로 표현한거 아닌가요?" 라고 물었다. 우리는 대답했다. "맞아요. 그냥 하세요. 스토리보드에 재디자인된 시퀀스 모델이라고 다시 이름 붙여도 별 상관은 없어요. 스토리보드를 만드는 한 사람들은 데이터에 대해서 이야기할 테니까."

어떤 단계의 근본적인 의도가 성취된다면 컨텍스추얼 디자인에서 그 단계를 다시 이름 붙이거나 변경한다 해도 달라지는 건 없다. 우리는 무슨 일이 일어나는지 관찰했고, 단계를 그림으로 시각화하는 작업의 가치를 알게 되었다. 그리고 스토리보드 작업을 컨텍스추얼 디자인 프로세스의 일부로 채택했다. 지금 우리는 컨텍스추얼 디자인을 애자일 프로그래밍과 식스 시그마 프로세스에 적용하고 통합하려는 회사들과 함께 일하고 있다. 우리는 사용자와 비즈니스에 적합한 최상의 시스템을 구축하는 프로세스를 정의하고 이용하고자 노력하는 사람들로 구성된 커뮤니티에 속해 있다. 래피드 CD는 바로 그런 재정의 (redefinition) 프로세스의 일부다.

외부 커뮤니케이션과 아이디어 공유하기

의문이 생길 때는 참여와 커뮤니케이션이 최선의 대답이 되어줄 것이다. 이 책에서 우리는 어떻게 프로세스에 이해관계자들을 참여시키고, 그들이 지속적으로 참여하고 프로젝트를 이해하게 만들지를 이야기했다. 조직과 커뮤니케이션하는 것은 CD에 회의적인 의견에 맞서는 가장 중요한 방법 중 하나다. 프로세스와 데이터의 가치를 보여주자. 이 프로세스를 왜 해야 하는지에 대해 논쟁한다면 그대로 두자. 그리고 강력한 데이터를 제시해 논쟁을 해소하고 성공적으로 시스템을 정의할 수 있음을 보여 준다. 어떤 팀에서는 이처럼 CD 프로세스를 거쳐 탄생시킨 디자인을 사용자 그룹에게 제시했을 때 기립 박수를 받았는데, 그것은 아주 큰 회사에서 사상 처음 있는 일이었다.

일단 데이터가 생기면, 그것을 공유한다. 파일럿 프로젝트를 시작할 수 있다면 프로젝트 룸을 얻어서 데이터를 온라인에 올려 논다. 회사의 고정 수입원이 되는 핵심 프로젝트보다는 사내에서 별로 중요시되지 않는 팀들과 작업하기 시작한다. 점차 다른 그룹들이 고객 데이터를 이용하기 시작하면, 핵심 프로젝트 팀은 왠지 고립감을 느끼게 될 것이다. 그렇게 되면 그들은 배턴을 넘겨받아 이 방법을 자신의 것으로 만들려 할 것이다. 실제로 우린 그런 사례를 본 적이 있는데, 당시 핵심 팀은 오히려 자신들이 이 새로운 프로세스를 수행하는 방법을 제일 잘 안다고 주장하기까지 했다.

지난 16년간 점점 더 많은 회사가 컨텍스추얼 디자인을 표준 프로세스로 만들려 하고 있다. 그 이유는 커뮤니케이션, 참여, 주인 의식이 있으므로, 그리고 고객 중심의 테크닉이 서로의 성공에 도움이 되기 때문이다.

성공을 향해 집중하기

변화하려면 사람들은 정확히 무엇을 해야 성공하는지를 알아야 한다. 기법을 알아야 하고, 함께 일하는 방법과 이 작업을 어떻게 일상에 맞출지도 알아야 한다. 우리는 이 책을 통해 여러분이 사용자 중심 디자인을 수행하는 데 필요한 단계별 지침을 얻어, 여러분 회사에서도 성공적으로 수행하게 되길 바란다.

변화는 한 번에 하나씩 새로운 기법을 받아들이는 것처럼 보인다. 대부분의 회사에서는 고객 데이터를 모으고자 필드로 나가고 거기서부터 진행을 시작한다. 작게 시작하자. 그리고 새로운 시도를 할 때마다 나타날 저항보다는 성공에 집중하자. 성공은 한 사람 한 사람의 의견을 듣는 것이다. 디자인 프로세스에 고객 데이터를 적용하는 것 하나하나가 바로 성공이다. 각 기법을 시도하고 수정하는 것 또한 성공이다. 여러분의 성공을 인정하고 축하하자.

컨텍스추얼 디자인 프로젝트를 교육받은 팀의 기분 좋은 일화를 살펴보자. 그 팀은 함께 일하는 개발자 600명이 자신들의 디자인을 받아들이지 않는다고 걱정했다. 그래서 팀은 개발자들 중 친절한 사람들을 구별하여 타깃으로 삼고, 디자인 아이디어에 대해 피드백을 주는 식으로 프로토타입 작업을 도와달라고 부탁했다. 다음으로, 개발자들이 프로세스와 디자인을 다루는 데 관심을 보이는 것에 부응해 디자이너들은 그 친절한 개발자들에게 디자인에 대한 주인 의식을 심어주었다. 그리고 그들에게 함께 작업 지시서를 작성하고, 디자인을 프로토타입으로 만들고, 관리자들에게 프로토타입을 전해 달라고 부탁했다. 곧 개발자들은 그 디자인을 받아들이고 참여하고자 찾아오게 되었다. 그리고 팀이 그들에게 함께 현장에 가자고 요청했을 때, 그들은 기꺼이 그렇게 해 주었다. 이것이 바로 조직적 변화의 시작이다.

성공과 도전을 공유하기

우리는 여러분의 회사가 디자인 프로세스에 고객 데이터를 이용하도록 만드는 데 도움이 되는 도구, 기법 그리고 논의들을 제시했다. 이는 여러분이 제품 회사에서 일하든지 비즈니스를 지원할 소프트웨어를 만들든지에 관계없이 해당된다. 훌륭한 디자인을 추진하고자 실제 사람들의 생활에서 얻은 데이터를 이용하기 시작하면 도전에 부딪치게 될 것이고 성공하면 보상을 얻을 것이다.

컨텍스추얼 디자인은 기술 중심에서 사용자 중심으로 포커스를 전환하는 변화의 일부가 되어 왔다. 이것은 여러분이 도전을 받아들이는 것을 사람들이 좋아하기 때문에 일어나는 일이다.

그러니 우리가 제안한 툴을 이용하고, 그것을 시험하고, 거기에 대해서 논쟁해 보라. 그리고 여러분의 요구에 맞게 수정하기 바란다. 여러분이 발전하고 나아간 점도 공유해 주었으면 한다. 전화나 메일을 이용해도 좋고 다음 사이트에서 서로 이야기를 나눌 수도 있다.

www.incontextenterprises.com

우리는 고객 데이터의 영향을 받은 시스템, 제품, 웹사이트, 포털, 고객 애플리케이션, 그리고 여러분 조직의 목소리가 실린 다음 번 파도를 볼 수 있기를 고대하고 있다.

부록

권장 물품 목록

정확히 어떤 물품이, 얼마나 많이 필요한지는 프로젝트에 따라 광범위하게 달라진다. 이 목록에서는 여러분에게 처음 물품을 주문할 시점도 제시할 것이다. 페이퍼 프로토타입 때 필요한 물품들은 따로 구분해 놨으니, 페이퍼 프로토타입용 물품을 큰 봉투에다 한꺼번에 넣어서 손쉽게 인터뷰 장소로 가져가자.

일부 사례에서 우리는 특별히 작업에 더 적절한 특정 브랜드를 추천한다. 마지막 힌트 하나. 펜이 몇 개인지, 펜촉이 얼마나 세밀한지에 신경 쓰자(두꺼운 펜을 사용하면 모델을 읽기가 어렵다). 여러분이 생각하는 것보다 더 빠른 속도로 쓴다는 데 유의하자.

표 A-1 인터뷰, 해석, 어피니티 구축, 비전 도출, 스토리보드 프로세스에 필요한 물품 목록

물품	수량	사용단계
마이크로카세트 테이프 녹음기	인터뷰 담당자 1명당 1개	컨텍스추얼 인터뷰
마이크로카세트 테이프	1회 인터뷰에 90분짜리 테이프 2개	컨텍스추얼 인터뷰
배터리	녹음기 1개에 새 배터리 2세트	컨텍스추얼 인터뷰

➡ 다음 쪽에 계속

표 A-1 인터뷰, 해석, 어피니티 구축, 비전 도출, 스토리보드 프로세스에 필요한 물품 목록(계속)

물품	수량	사용단계
스프링 노트	인터뷰 담당자 1명에 1권	컨텍스추얼 인터뷰
인터뷰 노트 기록용 펜	인터뷰 담당자 1명에 2개	컨텍스추얼 인터뷰
시디툴즈나 워드 프로세서로 해석 세션 노트를 기록할 컴퓨터	개별 해석 세션에 1대. 해석 세션을 동시에 진행 중이라면, 분할된 팀별로 1대씩 필요. 온라인에서 시퀀스 모델을 기록하고 있다면, 1대 더 마련해 두자.	컨텍스추얼 인터뷰 해석 세션
해석 세션 노트 디스플레이용 데이터 프로젝터 또는 큰 모니터	개별 해석 세션에 1대. 해석 세션을 동시에 진행 중이라면, 분할된 팀별로 1대씩 필요. 온라인에서 시퀀스 모델을 기록하고 있다면, 1대 더 마련해 두자.	컨텍스추얼 인터뷰 해석 세션
플립 차트 종이. 포스트잇 브랜드의 붙였다 떼는 플립 차트는 이용하지 말자. 뒷면에 접착성이 있는 종류는 낱장으로 떨어지면 보관하기가 어렵고, 포스트잇이나 접착성 노트는 시트에 붙지 않는다.	최소 3팩. 시퀀스 모델에 추가해서 업무 모델을 기록하고 있다면, 적어도 1팩 더 준비한다.	컨텍스추얼 인터뷰 해석 세션. 비전 도출. 스토리보드 만들기.
플립 차트 걸이	해석 팀별로 1개. 동시에 진행하는 경우가 아니라면 대개 하나로 충분하다. 시퀀스 모델에 추가해서 업무 모델을 기록하고 있다면, 팀별로 적어도 1개 더 분량을 준비한다.	컨텍스추얼 인터뷰 해석 세션. 비전 도출. 스토리보드 만들기.
파란색 네임펜	36개 (3상자)	컨텍스추얼 인터뷰 해석 세션. 어피니티 구축. 모델 정리. 데이터 워킹. 비전 도출. 스토리보드 만들기.
빨간색 네임펜	색깔마다 12개 (1상자)	컨텍스추얼 인터뷰 해석 세션. 모델 정리.
녹색 네임펜	각각 12개 (1상자)	컨텍스추얼 인터뷰 해석 세션. 어피니티 구축. 모델 정리. 데이터 워킹.

표 A-1 인터뷰, 해석, 어피니티 구축, 비전 도출, 스토리보드 프로세스에 필요한 물품 목록

물품	수량	사용단계
붙였다 떼는 3/4인치 3M 테이프	8롤	컨텍스추얼 인터뷰 해석 세션. 어피니티 구축. 모델 정리. 비전 도출. 스토리보드 만들기.
위 테이프용 디스펜서	최소 1개	컨텍스추얼 인터뷰 해석 세션. 어피니티 구축. 모델 정리. 비전 도출. 스토리보드 만들기.
레이저 프린터용 포스트잇 시트. 이런 시트는 구하기 어려울 수도 있다. 지역의 문구점에는 없을 가능성이 많으므로, 인터넷에서 찾아보자. 찾지 못하면, 컴퓨터로 노트를 만들어서 일반 용지에 프린트하고, 잘라서, 붙였다 떼는 포스트잇 테이프를 이용하자.	개별 인터뷰당 노트는 50-100개로 추정.	어피니티 구축.
3x3 파란색 포스트잇. 포스트잇 브랜드의 접착 노트 사용을 권장한다. 다른 저렴한 브랜드는 (다른 3M 브랜드 포함) 접착력이 약해서 벽에서 떨어지기 쉽다.	10팩	어피니티 구축. 모델 정리.
3x3 분홍색 포스트잇	6팩	어피니티 구축. 모델 정리.
3x3 녹색 포스트잇	4팩	어피니티 구축. 모델 정리.
3x3 노란색 포스트잇	12팩	어피니티 구축. 모델 정리. 데이터 워킹. 비전 도출. 스토리보드 만들기.
가위	1개	어피니티 구축.
마스킹 테이프	1롤	어피니티 구축. 모델 정리.
어피니티 작업에서 벽에 붙이는, 흰색 무광 전지 또는 흰색 크래프트지(갈색 종이는 투과성이 너무 크고, 유광 코팅지는 노트가 떨어짐). 모델을 정리할 때도 유용.	2롤	어피니티 구축. 모델 정리.
1/2 페이퍼 시트(파란색 또는 흰색)	1/2크기 최소 100시트	스토리보드 만들기.

페이퍼 프로토타입 준비물

큰 종이봉투나 투명한 플라스틱 봉투에 물품을 넣어서 프로토타입용 준비물을 별도로 만들자. 여러분은 또한 완성된 프로토타입을 옮기기 위해서 큰 봉투, 포트폴리오 파일, 또는 다른 아이템이 필요할 수도 있다. 한 가지 주의할 것이 있는데, 비행기로 페이퍼 프로토타입 인터뷰 장소에 가는 경우다. 이 준비물 봉투를 기내 수하물에 넣는다면, 보안에 걸리기 전에 가위는 빼도록 한다.

개별 인터뷰 팀에서 프로토타입을 하나씩 만들 필요가 있고, 인터뷰마다 준비물을 따로 공급해야 한다. 따라서 팀별로 모든 인터뷰 횟수를 고려해서 아래에 나온 수량을 여러분의 상황에 맞게 늘려야 한다. 또한 실제 구축할 때 추가되는 준비물 수량도 더해야 한다.

다음 물품은 막 시작할 시점에 필요한 권장 사항이며, 실제로 필요한 물품은 구축하는 프로토타입의 종류에 따라 달라진다.

프로토타입용 준비 물품에 더해, 프로토타입을 구축할 때 다음 항목들이 필요할 수도 있다.(표 A-3)

표 A-2 페이퍼 프로토타입 인터뷰 준비 물품 목록

물품	수량
1x2 포스트잇 - 색상 무관	1팩
2x3 포스트잇 - 다양한 색상	색상별로 1팩
3x3 포스트잇 - 다양한 색상	색상별로 1팩
3x5 포스트잇 - 노란색	1팩
4x6 줄 없는 포스트잇 - 노란색	1팩
하이라이트용 포스트잇 - 다양한 색상	색상별로 1팩
5인치 가위	1개
다양한 색상 도트 시트	1장
파란색 네임펜	1개
검정색 네임펜	1개
붙였다 떼는 3M 테이프	1롤
포스터 보드 (표준 크기)	2개
OHP용 투명 시트	4장
8.5x11인치 흰색 종이	4장

표 A-3 페이퍼 프로토타입 구축에 필요한 물품 목록

물품	수량
프로토타입 조각들을 정리할 파일	프로토타입에 따라 조절
가위	프로토타입을 구축하는 1명당 1개
붙였다 떼는 3M 테이프	프로토타입을 구축하는 1명당 1롤
테이프 디스펜서	프로토타입을 구축하는 1명당 1개
떼어낼 수 있는 풀	1개
수정액	1개
자	1개

R a p i d
C o n t e x t u a l
D e s i g n

찾아보기